Serges Mendomo Meye
Shen Zhenzhong

Zastosowanie ABAQUS w inżynierii konstrukcji hydraulicznych

Serges Mendomo Meye
Shen Zhenzhong

Zastosowanie ABAQUS w inżynierii konstrukcji hydraulicznych

Konkretny proces tworzenia modelu, rozwiązywania problemów i rezultatów przetwarzania. Część II

Wydawnictwo Bezkresy Wiedzy

Imprint

Cover image: www.ingimage.com

Publisher:
Wydawnictwo Bezkresy Wiedzy
is a trademark of
International Book Market Service Ltd., member of OmniScriptum Publishing Group
17 Meldrum Street, Beau Bassin 71504, Mauritius
Printed at: see last page
ISBN: 978-620-0-81303-9

Zastosowanie ABAQUS w inżynierii konstrukcji hydraulicznych

Konkretny proces tworzenia modelu, rozwiązywania problemów i wyników w przetwarzaniu

Serges Mendomo Meye

Shen Zhenzhong

Państwowe Kluczowe Laboratorium Zasobów Wodnych i Inżynierii Hydrologicznej, Uniwersytet Hohai

College of Water Conservancy and Hydropower Engineering, Uniwersytet Hohai

Przypominając o cierpkości i trudności w nauce, kiedy po raz pierwszy zastosowano program ABAQUS, postanowiliśmy napisać tę książkę dla referencji zawodowych inżynierów i studentów ostatnich lat studiów licencjackich lub tych na studiach podyplomowych z zakresu konstrukcji hydraulicznych i inżynierii geotechnicznej, którzy dopiero zaczęli uczyć się programu ABAQUS, mając nadzieję, że będą w stanie samodzielnie używać i obsługiwać oprogramowanie do analizy mechanicznego zachowania konstrukcji hydraulicznej w krótkim czasie po zakończeniu nauki zgodnie z treścią tej książki.

Autorzy

O Autorach

Dr Serges Mendomo Meye jest doświadczonym, praktycznym i wszechstronnym inżynierem w Dams' Safety Monitoring Unit z doświadczeniem w inżynierii geotechnicznej. Ukończył studia doktoranckie (2020) w zakresie "Inżynierii Struktur Hydraulicznych" oraz "Budowy i Zarządzania Projektami Ochrony Wody i Inżynierii Wodnej" na Uniwersytecie Hohai P.R. Chiny pod nadzorem profesora Shen Zhenzhong. Shen Zhenzhong. W 2016 r. ukończył studia magisterskie na Uniwersytecie Hohai w zakresie ochrony zasobów wodnych i inżynierii wodnej, a w 2012 r. uzyskał tytuł licencjata w zakresie inżynierii wodnej na Uniwersytecie Dschang/Ebolowa antenna (Kamerun). Dr Serges Mendomo Meye jest autorem książki zatytułowanej: "***Economie Circulaire & Valorisation des Déchets au Cameroun: Option Stratégique et Vitale pour l'Economie d'un Pays en Quête d'Emergence dans un Environnement Sain", wydanej*** w 2019 roku przez EdiLivre, Paryż-Francja. Opublikował również wiele prac naukowych.

Profesor Shen Zhenzhong urodził się w marcu 1968 roku. Obecnie jest prodziekanem College of Water Conservancy and Hydropower Engineering na Uniwersytecie Hohai. Profesor Shen jest profesorem podoktorem i nadzorcą doktorantów w dyscyplinach "Inżynieria konstrukcji hydraulicznych" i "Budowa i zarządzanie projektami w zakresie ochrony wód i hydroenergetyki" na Uniwersytecie w Hohai. Odpowiedzialny za i uczestniczący w ponad 150 projektach w Chinach i za granicą, profesor Shen uzyskał ponad 30 krajowych patentów wynalazczych i opublikował ponad 300 prac naukowych, z których ponad 80 jest wyszukiwanych przez SCI, EI i ISTP. Zajmuje się głównie analizą wydajności konstrukcji hydraulicznych, kompleksową oceną bezpieczeństwa zapór i monitorowaniem bezpieczeństwa w trybie on-line oraz innymi badaniami. Zaprojektował odciętą metodę podciśnieniową do rozwiązywania problemów przesączania z powierzchnią swobodną; siedmioparametrowy wiskoelastyczno-plastyczny model awarii, model analizy sprzężonego pola naprężeń i pola przesączania oraz przybliżoną metodę analityczną do analizy wibracyjnej zapór ziemno-skalistych. Profesor Shen opracował również dwuwymiarowy i trójwymiarowy program analizy metodą elementów skończonych.

Spis treści

Przedmowa

Wyzwania geologiczne i geotechniczne są często bardzo wymagające przy planowaniu konstrukcji hydraulicznych. Projekty z zakresu hydroenergetyki, zaopatrzenia w wodę i nawadniania wymagają szczegółowych badań geotechnicznych jako podstawy do projektowania. Podczas planowania i realizacji prac niezbędna jest ciągła aktualizacja parametrów przez specjalistów geotechnicznych. Przyjęty projekt nieuchronnie zależy od konkretnych wymagań projektowych i rzeczywistych warunków lokalowych.

W tego typu projektach, ze względu na nieliniową relację naprężeń i odkształceń masy gruntu, złożoność obciążeń i warunków brzegowych, bardzo trudno jest rozwiązać problem metodą analityczną. Zazwyczaj do rozwiązania problemu potrzebna jest metoda numeryczna. Wyniki analizy numerycznej są jedną z ważnych podstaw do oceny problemu przez inżynierów. Ta książka zawiera skalowalne portfolio realistycznych rozwiązań symulacyjnych, w tym pakiet produktów ABAQUS do Unified Finite Element Analysis (FEA), Multiphysics solutions for insight into challenging this kind of engineering problems.

W centrum uwagi tej książki w dziedzinie konstrukcji hydraulicznych/inżynierii geotechnicznej znajdują się wszystkie fazy projektowania, nadzoru i monitoringu podczas budowy wszelkiego rodzaju konstrukcji w skałach i gruncie, takich jak kawerny, tunele, zbocza, groble, doły budowlane, zapory i uszczelnianie fundamentów. Łączone są specyficzne problemy nośności płytkiego fundamentu, naporu gruntu konstrukcji oporowej, konsolidacji przesiąkania nasyconego gruntu, przesiąkania gruntu nienasyconego, zachowania roboczego fundamentu palowego, wykopów skalnych i gruntowych, problemu dopłat oraz analizy stabilności skarp. Poprzez szereg przykładów szczegółowo przedstawiony jest konkretny proces tworzenia modeli, rozwiązywania problemów i późniejszego przetwarzania wyników. Wprowadza się drugie opracowanie materiałów i jednostek zdefiniowanych przez użytkownika, sposób rozwiązania problemów dynamiki konstrukcji za pomocą metod domyślnych i jawnych oraz analizę elementów dyskretnych. W książce tej są również prowadzone analizy uszkodzeń i pęknięć materiałów quasi-kruchych, bezpieczeństwa sejsmicznego zapór wysokich betonowych oraz wpływu reakcji alkalicznej betonu na długookresowe bezpieczeństwo eksploatacyjne konstrukcji, w tym symulacyjna analiza temperatury i pól naprężeń podczas budowy zapór betonowych, analiza dynamiczna i sejsmiczna ocena bezpieczeństwa wysokich zapór, ogólna analiza stateczności wysokich zapór oraz ocena stateczności wysokich zboczy.

Aby osiągnąć lepsze wyniki w analizie struktury hydraulicznej, użytkownicy muszą znać funkcje i właściwości oprogramowania analitycznego oraz opanować odpowiednie teorie matematyczne i mechaniczne. Związek między nimi jest w pełni uwzględniony w niniejszej książce. Sugeruje się, aby użytkownicy najpierw dokładnie zrozumieli podstawowe przykłady i porównali je z wiedzą teoretyczną, przeanalizowali podobieństwa i różnice w założeniach obliczeniowych i wynikach, a następnie rozwinęli je na tej podstawie w celu rozwiązania praktycznych problemów inżynieryjnych.

- **Pierwotne pokrycie**

W połączeniu z programem ABAQUS książka ta dzieli zawartość na dwie części (**JEST TO CZĘŚĆ II**), które łącznie składają się z 18 rozdziałów i objaśnia zastosowanie programu ABAQUS w budownictwie hydraulicznym/techniki wodnej, a mianowicie: rozdziały podstawowe (rozdziały 1-4 w części I), rozdziały dotyczące zastosowania (rozdziały 5-8 w części I i rozdziały 1-3 w części II), rozdziały dotyczące ulepszeń (rozdziały 4-7 w części II) oraz ukończone rzeczywiste projekty budowy zapór z programem ABAQUS (rozdziały 8-10 w części II). Korzystając z tej książki, użytkownik powinien być w stanie korzystać z analizy ABAQUS wspólnych problemów konstrukcji hydraulicznej i inżynierii geotechnicznej oraz zwiększyć zrozumienie odpowiedniej teorii konstrukcji hydraulicznej.

Książka ta zawiera również pliki modelowe i podprogramy użytkownika dla ponad 70 przykładów we wszystkich rozdziałach, do których użytkownik może się odwołać.

- **Wsparcie techniczne**

Użytkownicy napotykający na trudności w procesie nauki mogą wysłać do nas e-mail na adres sergesmendomo@yahoo.fr, d2016010@hhu.edu.cn. Postaramy się jak najlepiej pomóc im odpowiedzieć na pytania. Ponadto, na naszej platformie będziemy udostępniać więcej powiązanych zasobów.

Należy podkreślić, że niniejsza książka ma na celu szczegółowe wyjaśnienie kroków i kluczowych czynników, które należy uwzględnić w analizie numerycznej konstrukcji hydraulicznej i inżynierii geotechnicznej przy użyciu oprogramowania ABAQUS. Jednakże, ze względu na brak czasu i ograniczony poziom autorów, nieuchronnie pojawiają się w książce pewne błędy i pominięcia, a użytkowników zachęca się do ich krytyki i poprawiania.

Uwaga*:
108 Research Group jest międzynarodową grupą doradczą i badawczą zajmującą się pracami nad strukturami hydraulicznymi w projektach z zakresu hydroenergetyki i zasobów wodnych, utworzoną przez profesora Shen Zhenzhong (mój doradca) i profesora Zhao Jiana na Uniwersytecie Hohai w Nanjing w Chinach w 2002 roku.
W zakresie budownictwa wodnego 108 podmiotów koncentruje się na wszystkich fazach projektowania, nadzorowaniu i monitorowaniu podczas i po zakończeniu budowy wszelkiego rodzaju obiektów w skałach i gruncie, takich jak kawerny, tunele, zbocza, groble, doły budowlane, zapory oraz uszczelnianie ich fundamentów i przyczółków. Obejmuje to ocenę optymalnej lokalizacji i orientacji obiektów poprzez projektowanie indywidualnie dopasowanych kampanii badań geotechnicznych. Zakres prac obejmuje wszystkie programy badawcze i testowe niezbędne do określenia kluczowych parametrów charakterystycznych dla konstrukcji podziemnych, zapór oraz ich fundamentów i przyczółków, a także do uzyskania materiałów budowlanych, takich jak wypełnienie naturalne czy kruszywo betonowe. Zakres ten uzupełnia ocena zagrożenia sejsmicznego specyficznego dla danego miejsca.
Znaczące i długoletnie doświadczenie 108 gwarantuje, że konstrukcje hydrauliczne działają we wszystkich fazach planowania, tzn. badania, przeglądu, planowania, przetargów, nadzoru

budowlanego i uruchamiania mogą być zapewnione przez wewnętrzny zespół specjalistów. Mogą oni działać jako kierownicy projektów, przygotowywać ekspertyzy lub być włączeni do zespołów projektowych lub nadzoru budowlanego. Zapewnione jest korzystanie z szerokiej gamy najnowocześniejszego oprogramowania specjalistycznego.

Podziękowanie

Współpraca chińsko-kamerunska w ramach programu "Chińska Rada Stypendialna" oraz 108 Research Group (Uniwersytet Hohai) zapewniły wszystkie fundusze na te prace badawcze. Dlatego chciałbym im podziękować za ich wkład.

Moje podziękowania kieruję również do wszystkich pracowników Uniwersytetu w Hohai za to, że zawsze dążyli do zapewnienia sprzyjającego środowiska, w którym studenci mogą studiować. Wszyscy wnieśli ogromny wkład w tę pracę naukową.

Jestem niezwykle wdzięczny **Liu Chongowi (Eric) i Long Yifeiowi (Dr. Angonfly)** za ich krytyczne sugestie dotyczące mojej pracy i ich stałe wsparcie.

Chciałbym podziękować mojej matce, moim braciom i dzieciom, których nieustanne wsparcie w dniach niepewności i niepokoju pomogło mi przezwyciężyć te trudne etapy mojego życia.

Wreszcie, jestem również bardzo wdzięczny mojemu krajowi, Kamerunowi, za pośrednictwem Ministerstwa Szkolnictwa Wyższego, za stypendium przyznane mi za te badania.

Dziękuję, mój kochany Kamerunie!

Dr. Serges Mendomo Meye

1 Zachowanie eksploatacyjne fundamentu palowego

Streszczenie

Metoda elementów skończonych (MES) jest szeroko stosowana w inżynierii fundamentów palowych, ponieważ może dokładnie symulować geometrię, model konstytutywny, warunki brzegowe i warunki styku między palem a gruntem wokół pala. W tym rozdziale metoda ABAQUS jest wykorzystywana do analizy zachowania się pala pod obciążeniami pionowymi i poziomymi.

Kluczowe punkty tego rozdziału obejmują

- Teoria nośności fundamentu palowego.
- Wpływ powierzchni styku pali z gruntem na fugowanie pali.
- Przykłady przy obciążeniu pionowym.
- Przykłady przy obciążeniu poziomym.

Słowa kluczowe: MES; inżynieria fundamentów palowych; pal i grunt; obciążenia pionowe i poziome; model konstytutywny.

1.1 Teoria nośności fundamentów palowych

W celu zweryfikowania wiarygodności wyników obliczeń elementów skończonych w przyszłości, teoria nośności fundamentu palowego została w skrócie wprowadzona w następujący sposób.

1.1.1 α Metoda

Metoda ta nadaje się do stosowania na palach w warunkach nieutwardzonych w glinie.

1. Ograniczenie oporu tarcia

W α metoda, wartość graniczna oporu tarcia f_s na jednostkę, powierzchnia jest obliczana w następujący sposób.

$$f_s = \alpha c_u \quad (1-1)$$

W którym, c_u jest niepohamowaną siłą gleby; f_s jest współczynnik empiryczny, który był badany przez wielu uczonych i istnieje wiele wzorów empirycznych. Standard API kojarzy go z formułą (1-1).

$$\alpha = \begin{cases} 1 - \frac{(c_u - 25)}{90,25} kPa < c_u < 70\,kPa \\ 1.0 \quad , c_u \leq 25\text{ kPa} \\ 0.5 \quad , c_u \geq 25\text{ kPa} \end{cases} \qquad (1-2)$$

2. Opór graniczny końcowy

Na stronie α metoda, wartość graniczna f_b na końcu, oblicza się opór na jednostkę powierzchni.

$$f_b = (c_u)_b N_c \qquad (1-3)$$

Gdzie $(c_u)_b$ to siła odwodnienia gleby na końcu stosu, oraz N_c to współczynnik nośności. Generalnie, zalecana wartość Skemptona wynosi 9.0.

1.1.2 β Metoda

β Metoda ta opiera się na efektywnej metodzie analizy stresu.

1. Ostateczny opór tarcia

$$f_s = \mu\sigma_h' \qquad (1-4)$$

W którym, σ_h' jest poziomym efektywnym naciskiem ziemi działającym na ścianę pala, oraz μ to współczynnik tarcia między palem a ziemią. Biorąc pod uwagę, że efektywny nacisk poziomy na ziemię wynosi σ_v' razy współczynnik poziomego nacisku na ziemię K_0, formuła jest następująca.

$$f_s = \mu K_0 \sigma_v' = \beta\sigma_v' \qquad (1-5)$$

Powód, dla którego μK_0 jest napisany jako β jest to, że badacze stwierdzili, iż odpowiadające im normalne gleby skonsolidowane są przybliżone w następujący sposób.

$$K_0 = 1 - \sin\varphi' \qquad (1-6)$$

W którym φ' to efektywny kąt tarcia gleby.

Kąt tarcia δ między ścianą pala a ziemią można przyjąć, że (0,75~1) φ'. . .więc β = μK_0. Jest mała zmiana w przypadku z pewnym kątem tarcia.

Należy zaznaczyć, że odpowiadająca mu nadmiarowo zagęszczona gleba, K_0 jest również związane z nadwyżką współczynnika konsolidacji *OCR*.

$$K_0 = (1 - \sin\varphi')\ OCR^{0.5} \qquad (1-7)$$

2. Opór graniczny końcowy

$$f_b = (c')_b N_c + (\sigma_v')_b N_q \qquad (1-8)$$

W formule, $(c')_b$ to efektywna spójność gleby na końcu stosu, $(\sigma_v')_b$ to pionowe efektywne naprężenie gruntu na końcu pala, oraz N_c oraz N_q są współczynnikami nośności. Współczynnik nośności można obliczyć według wzoru Janbu.

$$N_q = \left(\tan\varphi' + \sqrt{1 + tan^2\varphi'}\right)^2 exp(2\eta\tan\varphi') \qquad (1-9)$$

$$N_c = \left(N_q - 1\right)\cot\varphi' \qquad (1-10)$$

W którym, η to kąt kontrolowania zachowania się powierzchni uszkodzenia na czubku pala, jak pokazano na rysunku 1-1, który waha się od 0,33π (glina) do 0,58 π (zagęszczony piasek).

1.2 Prędkość załadunku pala

Oprócz wyboru odpowiedniego modelu konstytutywnego i uwzględnienia interfejsu pal-grunt należy zwrócić szczególną uwagę na prędkość obciążenia pala w analizie elementów skończonych. Prędkość obciążenia nie odnosi się tu do prędkości bezwzględnej narzucanej przez obciążenie, lecz do tego, czy ciśnienie porowe ma wystarczająco dużo czasu na rozproszenie się w trakcie procesu obciążenia. Jeśli prędkość obciążenia jest bardzo duża, to stan przepuszczalności gruntu nie jest dobry, a nacisk porów będzie nadal wzrastał, co należy do krótkotrwałej nośności w warunkach nieutwardzonych. Jeśli stan drenażu w fundamencie przy bardzo niskiej prędkości obciążenia jest dobry, nacisk na pory nie będzie generowany i nie będzie rozpraszał się podczas procesu obciążenia, co należy do problemu długotrwałej nośności w warunkach drenażu.

Dwie prędkości obciążenia lub dwa warunki odwadniania można analizować za pomocą kroków analizy sprzęgła naprężającego z wyciekiem płynu wprowadzonych w poprzednim rozdziale. Tak długo, jak wybrany jest rozsądny model konstytutywny gruntu i warunki drenażu oraz prędkość obciążenia są ustalane w zależności od warunków rzeczywistych, różnica pomiędzy wytrzymałością na drenaż a wytrzymałością na drenaż nie jest brana pod uwagę i jest kontrolowana przez naprężenia efektywne. W poniższych dwóch szczególnych przypadkach można również uprościć metodę obróbki:

- Przypadek całkowitego odwodnienia: ponieważ uważa się, że obciążenie pala nie spowoduje powstania ciśnienia porowego, można przyjąć czystą analizę statyczną, a w analizie można wykorzystać efektywne parametry naprężeń.
- Stan bezwzględny niedotlenienia: w tym przypadku stan ostateczny jest kontrolowany przez wytrzymałość niedotlenienia, dlatego też można zastosować stosunkowo uproszczony model konstytutywny, o ile może on odzwierciedlać wytrzymałość gleby na ścinanie w warunkach niedotlenienia (np. model Tresca). Ponadto, biorąc pod uwagę fakt, że objętość pozostaje niezmieniona w warunkach nienaruszonych, współczynnik Poissona jest zbliżony do 0,5.

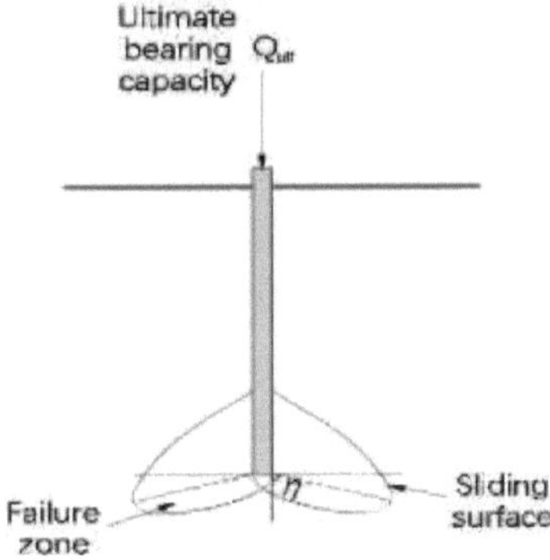

Rysunek 1-1 Pęknięcie ścinające końcówki pala (Janbu, 1976)

1.3 Przykłady

1.3.1 Pionowo obciążony pal w nieosłoniętym fundamencie glinianym bezdotykowo

Przykład ex9-1.cae

1. Opis problemu

Okrągły pal o długości 20 m i średnicy 1 m jest osadzony w zwartym fundamencie glinianym. Wytrzymałość gliny na rozciąganie wynosi c_u=100kPa, waga nasycenia wynosi γ_w=18kN/m3, a współczynnik poziomego nacisku na ziemię wynosi 10. Analizowane jest zachowanie robocze pala w stanie nieosłoniętym.

W tym przypadku, w celu symulacji warunków obciążenia nieosłoniętego, do analizy stosuje się naprężenie całkowite, odpowiedni współczynnik Poissona wynosi v=0,49, a moduł sprężystości E = 100MPa. Wytrzymałość na rozciąganie jest symulowana za pomocą modelu Mohr-Coulomba, tj. c=100kPa, φ=0° (kąt tarcia wynosi 0, model Mohr-Coulomba zdegenerowuje się do modelu Tresca).

Przyjmuje się model sprężysty korpusu pala, moduł sprężysty E = 20GPa, stosunek Poissona v=0,15.

W celu zasymulowania zjawiska poślizgu na styku pal-podłoże, w analizie zazwyczaj konieczne jest ustawienie styku pala z gruntem. Trudno jest jednak dokładnie określić sztywność styczną i inne parametry powierzchni styku. Donice [8] zaznaczył, że nie można ustawić żadnej powierzchni styku w celu analizy pala poddanego obciążeniom pionowym.

2. Nacisk w studium przypadku

- Niepohamowana symulacja ładowania.
- Mechanizm przenoszenia pojedynczego pala pod obciążeniem.

3. Model i rozwiązanie

Elementy z etapu 1. Ten przykład jest uproszczony do problemu osiowo-symetrycznego. W module części wybrane jest polecenie [Część]/[Utwórz]. W oknie dialogowym "Utwórz artykuł" wybieramy w obszarze przestrzeni modelowania ośsymetryczną. Przybliżona wielkość jest ustawiona na 200. Zaakceptuj pozostałe opcje domyślne, kliknij [Dalej], aby utworzyć prostokąt o szerokości 50m i wysokości 50m. Początek jest wybierany jako lewy dolny róg modelu. Wybierz polecenie [Narzędzia]/[Partycja], ustaw typ jako ścianę, metodę jako szkic w wyskakującym oknie dialogowym tworzenia partycji i oddziel kontur stosu po wejściu do interfejsu rysunkowego.

> Uwaga: ABAQUS automatycznie lokalizuje początek w środku modelu, gdy wykonuje rozdzielenie i inne operacje w środowisku rysowania. Może on różnić się od współrzędnych narysowanych podczas tworzenia komponentów, a czasami jest niewygodny w obsłudze. W tym momencie można kliknąć w środowisku rysowania lub wybrać polecenie [Edycja]/[Opcje szkicownika], w oknie dialogowym jak pokazano na Rysunku 1-2, kliknąć [Pochodzenie], aby zresetować pochodzenie. W tym miejscu, współrzędne są resetowane tylko dla wygody rysowania, bez wpływu na rzeczywiste współrzędne.

Charakterystyka materiału i sekcji z etapu 2. W module właściwości wybierz polecenie [Materiał]/[Utwórz], by utworzyć materiał gruntu o nazwie grunt i materiał palowy o nazwie pal. Wybierz polecenie [Przekrój]/[Utwórz], ustaw charakterystyki przekroju gruntu (odpowiadającym mu materiałem jest grunt) i pala (odpowiadającym mu materiałem jest pal), a następnie wybierz polecenie [Przypisz]/[Przekrój], aby przypisać odpowiednią powierzchnię.

Etap 3 części montażowe. W module zespołu wybierz polecenie [Instance]/[Create] i utwórz odpowiednią instancję.

Krok 4: definicja etapu analizy. Wybierz polecenie [Step]/[Create], aby utworzyć krok analizy geostatycznej o nazwie geoini oraz krok analizy statyczno-ogólnej o nazwie obciążenie. Krok początkowy analizy obciążenia ustawiony jest na 0.1, maksymalny dopuszczalny krok ustawiony jest na 0.2 i ustawiony jest algorytm asymetryczny.

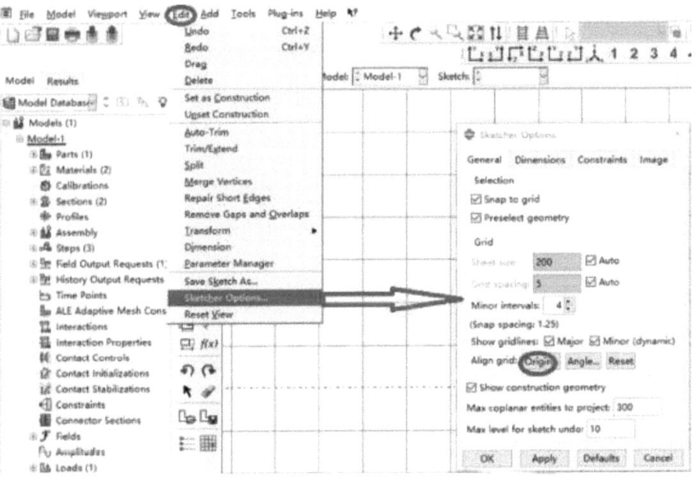

Rysunek 1-2 Regulacja opcji wyświetlania szkicu

Krok 5 - obciążenie i warunki brzegowe. W module obciążenia wybrane jest polecenie [BC]/[Create], a przemieszczenia poziome i pionowe na dole modelu, na lewo (oś symetryczna) i na prawo są ograniczone w początkowym etapie analizy. Obciążenie pala realizowane jest poprzez określenie warunków przemieszczenia górnej części pala. Ponownie wybierane jest polecenie [BC]/[Create], a przemieszczenie wierzchołka pala ustawiane jest na -0,04m w kroku analizy obciążenia. Aby dostosować się do naprężenia początkowego, wybierz polecenie [Obciążenie]/[Utwórz] i w analizie geoiniego zastosuj obciążenie fizyczne wynoszące -18 dla całego modelu.

Krok 6 stan początkowy naprężenia. W module obciążenia wybierz polecenie [Predefiniowane pole]/[Utwórz], ustaw krok jako początkowy (początkowy krok w programie ABAQUS), wpisz jako mechaniczny, wpisz jako naprężenie geostatyczne (pole naprężenia in-situ), ustaw wielkość naprężenia pionowego-1 punktu początkowego1 na 0, odpowiednią współrzędną pionową1 na 50 (powierzchnia gruntu), a wielkość naprężenia pionowego2 na -900kPa. Dla współrzędnej pionowej2 współczynnik naprężenia bocznego gruntu wynosi 1.

Krok 7 oczko. Wejdź do modułu mesh i wybierz opcję obiektu na pasku środowiska jako część, co oznacza, że siatka jest wykonywana na poziomie części. Wybierz polecenie [Mesh]/[Controls], ustaw kształt elementu (kształt komórki) jako Quad (czworoboczny) i technikę (technika podziału) jako zamianę w oknie dialogowym sterowania siatką. Wybierz polecenie [Mesh]/[Element Type] i wybierz typ komórki CAX4 (ośsymetryczna komórka z czterema węzłami). Wybierz polecenie [Seed]/[Edges], aby ustawić nasiona w kierunku poziomym stosu na 5; użyj opcji bias (odchylenie), aby ustawić poziomą szerokość warstwy gleby w pobliżu stosu na 0,1, poziomą szerokość odległego oczka na 2,5; i ustaw pionową długość oczka modelu na 0,5. Wybierz polecenie [Mesh]/[Part], kliknij [Yes] w obszarze wyświetlanego monitu, aby ustawić siatkę.

Uwaga: Ponieważ nie ma powierzchni styku, wielkość oczek w pobliżu strony pala musi być na tyle mała, aby odzwierciedlała większy gradient deformacji.

Etap 8 zgłosić pracę. Wejdź do modułu zadań, utwórz i prześlij zadanie o nazwie ex9-1.

4. Analiza wyników

Krok 1: Wejdź do modułu post-processingu wizualizacji i otwórz odpowiedni plik bazy danych wyników obliczeń.

Krok 2: Za pomocą skrzynki z narzędziami i przycisków można obserwować deformację siatki i niezdeformowane chmury konturowe każdej ze zmiennych. Należy pamiętać, że w celu wyraźnego wyświetlenia, ABAQUS często powiększa deformację, czasami współczynnik powiększenia jest zbyt duży, a wyświetlacz siatki jest zniekształcony. Można go dostosować za pomocą polecenia [Opcje]/[Wspólne], jak pokazano na Rysunku 1-3. Niezależnie od tego, czy wyświetlana jest linia siatki, czy nie, w tym oknie dialogowym można również ustawić jej kolor.

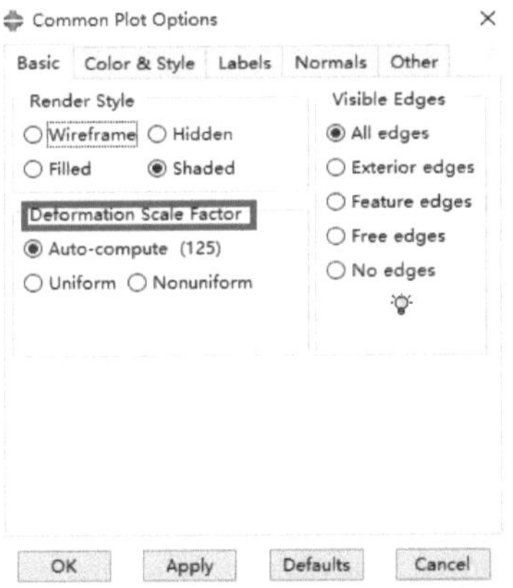

Rysunek 1-3 Dostosowany współczynnik wyświetlania deformacji

Krok 3: rozkład stref plonów. Usuń kupkę z bieżącego widoku za pomocą polecenia [Narzędzia]/[Grupa wyświetlania]. Narysuj strefę wpływu gruntu wokół pala w różnym czasie, jak pokazano na Rysunku 1-4. Granica plastyczności AC jest znakiem plastyczności, gdy występuje, wynosi 1, a gdy nie występuje, wynosi 0. Ponieważ wartości na węzłach są określane przez interpolację, możliwe jest wyświetlenie więcej niż 1, co nie wpływa na wiarygodność wyników obliczeń. Wyniki obliczeń pokazują, że ugięcie występuje głównie w górnej części pala - gruntu w początkowej fazie obciążenia, a ugięcie warstwy gruntu na końcu pala występuje głównie w fazie późniejszej. Z boku widać, że opór od strony pala jest najpierw wywierany, a opór od strony końca - później, co można dodatkowo zweryfikować analizując poniższą krzywą obciążenia i osiadania.

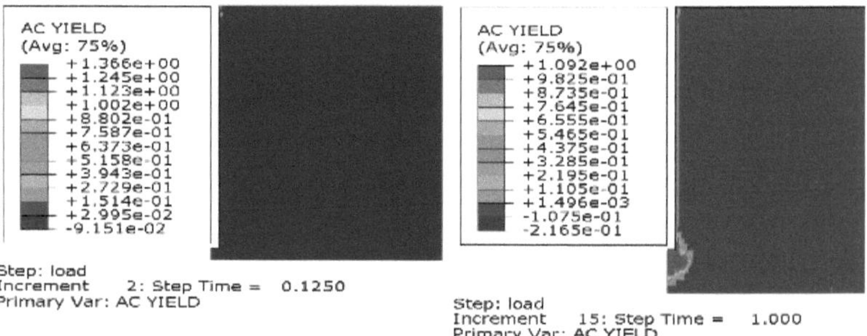

Rysunek 1-4 Strefa wydajności w różnym czasie

Etap 4 - proces bocznego oporu. Wybierz polecenie [Narzędzia]/[Ścieżka]/[Utwórz], aby utworzyć ścieżkę wokół stosu (z wyłączeniem węzłów końcowych stosu). Wybierz polecenie [Narzędzia]/[XY - Dane]/[Utwórz] i narysuj naprężenie ścinające S12 w interfejsie pal-podłogu ze ścieżką jako źródłem danych. Zauważono, że nie ma interfejsu pomiędzy pale i gruntem, w tym przypadku jest to połączenie pale - grunt. Istnieje duża różnica pomiędzy obiema stronami połączenia, a zmiany naprężeń są nieciągłe. Średnie naprężenia w szczelinie mogą ulegać wahaniom podczas obróbki końcowej. W tym celu należy wybrać polecenie [Rezultat]/[Opcje] i w oknie dialogowym pokazanym na Rysunku 1-5 wybrać tylko wyświetlane elementy średnie. Można również wyodrębnić S12 w środku elementu gruntu po stronie pala jako opór tarcia, a jego rozkład jest bardziej płynny niż w węźle. Wyniki rozkładu Sl2 pokazują, że względne przemieszczenie gruntu palowego w górnej części pala jest największe i opór tarcia jest najwcześniejszy w początkowej fazie obciążenia. Zauważa się, że w tym przypadku moduł sprężystości jest większy, ściskanie pala mniejsze, względne przemieszczenie pala i gruntu na końcu pala jest znaczne, a opór tarcia można wywierać od góry do dołu aż do osiągnięcia granicy długości. Jak pokazano na rysunku 1-6, wytrzymałość gruntu na ściskanie wynosi w tym przypadku 100kPa. Można regulować parametry takie jak moduł cylindra i obserwować zmianę wyników obliczeń.

Krok 5. Krzywa osiadania obciążenia. Za reprezentatywną wartość naprężenia pionowego u góry i na końcu pala przyjmuje się średnią wartość naprężenia pionowego u góry i na końcu pala. Krzywą osiadania obciążenia rysuje się po pomnożeniu powierzchni przekroju poprzecznego, jak pokazano na rysunkach 1-7. Równocześnie podaje się krzywą procesową nośności wierzchołka pala. Krzywą całkowitego oporu bocznego można uzyskać, odejmując całkowitą krzywą obciążenie-osiadanie od krzywej oporu końcówki pala. Na rysunku wyraźnie widać, że nośność końcowa pozostaje w tyle za nośnością boczną, a nośność boczna pozostaje niezmieniona, gdy przemieszczenie osiągnie 0,01 m, wielkość nośności bocznej wynosi 6529 kN, co jest zbliżone do szacunkowego nośności szacunkowej. $c_u lu = 100 \times 20 \times \pi \times (2 \times 0.5) = 6283$ kN zgodnie z warunkami obliczeń, z błędem 4 procent.

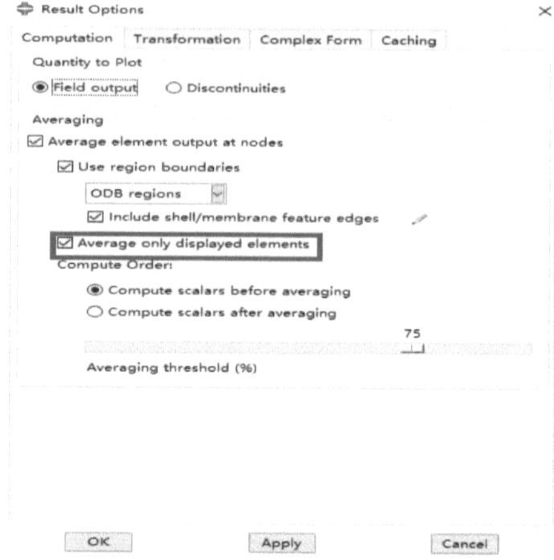

Rysunek 1-5 Średnie naprężenia złącza tylko w zależności od jednostki wyświetlacza

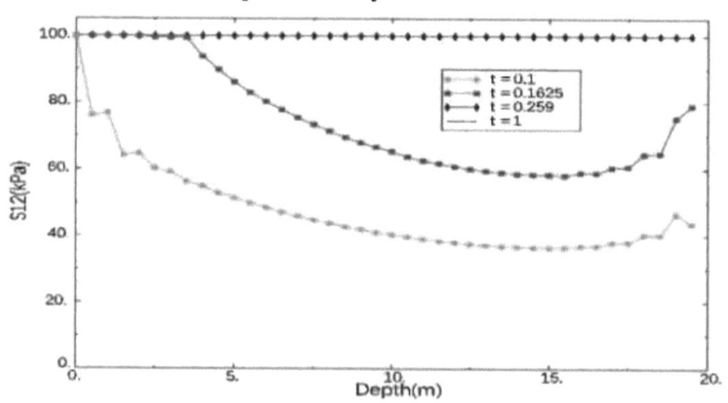

Rysunek 1-6 tarcia po stronie pala

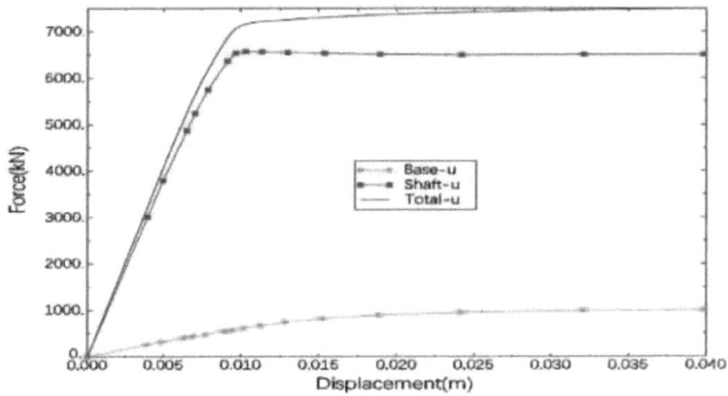

Rysunek 1-7 Krzywa osiadania obciążenia

1.3.2 Pionowo obciążony pal w nieosłoniętym fundamencie glinianym o powierzchni styku z nawierzchnią ustawczą

Przykład ex9-2.cae

1. Opis problemu

Podstawowe warunki są takie same jak ex:9-1, ale interfejs między palem a glebą jest ustalony w analizie. Wytrzymałość powierzchni styku wynosi 100kPa.

2. Nacisk w studium przypadku

- Ustawienie nieosłoniętej wytrzymałości na ścinanie powierzchni styku.
- Wpływ sztywności powierzchni nośnej na krzywą obciążenia-rozrachunku.

3. Model i rozwiązanie

Etapy modelowania w tym przykładzie są w zasadzie takie same jak w ex9-l, ale tylko różnice są tu opisane.

Etap 1, biorąc pod uwagę powierzchnię styku pala i gleby, konieczne jest utworzenie dwóch części gleby i pala oraz utworzenie na powierzchni pala-b i pala-1 powierzchni styku gleby odpowiednio na boku i na końcu pala.

Materiał z etapu 2, etap analizy, obciążenie i warunki brzegowe, ustalenie warunków początkowych i gęstości oczek są takie same jak w przypadku ex9-1.

Etap 3 charakterystyki kontaktu. W tym przypadku równomierną, nieosłoniętą wytrzymałość na ścinanie powyżej i poniżej interfejsu uzyskuje się poprzez zdefiniowanie modelu wiązania interfejsu. Wprowadź moduł interakcji, wybierz polecenie [Interaction]/[Property]/[Create], wprowadź intprop-1 w oknie dialogowym tworzenia właściwości interakcji, ustaw styk jako typ, kliknij przycisk [Continue], aby przejść do okna dialogowego edycji właściwości styku, wybierz polecenie [Mechanical]/[Cohesive Behavior] i wybierz określoną w oknie dialogowym force and displacement traction-separation behavior. Współczynniki sztywności, odłączone, knn, kss i ktt są ustawione na 1e5.

W oknie dialogowym edycji właściwości styku wybierz polecenie [Mechaniczne]/[Uszkodzenie], wybierz kryterium maksymalnego naprężenia normalnego na karcie inicjacji i określ tylko naprężenie normalne, tylko ścinanie1, a tylko ścinanie2 jako 100kPa. Zaznacz pole wyboru Określ ocenę uszkodzenia, ustaw typ na przemieszczenie, zmiękczenie na liniowe oraz całkowite/plastyczne przemieszczenie na 1e3 w zakładce oceny. Duża wartość przemieszczenia przy uszkodzeniu oznacza, że sztywność interfejsu nie zmniejsza się, gdy naprężenie ścinające osiągnie wytrzymałość na ścinanie, a naprężenie ścinające interfejsu pozostaje bez zmian.

Krok 4 tworzenie par kontaktów. W module interakcji wybierz polecenie [Interaction]/[Create], ustaw nazwę na int-1 w oknie dialogowym create an interaction, wybierz inicjał z rozwijanej listy kroków i zignoruj fakt, że kontakt rozpoczyna się od kroku analizy początkowej. Zaakceptuj domyślną opcję typów dla wybranego obszaru kroku [Styk powierzchniowo-powierzchniowy], kliknij przycisk [Kontynuuj] i postępuj zgodnie z obszarem podpowiedzi. Wybierz powierzchnię główną na ekranie, wybierz opcję [Powierzchnie] po prawej stronie obszaru podpowiedzi, otwórz okno dialogowe wyboru regionu, wybierz pile-1 w kwalifikujących się zestawach, kliknij przycisk [Kontynuuj], wybierz powierzchnię jako typ powierzchni podrzędnej, wybierz grunt-l jako powierzchnię podrzędną, potwierdź i ustaw właściwość powierzchni styku na intprop-1 w oknie dialogowym edycji interakcji; ustaw na małe przesuwanie, zaakceptuj pozostałe opcje domyślne i kliknij przycisk [Ok.] Podobnie tworzone są pary styków pomiędzy pale-b i grunt-b. W oknie dialogowym edycji interakcji należy zaznaczyć opcję "małe przesuwanie", zaakceptować pozostałe opcje domyślne i kliknąć [Ok], aby potwierdzić i zakończyć.

Krok 5 wejdź do modułu zadań, utwórz i prześlij zadanie o nazwie ex9-2.

4. Analiza wyników

Krok 1 wchodzi do modułu post-processingu wizualizacji i otwiera odpowiedni plik bazy danych wyników obliczeń. Naprężenie ścinające Cshear1 na powierzchni styku jest wykreślone na Rysunku 1-8 przy użyciu funkcji korelacji ścieżek. Wyniki obliczeń są takie same jak te na Rysunku 1-6. Ze względu na różne prawa symboli tarcia międzyfazowego, wyniki na Rysunku 1-8 różnią się od tych na Rysunku 1-6 znakiem dodatnim i ujemnym.

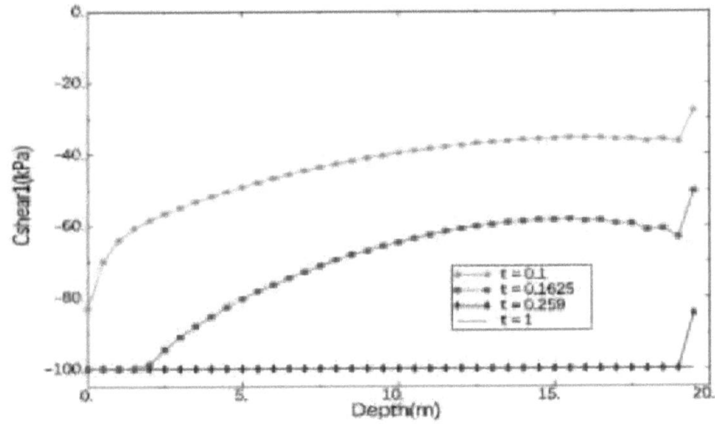

Rysunek 1-8 tarcia między palami

Uwaga: W analizie elementów skończonych złącze krawędziowe końcówki pala nie ulega odkształceniu, więc siła tarcia na końcówce pala jest niewielka.

Etap 2 Rysunek 1-9 porównuje krzywe obciążenia-osadności uzyskane z powierzchniami stykowymi i bez nich. Jednocześnie podaje się wyniki obliczeń dotyczących sztywności powierzchni styku 1×10^7 (ex9-2-2) i 1×10^3 (ex9-2-3). Z rysunku widać, że wyniki obliczeń są podobne, gdy sztywność powierzchni styku jest duża (1×10^5 i 1×10^7) i zbliżona do tych bez powierzchni styku. Ponieważ względny poślizg między palem a gruntem jest ograniczony, gdy nie ma ustalonej powierzchni styku, sztywność i nośność systemu pal-paliwo są nieco większe. Gdy sztywność powierzchni styku jest niewielka, krzywe obciążenie-osiadanie są oczywiście różne i konieczne jest większe przemieszczenie w celu wywarcia tarcia i osiągnięcia stanu obciążenia granicznego. Wniosek ten jest zgodny z obliczeniami Pottsa. Zwrócił on uwagę, że jeśli nie można dokładnie określić sztywności powierzchni styku, to może lepiej byłoby uzyskać większą sztywność. Należy jednak również zauważyć, że nadmierna sztywność powierzchni styku może spowodować uszkodzenie osnowy, trudną zbieżność lub gorsze wyniki obliczeń. Analizując zachowanie eksploatacyjne fundamentu palowego pod obciążeniem pionowym, można również bezpośrednio nie ustawiać powierzchni styku i przyjąć gęstszą siatkę po stronie pala.

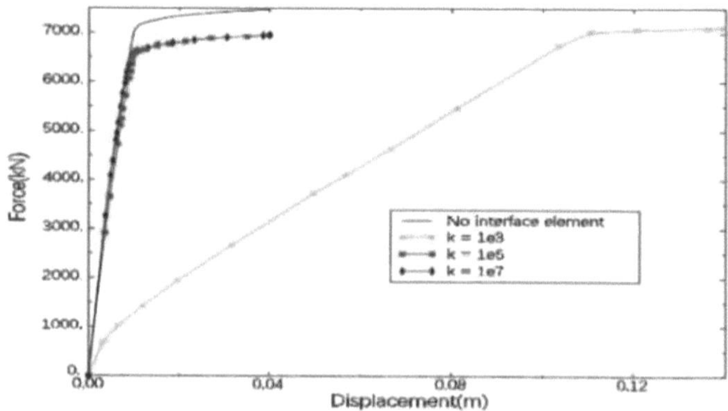

Rysunek 1-9 Krzywa osiadania obciążenia

1.3.3 Pionowo obciążony stos/bezkontaktowa powierzchnia w suchym piaskowym fundamencie

Przykład ex9-3.cae

1. **Opis problemu**

Dla podbudowy piaskowej, moduł sprężystości E = 100MPa, stosunek Poissona v = 0,3, ciężar własny $\gamma = 18\mathrm{kN/m^3}$, współczynnik poziomego ciśnienia ziemskiego wynosi 1,0, c = 0kPa, $\varphi = 25^{\circ}$, a kąt dylatacji jest rozważany w dwóch przypadkach: $\Psi = 0^{\circ}$ (ex9-3) i 20° (ex9-3-2). Długość i średnica stosu wynosi odpowiednio 20m i lm. Moduł sprężystości materiału pala wynosi E = 20GPa, a stosunek Poissona wynosi v = 0,15. Analizowane jest zachowanie robocze pala.

2. **Nacisk w studium przypadku**

- Wpływ kąta dylatacji na krzywą obciążenia-rozliczenia.

3. **Model i rozwiązanie**

Krok 1 z wyjątkiem ex9-1.cae jako ex9-3.cae.

Krok 2 wejdź do modułu właściwości, wybierz polecenie [Materiał]/[Edycja] i zmień parametry gruntu zgodnie z nowymi danymi.

W kroku 3 wejdź do modułu obciążenia, wybierz polecenie [BC]/[Edit] i dostosuj przemieszczenie pala z góry na dół do -0,08.

Krok 4 wejdź do modułu zadań, utwórz i prześlij zadanie o nazwie ex9-3.

4. **Analiza wyników**

Krok 1: Wejdź do modułu post-proccssingu wizualizacji i otwórz odpowiedni plik bazy danych wyników obliczeń.

Krok 2: Krzywe obciążenia-osadności pala z różnymi kątami dylatacji przedstawiono na rysunkach 1-10. Z wykresu widać, że gdy kąt dylatacji jest duży, krzywa obciążenia-osadności jest oczywiście wyższa i nie ma oczywistego punktu zwrotnego, który nie osiąga stanu granicznego. Wynika to z faktu, że potencjalna zużywająca się powierzchnia modelu Mohr-Coulomba w ABAQUS jest linią prostą nachyloną do góry, gdy ciśnienie jest wysokie. Gdy pal powoduje ścinanie jednostki glebowej, następuje nieograniczona dylatacja (normalny kierunek potencjalnej powierzchni pozostaje niezmieniony), naprężenia poziome nadal rosną, a tarcie dostarczane przez glebę po stronie pala nadal wzrasta. Zjawisko to występuje we wszystkich modelach, które nie odzwierciedlają stanu krytycznego (deformacja przy ścinaniu rozwija się w nieskończoność, a objętość nie ulega zmianie).

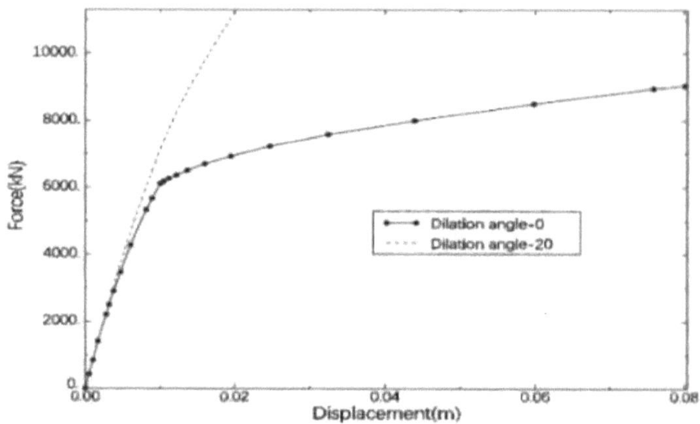

Rysunek 1-10 Wpływ kąta dylatacji na krzywą obciążenie-osadność

1.3.4 Pionowo obciążony pal w suchej piaskowej powierzchni styku z podłożem betonowym

Przykład ex9-4.cae

1. Opis problemu

Parametry modelu są takie same jak ex9-3, ale interfejs jest ustawiony na interfejsie pile-soil.

2. Nacisk w studium przypadku

- Wpływ kąta dylatacji na krzywą obciążenie-osiadanie w obecności powierzchni styku;

3. Model i rozwiązanie

Krok 1, z wyjątkiem ex9-2.cae jako ex9-4.cae.

Krok 2 wejdź do modułu właściwości. Wybierz polecenie [Material]/[Edit], zmień parametry gruntu zgodnie z nowymi danymi i uwzględnij kąt dylatacji jako $\Psi = 0.°$ (ex4-3) i 20° (ex9-4-2).

Krok 3 wchodzi w moduł obciążenia. Po wykonaniu polecenia [BC]/[edit] przemieszczenie stosu z góry na dół jest dostosowywane do wartości -0,06.

Krok 4 wchodzi w moduł interakcji. Wybierz polecenie [Interaction]/[Property]/[Edit], usuń definicję modelu wiązania styków w ex9-2 w oknie dialogowym edycji właściwości styków, wybierz polecenie [Mechanical]/[Normal Behavior] w oknie dialogowym, zaakceptuj opcje domyślne i ustaw styki normalne. Wybierz polecenie [Mechaniczne]/[Zachowanie styczne], ustaw model styczny jako karę (funkcja karna), ustaw współczynnik tarcia na Opalenizna $25^{\circ} = 0.466$ przełączyć na zakładkę elastyczną, jak pokazano na rys. 1-11, i ustawić maksymalny poślizg elastyczny na 1e-5.

Krok 5 wchodzi do modułu zadań. Utwórz i prześlij pracę o nazwie ex9-4.

4. Analiza wyników

Krok 1 wchodzi w moduł post-processingu wizualizacji i otwiera odpowiedni plik bazy danych wyników obliczeń.

Krok 2 Rysunek 1-12 przedstawia krzywe obciążenia i osiadania pala z różnymi kątami dylatacji. Jak widać na rysunku, gdy kąt dylatacji wynosi 0, wyniki obliczeń z powierzchnią styku i bez niej są bardzo zbliżone. Gdy kąt dylatacji wynosi 20°Wynik ustawienia interfejsu jest łagodniejszy, ponieważ model styku Coulomba w ABAQUS nie uwzględnia dylatacji interfejsu.

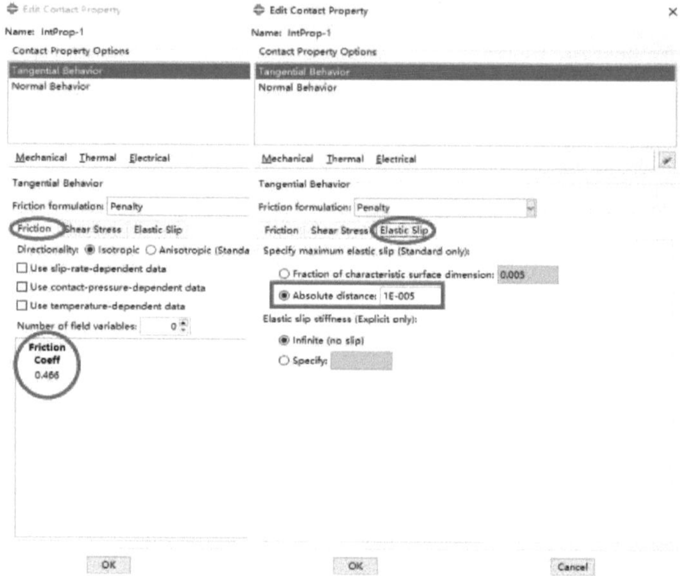

Rysunek 1-11 Ustawienie tarcia Coulomb'a

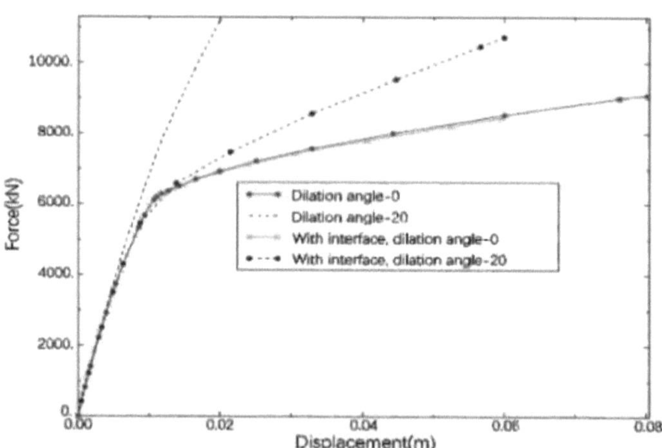

Rysunek 1-12 Wpływ kąta dylatacji na krzywą obciążenie-osadnictwo przy ustalonym kontakcie powierzchniowym

1.3.5 Pale obciążone pionowo o nieregularnej wytrzymałości i niejednorodnym rozmieszczeniu

Przykład ex9-5.cae

1. **Opis problemu**

W przykładzie ex9-1 nieosłonięta wytrzymałość gleby rozkłada się równomiernie wraz z głębokością. W praktyce konieczne jest uwzględnienie niejednorodnego rozkładu siły nieprzepuszczalnej wraz z głębokością (np. rozkładu liniowego). Przypadek ten będzie symulowany w tym przykładzie. Przyjmuje się, że wytrzymałość fundamentu gliniastego na rozciąganie wynosi 10kPa na powierzchni (y=50) i 100kPa na dnie (y=0) modelu. Pozostałe parametry są takie same jak ex9-1.

2. **Nacisk w studium przypadku**

- Nierównomierny rozkład nieosłoniętych ustawień wytrzymałościowych.
- Zastosowanie podprogramu użytkownika korpusu UFIELD.

3. **Model i rozwiązanie**

Etap 1 z wyjątkiem ex9-l.cae jako ex9-5.cae

Krok 2 wejdź do modułu właściwości. Wybierz polecenie [Material]/[Edit] i ustaw spójność ze zmiennymi polowymi w oknie dialogowym, jak pokazano na Rysunku 1-13. W zakładce kohezja ustaw liczbę zmiennych polowych na 1, czyli kohezja materiałów jest związana ze zmienną polową, i ustaw odpowiednią kohezję, czyli gdy zmienna polowa wynosi 0, kohezja wynosi 100; gdy zmienna polowa wynosi 50, kohezja wynosi 10. W podprogramie użytkownika UFIELD zmienne pola są ustawiane na współrzędne pionowe węzłów. UFIELD jest ex9-5.for, koduje się w następujący sposób.

```
SUBROUTINE UFIELD (POLE, KFIELD, NSECPT, KSTEP, KINC, TIME, NODE,
1 AKORD, TEMP, DTEMP, NFIELD)
C
W TYM "ABA_PARAM. INC
C
```

```
POLE WYMIARU (NSECPT, NFIELD), CZAS (2), WSPÓŁRZĘDNE (3)
1 TEMP (NSECPT), DTEMP (NSECPT)
C
 POLE (1, 1) = WSPÓŁRZĘDNE (2)
C Tablica zmiennych pola jest FIELD (NSECPT, NFIELD), gdzie NSECP jest liczbą węzłów
do zdefiniowania, z wyjątkiem elementów wiązki i płyty, wszystkie są 1, NFIELD.
Pewna liczba zmiennych polowych, w tym przypadku 1. KORZYŚCI (2) to współrzędna y
węzła
ZWROT
END
```

Krok 3: modyfikacja pliku inp danych modelu i ustawienie zmiennych pola dla węzłów. Definicja zmiennych polowych nie może być przeprowadzona w CAE. Należy ją zmodyfikować ręcznie, wykonując polecenie [Model]/[Edycja słów kluczowych]/[Model-1]. Wstaw następującą deklarację po deklaracji słowa kluczowego *step geoini w pierwszym etapie analizy, jak pokazano na Rysunku 1-14. Część-1-1 wiersza danych tutaj jest nazwą obiektu instancji, a gleba to zbiór zdefiniowanych gleb.

*Pole, użytkownik

Część 1-1-1. Gleba

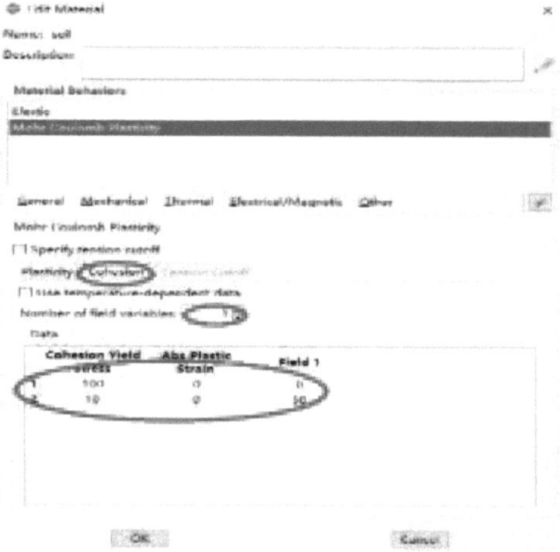

Rysunek 1-13 Spójność z ustalaniem zmiennych w terenie

Krok 4: wprowadź moduł krokowy, wybierz polecenie [Wyjście]/[Polecenie Wyjście]/[Edycja] i dodaj FV w polu [Stan/Pol/użytkownik/czas] jako zmienną wyjściową.

Krok 5: wprowadź moduł zadania, wybierz polecenie [Zadanie]/[Edycja] i ustaw ścieżkę podprogramu użytkownika w zakładce ogólnej okna dialogowego edycji zadania. Wyślij obliczenia po zmianie nazwy pliku zadania ex9-5.

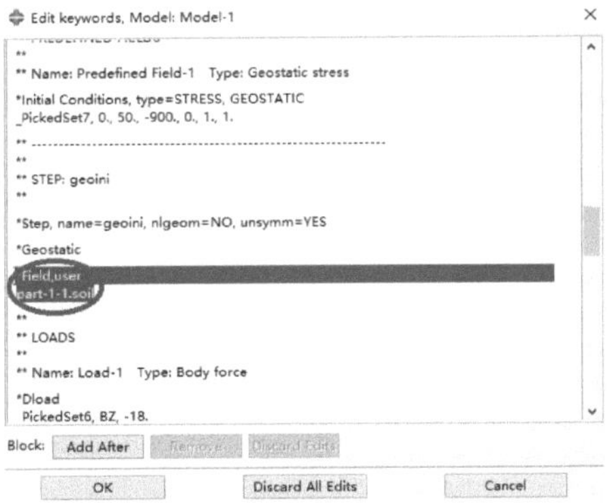

Rysunek 1-14 Ręczna modyfikacja zmiennych pól "ustawienia pliku inp".

Uwaga: Ponieważ wartość początkowa zmiennej pola nie jest ustawiona, ABAQUS zakłada, że na początku analizy jest ona równa 0. W tym przykładzie, wartość kroku analizy geostatycznej jest zmieniana przez polecenie *field i zmienia się liniowo do wcześniej określonej wartości z czasem kroku analizy. W tym przypadku, ponieważ początkowa gleba nie jest zniszczona, zmiana spójności nie spowoduje trudności z konwergencją. W przypadku uwzględnienia rozkładu modułu sprężystości z głębokością, zmiana zmiennych pola w analizie geostatycznej spowoduje problemy z konwergencją. W tym momencie początkowy rozkład zmiennych polowych powinien być ustalony zgodnie z rzeczywistą sytuacją. Książka ta zostanie wprowadzona w kolejnych rozdziałach z przykładami.

4. Analiza wyników

Krok 1 wejdź do modułu post-processingu wizualizacji i otwórz odpowiedni plik bazy danych wyników obliczeń.

W kroku 2 narysowano chmurę konturową zmiennej pola FVl, jak na rysunku 1-15. Jak widać na wykresie, pewną rolę odgrywa podprogram UFIELD, a zmienne polowe są przypisywane do współrzędnych wzdłużnych węzłów glebowych.

Krok 3 Rysunek 1-16 przedstawia krzywe zmiennego w czasie tarcia S12 na różnych głębokościach w stosunku do punktów środkowych wierzchołka pala (y=49,75 i 45,75). Z wykresu widać, że tarcie w pobliżu wierzchołka pala jest małe, a tarcie na sondzie duże, co lepiej odzwierciedla wzrost nieosłoniętej siły wraz z głębokością.

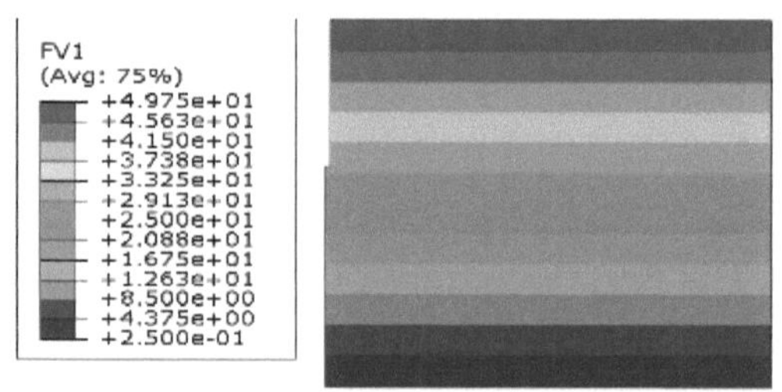

Rysunek 1-15 Rozkład zmienny pola FV1

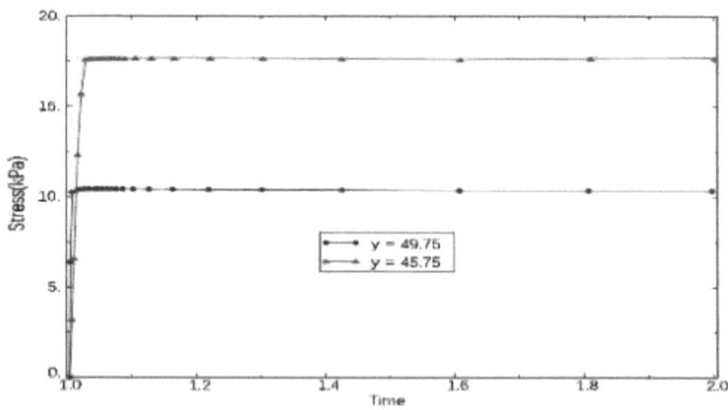

Rysunek 1-16 Proces powstawania oporu bocznego w różnych położeniach

Uwaga: Na podstawie tego przykładu można dalej modyfikować rozkład parametrów materiału, takich jak moduł sprężystości wraz z głębokością.

1.3.6 Pale obciążone pionowo w fundamencie glinianym Cambridge

Przykład ex9-6.cae

1. Opis problemu

W poprzednim przykładzie, warunki obciążenia nieosłoniętego są symulowane metodą naprężeń całkowitych i wytrzymałości nieosłoniętej. Dla pala obciążonego pionowo w fundamencie glinianym Cambridge, efektywna analiza naprężeń jest przeprowadzana przy użyciu etapu analizy wycieku płynu/sprzęgu naprężeń. Betonowy pełny pal okrągły znajduje się w normalnej konsolidacji nasyconej gliny, a poziom wód gruntowych jest równy z fundamentem. Długość i średnica pala wynosi odpowiednio 10,0m i 0,5m. Ze względu na osisymetrię do analizy stosuje się model osiowo-symetryczny. W celu zmniejszenia wpływu granicy na obszar analizy, końcówkę pala rozszerza się 1-krotnie, o ile pal i średnica pala jest pobierana 20 razy w kierunku poziomym. Gleba jest symulowana za pomocą modelu Cambridge'a o parametrach przedstawionych w tabeli 1-1. Pale modeluje się za pomocą liniowego modelu sprężystego o module sprężystości E =20GPa i stosunku Poissona v=0,2. Współczynnik tarcia pomiędzy palem a gruntem wynosi 0,577 (tanφ).

Tabela -11 Parametry modelu Cambridge'a gleby

Materiał	$\gamma'(kN/m^3)$	v	λ	κ	$M(\varphi')$	e_1	K(m/s)
Miękka glina	0.8	0.35	0.20	0.040	1.20(30°)	2.0	1×10^{-7}

2. Analiza warunków początkowych

Rozsądne ustawienie naprężenia początkowego jest bardzo ważne dla niezawodności rozwiązania. Zgodnie ze znanymi warunkami gleba jest zwykle następnie wybierz polecenie [Przypisz]/[Przekrój], aby przypisać odpowiednią powierzchnię.

Etap 3 części montażowe. W module zespołu wybierz polecenie [Instance]/[Create] i utwórz odpowiednią instancję. Upewnij się, że kupa i grunt są w dobrym kontakcie.

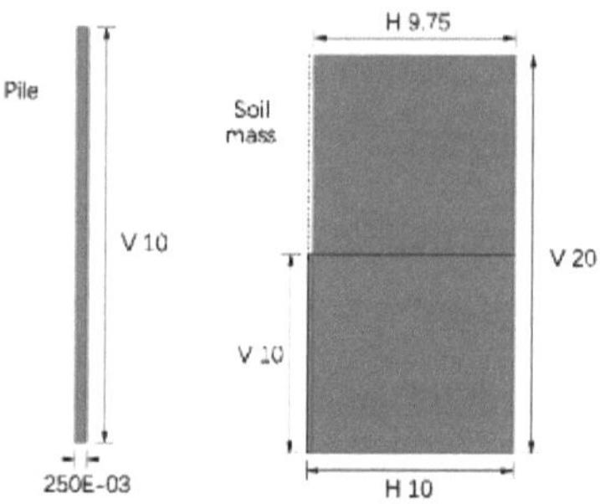

Rysunek 1-17 wzorcowy

Krok 4: definicja etapu analizy. W module kroku wybierz polecenie [Krok]/[Utwórz], ustaw nazwę geo w wyskakującym okienku dialogowym tworzenia kroku, wybierz geostatic jako typ kroku analizy, kliknij [Kontynuuj], aby wejść do okna dialogowego edycji kroku, zaakceptuj wszystkie domyślne opcje i wyjdź.

Zgodnie z powyższymi krokami tworzony jest nowy etap analizy przemijającego typu gruntu o nazwie obciążenie. Jego czas wynosi 1h, początkowy stopień przyrostu czasu wynosi 0,05, maksymalny stopień przyrostu wynosi 0,5, a ciśnienie w porach wynosi 20kPa. Przyjmuje się algorytm asymetryczny.

Krok 5 zdefiniowanie kontaktu. W module interakcji, w celu zdefiniowania wygody kontaktu, najpierw definiujemy kilka aspektów. Wybierz polecenie [Narzędzia]/[Powierzchnia]/[Utwórz], powierzchnia obwodowa pala jest ustawiona jako pal-1, koniec pala jako pal-2, interfejs pomiędzy podłożem a palem jest zdefiniowany jako pal-1, a interfejs pomiędzy korpusem a końcem pala jest zdefiniowany jako pal-2.

Wybierz [Interaction]/[Property]/[Create], aby utworzyć charakterystykę styku o nazwie pile-soil, w której model normalny jest wybrany jako styku twardego, charakterystyka tarcia jest wybrana jako kara, współczynnik tarcia wynosi 0,577 (tan)φ), a określony maksymalny poślizg elastyczny jest ustawiony na 1e-5.

Wybierz polecenie [Interaction]/[Create], aby wyświetlić okno dialogowe tworzenia interakcji, ustaw nazwę na int-1 i upewnij się, że rozwijana lista kroków jest początkowa, co oznacza, że kontakt istnieje już od kroku analizy początkowej, kliknij [Continue]. W tym momencie w obszarze podpowiedzi wyświetlany jest monit o wybranie powierzchni głównej, zaznaczenie powierzchni po prawej stronie obszaru podpowiedzi u dołu okna, wybranie pile-1 w wyskakującym oknie dialogowym wyboru regionu, a następnie kliknięcie [Dalej]. W tym momencie należy wybrać powierzchnię podrzędną, zaznaczyć [Powierzchnie] w obszarze podpowiedzi u dołu okna, wybrać grunt-l w wyskakującym oknie dialogowym wyboru regionu, kliknąć [Kontynuuj], a następnie w oknie dialogowym edycji interakcji wybrać uprzednio zdefiniowany stos-grunt interfejsu z listy rozwijanej właściwości interakcji styków, aby zmienić poślizg styku na mały poślizg. Zaakceptuj pozostałe opcje domyślne i wyjdź po potwierdzeniu.

Wykonaj poniższe kroki, aby stworzyć kontakt pomiędzy końcem pala a ziemią do int-2.

Krok 6 - obciążenie i warunki brzegowe. W module obciążenia wybiera się polecenie [BC]/[Create], aby ograniczyć przemieszczenie poziome po obu stronach modelu gruntu oraz przemieszczenie na dole modelu. Należy zaznaczyć, że te warunki brzegowe uruchamiane są w kroku początkowym lub w kroku analizy geologicznej. Ponadto należy zauważyć, że ograniczenia kierunku poziomego powinny być również ustawione na środkowej linii pala.

Efektywne obciążenie grawitacyjne jest symulowane przez wykonanie polecenia [Obciążenie]/[Utwórz] i przyłożenie siły -8 na wszystkie obszary gruntu i pala w kroku analizy geo, co oznacza, że obliczenia będą oparte na nadciśnieniu porów.

Poprzez wykonanie polecenia [BC]/[Create] nacisk na powierzchnię gleby ustawiany jest na 0. W celu zasymulowania szybkiego obciążenia pala wybiera się polecenie [BC]/[Create], w kroku analizy obciążenia, górze pala przypisuje się przemieszczenie 0,05m (0,1-krotność średnicy pala).

Uwaga: Tak nazwana woda nieoczyszczona lub odprowadzona jest pojęciem względnym. Tutaj symulowane są warunki obciążenia nieodwadnianego poprzez zanurzenie 0,05 m w 1h.

Krok 7 naprężenie początkowe i początkowy współczynnik pustki. W module obciążenia wybierz polecenie [Predefined Field]/[Create], wybierz krok jako początkowy (krok początkowy w programie ABAQUS) i ustaw naprężenie początkowe oraz współczynnik pustki początkowej. Naprężenie początkowe może być ustawione za pomocą funkcji rozkładu (ex7-4) lub podprogramu użytkownika VOIDRI. W tym przykładzie użyto podprogramu użytkownika. Plik programu to ex9-6.for. Kod i instrukcje są następujące.

```
SUBROUTINE VOIDRI (EZERO, AKORDY, NOEL)
C
W TYM "ABA _PARAM. INC
C
 SZNURY WYMIAROWE ( 3)
C
E1=2
C E1 jest początkowym stosunkiem porów INCL
Y =KORSY (2)
C Uzyskuje współrzędne y
VSTRESS = 8. * (10. - Y) +1
C Obliczyć naprężenie pionowe, aby uniknąć błędu logarytmicznego spowodowanego zerowym ciśnieniem powierzchniowym i dodać niewielką wartość
```

```
HSTRES = 0. 538 * VSTRES
C Oblicza naprężenia poziome
P = (VSTRESS+2. *HSTRES)/3.0
C oblicza średni stres
Q = VSTRESS-HSTRES
C obliczone naprężenie odchylające FL = 0,2
FL=0,2
C λ
FK=0,04
C κ
FM=1,2
C M
EZER0-E1-FL*LOG(Q*Q/FM/EM/P+P)+EK*LOG(Q*Q/FM/EM/P/P+1.0)
C Stan naprężenia początkowego i współczynnik pustki początkowej są określane zgodnie ze
zmodyfikowaną teorią modelu Cambridge'a.
ZWROT
END
```

Ponieważ do ustawienia współczynnika pustki używana jest podprograma użytkownika, przy definiowaniu początkowego współczynnika pustki konieczne jest wybranie użytkownika zdefiniowanego w oknie dialogowym pokazanym na Rysunku 1-18.

Etap 8 - oczko. W module mesh wybrana jest opcja obiektu na pasku środowiska jako część, co oznacza, że oczkowanie odbywa się na poziomie części. Aby ułatwić tworzenie siatki, wybrano polecenie [Narzędzia]/[Przegroda], które pozwala podzielić region na kilka odpowiednich regionów. Wybierz polecenie [Mesh]/[Controls], ustaw kształt elementu (kształt komórki) jako Quad (czworoboczny) i technikę (technika podziału) jako zamiatanie w oknie dialogowym sterowania siatką. Wybierz polecenie [Mesh]/[Element Type] i ustaw typy jednostek gruntu i stosu odpowiednio na CAX4P i CAX4. Poprzez ustawienie odpowiedniej gęstości siatki w menu [Nasiona], pal dzieli się na 50 jednostek w zakresie głębokości, 5 jednostek w zakresie średnicy, 50 jednostek w zakresie długości i 5 jednostek w zakresie średnicy. Rozmiar gleby w pobliżu pala ustawiany jest na 0,1 za pomocą funkcji biasnej, a maksymalny rozmiar oczek w odległości wynosi 1. Wybierz polecenie [Mesh]/[Part], aby utworzyć odpowiednio jednostki gleby i pala.

Rysunek 1-18 współczynnika pustki według podprogramu

Uwaga: Gęstość urządzenia po obu stronach powierzchni styku nie musi być dokładnie taka sama.

Krok 9. Przedstawić pracę. Wejdź do modułu zadania, wybierz polecenie [Zadanie]/[Utwórz], utwórz zadanie o nazwie ex9-6 i wybierz ścieżkę podprogramu użytkownika w zakładce ogólnej okna dialogowego edycji zadania. Wybierz polecenie [Zadanie]/[Prześlij]/[ex9-6] i wykonaj obliczenia.

4. Przetwarzanie wyników

Krok 1: Wejdź do modułu post-processingu wizualizacji i otwórz odpowiedni plik bazy danych wyników obliczeń.

Krok 2: wykreślenie krzywej obciążenia-rozliczenia. Krzywa obciążenia-osadności odzwierciedla zachowanie robocze pala, jest kompleksowym odzwierciedleniem przenoszenia obciążenia, oporu bocznego i oporu końcowego systemu palowo-sypowego oraz makroskopowym odbiciem mechanizmu zniszczenia i trybu pracy pala. Dlatego też badanie krzywej obciążenia-osadności pala jest jednym z ważnych sposobów badania mechanizmu naprężenia pala. W niniejszej pracy naprężenia i osiadanie wierzchołka pala są pobierane przez wykonanie polecenia [Narzędzia]/[Dane XY]/[Utwórz]. Naprężenie pomnożone przez powierzchnię i osiadanie jest wykreślone na Rysunku 1-19, który jest krzywą obciążenia-osiadania. Z wykresu widać, że przed obciążeniem mniejszym niż 160kN (odpowiednie osiadanie wynosi 1,4cm), obciążenie i osiadanie zmieniają się w linii prostej. Od tego czasu pal ulega szybkiej deformacji penetracyjnej. Osiadanie rośnie wraz ze zmianą obciążenia, co wskazuje, że pal osiągnął stan graniczny nośności, a jego nośność wynosi 225,7 kN.

W przypadku obliczania zgodnie z α metoda i uwzględnianie c_u=2,37z oraz nienaruszoną wytrzymałość w punkcie środkowym pala, nośność boczna pala wynosi $Q_f = \pi DL \times c_u = \pi \times 0.5 \times 10 \times 23.7/2 = 186{,}0\text{kN}$ podczas gdy opór końcowy jest $Q_b = (c_u)_b N_c A = 23{,}7 \times 9 \times \pi \times 0.25^2 = 419\text{kN}$. Ponieważ całkowita nośność końcowa wynosi $Q_{Ult} = Q_f + Q_b$ =227kN, jest bardzo zbliżony do wyników obliczeń metodą elementów skończonych.

Krzywa siły tarcia z etapu 3. Korzystając z funkcji korelacji ścieżki, na Rysunku 1-20 wykreślono tarcie CSHEAR1 interfejsu pal-grunt w różnym czasie. Z wykresu widać, że po t=0,3844h opór po stronie pala zbliżył się do wartości granicznej i ma niewielkie zmiany w kolejnych obciążeniach. Maksymalny opór tarcia obliczony metodą elementów skończonych wynosi 22,0 kPa, co jest wartością nieco mniejszą od teoretycznej wartości granicznej 0,577 x 0,538 x 8 x 10 = 24,8 kPa. Wynika to z faktu, że w analizie metodą elementów skończonych, opartej na mechanice kontinuum, odkształcenie wierzchołka pala nie może rzeczywiście przeniknąć do gruntu, a cały trend jest podobny do tego, jaki wykazują inni badacze.

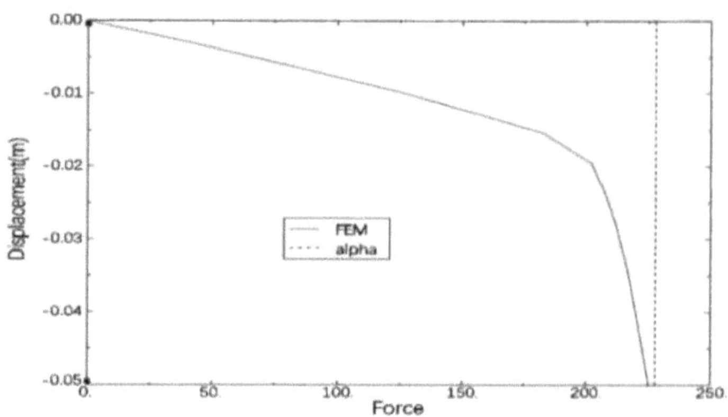

Rysunek 1-19 Krzywa osiadania obciążenia

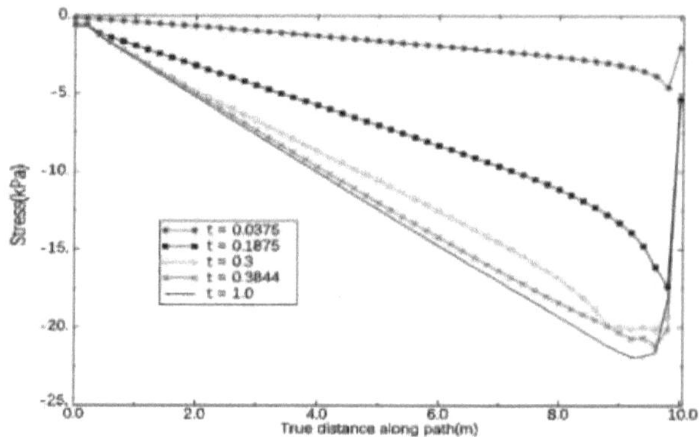

Rysunek 1-20 Tarcie boczne na palach w różnym czasie

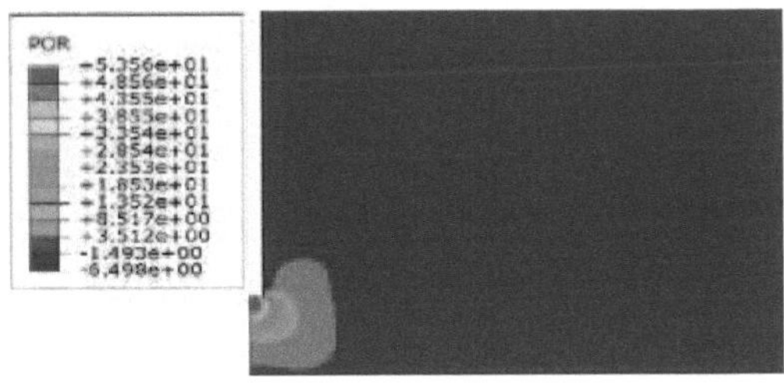

Rysunek 1-21 Pole docisku koryta masy gleby na czubku pala

Krok 4: wykreślenie pola nacisku na pory. Rysunek 1-21 przedstawia wykres konturu nacisku na miejscową glebę na czubku pala. Wyniki obliczeń pokazują, że gleba pod wierzchołkiem pala wytwarza dodatni nacisk porów na skutek pionowego ściskania, a maksymalna wartość wynosi około 53,5kPa.

1.3.7 Pale załadowane poziomo

Przykład ex9-7.cae

1. Opis problemu

Montowany jest betonowy pal o przekroju okrągłym o długości 20m i średnicy 1,0m. Górna część pala przenosi obciążenie poziome 3000kN. Przemieszczenie poziome korpusu pala oraz rozkład momentu zginającego korpusu pala rozwiązuje się metodą elementów skończonych. W przypadku pala obciążonego poziomo nie można stosować stropów osiowo-symetrycznych. Należy przeprowadzić analizę trójwymiarową. Biorąc pod uwagę symetrię, do analizy można przyjąć połowę typu membrany wzdłuż kierunku obciążenia. Głębokość gruntu na dnie pala wynosi 5m, a zasięg poziomy modelu wynosi 20m. Beton palowy jest symulowany przez liniowy model sprężysty, a współczynnik tarcia między palem a gruntem wynosi μ =0.4. Gleba jest symulowana za pomocą modelu Mohr-Coulomba, parametry są przedstawione w tabeli 1-2.

Tabela 1-2 Parametry materiałowe

Kategoria	Moduł sprężystośc i E (MPa)	Stosunek Poisson'a v	Poważny γ(kN/m^3)	Spójność c(kPa)	Kąt tarcia wewnętrzn ego φ(°)	Kąt dylatacji Ψ(°)
kupka	2.0×10^4	0.17	24	-	-	-
Pile-soil	10	0.35	18	10	30	0.1

2. Nacisk w studium przypadku

- Wybierz wewnętrzną powierzchnię modelu.
- Zmień charakterystykę powierzchni styku w analizie.
- Zachowanie robocze pala obciążonego poziomo.
- Wydajność momentu gnącego sekcji.

3. Model i rozwiązanie

Elementy z etapu 1. W module części wybierz polecenie [Część]/[Utwórz] i użyj metody wytłaczania, aby utworzyć trójwymiarową bryłę o nazwie grunt o długości 20m, szerokości 10m i wysokości 25m. Następnie wybierz polecenie [Kształt]/[Wytnij]/[Wytnij] lub kliknij w obszarze przybornika, aby wyciąć położenie stosu w odpowiednim miejscu. Podobnie, komponent pala jest tworzony zgodnie z geometrycznym rozmiarem pala.

Dla wygody późniejszego wyświetlania i tworzenia powierzchni styku i siły wewnętrznej przekroju poprzecznego należy wybrać polecenie [Narzędzia]/[Ustaw]/[Utwórz], ustawić powierzchnię boku kolumny i jej końca odpowiednio jako pal-1 i pal-b oraz ustawić odpowiednią powierzchnię styku pala i gruntu jako pal-1 i pal-b. Za pomocą funkcji przegrody, co 2m od góry do dołu zostanie oddzielone, a powierzchnia od góry do końca pala wzdłuż 2m zostanie ustawiona jako s1, s2, ..., s11, aby wyprowadzić wewnętrzną siłę przekroju. Zwraca się uwagę, że s1 i s11 są odpowiednio górną i końcową powierzchnią kolumny, należącą do powierzchni zewnętrznej; podczas gdy s2 do s10 jest wewnętrzną powierzchnią komponentu, należy zmienić pasek narzędzi wyboru na (wybierz obiekt wewnętrzny).

Charakterystyka materiału i sekcji z etapu 2. W module właściwości wybierz polecenie [Materiał]/[Utwórz], aby utworzyć materiał elastyczny o nazwie pal oraz materiał elastyczno-plastyczny Mohr-Coulomba o nazwie grunt. Wybierz polecenie [Przekrój]/[Utwórz], ustaw charakterystyki przekroju nazwane gruntem i palem (odpowiednimi materiałami są odpowiednio grunt i pal), a następnie wybierz polecenie [Przyporządkuj]/[Przekrój], aby przypisać je do odpowiedniej powierzchni.

Etap 3 części montażowe. W module zespołu wybierz polecenie [Instance]/[Create] i utwórz odpowiednią instancję. Skorzystaj z funkcji translacji komponentów, aby upewnić się, że kupa i grunt są w dobrym kontakcie.

Uwaga: W tym przypadku zarówno elementy gruntu, jak i pala są napinane, a domyślne pionowe współrzędne Z- zaczynają się od 0. Dlatego też często konieczne jest wykonanie właściwego styku między nimi poprzez przekładanie elementów.

Krok 4: definicja etapu analizy. W module krokowym, krok analizy geostatycznej o nazwie geo, ogólny krok analizy statycznej o nazwie load-v oraz load-1 tworzone są poprzez wykonanie polecenia [Step]/[Create]. Całkowity czas dwóch ostatnich kroków analizy ustawiony jest na 1, początkowy na 0.1, maksymalny na 0.5, a algorytm asymetryczny na 0.5. Drugi krok analizy jest ustawiany w tym miejscu, aby uwzględnić różnicę w masie pala i gruntu. W celu łatwego zrównania masy pala i gruntu przyjmuje się, że masa pala i gruntu jest taka sama po zrównoważeniu naprężeń początkowych, a następnie w drugim kroku stosuje się różnicę między rzeczywistą masą pala i gruntu. Trzeci krok polega na nałożeniu obciążenia poziomego na górną część pala.

Krok 5 zdefiniowanie kontaktu. Wejdź do modułu interakcji, wybierz polecenie [interaction]/[Property]/[Create] i utwórz charakterystykę kontaktu o nazwie Free. Model normalny zostanie wybrany jako styk twardy, charakterystyka tarcia zostanie wybrana jako beztarciowa, a następnie zostanie utworzona charakterystyka połączenia o nazwie Ture. Charakterystykę tarcia wybiera się jako karę, a współczynnik tarcia wynosi 0,4, określony maksymalny poślizg sprężysty jest ustawiony na 1e-5.

Wybierz polecenie [Interaction]/[Create], otwórz okno dialogowe create an interaction, ustaw nazwę na int-1 i upewnij się, że rozwijana lista kroków jest początkowa, co oznacza, że styk istnieje już od kroku analizy początkowej. Kliknij przycisk [Kontynuuj]. W tym momencie obszar podpowiedzi wymaga wybrania powierzchni głównej, wybierz opcję [Powierzchnie] po prawej stronie obszaru podpowiedzi u dołu okna, a w wyskakującym oknie dialogowym wyboru regionu wybierz plik 1, a następnie kliknij przycisk [Kontynuuj]. W tym momencie należy wybrać powierzchnię podrzędną, zaznaczyć [Powierzchnie] w obszarze podpowiedzi u dołu okna, wybrać pile-1 w wyskakującym oknie dialogowym wyboru regionu, kliknąć przycisk [Kontynuuj], wyświetlić okno dialogowe edycji interakcji, wybrać wolny od styku element zdefiniowany wcześniej na liście rozwijanej właściwości interakcji styków, zmienić poślizg styku na mały poślizg i zaakceptować pozostałe opcje domyślne oraz wyjść.

Zgodnie z powyższymi krokami, kontakt końcówki pala z ciałem glebowym tworzy się do int-2.

Wybierz polecenie [Interaction]/[Manger], w oknie dialogowym menedżera interakcji, jak pokazano na Rysunku 1-22, wybierz parę styków odpowiadającą etapowi analizy obciążenia-odczytu, kliknij [Edit], a następnie zresetuj charakterystykę styku do Ture.

W celu lepszego osiągnięcia początkowej równowagi naprężeń, w procesie obliczeniowym modyfikuje się charakterystykę stykową. W kroku analizy geostatycznej powierzchnia styku jest ustawiona na gładką, co pozwala na osiągnięcie lepszego efektu równowagi i zapewnia właściwe pole naprężenia modelu oraz normalne naprężenie powierzchni styku. W kolejnym kroku analizy geostatycznej modyfikowana jest charakterystyka powierzchni styku, aby symulować rzeczywistą sytuację.

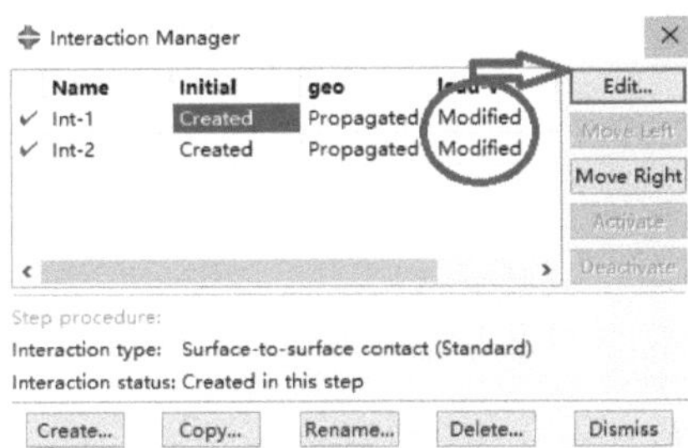

Rysunek 1-22 Modyfikacja charakterystyki styku w obliczeniach

Uwaga: Warunki styku na końcu i z boku pala ograniczą zewnętrzną krawędź pala, a ABAQUS wyda ostrzeżenie o nadmiernym ograniczeniu. Zwykle nie jest konieczne zwracanie na to uwagi. Jeżeli wynik nie jest zbieżny lub wynik obliczeń nie jest dobry, masę gruntu po stronie pala i koniec pala można połączyć w jedną powierzchnię.

Krok 6 - obciążenie i warunki brzegowe. W module obciążenia wybrane jest polecenie [BC]/[Create]. W początkowym etapie analizy ograniczone jest przemieszczenie dna gruntu w trzech kierunkach, przemieszczenie lewej i prawej strony w kierunku X, przemieszczenie przedniej i tylnej strony w kierunku Y, przemieszczenie poziome obu stron modelu oraz przemieszczenie dna modelu w dwóch kierunkach.

Wybierz polecenie [Obciążenie]/[Utwórz], w kroku analizy geologicznej zastosuj siłę fizyczną równą -18 dla wszystkich obszarów gruntu i pala, a w kroku analizy obciążenia-odkrycia -6 dla pala. Ponownie wybrać polecenie [Obciążenie]/[Utwórz], w kroku analizy obciążenia-1 ustawić typ obciążenia jako trakcję powierzchniową, kliknąć [Dalej], wybrać górną część pala jako powierzchnię obciążeniową i ustawić wielkość wielkości na 1910 (3000/(π x $0,^{52}$)/2, jak pokazano na rysunku 1-23.

Krok 7 wstępne ustawienie naprężenia. W module obciążenia wybierane jest polecenie [Predefined Field]/[Create], krok jest ustawiany jako początkowy, a naprężenie początkowe jest rozkładane liniowo.

Uwaga: Przy ustawianiu naprężenia początkowego, współrzędne pionowe powinny być oparte na poziomie instancji obiektu. Na przykład, współrzędna pionowa wierzchołka pala na poziomie komponentu wynosi 20. Jednak po utworzeniu obiektu szycia, korpus pala jest przesuwany przez funkcję translacji, a współrzędne pionowe wierzchołka pala wynoszą 25.

Etap 8 oczka. W module mesh wybrana jest opcja obiektu na pasku środowiska jako część, co oznacza, że oczkowanie odbywa się na poziomie części. C3D8 służy do dzielenia stosu i gruntu.

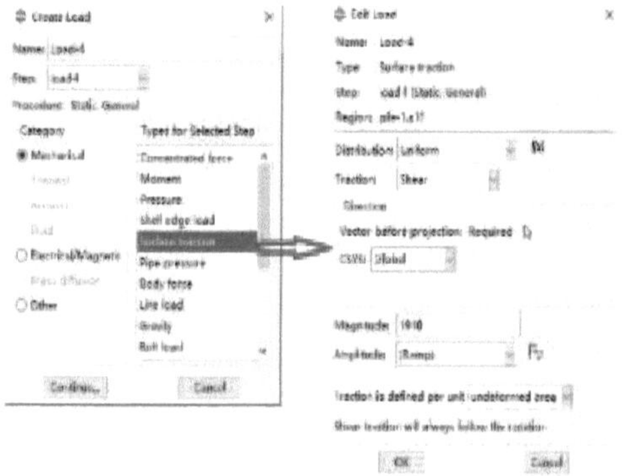

Rysunek 1-23 Przyłożenie obciążenia poziomego

Uwaga: Aby uzyskać idealną siatkę, możemy spróbować podzielić modelową przegrodę na kilka obszarów i rozsądnie ustawić rozmiar oczek.

*section print, name=s1, surface=pile-1.s1, axes=local, frequency=1, update=yes

, 20, 0,25

, 30,0, 25, 20, 10, 25

sof, som

Gdy nazwa linii słów kluczowych jest nazwą identyfikatora wyjściowego podaną przez użytkownika; powierzchnia określa powierzchnie, które zostały zdefiniowane; axes=local oznacza lokalny układ współrzędnych; częstotliwość określa częstotliwość wyjściową; update =yes oznacza aktualizację układu współrzędnych w przypadku nieliniowości. Pierwszymi danymi w pierwszym wierszu wiersza danych są numery węzłowe punktu chwilowego przekroju poprzecznego. Jeśli jest to spacja, to określają ją współrzędne określone przez następujące trzy dane. Pierwsze dane w drugim wierszu wiersza danych to numer węzła punktów *a* na rysunku 1-24. Jeżeli zachowana jest przestrzeń, to współrzędna reprezentowana przez trzy ostatnie punkty danych określa pozycję punktu *b* reprezentowanego przez cztery ostatnie punkty danych w tabeli. sof w trzecim rzędzie rzędu danych reprezentuje siłę osiową, a som reprezentuje moment zginający.

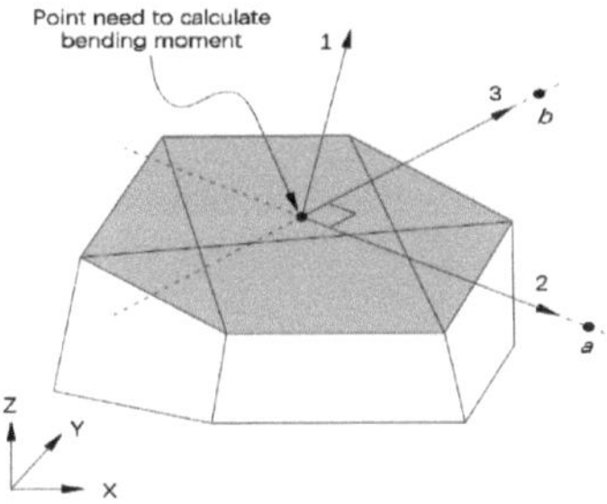

Rysunek 1-24 Sekcja wyjściowa wewnętrzna siła nastawy lokalnego układu współrzędnych

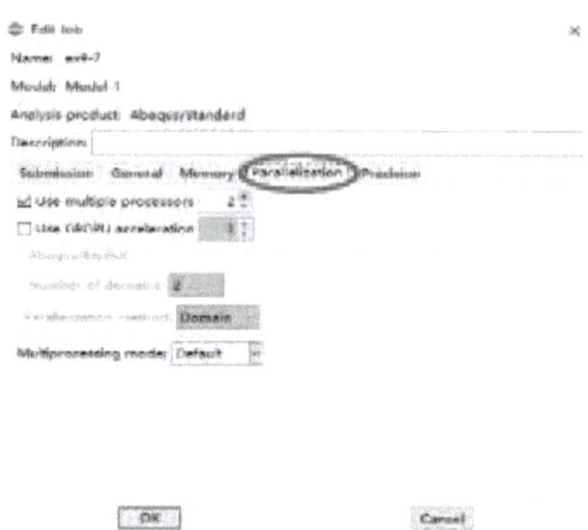

Rysunek 1-25 obliczeń wielordzeniowych

Powtórzyć powyższe stwierdzenia i zmodyfikować odpowiednie punkty momentu, aby kontrolować wewnętrzną siłę wyjściową wszystkich sekcji pala.

Po zakończeniu obliczeń, w pliku danych znajduje się znak wydruku sekcji, a dane poniżej to wyjściowy moment zginający.

Krok 10. Zgłoś się do pracy. Wejdź do modułu zadania, utwórz i prześlij zadanie o nazwie ex9-7. W przypadku dużej ilości obliczeń, obliczenia wielordzeniowe mogą być użyte w oknie dialogowym paralelizacje w oknie edycji zadania, jak pokazano na Rysunku 1-25.

4. Analiza wyników

Krok 1: Wejdź do modułu post-processingu wizualizacji i otwórz odpowiedni plik bazy danych wyników obliczeń. Zgodnie z polem naprężeń i przemieszczeń przed i po zakończeniu etapu analizy geostatycznej sprawdź, czy początkowe ustawienie naprężeń jest prawidłowe.

Etap 2 Rysunki 1-26 i 1-27 przedstawiają poziomy rozkład chmury przemieszczenia pala i gruntu odpowiednio po załadowaniu. Z rysunku widać, że kolumna zachowuje się oczywiście jak pal elastyczny, o największym przemieszczeniu w górnej części pala, sięgającym 10 cm. Przemieszczenie poniżej 7m pod szczytem słupa jest bardzo małe, prawie zerowe i ma oczywisty efekt osadzania. Z pola przemieszczeń gruntu następuje oczywiście ściskanie gruntu przed kolumną i występuje pasywna strefa zniszczenia wskutek ściskania. Analizę można połączyć z rozkładem odkształceń plastycznych. Ze względu na niezerową kohezję gruntu, część gruntu za palem może być utrzymywana w pozycji pionowej, a pal i grunt są oddzielone. Można spróbować przyjąć kohezję do 0,1, a następnie stwierdzić, że gleba za palem porusza się wraz z palem i występuje zjawisko osiadania.

Krok 3. zjawisko oderwania się gruntu po palach można również wyjaśnić rozkładem nacisku powierzchniowego CPRESS pokazanym na rysunku 1-28. Zerowy CPRESS z tyłu pala wskazuje na oderwanie, dlatego też powierzchnia styku powinna być ustawiona podczas symulacji obciążenia poziomego. Nacisk na powierzchnię styku sondy ma niewielką zmianę w stosunku do nacisku przed obciążeniem, co również wskazuje, że deformacja głębokiego korpusu pala jest bardzo mała.

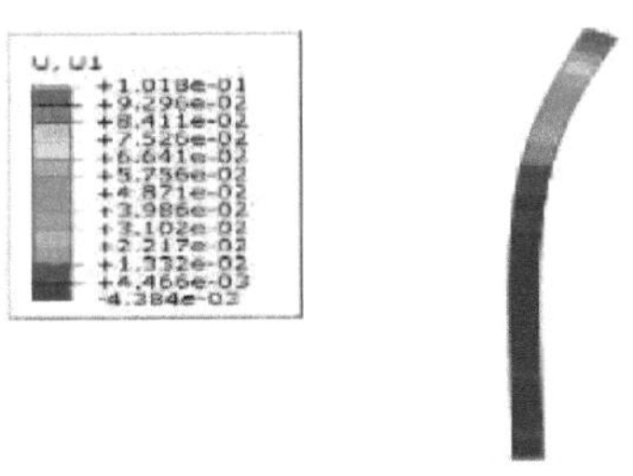

Rysunek 1-26 Poziome przemieszczenia pala

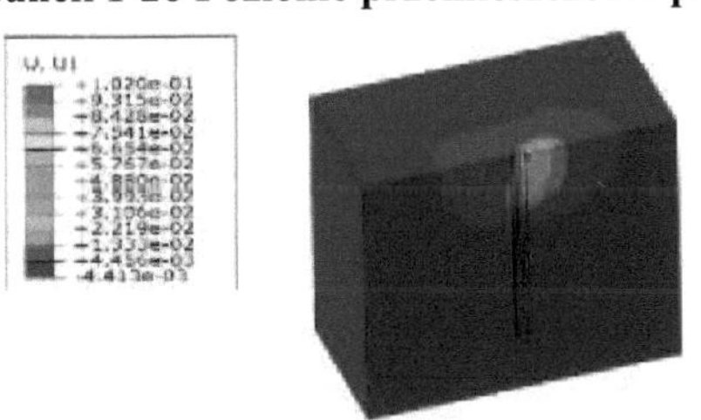

Rysunek 1-27 Poziome przemieszczenia masy gleby

Krok 4 otwiera plik ex9-7.dat z edytorem tekstu takim jak notatnik, znajduje znak wydruku sekcji, a dane poniżej są wyjściowym momentem gięcia. Rozkład momentu gnącego wzdłuż korpusu pala został wykreślony na Rysunku 1-29. Z rysunku widać, że moment zginający korpusu pala jest zgodny z charakterystyką zginania pala. Maksymalny moment gnący zwiększa się najpierw, a następnie zmniejsza. Położenie maksymalnego momentu gnącego wynosi ok. 5 m od wierzchołka pala, czyli 1/4 długości całego pala, a maksymalny moment gnący wynosi ok. 400 kN.m.

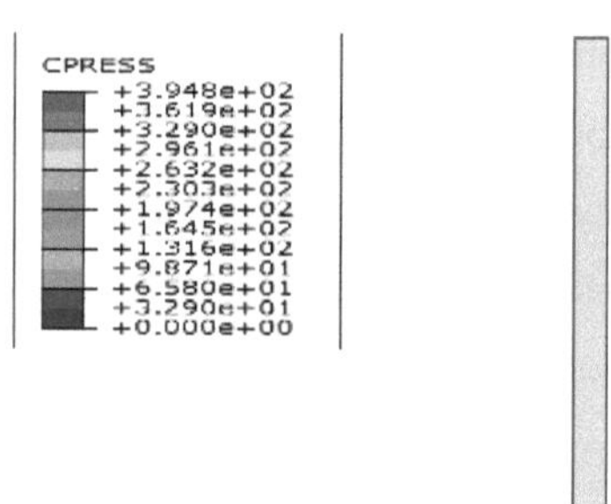

Rysunek 1-28 Normalny nacisk na powierzchnię styku

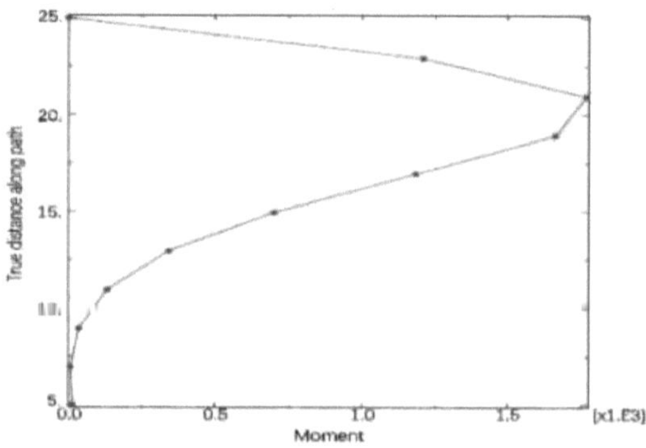

Rysunek 1-29 momentu zginającego pala wraz z głębokością

1.3.8 Symulacja pali żelbetowych

Przykład ex9-8

1. Opis problemu

W analizie konstrukcji hydraulicznej/techniki geotechnicznej różnica wytrzymałości i sztywności pomiędzy betonowym palem a gruntem zazwyczaj nie uwzględnia zniszczenia pala, a do symulacji wykorzystuje się liniowo elastyczny materiał, a efekt prętów zbrojeniowych nie jest brany pod uwagę. Jednak w niektórych przypadkach konieczne jest uwzględnienie wpływu prętów stalowych na beton. W przykładzie ex6-2 (część 1), materiał usztywniony jest symulowany przez element prętowy i osadzony w elementach stałych. Konstrukcja żelbetowa może być również symulowana przez element prętowy i osadzona w betonie w chwili obecnej. W tym przykładzie innym podejściem jest zastosowanie zbrojenia warstwy prętów zbrojeniowych.

Istnieje pal o średnicy 1m i długości 10m, zainstalowanych jest 8 prętów zbrojeniowych. Średnica koszyka zbrojeniowego wynosi 0,9m, a moduł sprężystości zbrojenia 200GPa. W celu podkreślenia efektu zbrojenia prętów zbrojeniowych przyjmuje się bardzo niską wartość modułu sprężystości materiału palowego. Określone przemieszczenie wierzchołka pala w dół wynosi 0,1m, odpowiadające mu odkształcenie osiowe powinno wynosić 1 procent, a naprężenie pręta stalowego 2GPa.

2. Nacisk w studium przypadku

- o Zastosowanie warstwy powierzchniowej i zbrojeniowej.
- o Wyjście rebeliantów.
- o Wykorzystanie wbudowanej funkcji osadzania regionów.

3. Model i rozwiązanie

Elementy z etapu 1. Warstwa zbrojeniowa w ABAQUS może być osadzona w membranie, na powierzchni (warstwa wierzchnia) lub na płycie. W przeciwieństwie do membrany lub płyty, warstwa wierzchnia nie musi mieć właściwości materiałowych. ABAQUS nie przeprowadza analizy mechanicznej, a jedynie zapewnia element dla warstwy usztywnionej. W module części wybierz polecenie [Part]/[Create] i użyj metody wytłaczania do utworzenia powierzchni 3D o średnicy 0,9m i wysokości 10m o nazwie zbrojenie. Następnie zostanie utworzona powierzchnia o średnicy 1m i wysokości 10m.

Charakterystyka materiału i sekcji z etapu 2. W module właściwości należy wybrać polecenie [Materiał]/[Utwórz], aby utworzyć materiał sprężysty o nazwie pal o sprężystości modułowej 1kPa; utworzyć materiał sprężysty o nazwie pręty zbrojeniowe o sprężystości modułowej 1kPa $200 \times 10^6 kPa$. Polecenie [Przekrój]/[Utwórz] służy do ustawienia charakterystyki przekroju poprzecznego o nazwie pal (kategoria jest pełna, typ jest jednorodny, a odpowiadający mu materiał jest palem).

Aby zastosować warstwę zbrojenia, wybierz polecenie [Przekrój]/[Utwórz], aby utworzyć przekrój o nazwie zbrojenie, ustawić kategorię jako powłokę, wpisać jako powierzchnię jak na Rysunku 1-30, kliknąć [Kontynuuj], a następnie w oknie dialogowym edycji przekroju wybrać przycisk po prawej stronie opcji, aby wyświetlić okno dialogowe warstw zbrojenia, jak pokazano na Rysunku 1-31 . Znaczenie tego okna dialogowego jest następujące.

- Nazwa warstwy zbrojeniowej: nazwa warstwy zbrojeniowej, w tym przypadku zbrojenia zbrojeniowego 1.
- Materiał: materiał usztywniony, wybór rozwijany. W tym przypadku wybiera się pręty zbrojeniowe.
- Powierzchnia na pręt: powierzchnia każdego zbrojenia. W tym przypadku, dla ilustracji, weź 1.

- Odstępy: odstępy pomiędzy usztywnieniami. W tym przypadku, 8 stalowych prętów jest ułożonych w pierścieniu z odstępem π x 0.9/8. ABAQUS zastosuje usztywnienia, których powierzchnia/rozstaw przyjmuje się za równoważną grubość wzmocnionej warstwy.
- Kąt orientacyjny: kąt azymutu prętów stalowych. Kąt azymutu odnosi się do kąta pomiędzy prętem zbrojeniowym a osią 1 układu współrzędnych powierzchni, a kąt obrotu wokół normalnej linii do 2 osi jest dodatni. Można wybrać polecenie [Narzędzia]/[Układ odniesienia], aby utworzyć lokalny układ współrzędnych, oraz polecenie [Przyporządkuj]/[Orientacja odniesienia pręta zbrojeniowego], aby przypisać lokalny układ współrzędnych do warstwy zbrojenia. Jeżeli nie zostanie on zdefiniowany, to ABAQUS przyjmie domyślny układ współrzędnych, tzn. rzut osi X na powierzchnię będzie traktowany jako jedna oś powierzchni, normalna jako trzy osie, a kierunek dwóch osi i jednej osi utworzy praworęczny układ współrzędnych. W tym przypadku stosuje się wzmocnienie wzdłużne, a więc kąt azymutu wynosi 90°.

Wybierz polecenie [Przypisz]/[Sekcja] i przypisz zdefiniowaną sekcję do odpowiedniego regionu.

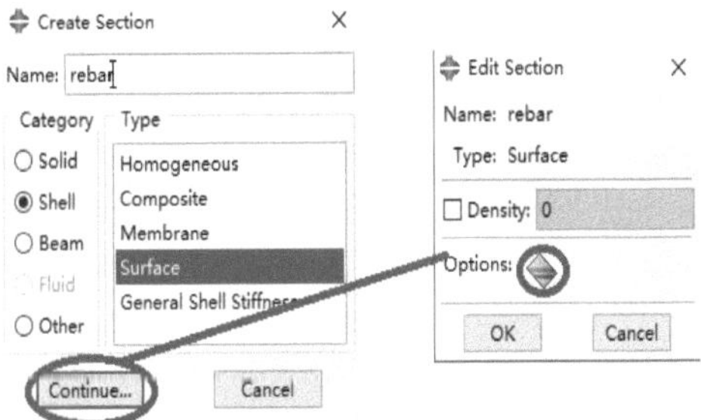

Rysunek 1-30 Ustawienie charakterystyki przekroju powierzchniowego

Rysunek 1-31 Ustawienie warstwy usztywnionej

Etap 3 części montażowe. W module zespołu wybierz polecenie [Instance]/[Create], aby wygenerować instancję obiektu odpowiadającą stosowi i zbrojeniu.

Krok 4: definicja etapu analizy. W module kroku wybierz polecenie [Krok]/[Utwórz], utwórz ogólny krok analizy statycznej o nazwie obciążenie i zaakceptuj wszystkie domyślne opcje.

Wybierz polecenie [Wyjście]/[Polecenie Wyjścia]/[Edycja] i zwiększ RBFOR (wewnętrzna siła usztywnionego korpusu) pod wpływem siły/reakcji jako zmienną wyjściową. RBFOR jest iloczynem naprężenia i powierzchni pręta stalowego. Zaznacz pole wyboru [Wyjście dla pręta zbrojeniowego] w dolnej części okna dialogowego.

Krok 5: włożyć warstwę zbrojenia do obiektu. Wprowadź moduł interakcji, wybierz polecenie [Wiązanie]/[Utwórz], wybierz typ obszaru osadzonego w wyskakującym oknie dialogowym, użyj pręta zbrojeniowego jako korpusu osadzonego, stosu jako korpusu osadzonego i zaakceptuj wszystkie domyślne opcje w edycji wiązania po potwierdzeniu.

Krok 6 - obciążenie i warunki brzegowe. W module obciążenia wybierane jest polecenie [BC]/[Create], przemieszczenie dolnej krawędzi pala w trzech kierunkach jest ograniczone w początkowym etapie analizy, przemieszczenie pala z góry na dół jest określone w etapie analizy z krokiem 1.

Krok 7 oczko. Wejdź do modułu mesh i wybierz opcję obiektu na pasku środowiska jako część. Wybierz bieżący komponent jako stos, wybierz polecenie [Mesh]/[Controls], ustaw kształt elementu (kształt jednostki) jako sześciokąt w oknie dialogowym kontrolek siatki i technikę (technika podziału) jako zamiatanie. Wybierz polecenie [Mesh]/[Element Type] i ustaw typ komórki na C3D8. Wybierz polecenie [Seed]/[Part] i ustaw całkowity rozmiar komórki na 0,2. Wybierz polecenie [Mesh]/[Part], kliknij przycisk [Yes], aby wyświetlić siatkę modelu.

Wybrać bieżący element jako pręt zbrojeniowy. Wybierz polecenie [Mesh]/[controls], ustaw kształt elementu (kształt komórki) jako quad, a technikę (technika partycjonowania) jako sweep. Wybierz polecenie [Mesh]/[Element Type] i ustaw typ komórki na SFM3D4 (komórka kategorii powierzchni). Wybierz polecenie [Seed]/[Part] i ustaw całkowity rozmiar komórki na 0,2. Wybierz polecenie [Mesh]/[Part], kliknij przycisk [Yes], aby wyświetlić siatkę modelu.

Etap 8 zgłosić pracę. Wejdź do modułu zadań, utwórz i prześlij zadanie o nazwie ex9-8.

4. Analiza wyników

Krok 1 wchodzi do modułu post-processingu wizualizacji i otwiera odpowiedni plik bazy danych wyników obliczeń.

Etap 2 Rysunek 1-33 przedstawia rozkład RBFOR, a wartości sił wewnętrznych są zgodne z oczekiwanymi wynikami.

Krok 3 weryfikuje, czy rozstaw wzmocnień jest prawidłowy (8 wzmocnień). Ponieważ moduł sprężystości materiału palowego jest bardzo mały, siła wynikowa zbrojenia jest zbliżona do siły reakcji RF3 połączenia w górnej części pala. Można dokonać porównania pomiędzy siłą wypadkową zbrojenia i siłą reakcji RF3 połączenia w wierzchołku pala.

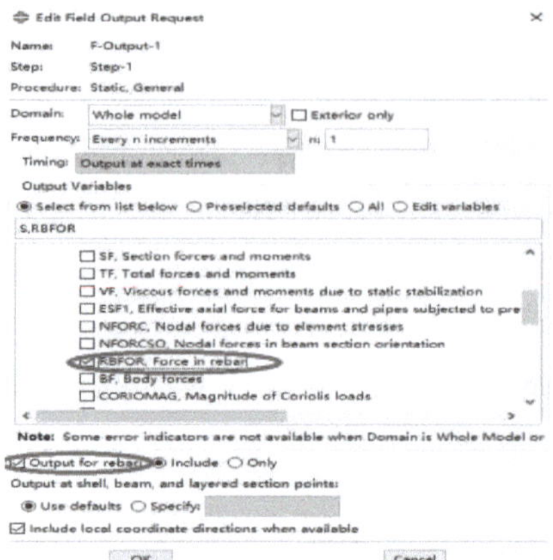

Rysunek 1-32 Ustawienie obrotów pręta zbrojeniowego

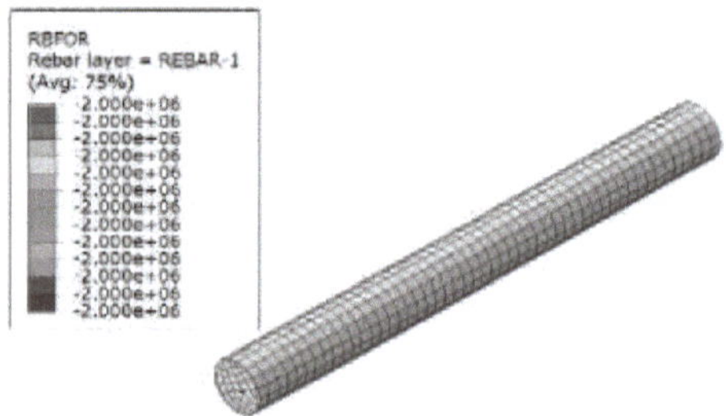

Rysunek 1-33 Wytrzymałość wewnętrzna zbrojenia

1.4 Streszczenie tego rozdziału

Metoda elementów skończonych i inne metody numeryczne są szeroko stosowane w inżynierii fundamentów palowych. Łącząc kilka przykładów, w tym rozdziale przedstawiono sposób wykorzystania programu ABAQUS do analizy zachowania roboczego pala, w tym wpływ sztywności styku, kąta dylatacji materiału na wyniki obliczeń, analizę nośności pala pod obciążeniem pionowym w warunkach nieosłoniętego i odwodnionego, rozkład przemieszczeń i momentu zginającego pala pod obciążeniami poziomymi oraz sposób ustawienia prętów zbrojeniowych itp. Na podstawie tego rozdziału użytkownik może dokonać wnikliwej analizy własnych obaw.

2 Wykonywanie wykopów i ładowanie konstrukcji hydraulicznych

Streszczenie

Problemy z wydobyciem i konserwacją w inżynierii skalnej obejmują zmianę elementów, warunków kontaktowych, warunków brzegowych lub obciążeń, które muszą zostać usunięte lub reaktywowane. W tym rozdziale najpierw wprowadzimy teorię życia jednostkowego i śmierci w programie ABAQUS, a następnie wprowadzimy metodę wykorzystania programu ABAQUS do symulacji związanych z tym problemów na przykładzie wykopów stopniowych i dopłat.

Główne punkty tego rozdziału obejmują.

- Funkcja życia jednostki i śmierci w ABAQUS.
- Funkcja życia i śmierci par kontaktów w ABAQUS.
- Przykład wykopalisk.
- Przykład obliczenia dopłaty.

Słowa kluczowe: wykopy; warunki brzegowe; warunki kontaktowe; obciążenia; żywotność i śmierć w ABAQUS; dopłata.

2.1 Żywotność jednostki i funkcja śmierci w ABAQUS

2.1.1 Usuwanie jednostek

ABAQUS pozwala na usuwanie elementów z ogólnych etapów analizy innych niż liniowe etapy perturbacji. Przed usunięciem elementu ABAQUS automatycznie oblicza i zapisuje siły węzłowe na interfejsie między usuwanym elementem a pozostałymi elementami, które stopniowo zmniejszają się do zera w etapie usuwania, tzn. wpływ usuwanego elementu na ogólny model znika dopiero po zakończeniu etapu usuwania. Należy jednak zauważyć, że na początku etapu usuwania usuwana jednostka nie bierze już udziału w obliczaniu jednostki.

Nowa wersja programu ABAQUS może być usunięta i aktywowana przez CAE. W module interakcji wybierz polecenie [Interaction]/[Create], wybierz zmianę typu modelu w oknie dialogowym, jak pokazano na Rysunku 2-1, a następnie kliknij [Continue]. W oknie dialogowym edycji interakcji można ją w tym kroku dezaktywować (usuwać) lub reaktywować (ponownie aktywować).

2.1.2 Aktywacja jednostki

Po pierwsze, ponieważ siatki nie można wygenerować podczas procesu analizy, wszystkie jednostki, które mają zostać aktywowane w jednym etapie analizy, muszą istnieć pomiędzy początkiem analizy, następnie zostać usunięte w pierwszym etapie i aktywowane w kolejnym etapie analizy, dlatego też ABAQUS nazywany jest reaktywacją.

Istnieją dwa różne tryby aktywacji w ABAQUS, szczep bez (wolnej) aktywacji i z aktywacją szczepu. Naprężenie bez (swobodnej) aktywacji regeneruje urządzenie zgodnie z początkową pozycją urządzenia przed jego usunięciem, podczas gdy tryb aktywacji naprężenia jest inny.

1. Tryb aktywacji bezodkształceniowej

W ten sposób element jest w pełni aktywowany na początku etapu analizy aktywacji elementu, a jego położenie jest określane na początku etapu analizy aktywacji, a początkowy stan zerowego naprężenia i odkształcenia elementu jest zerowy.

W analizie małych odkształceń, położenie, objętość i masa reaktywowanego elementu są całkowicie zgodne z tymi przed aktywacją, bez uwzględnienia zmiany położenia węzła. W analizie dużych odkształceń, reaktywowany element może być zupełnie inny niż jego stan początkowy z powodu zmiany kształtu. W celu utworzenia odpowiedniego siatki konieczne jest współdzielenie węzłów pomiędzy reaktywowanymi komórkami i innymi komórkami. W tym momencie można określić identyczne współdzielenie wszystkich węzłów w miejscu aktywowanego ogniwa, które zostało zarezerwowane (nieusunięte ani nieaktywowane) w trakcie analizy. W ten sposób replika siatki zapewnia pozycjonowanie jednostki aktywującej, ale należy zauważyć, że materiał i parametry repliki siatki powinny być tak dobrane, aby zapewnić, że rozwiązanie nie będzie miało większego wpływu. Zazwyczaj moduł sprężystości odpowiadający replice siatki jest wystarczająco niski.

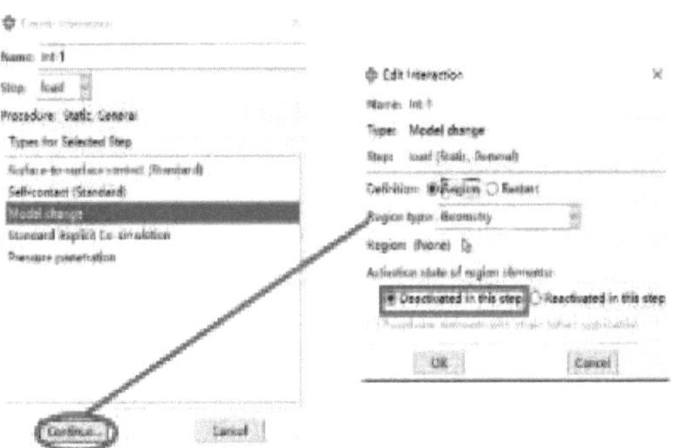

Rysunek 2-1 Demontaż i aktywacja urządzenia

2. Z trybem aktywacji szczepu

Aktywacja elementu może uwzględniać przemieszczenie węzła, które może być współdzielone z innymi częściami modelu lub może być określone przez warunki brzegowe. Jeśli wartość docelowa przemieszczenia węzła jest wyrażona w u^g przesunięcie węzłowe elementu zwiększa się liniowo do wartości docelowej w całym etapie analizy reaktywacji, to znaczy przesunięcie węzłowe elementu zwiększa się liniowo do wartości docelowej.

$$u^e = \alpha(t)u^g \qquad (2-1)$$

W którym, α(t) jest funkcją liniową od 0 do 1.

Ponadto, w celu utworzenia jednolitej matrycy sztywności, sztywność elementu mnoży się przez α(t), a element reaktywowany w kroku analizy reaktywacji jest również degradowany liniowo.

Aktywacja komórki jest również wykonywana w oknie dialogowym, jak pokazano na rysunku 2-1. Zaznaczenie pola wyboru [Reaktywuj elementy z odkształceniem] oznacza, że aktywacja komórki odbywa się w trybie odkształcenia.

2.1.3 Usuwanie i aktywacja par kontaktów

Pary styków w ABAQUS mogą być również usuwane lub aktywowane. Podczas tworzenia par kontaktów można bezpośrednio określić, który krok analizy zostanie wykonany. ABAQUS automatycznie tworzy i usuwa pary kontaktów w pierwszym kroku, a następnie reaktywuje je w określonym przez użytkownika kroku analizy. Nie ma potrzeby zwracania na nie uwagi. Jeśli chcesz usunąć pary kontaktów z analizy, zaleca się to zrobić w oknie dialogowym menedżera interakcji, które można wyświetlić, wykonując polecenie [Interakcja]/[Manager] w module interakcji. Jak pokazano na Rysunku 2-2, wybranie przycisku [Dezaktywuj] po prawej stronie okna dialogowego pozwala na usunięcie par kontaktów, a usunięcie niemożliwej pary kontaktów oszczędza zasoby obliczeniowe.

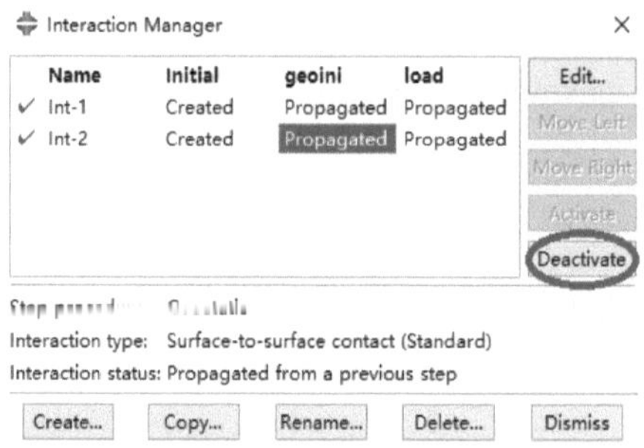

Rysunek 2-2 Usuwanie par styków

2.1.4 Powiadomienia jednostek o operacjach związanych z życiem i śmiercią

Poza tym, operacje związane z życiem i śmiercią jednostek w ABAQUS muszą zwrócić uwagę na następujące punkty.

- Jeżeli element jest usuwany na etapie analizy statycznej, należy upewnić się, że pozostałe elementy nie ulegną sztywnemu przemieszczeniu.
- Jeśli urządzenie podłączone do pary styków zostanie usunięte, należy również usunąć parę styków.
- aktywować element sprężający. Jednostki, które muszą być aktywowane w inżynierii konstrukcji hydraulicznej lub geotechnicznej mogą mieć siłę naprężającą, np. śruba sprężająca. W takim przypadku naprężenie początkowe elementu może być zdefiniowane w modelu i usunięte w pierwszym etapie analizy. Po ponownym uaktywnieniu elementu siła naprężająca działa na ten element.
- Gdy element jest usuwany, zmienne węzłowe nie są naruszane. Możesz zdefiniować warunki brzegowe na węźle. Zmienne pól węzłów nie są zależne od operacji życia i śmierci elementów.
- Po usunięciu urządzenia usuwane są również obciążenia rozłożone działające na urządzenie. Po ponownym uruchomieniu urządzenia zostaną aktywowane również obciążenia rozproszone, które nie zostały zmodyfikowane przez użytkownika. Usunięcie elementów nie ma wpływu na obciążenie węzła.

2.2 Przykłady wykopalisk

2.2.1 Analiza wykopów tuneli (metoda modułu mięknienia)

Przykład exl0-1.cae

1. Opis problemu

Tunel o promieniu 4,0 m jest wykopany przy użyciu betonowej podpory okładzinowej o grubości 0,15 m. Podłoże i wykładzina są symulowane za pomocą modelu elastycznego. Parametry są przedstawione na Rysunku 2-3.

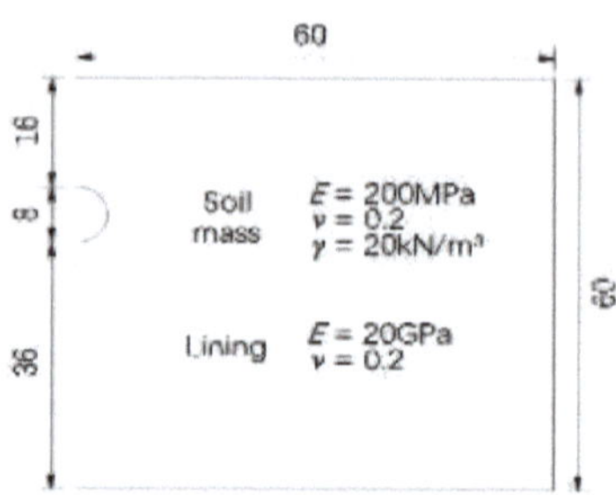

Rysunek 2-3 wzorcowy

2. Myślenie analityczne

Wydobycie tunelu jest podobne do innych problemów z wykopami, a jego istotą jest głównie uwalnianie naprężeń. Bez konstrukcji wykładziny problem jest prosty, pod warunkiem, że element wykopu zostanie usunięty po utworzeniu początkowych naprężeń. Jednak w rzeczywistym projekcie etap budowy wykopu w tunelu jest bardzo złożony, obejmuje cementację, wykop, konstrukcję wykładziny itd. Przy obliczaniu elementów skończonych szczególnie ważna jest symulacja budowy wykładziny i innych konstrukcji nośnych, zwłaszcza gdy element wykładziny jest aktywowany. Jeżeli jednak element ten zostanie usunięty, naprężenia masy gruntu zostaną całkowicie uwolnione, a okładzina nie będzie odgrywała roli podporowej. Jednocześnie, biorąc pod uwagę grunt utracony w wykopie tunelowym, zgodnie z podsumowaniem Potts'a [8], istniejące metody symulacji są następujące.

- Metoda szczelinowa. W oczku elementu skończonego znajduje się okrągły otwór większy niż średnica tunelu. Różnica objętości pomiędzy okrągłym otworem a tunelem stanowi stratę formacji. W analizie siła węzłowa wokół okrągłego otworu jest stopniowo zmniejszana, a jego przemieszczenie jest rejestrowane. Gdy okrągły otwór zamknie się do położenia tunelu, aktywowana jest wykładzina.

- o Metoda zmiękczania progresywnego (metoda modułu zmiękczania). Przed wykonaniem wykładziny moduł sprężystości jest redukowany, aby z kolei symulować efekt zwolnienia naprężeń.
- o Metoda konwergencja-zamknięcie (metoda ograniczeń konwergencji) najpierw nakłada ograniczenia na połączenia na powierzchni wykopu, aby uzyskać siły węzłowe zrównoważone naprężeniem początkowym, następnie rozluźnia ograniczenia, dodaje siłę węzła do odpowiedniego węzła i pozwala na zmniejszenie wielkości siły węzła z czasem. Po zmniejszeniu pewnego stopnia redukcji (np. 30 procent ~ 40 procent) aktywowany jest element okładzinowy, a następnie pozostałe obciążenie jest tłumione.

Druga i trzecia metoda są wykorzystywane do analizy odpowiednio obecnego i następnego przykładu.

3. Nacisk w studium przypadku

- o Usunięcie i aktywacja komórki.
- o Wykonanie metody modułu zmiękczania.
- o Symulacja podszewki.
- o Ustawienia i zmienne terenowe związane z parametrami materiałowymi.

4. Wykopy tunelowe bez wykładziny

Dla porównania, pierwszym krokiem jest rozwiązanie problemu wykopu tunelu bez wykładziny. Konkretne kroki są następujące:

Elementy z etapu 1. W module części wybierz polecenie [Part]/[Create]. W wyświetlonym oknie dialogowym utwórz część, ustaw nazwę gruntu, przestrzeń modelowania na płaszczyznę 2D, wpisz zdeformowany element bazowy do powłoki. Kliknij [Dalej], by narysować kontur geometryczny gruntu zgodnie z kształtem pokazanym na Rysunku 2-3. Następnie kliknij [Gotowe] w obszarze wyświetlania, aby zakończyć tworzenie elementu. W tym przypadku początkiem jest środek tunelu.

Wybierz polecenie [Tools]/[Partition], aby oddzielić geometrię tunelu. Wybierz polecenie [Narzędzia]/[Zestaw]/[Utwórz], wybierz wszystkie obszary i utwórz zestaw o nazwie wszystkie; utwórz zestaw o nazwie zdalnej dla gruntu wewnątrz tunelu.

Charakterystyka materiału i sekcji z etapu 2. W module właściwości wybierz polecenie [Materiał]/[Utwórz], utwórz materiał o nazwie grunt i wybierz w oknie dialogowym edycji materiału polecenie [Mechaniczny]/[Sprężystość]/[Elastyczny], aby ustawić parametry modelu sprężystego, gdzie moduł sprężystości E=200MPa i stosunek Poissona v = 0,2. Wybierz polecenie [Przekrój]/[Utwórz], ustaw charakterystykę przekroju o nazwie grunt (odpowiednim materiałem jest grunt), a następnie wybierz polecenie [Przypisz] /[Przekrój], aby przypisać odpowiednią powierzchnię.

Etap 3 części montażowe. W module zespołu wybierz polecenie [Instance]/[Create] i utwórz odpowiednią instancję.

Krok 4: definicja etapu analizy. W module kroku wybierz polecenie [Krok]/[Utwórz], ustaw nazwę geo w wyskakującym oknie dialogowym tworzenia kroku, wybierz geostatyczny jako typ kroku analizy, kliknij [Kontynuuj], aby wejść do okna dialogowego edycji kroku, a następnie wyjdź po zaakceptowaniu wszystkich domyślnych opcji.

Zgodnie z powyższymi krokami tworzony jest krok analizy statycznej o nazwie remove. Czas wynosi 1,0, początkowy krok przyrostu czasu wynosi 0,1, a maksymalny dozwolony krok przyrostu czasu wynosi 0,2.

Krok 5: definicja wykopu w tunelu. W module interakcji wybierz polecenie [Interaction]/[Create], wybierz remove jako krok analizy i zmień model jako typ w oknie dialogowym, jak pokazano na Rysunku 2-1, następnie kliknij [Continue], by zlokalizować wykop za pomocą symbolu myszy po prawej stronie regionu w oknie dialogowym edycji interakcji, i potwierdź, że aktywacja regionu jest dezaktywowana w tym kroku.

Krok 6 - obciążenie i warunki brzegowe. W module obciążenia wybierane jest polecenie [BC]/[Create] w celu ograniczenia przemieszczenia poziomego po obu stronach modelu oraz przemieszczenia w dwóch kierunkach na dole modelu. Należy zauważyć, że te warunki brzegowe są aktywowane w kroku początkowym lub etapie analizy geologicznej.

Aby przeprowadzić symulację obciążenia grawitacyjnego, wybierz polecenie [Obciążenie]/[Utwórz] i w kroku analizy geologicznej zastosuj siłę fizyczną równą -20 do wszystkich regionów gruntu. W kroku analizy usunięcia, w odległości 30 m od osi, w celu zasymulowania możliwego obciążenia ruchem i dopłaty, przykłada się obciążenie 50 kPa ciśnienia powierzchniowego.

Krok 7: Wstępna definicja stresu. W module obciążenia wybierz polecenie [Predefiniowane pole]/[Utwórz], ustaw krok jako początkowy (początkowy krok w programie ABAQUS), wpisz jako mechaniczny, wpisz jako naprężenie geostatyczne (pole naprężenia in situ), ustaw wielkość naprężenia pionowego-1 punktu początkowego-1 na 0, odpowiednią współrzędną pionową-1 na 20 (powierzchnia gruntu), a wielkość naprężenia pionowego-2 na -1200kPa, odpowiednio. Współrzędna pionowa-2 wynosi 40, a współczynnik naprężenia bocznego gruntu 0,5.

Etap 8 - oczko. W module mesh wybrana jest opcja obiektu na pasku środowiska jako część, co oznacza, że oczkowanie odbywa się na poziomie części. Aby ułatwić tworzenie oczek, wybiera się polecenie [Narzędzia]/[Podział], aby podzielić obszar na kilka odpowiednich obszarów. Wybierz polecenie

[Mesh]/[Controls], ustaw kształt elementu (kształt komórki) jako Quad (czworoboczny) i technikę (technika podziału) jako strukturę w oknie dialogowym sterowania siatką. Wybierz polecenie [Mesh]/[Element Type] i w oknie dialogowym Typ elementu ustaw CPE4 (element odkształcenia powierzchni czterowęzłowego) jako kategorię komórek. W menu [Nasiona] ustaw odpowiednią gęstość siatki. Wybierz polecenie [Mesh]/[Part], kliknij [Yes] w obszarze podpowiedzi i wybierz siatkę modelu, jak pokazano na Rysunku 2-4.

Uwaga: W tym przypadku nie przeprowadza się analizy wrażliwości wielkości oczek sieci i nie bierze się pod uwagę wpływu trudności związanych z paradygmatem analizy na tworzenie węzłów.

Krok 9. Przedstawić pracę. Wejdź do modułu zadań, utwórz i prześlij zadanie o nazwie ex l0-1.

5. Analiza wyników

Wejdź do modułu post-processingu wizualizacji i otwórz odpowiedni plik bazy danych wyników obliczeń. Wybierz opcję [Narzędzia]/[Ścieżka]/[Utwórz], aby utworzyć poziomą powierzchnię gruntu jako ścieżkę-1. Wybierz polecenie [Narzędzia]/[Dane XY]/[Utwórz], w oknie dialogowym tworzenia danych XY wybierz ścieżkę jako źródło danych i narysuj przemieszczenie poziome U1 oraz przemieszczenie pionowe U2 powierzchni gruntu, jak na rysunku 2-5. Z wykresu widać, że osiadanie powierzchni gruntu w pobliżu linii centralnej jest największe, a przemieszczenie poziome zmniejsza się stopniowo wraz ze wzrostem odległości, która wskazuje na linię centralną, co odzwierciedla fakt, że deformacja na ogół wskazuje na powierzchnię wykopu. Rysunek 2-6 przedstawia wykres wektora przemieszczeń lokalnego obszaru wokół tunelu. Dolna część tunelu odbija się i górna opada, co również odzwierciedla to prawo. Pokazuje to, że chociaż przyjęty model gruntu jest stosunkowo prosty, to funkcja życia i śmierci elementów w ABAQUS może lepiej odzwierciedlać charakterystykę deformacji problemów z wykopem konstrukcji hydraulicznej.

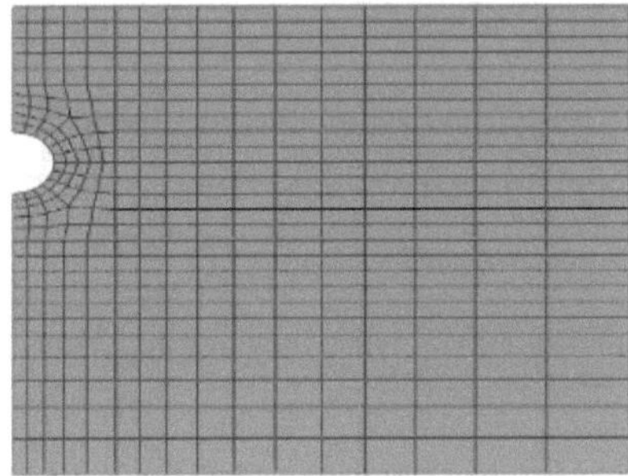

Rysunek 2-4 Siatka z elementami skończonymi w modelu

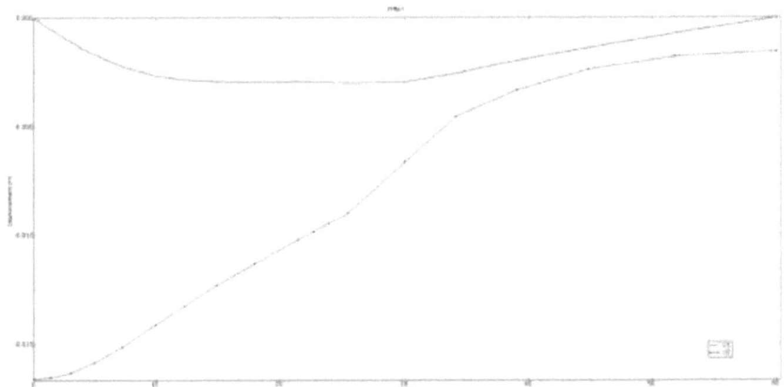

Rysunek 2-5 Poziome i pionowe przemieszczenie powierzchni gleby bez wykładziny

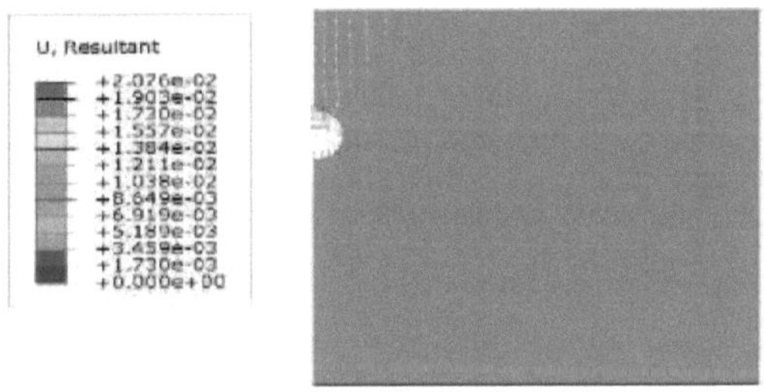

Rysunek 2-6 Wykres wektora przemieszczenia lokalnego tunelu

6. Metoda zmiękczania Progress do wykopów tunelowych z wykładziną

W niniejszej pracy wykorzystano metodę tłumienia przesunięcia trybów pracy do symulacji częściowego zwolnienia naprężeń. Oprócz wstępnych etapów analizy, konieczne jest zdefiniowanie takiego etapu analizy.

- Przy zmniejszaniu kroku analizy moduł powierzchni wykopu zmniejsza się do 40 procent.
- Dodaj etap analizy, w którym aktywowana jest jednostka okładzinowa.
- Usuń etap analizy, w którym usuwana jest jednostka wykopowa tunelu.

Dodatkowo należy zdefiniować element okładzinowy i parametry modułu sprężystości związane ze zmienną polową. Konkretne działanie jest następujące.

Krok 1, z wyjątkiem ex10-1.cae jako ex10-1-2.cae.

Krok 2 wejdź do modułu części i wybierz polecenie [Part]/[Create] (Część]/[Utwórz], aby utworzyć wykładzinę komponentu 2D z wykładziną płaską o grubości 0,15 m i promieniu zewnętrznym 4 m. Wybierz polecenie [Narzędzia]/[Ustaw]/[Utwórz], aby utworzyć zbiór o nazwie wyściółka dla całej okładziny.

Krok 3 wchodzi do modułu właściwości i tworzy materiał sprężysty o nazwie liniowej z modułem sprężystości E=19GPa i współczynnikiem Poissona v=02. Skopiuj oryginalny materiał gruntu na nowy materiał - usunięcie gruntu, a następnie wybierz polecenie [Material]/[Edit] by zmodyfikować usunięcie gruntu. W oknie dialogowym edycji materiału, ustaw kilka zmiennych polowych na 1 i ustaw moduł sprężystości zmieniający się ze zmiennymi polowymi zgodnie z danymi jak pokazano na Rysunku 2-7. W kolejnym kroku ustaw wartość początkową zmiennej FV na 1, a następnie ustaw pole na 2 w kroku analizy redukcyjnej, tak aby zrealizować tłumienie modułu.

Charakterystyka przekrojowa jest definiowana na nowo i przypisywane są do niej odpowiednie regiony.

Krok 4 wchodzi się do modułu montażowego i wkłada element liniowy okładziny do bieżącej instancji.

Krok 5 wchodzi do modułu kroku, usuwa oryginalny krok analizy, a następnie wstawia kroki statyczne o nazwie redukcja, dodawanie i usuwanie po kroku analizy geo.

Krok 6 definiuje na nowo obszar wykopu i określa czas aktywacji wykładziny z powodu zmiany kroku analizy. Wykładzinę należy najpierw usunąć w pierwszym etapie analizy. W module interakcji wybierz polecenie [Interaction]/[Create], ustaw krok analizy jako geo, wpisz jako zmianę modelu, a następnie kliknij [Continue], aby potwierdzić, że aktywacja rejonu jest dezaktywowana w tym kroku, wybierając wykładzinę za pomocą symbolu myszy po prawej stronie rejonu w oknie dialogowym edycji interakcji, usuń w ruchu krok analizy. Wybierz polecenie [Interaction]/[Manager] i kliknij [Edit] w oknie dialogowym Manager interakcji, aby połączyć ponownie aktywowane w kroku dodawania analizy.

Rysunek 2-7 Model elastyczny z ustawieniem zmienności pola

Uwaga: Ponieważ wykładzina i części tunelu zachodzą na siebie, można je wyświetlać osobno na ekranie za pomocą polecenia [Narzędzia]/[Grupa wyświetlania]/[Utwórz].

Krok 7: połączenie okładziny z podłożem. Wybierz polecenie [Narzędzia]/[Powierzchnia]/[Utwórz], ustaw powierzchnię obwodową wykładziny jako liner-o, a powierzchnię styku z gruntem jako soil-o.

Uwaga: Interfejs pomiędzy gruntem a okładziną należy do wewnętrznej powierzchni modelu. Sposób jego wyboru można określić jako ex9-7.cae. Jednocześnie należy wybrać właściwy kierunek powierzchni.

Wybierz polecenie [Interaction]/[Property]/[Edit], a następnie wybierz polecenie [Mechanical]/[Normal Behavior] w oknie dialogowym właściwości edycji interakcji, zaakceptuj opcje domyślne i ustaw kontakt normalny. Wybierz polecenie [Mechaniczne]/[Zachowanie styczne], a następnie wybierz model styczny jako szorstki, tzn. między okładziną a gruntem jest całkowicie szorstki.

Wybierz polecenie [Interaction]/[Create], aby w kroku analizy usunięcia wykładziny utworzyć kontakt między wykładziną a gruntem.

Uwaga: Metoda wielopunktowego utwierdzenia MPC może być również stosowana do utwierdzenia okładziny i otaczającego ją gruntu, tak aby złącza okładziny i otaczającego ją gruntu miały ten sam stopień swobody. Można również spróbować ograniczenia wiązań.

Krok 8 wprowadzić moduł obciążenia i ograniczyć przemieszczenie w kierunku X U1 lewej krawędzi okładziny do 0 w początkowym etapie analizy. W kroku analizy usunięcia, 50kPa obciążenia powierzchniowego jest przyłożone w odległości 30m od osi.

Etap 9 wchodzi w moduł oczek i dzieli okładzinę na 12 oczek wzdłuż kierunku obwodu. Tryb odkształcenia zginającego elementu okładziny należy dokładnie zasymulować przy użyciu elementu CPE4I (odkształcenie powierzchniowe czterowęzłowego elementu niezgodnego).

Uwaga: Możesz również spróbować użyć elementów belki do symulacji wykładziny.

Krok 10 modyfikować the model wejściowy kartoteka i ustawiać pole zmienny. Wybierz polecenie [Model]/[Edycja słów kluczowych]/[Model-1] i dodaj następujące stwierdzenie określające początkową wartość zmiany temperatury pola przed pierwszym etapem analizy:

*warunki początkowe, type=pole, variable=l; zmienna określa nazwę zmiennej polowej, a nazwa zmiennej polowej w ABAQUS musi zaczynać się od 1.

Gleba-1. usuń, 1; Gleba-1. usuń jest nazwą zbioru punktów, a 1 jest wartością początkową zmiennej polowej.

Znajdź oświadczenie dla drugiego etapu analizy (zmniejsz):

*step, name=reduce

*statyczny

0.1,1., 1e-05, 0.2

Następnie należy wpisać stwierdzenie, że pole kontrolne jest zwiędłe:

*field, variable=1

Gleba-1. usuń, 2; w kroku analizy redukcyjnej zmienna pola zostaje zmieniona na 2.

Uwaga: Zmienne pola nie mogą być ustawiane w cae.

Krok 11 wchodzi do modułu kroku, tworzy i przedkłada zadanie exl0-1-2.

Krok 12 wchodzi do modułu post-processingu wizualizacji i otwiera odpowiedni plik bazy danych wyników obliczeń. Rysunek 2-8 porównuje osiadanie i deformację powierzchni fundamentu z okładziną lub bez. Z wykresu widać, że maksymalne osiadanie gruntu zmniejsza się po wyłożeniu okładziną, a efekt podparcia okładziny jest oczywisty. Czasami obliczona powierzchnia może pojawić się unosząc się do góry i odkształcając się, co jest niezgodne z rzeczywistą utratą i osiadaniem formacji. Wynika to z faktu, że wykładzina jest ukończona przed zakończeniem wykopu w symulacji. Ponieważ sztywność wykładziny jest duża, usunięcie gruntu w wykładzinie spowoduje, że będzie ona miała tendencję do całkowitego wypiętrzenia i odkształcenia, co zrównoważy osiadanie gruntu spowodowane utratą warstwy. Ponadto zjawisko to związane jest również z przyjętym przez nas modelem konstytutywnym. Nie uwzględniono nieliniowości materiałów, różnicy między modułem obciążenia i rozładowania gruntu oraz rozkładu modułu sprężystości z głębokością, który jest inny niż w rzeczywistości.

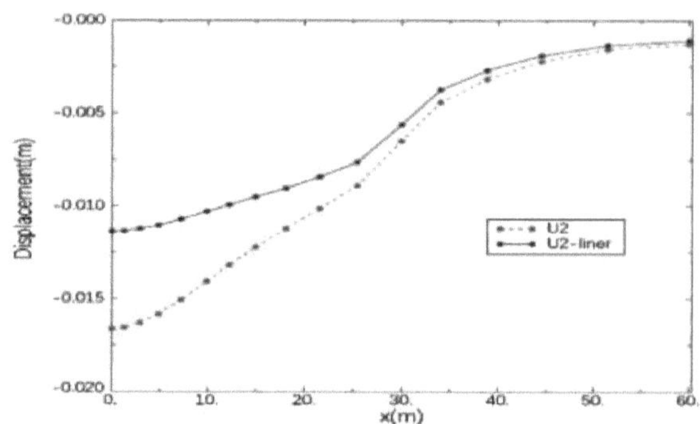

Rys. 2-8 Wpływ okładziny na odkształcenie powierzchni

Krok 13 odkształcenie i naprężenie okładziny. Rysunek 2-9 przedstawia porównanie kształtu okładziny przed i po deformacji. Ponieważ okładzina jest okręgiem, wyniki naprężeń w ogólnym układzie współrzędnych nie będą zbyt intuicyjne, dlatego konieczne jest przekształcenie wyników naprężeń na wyświetlany lokalny układ współrzędnych. Lokalny układ współrzędnych można przypisać do obszaru okładzin w trakcie przetwarzania wstępnego, wykonując polecenie [Przypisz]/[Orientacja materiałowa] lub w trakcie przetwarzania końcowego. To ostatnie podejście jest wprowadzone tutaj.

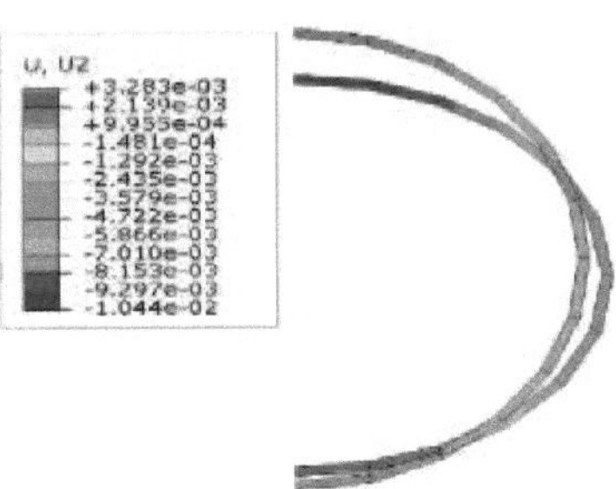

Rys. 2-9 Porównanie kształtu okładziny przed i po odkształceniu

W module post-processingu wizualizacji, wybierz polecenie [Narzędzia]/[Układ współrzędnych]/[Utwórz], wybierz typ jako cylindryczny w oknie dialogowym, jak pokazano na Rysunku 2-10, a następnie wybierz trzy punkty zgodnie z zachętą do określenia układu współrzędnych. Wybierz polecenie [Rezultat]/[Opcje], przejdź do zakładki transformacji w oknie dialogowym opcji wyników, jak pokazano na Rysunku 2-11, wybierz typ transformacji jako określony przez użytkownika i wybierz wcześniej zdefiniowany układ współrzędnych.

Wybierz polecenie [Narzędzia]/[Ścieżka]/[Utwórz], ustaw wewnętrzne i zewnętrzne krawędzie jako ścieżki, a następnie narysuj naprężenie osiowe okładziny, jak pokazano na rysunku 2-12. Odcięta na rysunku 2-12 przedstawiają długość łuku od górnej krawędzi okładziny. Wyniki pokazują, że główne naprężenie ściskające znajduje się w okładzinie, a różnica naprężeń ściskających odzwierciedla deformację zginającą okładziny. Na przykład prawa boczna strona okładziny ma tendencję do zginania, rozciągania i ściskania, co jest zgodne ze schematem deformacji przedstawionym na rys. 2-9.

W tym przypadku do wykładziny stosuje się elementy masywne, a segmenty okładziny są równoważne ze sztywnymi połączeniami. W praktyce okładzina może być przegubowa. W tym czasie okładzinę można podzielić na kilka odcinków, pozostawiając niewielką szczelinę pomiędzy każdym z końców, która może korelować stopnie swobody węzłów na obu końcach szczeliny.

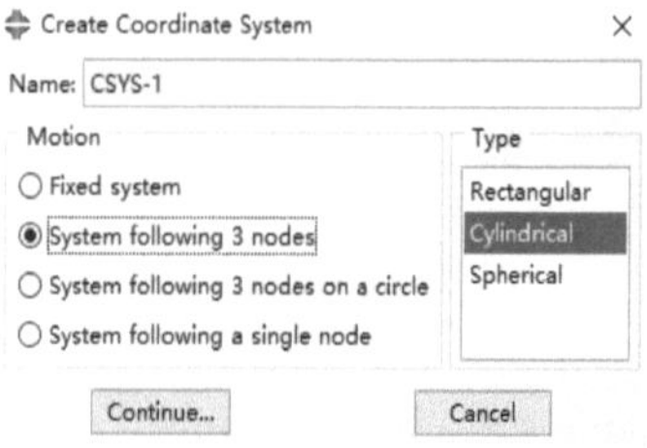

Rysunek 2-10 Własny układ współrzędnych

Rysunek 2-11 Wybór wyjściowego układu współrzędnych

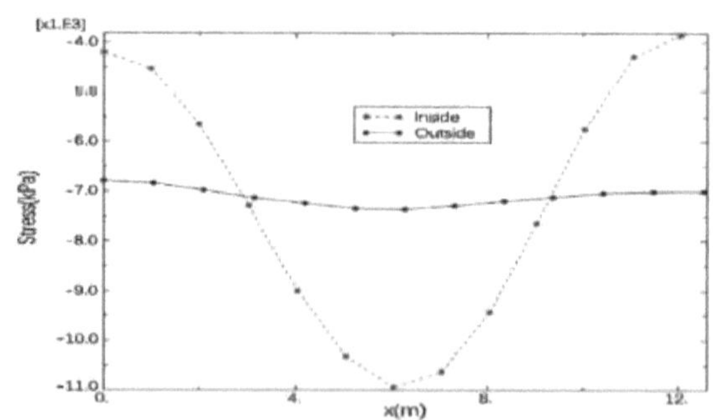

Rys. 2-12 Naprężenia osiowe po obu stronach okładziny

2.2.2 Analiza wykopów tuneli (metoda ograniczeń konwergencji)

Przykład exl0-2.cae

1. **Opis problemu**

Model geometryczny i parametry materiałowe w tym przypadku są zgodne z exl0-1. Przypadek ten jest symulowany metodą ograniczeń konwergencji.

2. **Nacisk w studium przypadku**

- o Realizacja metody ograniczeń konwergencji.
- o Obciążenie połączeń nakładane jest w partiach.
- o Krzywa amplitudy czasu

3. **Myśli analityczne**

W metodzie ograniczenia zbieżności, wykopy w gruncie realizowane są poprzez stopniowe uwalnianie obciążenia skupionego węzłów granicznych w obszarze wykopu. Po pewnym zwolnieniu obciążenia (w tym przypadku 40 procent) aktywowany jest element okładzinowy, a następnie w kolejnych etapach analizy obciążenie jest całkowicie zwalniane. Z tego powodu przeprowadzana jest niezależna analiza w celu uzyskania równoważnych sił węzłowych otaczających połączeń w obszarze wykopu.

4. **Określenie obciążenia wykopu**

Krok 1: stworzenie nowego cae o nazwie exl0-2-ini. Zgodnie z krokami wprowadzonymi w exl0-1, tworzone są komponenty, materiały do ich ustawienia, charakterystyka sekcji i elementy zespołu. Należy zauważyć, że obszar wykopu nie jest uwzględniony w modelu numerycznym. Dla wygody dalszych operacji wybierz polecenie [Narzędzia]/[Ustaw]/[Utwórz], a granica wykopu zostanie ustawiona jako tunel.

Krok 2: definicja etapu analizy. W module kroku wybierz polecenie [Step]/[Create], aby utworzyć krok analizy geostatycznej o nazwie geo.

Krok 3 - obciążenie i warunki brzegowe. W module obciążenia wybrane jest polecenie [BC]/[Create], a przemieszczenie poziome po obu stronach modelu oraz przemieszczenie na dnie modelu są ograniczone w początkowym etapie analizy, natomiast przemieszczenie na granicy wykopu jest ograniczone w obu kierunkach.

Wybierz polecenie [Obciążenie]/[Utwórz] i zastosuj siłę fizyczną równą -20, aby określić naprężenie początkowe w kroku analizy geologicznej dla wszystkich gruntów. Zgodnie z wprowadzeniem w eksl0-1, ustawiane są takie same warunki naprężenia początkowego.

Etap 4 oczka. Wejdź do modułu mesh, wybierz opcję obiektu na pasku środowiskowym jako część, a następnie wybierz opcję mesh wg exl0-1.

Krok 5. Zgłoś się do pracy. Wejdź do modułu zadań, utwórz i prześlij zadanie o nazwie exl0-2-ini.

Krok 6 wchodzi do modułu post-processingu wizualizacji i otwiera odpowiedni plik bazy danych wyników obliczeń. Wybierz polecenie [Narzędzia]/[Wyświetl grupę]/[Utwórz], aby wyświetlić oddzielnie zestaw węzłów grunt-1 i tunel. Dla przejrzystości, w oknie dialogowym można wybrać polecenie [Opcje]/[Wspólne], jak pokazano na Rysunku 2-13. Przejdź do zakładki etykiet, aby wyświetlić symbole węzłów i liczby.

W kroku 7 wybieramy polecenie [Raport]/[Pole wyjściowe], wybieramy położenie unikalnego węzła w zakładce zmiennych okna dialogowego wyjściowego pola raportu, jak pokazano na Rysunku 2-14, a zmiennymi wyjściowymi są RF1 i RF2; przechodzimy do zakładki ustawień, ustawiamy plik wyjściowy jako node-force.rpt i kontrolujemy format wyjściowy, a po potwierdzeniu wyprowadzamy reakcję węzła na odpowiedni plik.

Rysunek 2-13 Symbole i numery węzłów

Plik rpt można otworzyć za pomocą głosu edycji tekstu. Wyniki są następujące.

Węzeł Etykieta	RF.RF1 @Loc1	RF2 @Loc1
19	206.947	-2.93924
20	116.866	-247.620
171	190.018	99.3405

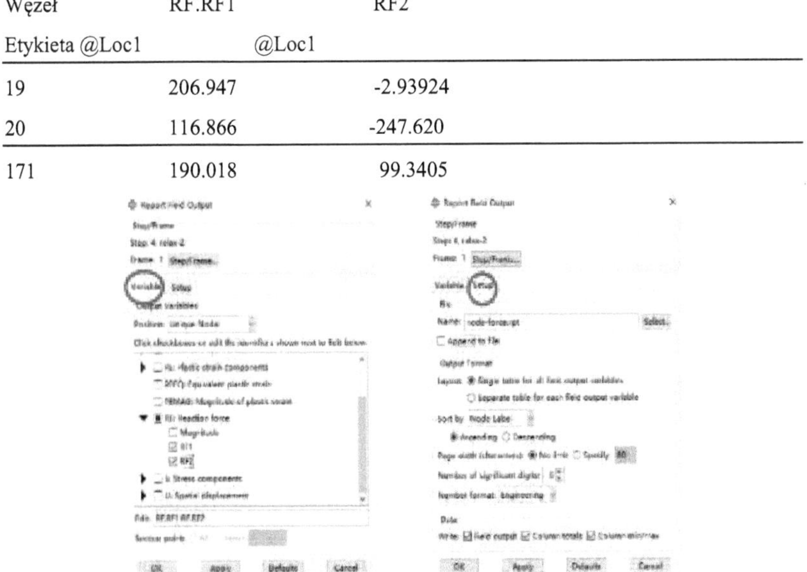

Rys. 2-14 Reakcja węzła wyjściowego

5. Symulacja wykopów

Krok 1 zapisuje exl0-2-ini.cae jako exl0-2.cae.

Krok 2 wchodzi do modułu części i wybiera polecenie [Part]/[Create] (Część]/[Utwórz], aby utworzyć dwuwymiarową płaską okładzinę komponentu o grubości 0,15m i promieniu zewnętrznym 4m.

Krok 3 wchodzi do modułu właściwości, tworzy materiał sprężysty o nazwie liniowej, definiuje charakterystykę przekroju poprzecznego i przypisuje odpowiednie regiony. Wejdź do modułu zespołu i wstaw element liniowy okładziny do bieżącej instancji.

Krok 4 wchodzi do modułu krokowego. Po kroku analizy geo, po kolei wprowadza się kroki statyczne o nazwie relax-1, add i relax-2 oraz ogólny krok analizy statycznej.

W kroku 5 wybierz polecenie [Interaction]/[Create] w module interakcji, ustaw krok analizy jako geo i typ jako zmianę modelu, a następnie kliknij [Continue], wybierz wykładzinę za pomocą symbolu myszy po prawej stronie regionu w oknie dialogowym edycji interakcji i potwierdź, że stan aktywacji elementów regionu jest w tym kroku nieaktywny. Wybierz polecenie [Interaction]/[Manager] i kliknij [Edit] w oknie dialogowym Manager interakcji, aby połączyć ponownie aktywowane w kroku dodawania analizy.

Krok 6: styk okładziny z glebą. Wybierz polecenie [Narzędzia]/[Powierzchnia]/[Utwórz], ustaw powierzchnię obwodową wykładziny jako wykładzinę, a powierzchnię styku z gruntem jako tunel. Zgodnie z demonstracją exl0-1, styk pomiędzy gruntem a wykładziną jest ustawiany tak, aby aktywować go w kroku analizy dodawania.

Krok 7 wchodzi do modułu obciążenia i ogranicza przemieszczenie w kierunku X U1 lewej krawędzi okładziny do 0 w początkowym etapie analizy. W kroku analizy relaksacyjnej 2, 50kPa obciążenia powierzchniowego jest przyłożone w zakresie 30m od osi.

Krok 8 w celu zasymulowania tłumienia obciążenia na węzłach wokół tunelu, potrzebna jest funkcja amplitudy. Wybierz polecenie [Narzędzia]/[Amplituda]/[Utwórz], ustaw nazwę na "relax", wpisz w tabelę, potwierdź i ustaw krzywą amplitudy jak pokazano na Rysunku 2-15. Zwróć uwagę na konieczność zmiany zakresu czasowego na czas całkowity, co oznacza, że jeśli krzywa amplitudy obciążenia jest dla czasu całkowitego, ponieważ czas każdego kroku analizy jest przyjmowany jako 1, 0~1 reprezentuje krok analizy geo, 1~2 reprezentuje krok analizy relax-1 itd.

Dla uproszczenia, metoda modyfikacji pliku inp jest przyjęta w CAE. Wybierz polecenie [Model] /[Edit Keywords]/[Model-1], znajdź pierwszy krok analizy *geostatic, a następnie wstaw następującą deklarację.

```
*Cload, AMPLITUDE=RELAX
Gleba-1,19,1,206,947
......
Soil-1. 19, 2, -2.93924
........
Soil-1. 171,2,99.3405
```

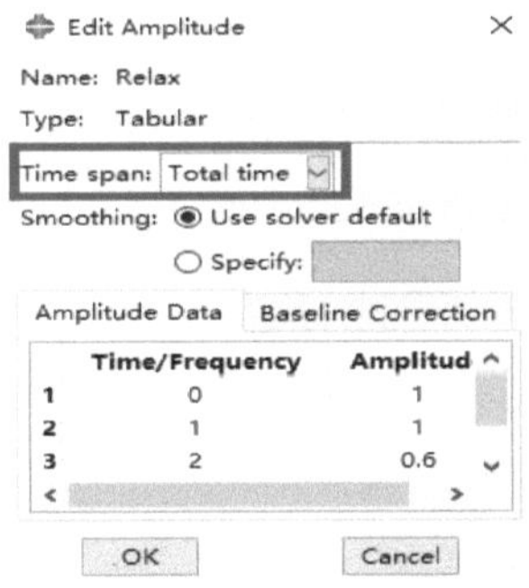

Rysunek 2-15 Definicja krzywej amplitudy

Obciążenie w wierszu słowa kluczowego reprezentuje skoncentrowaną siłę, a amplituda = relaks określa, że krzywa amplitudy jest rozluźniona zgodnie z wcześniejszym określeniem. Istnieją trzy rzędy danych, pierwsze dane reprezentują numer węzła (soil-1 jest nazwą instancji obiektu), drugie dane reprezentują kierunek obciążenia, a trzecie dane są wielkością obciążenia. Te dane można łatwo uzyskać przez modyfikację node-force.rpt jest podany przez ex10-2-ini.

Uwaga: Mimo że ABAQUS/CAE zawiera większość funkcji, to jednak bardzo przydatna jest znajomość i zrozumienie składu plików inp. Zaleca się, aby użytkownik przeczytał więcej słów kluczowych ABAQUS help manual i nauczył się odpowiadać na działanie CAE.

Etap 9 wchodzi do modułu oczek i zazębia okładzinę w dwanaście (12) elementów CPE4I (naprężenie powierzchniowe czterowęzłowych elementów niekompatybilnych) wzdłuż kierunku obwodu.

Krok 10 wejdź do modułu zadań, utwórz i prześlij zadanie o nazwie ex10.2.

6. Analiza wyników

Krok 1 wejdź do modułu post-processingu wizualizacji i otwórz odpowiedni plik bazy danych wyników obliczeń. Za pomocą chmury rozkładu naprężeń sprawdź efekt kroku analizy geostatycznej i sprawdź, czy obciążenie węzła zostało zastosowane prawidłowo.

Etap 2 Rysunek 2-16 porównuje przemieszczenie powierzchni obliczone metodą modułu zmiękczania (ex10-1) i metodą ograniczenia zbieżności (ex10-2), zauważając, że 40-procentowe tłumienie modułu nie odpowiada 40-procentowemu rozluźnieniu siły węzła, ale wyniki analizy są spójne.

Uwaga: Sugeruje się zmianę parametrów, takich jak gęstość oczek, zakres obliczeń i model gleby, oraz analizę ich wpływu na wyniki obliczeń.

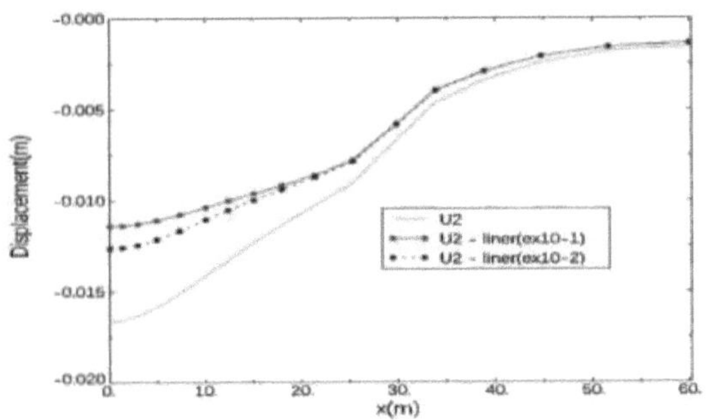

Rys. 2-16 Wpływ okładziny na osiadanie powierzchniowe

2.2.3 Symulacja wykopu w wykopie pod fundamenty wspornikowe

Przykład exl0-3.cae

1. Opis problemu

Jak pokazano na rysunku 2-17, znajduje się tam wykop fundamentowy o szerokości wykopu 2m. × 20m i głębokość wykopu 10m. Wsparta jest na konstrukcji szafy wspornikowej o szerokości ściany 1m i całkowitej długości 20m. Moduł sprężystości gruntu rośnie liniowo wraz z głębokością, E = 6000 + 6000z (kPa), z to wstępna głębokość od ściany, stosunek Poissona v=0,2, ciężar gruntu $\gamma = 20\,kN/m^3$, spójność c'= 0, kąt tarcia. φ'= 30° kąt dylatacji $\Psi = 0°$, współczynnik poziomego naporu na ziemię $K_0 = 2$. Moduł sprężystości ściany wynosi E = 28GPa, stosunek Poissona v=0,15. Kąt tarcia między ścianą a gruntem wynosi 30° (współczynnik tarcia wynosi 0,57).

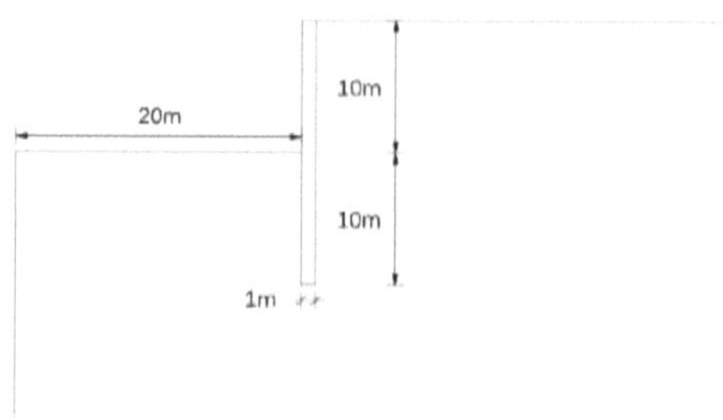

Rysunek 2-17 wzorcowy

2. **Nacisk w studium przypadku**

- o Usuwanie par kontaktów.
- o Symulacja zmienności modułów sprężystych wraz z głębokością.
- o Wpływ modelu gleby na wyniki obliczeń.

3. **Model i rozwiązanie**

Elementy z etapu 1. W module części wybierz polecenie [Część]/[Utwórz], utwórz dwuwymiarową odkształcalną część o nazwie grunt, zgodnie z rozmiarem modelu pokazanym na Rysunku 2-17 i opuść lokalizację ściany. Jako początek przyjmuje się dolny lewy róg obszaru analizy, a jako szerokość i wysokość obszaru analizy przyjmuje się 100 m. W module tym należy wybrać opcję [Część]/[Utwórz], utworzyć dwuwymiarową część odkształcalną o nazwie grunt.

Geometria obszaru wykopu jest oddzielona poleceniem [Narzędzia]/[Partycja]. W celu ułatwienia późniejszego zazębienia, gleba jest oddzielana wraz z głębokością wykopu i głębokością dna ściany. Wybierz polecenie [Narzędzia]/[Powierzchnia]/[Utwórz], aby utworzyć powierzchnię styku ściany z gruntem, jak pokazano na Rysunku 2-18. W tym miejscu gleba w wykopie jest oddzielana w górę i w dół, ponieważ pary styków w zakresie głębokości wykopu są usuwane podczas etapu analizy wykopu.

Wybierz ponownie polecenie [Część]/[Utwórz], aby ustalić elementy ściany i odpowiadające im powierzchnie styku.

Wybierz polecenie [Narzędzia]/[Ustaw]/[Utwórz], ustaw kompletny zestaw gruntu, ustaw zestaw usuń w obszarze wykopu, a następnie ustaw zestaw ścian w ścianie.

Charakterystyka materiału i sekcji z etapu 2. W module właściwości wybierz polecenie [Materiał]/[Utwórz], utwórz materiał o nazwie grunt, wybierz polecenia [Mechaniczne]/[Plastyczność] i [Mechaniczne]/ [Plastyczność]/ [Mohr -Coulomb Plastyczność] w oknie dialogowym edycji materiału i ustaw model plastyczności Mohr-Coulomba. Ponieważ głównym problemem jest odkształcenie i naprężenie ściany, jako wartość reprezentatywną warstwy gruntu przyjmuje się moduł sprężystości 66MPa na środkowej głębokości ściany, a następnie analizuje się wpływ tego uproszczenia.

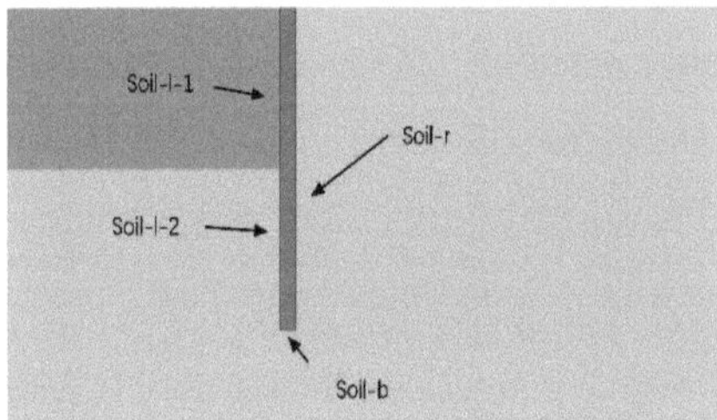

Rysunek 2-18 Tworzenie powierzchni gleby

Po tych krokach powstaje elastyczny materiał o nazwie ściana.

W oknie dialogowym tworzenia przekrojów wybierz polecenie [Przekrój]/[Utwórz], ustaw kategorię jako bryła i utwórz przekrój o nazwie grunt (odpowiednim materiałem jest grunt), podobnie aby utworzyć przekrój o nazwie ściana. Wybierz polecenie [Przyporządkuj]/[Przekrój], aby przypisać charakterystykę przekroju o zadanej objętości do odpowiedniej powierzchni.

Etap 3 części montażowe. W module zespołu, polecenie [Instance]/[Create] jest wybierane w celu utworzenia odpowiedniej ściany instancji i gruntu w odpowiednim miejscu.

Krok 4: definicja etapu analizy. W module kroku wybierz polecenie [Krok]/[Utwórz], utwórz krok analizy geostatycznej o nazwie geo i zaakceptuj wszystkie domyślne opcje. Następnie tworzony jest statyczny krok o nazwie remove. Całkowity czas kroku jest ustawiony na 1, początkowy czas kroku jest ustawiony na 0.1, maksymalny czas kroku jest ustawiony na 0.2 (zakładka inkrementacji), a algorytm asymetryczny [Inne].

Krok 5 kontakt ściany z ziemią. Wybierz polecenie [Interaction]/[Property]/[Create], wprowadź nazwę intprop-1 w oknie dialogowym właściwości tworzenia interakcji, ustaw typ jako styk, kliknij [Continue], aby przejść do okna dialogowego właściwości edycji styku, wybierz polecenie [Mechanical]/[Normal Behavior], zaakceptuj opcje domyślne i ustaw styk normalny. Wybierz polecenie [Mechaniczne]/[Zachowanie styczne], ustaw model styczny jako karny (funkcja karna), ustaw współczynnik tarcia na 0,577, przejdź do zakładki Poślizg sprężysty i ustaw maksymalny poślizg sprężysty na 1e-5 (jeśli nie jest ustawiony, domyślnie Abaqus na 0,5 procent rozmiaru oczka).

W module interakcji wybierz polecenie [Interaction]/[Create], ustaw nazwę na int-1 w oknie dialogowym create interaction i wybierz inicjał z listy rozwijanej krok, co oznacza, że styk rozpoczyna się od kroku analizy początkowej, zaakceptuj domyślną opcję styk powierzchniowy w typach dla wybranego obszaru kroku i kliknij przycisk [Continue], a następnie postępuj zgodnie z podpowiedzią w obszarze podpowiedzi na ekranie. Wybierz powierzchnię główną, a następnie kliknij [Powierzchnie] na prawym końcu obszaru podpowiedzi, aby wyświetlić okno dialogowe wyboru regionu, wybrać ścianę-r w odpowiednich zestawach, wybrać powierzchnię jako typ powierzchni zależnej, wybrać grunt-r jako powierzchnię zależną, potwierdzić i ustawić właściwość powierzchni styku na intprop-1 w oknie dialogowym edycji interakcji; zaakceptuj pozostałe opcje domyślne i kliknij [Ok], aby potwierdzić i wyjść. Podobnie, utwórz pary styków pomiędzy ścianą-1 a gruntem-1, ścianą-1 a gruntem-1-2, ścianą-b i gruntem-b.

Wybierz polecenie [Interaction]/[Manager], a w kroku analizy usunięcia umieść kontakt ściany-1 z gruntem-1 na nieaktywnym.

Uwaga: Przy zestawianiu stykowym z dużym odkształceniem ślizgowym, po usunięciu elementu, należy również usunąć zestawianie stykowe lub można zastosować małe przesuwanie.

Krok 6 Ustawienie obszaru usuwania. W module interakcji wybierz polecenie [Interaction]/[Create], ustaw krok analizy jako usuń i typ jako zmianę modelu, następnie kliknij [Continue], wybierz obszar do wykopania za pomocą symbolu myszy po prawej stronie regionu w oknie dialogowym edycji interakcji i potwierdź, że stan aktywacji elementów regionu jest w tym kroku dezaktywowany.

Krok 7 - obciążenie i warunki brzegowe. W module obciążenia wybrano polecenie [BC]/[Create], aby ograniczyć przemieszczenie poziome po obu stronach modelu oraz przemieszczenie na dnie modelu. Należy zauważyć, że te warunki brzegowe są aktywowane w kroku początkowym lub etapie analizy geologicznej.

Wybierz polecenie [Obciążenie]/[Utwórz] i w kroku analizy geologicznej zastosuj siłę -20 na wszystkie obszary gruntu, aby zastąpić obciążenie quasi-grawitacyjne.

Krok 8 wstępne ustawienie naprężenia. W module obciążenia wybierz polecenie [Predefiniowane pole]/[Utwórz], ustaw krok jako początkowy (początkowy krok w Abaqus), wpisz jako mechaniczny, wpisz jako naprężenie geostatyczne (pole naprężenia in-situ), ustaw wielkość naprężenia pionowego1 punktu początkowego1 na 0, odpowiednią współrzędną pionową1 na 100 (powierzchnia gruntu), a wielkość naprężenia pionowego2 wynosi -2000kPa, odpowiednią współrzędną pionową2 wynosi 0, a współczynnik naprężenia bocznego gruntu wynosi 2. W niniejszej pracy określono takie samo naprężenie początkowe zarówno dla ściany, jak i dla gruntu, (tzn. nie uwzględniono wpływu ustawienia ściany na naprężenie gruntu).

Krok 9 - oczko. W module mesh wybrana jest opcja obiektu na pasku środowiska jako część, co oznacza, że oczkowanie odbywa się na poziomie części. Najpierw ustawiamy rozwijaną listę części jako ścianę, a następnie dzielimy ścianę. Wybierz polecenie [Mesh]/[Controls], ustaw kształt elementu (kształt komórki) jako czworoboczny (czworoboczny) i technikę (technika podziału) jako strukturalną w oknie dialogowym sterowania siatką.

Wybierz polecenie [Mesh]/[Element Type] i w oknie dialogowym Element Type ustaw CPE4I jako typ jednostki. Ścianę dzielimy na 20 jednostek w kierunku wysokości i 3 jednostki w kierunku szerokości, ustawiając odpowiednią gęstość siatki w menu w zakładce Nasiona. Wybierz polecenie [Mesh]/[Part], aby utworzyć siatkę.

Podobnie, element CPE4 służy do zazębiania powierzchni gleby, a funkcja nachylenia pod [Nasiona] /[Krawędzie] służy do udoskonalenia siatki przy ścianie, jak pokazano na Rysunku 10-19.

Krok 10 przedstawia pracę. Wprowadź moduł zadania, wybierz polecenie [Zadanie]/[Utwórz], utwórz zadanie o nazwie ex10-3, wybierz polecenie [Prześlij zadanie]/[ex10-3] i prześlij obliczenia.

4. Analiza wyników

Krok 1 wejdź do modułu wizualizacji i otwórz odpowiedni plik bazy danych wyników obliczeń.

Krok 2 Rysunki 2-20 i 2-21 przedstawiają odpowiednio chmury przemieszczeń poziomych i pionowych wokół obszaru wykopu. Z rysunków widać, że gleba przemieszcza się do wewnątrz po wykonaniu wykopu fundamentowego, a maksymalne przemieszczenie poziome wynosi około 20 cm. Deformacja unoszącego się dna wykopu wynosi około 23cm, a osiadanie gruntu wokół wykopu wynosi około 4,8cm. Deformacja osiadania jest spowodowana aktywnym stanem równowagi granicznej zasypki za ścianą. Jeżeli grunt jest obliczany na podstawie modelu czysto sprężystego, to następuje odkształcenie wypiętrzeniowe gruntu za ścianą.

W kroku 3 wybierz polecenie [Narzędzia]/[Ścieżka]/[Utwórz], aby utworzyć ścieżkę o nazwie ścieżka-1 wzdłuż linii ściany. Wybierz polecenie [XY-Dane]/[Utwórz], wybierz źródło jako ścieżkę, w oknie dialogowym XY-dane wybierz kształt modelu jako niezdeformowany, zaznacz punkt przecięcia pod punktami ścieżki i narysuj rozkład przemieszczeń poziomych wraz z głębokością ściany, jak na Rysunku 2-22. Dla porównania, podane są wyniki modelu sprężystego (exl0-3-2). Z rysunku widać, że jeśli nie uwzględni się plastyczności gruntu, to obliczone przemieszczenie poziome ściany jest zbyt małe, co jest ściśle związane z naciskiem gruntu działającego na ścianę.

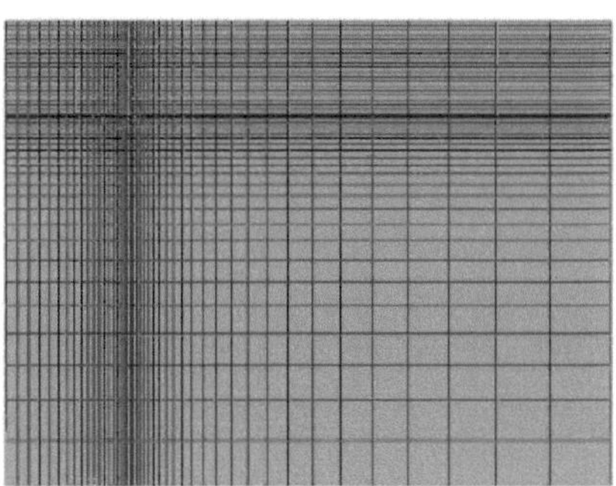

Rysunek 2-19 Siatka z elementami skończonymi

Krok 4: Rysunek przedstawiający normalny nacisk CPRESS (nacisk ziemi) na powierzchnię kontaktu ziemia-1-1 i ziemia-r przed i za ścianą przy użyciu funkcji związanych ze ścieżką, jak na rysunkach 2-23 i 2-24. Z rysunków wynika, że gdy używany jest model Mohr-Coulomba, nacisk ziemi za murem osiąga w zasadzie wielkość aktywnego nacisku ziemi, podczas gdy dolna część ma niewielką zmianę, która jest większa niż zestaw. K_0. Statyczny nacisk na ziemię jest nieco mniejszy. Bierny napór gruntu w pobliżu głębokości wykopu przed ścianą jest większy niż w teorii Rankine'a ze względu na uwzględnienie tarcia między ścianą a gruntem. Zgodnie z obliczeniami modelu sprężystego, grunt nie ulegnie zniszczeniu, a napór gruntu działający jako czynnik stabilizujący przed ścianą jest przeceniany. Pomiędzy gruntem a ścianą za murem znajduje się szczelina (elastyczny grunt może być pionowy, ale nie zniszczony). Dlatego przemieszczenie ściany jest mniejsze niż obliczone w modelu Mohr-Coulomba. Można przewidzieć, że siła przesunięcia ściany obliczona za pomocą modelu sprężystego będzie mniejsza niż obliczona za pomocą modelu Mohra-Coulomba.

Krok 5 Rysunek 2-25 przedstawia pionowy rozkład naprężeń na przedniej i tylnej krawędzi ściany. Z wykresu widać, że przednia strona ściany jest pod ciśnieniem, tylna strona ściany jest pod napięciem, a obie strony są w zasadzie symetryczne. Ze względu na początkowe naprężenie pionowe w ścianie, naprężenie ściskające jest nieco większe niż naprężenie rozciągające, co lepiej odzwierciedla charakterystykę odkształcenia zginającego ściany. Rozkład momentu zginającego ścianę można uporządkować według wzoru na naprężenie zginające i moment bezwładności ścianki lub wyprowadzić moment według wzoru na wydruku * przekroju wprowadzonym w przykładzie ex9-7.

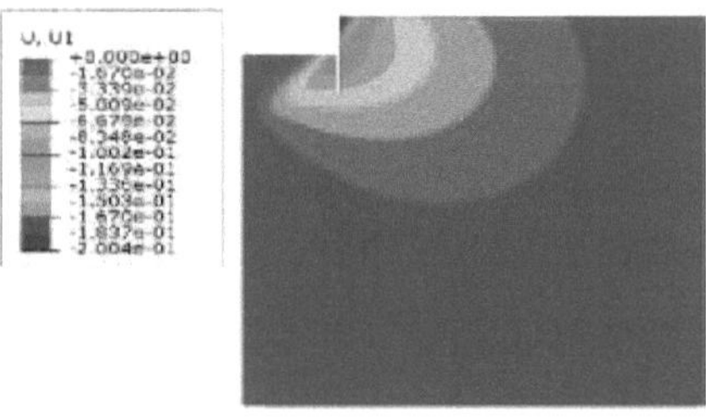

Rysunek 2-20 Poziome przemieszczenia gleby

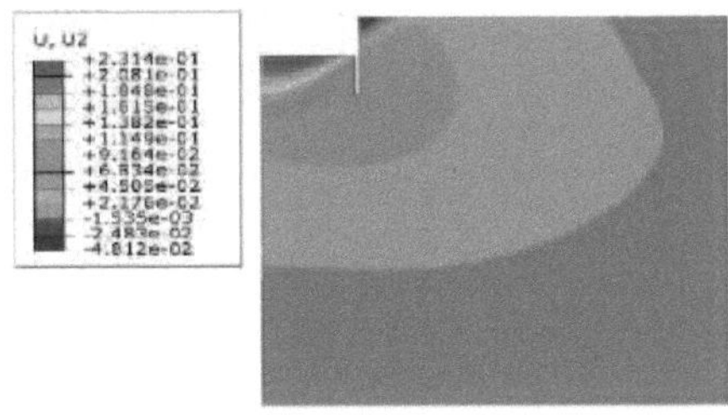

Rysunek 2-21 Pionowe przemieszczenia gleby

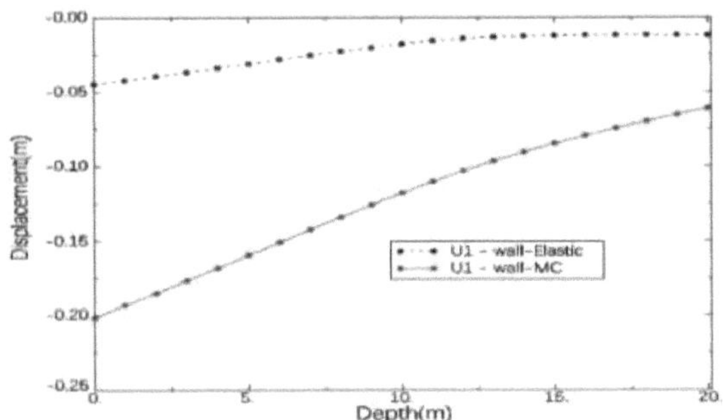

Rysunek 2-22 Przemieszczenie poziome ściany

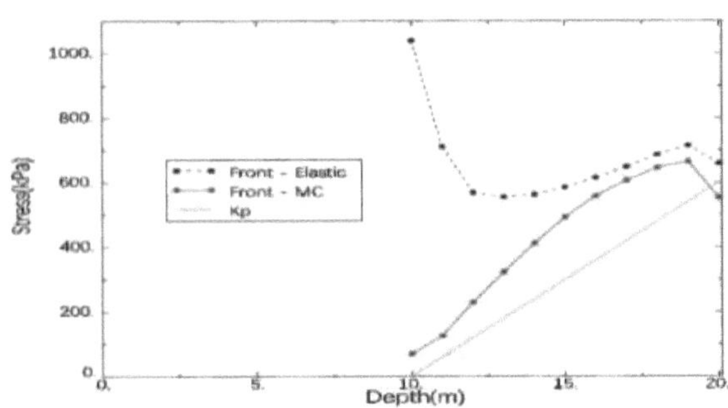

Rysunek 2-23 przed ścianą

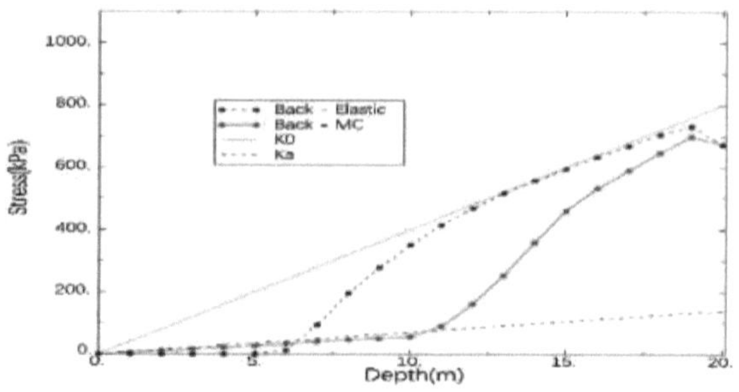

Rysunek 2-24 za ścianą

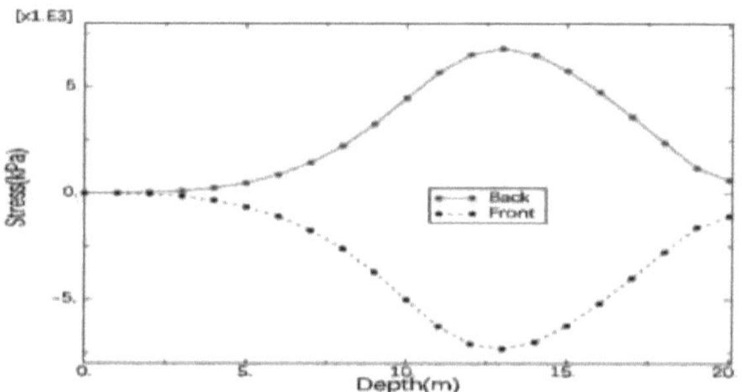

Rysunek 2-25 naprężeń pionowych S22 w ścianie

Uwaga: Podczas ekstrakcji danych XY na ekranie wyświetlane są tylko jednostki gruntu, a za pomocą polecenia [Wynik]/[Opcje] wybierany jest tylko przeciętny element wyświetlania.

5. Przykładowa rozbudowa

W tym rozdziale opisano sposób wyznaczania modułu sprężystości liniowo rosnącej wraz z głębokością oraz przeanalizowano jego wpływ na wyniki obliczeń. Główną ideą jest ustalenie zależności między modułem sprężystości a zmiennymi polowymi oraz ustalenie początkowego rozkładu zmiennych polowych.

Krok 1 zapisuje exl0-3.cae jako exl0-3-3.cae.

Krok 2 w oknie dialogowym edycji materiału pokazanym na Rysunku 2-26, ustaw liczbę zmiennych pola jako 1, tzn. moduł sprężystości materiału jest powiązany ze zmienną pola użytkownika i ustaw odpowiednią wartość, tzn. gdy zmienna pola ma wartość 0 (głębokość), moduł wynosi 600; gdy zmienna pola ma wartość 100, spójność wynosi 606000.

Etap 3 w celu uzyskania z góry określonego rozkładu modułów na początku etapu analizy geostatycznej należy podać wstępny rozkład zmiennych polowych. Wybierz polecenie [Model]/[Edytuj słowa kluczowe]/[Edytuj], aby ręcznie zmodyfikować słowa kluczowe. Wstaw następujące polecenie po instrukcji ustawiającej warunki początkowe *w warunkach początkowych, jak pokazano na Rysunku 2-27.

* warunki początkowe, pole typu, zmienna=1, wejście=node-depth.txt

Gdzie *warunki początkowe reprezentują ustawienia warunków początkowych, typ to pole, zmienna = 1 to zmienna name-1, input = node-depth. txt to dane odczytywane z plików zewnętrznych.

Format danych w pliku node-depth.txt jest następujący.

Gleba-1.1, 20

…… .

Gdy gleba-1 jest nazwą instancji, liczba po przecinku reprezentuje liczbę węzłową, a druga liczba reprezentuje zmienną polową (w tym przypadku 100 minus rzędna).

Rysunek 2-26 Moduł sprężystości zmienny w zależności od ustawienia zmiennych terenowych

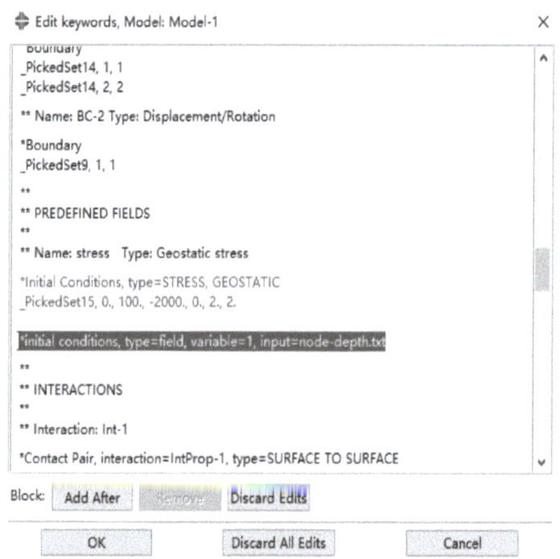

Rysunek 2-27 Ustawienie początkowego rozkładu zmiennych w polu

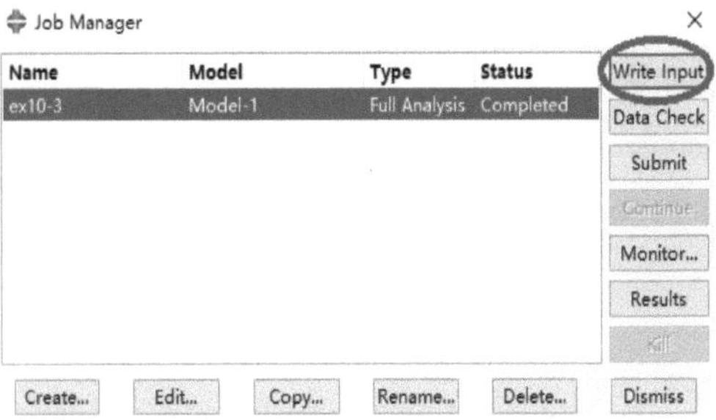

Rysunek 2-28 generowanie plików inp

Współrzędne węzła można znaleźć w pliku inp. Otwórz menedżera zadań w module zadań jak pokazano na Rysunku 2-28 i wybierz [write input] aby wygenerować plik inp w katalogu roboczym. Wiersz danych pod słowem kluczowym *węzeł w pliku inp zawiera numer węzła i dane oraz możesz dokonać edycji w celu uzyskania wymaganych danych zmiennych pola.

Krok 4: wprowadź moduł krokowy, wybierz polecenie [Output]/[Field Output Requests]/[Edit] i zwiększ wartość FV (field variant wipe) w polu state/field/user/time jako zmienną wyjściową.

Krok 5: wprowadź moduł zadania, wybierz polecenie [Zadanie]/[Edycja], zmień nazwę pliku zadania na exl0-3-3 w oknie dialogowym edycji zadania i prześlij obliczenia.

Krok 6 wchodzi do modułu post-processingu wizualizacji i otwiera odpowiedni plik bazy danych wyników obliczeń. Narysuj chmurę dystrybucyjną FVl i sprawdź, czy zmienne polowe są poprawne.

W kroku 7 na rysunku 2-29 porównano wyniki obliczeń odkształcenia poziomego ściany pod kątem modułu jednorodnego i modułu rozkładu liniowego. Dla porównania, wyniki obliczeń $K_0 = 0.5$ są również podane na rysunku. Im większy, tym K_0 Im większe obciążenie poziome zmniejsza się w wyniku wykopu, tym bardziej oczywista jest deformacja.

Z drugiej strony, biorąc pod uwagę, że moduł sprężystości rośnie liniowo wraz z głębokością, poziome odkształcenie ściany oporowej zmniejsza się, a osadzony efekt ściany głębokiej jest bardziej oczywisty. Można poczynić postępy w porównywaniu naprężeń ściany i innych wyników obliczeń.

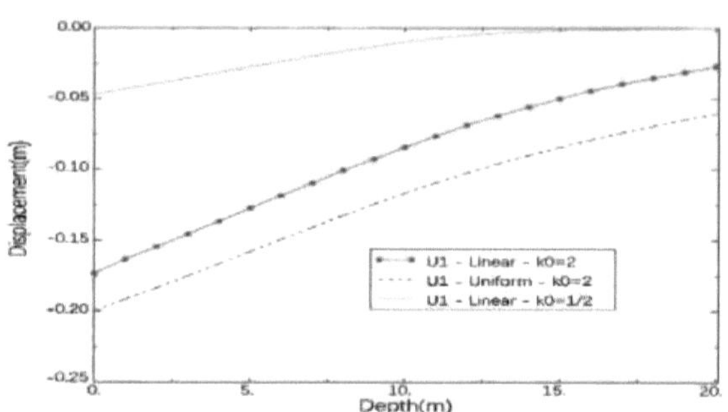

Rysunek 2-29 Przemieszczenia poziome ściany

2.2.4 Symulacja wykopu podpartego wykopu fundamentowego

Przykład exl0-4.cae

1. Opis problemu

Wewnętrzna struktura oporowa stężeń jest odpowiednia dla większości warunków gruntowych i badań wykopów, ale siła wewnętrzna stężeń jest związana z wieloma czynnikami, takimi jak właściwości gruntu, kolejność budowy itp. Konwencjonalne metody analizy są często niemożliwe do rozwiązania i często potrzebna jest analiza metodą elementów skończonych. Przypadek ten został przedstawiony na przykładzie wykopu w dwuwymiarowym wykopie ze stężeniem.

Jak pokazano na rysunku 2-30, w zwykłej skonsolidowanej warstwie gliny wykonuje się wykop fundamentowy o głębokości 10,0 m i szerokości 20,0 m B/2. Jest ona wzmocniona przez ciągłą ścianę i wbudowaną podporę. Pionowy rozstaw podpory wynosi 2,5 m. Studnia fundamentowa podzielona jest na cztery poziomy wykopu, po każdym poziomie wykopu ustawiane są podpory wewnętrzne. Gleba jest symulowana za pomocą modelu Cambridge i poziomego współczynnika naporu gruntu. $K_0 = 0.5$. Niezależnie od wód gruntowych, parametry gleby przedstawiono w tabeli 2-1. Ściana ciągła wykonana jest z materiału elastycznego o module sprężystości E=20GPa i stosunku Poissona v=0,2.

Tabela 2-1 Parametry modelu gleby Cambridge

Materiał	$\gamma(kN/m^3)$	v	λ	κ	$M(\varphi')$	e_1
Miękka glina	18.0	0.35	0.20	0.040	1.20(30°)	2.0

Odległość od ściany ciągłej (m)

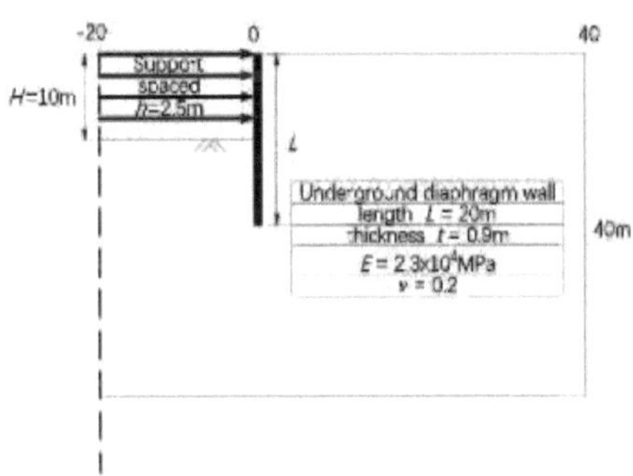

Rysunek 2-30 wzorcowy

2. Nacisk w studium przypadku

- Element belkowy służy do symulacji konstrukcji szafy.
- Symulacja wsparcia.

3. Symulacja wykopu w wykopie fundamentowym bez podparcia

W celu przeprowadzenia analizy porównawczej przeprowadza się analizę symulacyjną wykopu bez wsparcia.

Elementy z etapu 1. W module części wybierz polecenie [Część]/[Utwórz], aby utworzyć komponent o nazwie grunt zgodnie z rozmiarem modelu pokazanym na Rysunku 2-30. Dolne lewe współrzędne modelu to (0, -20).

Wybierz polecenie [Narzędzia]/[Podział], aby oddzielić geometrię wykopanego obszaru, a następnie za pomocą polecenia [Narzędzia]/[Ustaw]/[Utwórz], utwórz zbiór gleby jako całość i utwórz w wykopanym obszarze od góry do dołu r1, r2, r3 i r4.

Wybierz ponownie polecenie [Part]/[Create]. W oknie dialogowym tworzenia części, ustaw nazwę ściany, przestrzeń modelowania na płaszczyznę 2D, wpisz jako odkształcalną, a element bazowy na drut. Kliknij przycisk [Kontynuuj], aby narysować linię prostą w zależności od długości ściany ciągłej. Następnie kliknij [Gotowe] w oknie dialogowym, aby zakończyć tworzenie elementu.

Wybierz polecenie [Tools]/[Set]/[Create], aby utworzyć ciągłą ścianę jako kolekcję o nazwie ściana.

Uwaga: W tym artykule element belki jest używany do symulacji ściany ciągłej, dlatego też należy utworzyć dwuwymiarowe linie.

Charakterystyka materiału i sekcji z etapu 2. W module właściwości wybierz polecenie [Materiał]/[Utwórz], utwórz materiał o nazwie grunt i wybierz polecenia [Mechaniczne]/[Elastyczność]/[Porowata elastyczność] oraz [Mechaniczne]/[Plastyczność]/[Plastyczność gliny] w oknie dialogowym edycji materiału, aby ustawić parametry modelu Cambridge.

Po tych krokach powstaje elastyczny materiał o nazwie ściana.

Przejdź do elementu ściennego za pomocą rozwijanej listy części na pasku środowiska, wybierz polecenie [Przypisz]/[Orientacja przekroju belki] i określ domyślnie kierunek przekroju belki. W trakcie ustawiania, *kierunek t* jest kierunkiem osiowym belki, a kierunek *t* jest kierunkiem osiowym. n_1 oraz n_2 są kierunkami przekroju poprzecznego belki, jak pokazano na rysunku 2-31.

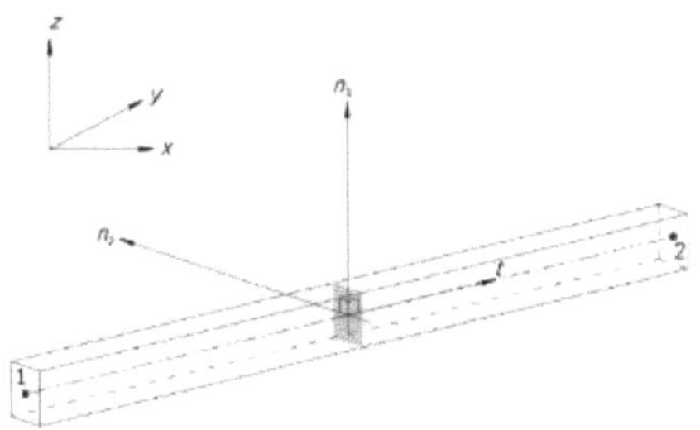

Rysunek 2-31 Ustawienie kierunku wiązki

Dla belki na powierzchni (w tym przypadku), kierunek n_1 jest zawsze (0.0, 0.0, -1.0), tzn. prostopadle do ekranu do wewnątrz.

Wybierz polecenie [Profil]/[Utwórz], ustaw kształt jako prostokątny w wyskakującym oknie dialogowym tworzenia profilu, kliknij przycisk [Dalej] i przejdź do okna dialogowego edycji profilu. Zauważ, że n_2 kierunek jest ciągłym kierunkiem szerokości ściany, więc należy ustawićb do 0,9 i a do 1 (kierunek pionowy i analizowanej powierzchni).

Wybierz polecenie [Przekrój]/[Utwórz], w oknie dialogowym Utwórz przekrój ustaw kategorię jako bryła i nazwij element przekroju poprzecznego gruntu (odpowiednim materiałem jest grunt). Wybierz ponownie polecenie [Przekrój]/[Utwórz], a następnie w oknie dialogowym tworzenia przekroju ustaw kategorię jako belka i wpisz jako belkę, aby utworzyć przekrój: ściana na podstawie utworzonego wcześniej kształtu przekroju.

Wybierz polecenie [Przypisz]/[Sekcja] i przypisz je do odpowiedniego obszaru.

Etap 3 części montażowe. W module zespołu wybierz polecenie [Instance]/[Create] i utwórz odpowiednią instancję. Upewnij się, że ściana ciągła znajduje się we właściwym miejscu.

Krok 4: definicja etapu analizy. W module kroku wybierz polecenie [Krok]/[Utwórz], utwórz krok analizy geostatycznej o nazwie geo, wyjdź po zaakceptowaniu wszystkich domyślnych opcji, a następnie dodaj kolejno statyczny o nazwach R1, R2, R3 i R4, ogólny krok analizy statycznej trwa 1.0, początkowy krok przyrostu czasu wynosi 0.1 i zaakceptuj pozostałe domyślne opcje.

Wybierz polecenie [Wyjście]/[Polecenie Wyjście]/[Edycja] i dodaj SFORCE (siła poprzeczna i moment zginający) jako zmienną wyjściową w oknie dialogowym edycji poleceń wyjścia.

Krok 5: Warunki interakcji między ścianą ciągłą a definicją gleby. W poprzednim przykładzie kontakt między ścianą a gruntem jest uwzględniany poprzez ustawienie kontaktów ciernych. W przypadku elementów belkowych, takie samo ustawienie będzie nieco bardziej kłopotliwe. Podobne funkcje uzyskuje się poprzez ustawienie w module interakcji warunków styku ściany ciągłej z gruntem. Wybierz polecenie [Wiązanie]/[Utwórz], ustaw typ jako wiązanie w oknie dialogowym tworzenia wiązania, kliknij przycisk [Kontynuuj], a pojawi się obszar podpowiedzi, jak pokazano na Rysunku 2-32. Ponieważ nie ma wcześniej zdefiniowanej powierzchni, należy wybrać tutaj polecenie [Region węzła], a następnie wybrać ją na ekranie. Wybierz węzeł ściany ciągłej, po wyświetleniu monitu w obszarze podpowiedzi, wybierz ponownie [Region węzła], by zobaczyć tworzenie powierzchni zależnej wygenerowanej przez węzeł. Zaznacz węzeł w tym samym miejscu co węzeł ściany ciągłej na ekranie, zaakceptuj wszystkie domyślne opcje w oknie dialogowym edycji wiązania i wyjdź po potwierdzeniu.

Rysunek 2-32 Wyznaczenie powierzchni głównej według punktu

Uwaga: (1) ponieważ ściana ciągła i położenie gruntu są zbieżne, można wyświetlić na ekranie ścianę ciągłą lub grunt oddzielnie za pomocą polecenia [Narzędzia]/[Grupa wyświetlania]/[Utwórz], które jest łatwe w obsłudze. (2) można zmniejszyć osiadanie powierzchni fundamentu, zakładając, że grunt i ściana ciągła są całkowicie ciągłe.

Krok 6 wykopaliska krok po kroku. W module interakcji wybierz polecenie [Interaction]/[Create], ustaw krok wyboru na R1, wpisz zmianę modelu, a następnie kliknij [Continue], aby określić usunięty obszar gruntu-1.r1, poprzez symbol myszy po prawej stronie obszaru w oknie dialogowym edycji interakcji, potwierdzając, że stan aktywacji elementów obszaru jest w tym kroku dezaktywowany. Podobnie, odpowiednie regiony są usuwane w krokach analizy R2, R3 i R4.

Krok 7 - obciążenie i warunki brzegowe. W module obciążenia wybierane jest polecenie [BC]/[Create] w celu ograniczenia przemieszczenia poziomego po obu stronach modelu oraz przemieszczenia w dwóch kierunkach na dole modelu. Należy zauważyć, że te warunki brzegowe są aktywowane w kroku początkowym lub etapie analizy geologicznej.

Wybierz polecenie [Obciążenie]/[Utwórz] i zastosuj siłę nacisku -18 na wszystkie obszary gruntu w kroku analizy geo, aby symulować obciążenie grawitacyjne.

Krok 8 wstępne ustawienie stanu naprężenia. W module obciążenia wybierz polecenie [Predefiniowane pole]/[Utwórz], ustaw krok jako początkowy (krok początkowy w programie ABAQUS), wpisz jako mechaniczny, wpisz jako naprężenie geostatyczne (pole naprężenia in-situ), ustaw wielkość naprężenia pionowego-1 punktu początkowego-1 na 0, odpowiednią współrzędną pionową-1 na 20 (powierzchnia gruntu) oraz naprężenie pionowe punktu końcowego-2. Magnituda-2 wynosi -720kPa, odpowiadająca jej współrzędna pionowa-2 wynosi -20, a współczynnik poprzecznego naprężenia gruntu wynosi 1.

Krok 9 wstępne ustawienie współczynnika pustki. W module obciążeniowym wybierz polecenie [Predefined Field]/[Create], ustaw krok jako początkowy (krok początkowy w programie ABAQUS), wpisz jako inny, wpisz jako nieważny, aby zdefiniować współczynnik pustki, kliknij [Continue] i wybierz zdefiniowany przez użytkownika, aby wskazać, że współczynnik pustki jest określony przez podprogramy użytkownika, a plik programu to exl0-4.for. Jego struktura jest zasadniczo taka sama jak ex9-6. Kod i instrukcje są następujące.

```
SUBROUTINE VOIDRI (EZERO, AKORDY, NOEL)
C
OBEJMUJĄ "ABA_PARAM.INC
C
SZNURY WYMIAROWE (3)
C
E1=2
CE1 jest początkowym stosunkiem porów INCL
Y=COORDS (2)
C Uzyskuje współrzędne y
VSTRESS=18. *(10.-Y) +1
C oblicza naprężenie pionowe w celu uniknięcia logarytmicznego
 błąd spowodowany ciśnieniem powierzchniowym 0, plus mała wartość.
HSTRES=1* VSTRES
C Oblicza naprężenia poziome
P= (VSTRESS+2. * HSTRESS)/3.0
C oblicza średni stres
Q=VTRESS-HSTRES
C Obliczanie naprężeń odchylających
FL=0,2
Cκ
FK=0,04
Cκ
FM=1,2
C M
EZERO-E1-FL *LOG (Q*Q/FM/FM/P+P) EK*LOG (Q*Q/EM/FM/P/P+1. 0)
C. Wyznaczenie współczynnika pustki początkowej zgodnie ze zmodyfikowaną teorią modelu
Cambridge'a i początkowym stanem naprężenia.
ZWROT
END
```

Krok 10 oczko. Wejdź do modułu mesh i wybierz obiekt na pasku środowiska jako część, co oznacza, że siatka jest wykonywana na poziomie części. Najpierw na liście rozwijanej części wybiera się glebę, aby ją podzielić.

Aby ułatwić tworzenie siatki, wybierz polecenie [Narzędzia]/[Podział] i podziel obszar na kilka odpowiednich obszarów. Wybierz polecenie [Mesh]/[Controls], aby ustawić kształt elementu (kształt komórki) jako Quad (czworoboczny) i technikę (technika podziału) zgodnie z konstrukcją w oknie dialogowym sterowania siatką. Wybierz polecenie [Mesh]/[Element Type], a następnie w oknie dialogowym Typ elementu ustaw CPE4 (element odkształcenia powierzchni czterowęzłowego) jako typ elementu. Przybliżony rozmiar oczek jest ustawiany na 1 do polecenia [Nasiona]/[Część]. Wybierz polecenie [Mesh]/[Part], kliknij przycisk [Yes] w obszarze komunikatów, aby utworzyć siatkę modelu.

Z listy rozwijanej przełączyć się na ścianę elementu konstrukcyjnego, wybrać element belki B21, aby go podzielić, sterowanie rozmiarem jest ustawione na 1,25, upewnić się, że w pozycji podparcia znajdują się węzły.

Krok 11 przedstawiać pracę. Wejdź do modułu zadania, wybierz polecenie [Zadanie]/[Utwórz], utwórz zadanie o nazwie exl0-4 i wybierz ścieżkę podprogramu użytkownika w zakładce ogólnej okna dialogowego edycji zadania. Wybierz polecenie [Zadanie]/[Prześlij]/[ex10-4] i prześlij obliczenia.

Wyniki niepopartych obliczeń zostaną przedstawione poniżej.

4. Symulacja wykopu w wykopie fundamentowym z podporą

Główną funkcją podpory jest ograniczenie przemieszczania się gruntu do wykopu fundamentowego. Przyjmuje się tu warunek zastosowania ograniczenia przemieszczeń, tzn. zakłada się, że podpora jest sztywna. Poszczególne kroki są następujące:

Krok 1 zapisuje exl0-4.cae jako exl0-4-2.cae.

Krok 2 wchodzi do modułu krokowego i wstawia kroki analizy pomocniczej Al, A2, A3 i A4 odpowiednio po krokach analizy R1, R2, R3 i R4 w kroku ogólnej analizy statycznej, akceptując wszystkie domyślne ustawienia.

Krok 3 wchodzi do modułu obciążenia, wybierz polecenie [BC]/[Create], wybierz z rozwijanej listy krok jako A1 w oknie dialogowym create boundary conditions, ustaw kategorię jako mechaniczną, wybierz przemieszczenie/obrót dla wybranego kroku, kliknij [Continue], a następnie wybierz węzeł u góry pierwszego obszaru wykopu i interfejsu ściany ciągłej zgodnie z wyświetlonym monitem, Potwierdź, aby wyświetlić go w oknie dialogowym stanu granicznego, wybierz na aktualnej pozycji z listy rozwijanej metody i zaznacz pola wyboru Ul i U2, aby w kolejnej analizie węzeł, czyli pozycja podparcia, nie przesuwał się już, symulując w ten sposób rolę podparcia, jak pokazano na rysunku 2-33. Jeżeli wybrano opcję [Określ ograniczenia], przemieszczenie węzła jest określone bezpośrednio.

Zgodnie z powyższymi etapami, ograniczenia są stosowane odpowiednio do etapów analizy A2, A3 i A4, aby symulować efekt wspomagający.

Krok 4 wprowadza moduł zadania, wybiera polecenie [Zadanie]/[Zmień nazwę], zmienia nazwę zadania na exl0-4-2 i wybiera polecenie [Zadanie]/[Prześlij], aby przesłać obliczenia.

5. Analiza wyników

Krok 1 wchodzi do modułu post-processingu wizualizacji i otwiera odpowiedni plik bazy danych wyników obliczeń. Upewnij się, że początkowe ustawienie warunków jest prawidłowe.

W kroku 2 wybieramy polecenie [Narzędzia]/[Ścieżka]/[Utwórz] i tworzymy odpowiednią ścieżkę od góry do dołu ściany ciągłej do przetwarzania wyników.

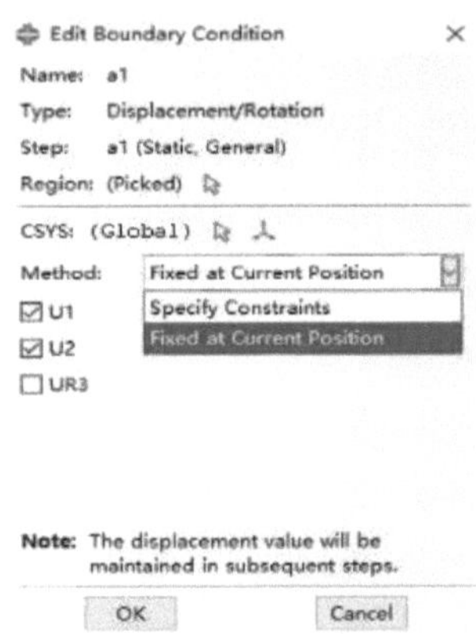

Rysunek 2-33 punktu podparcia w aktualnym położeniu

Uwaga: Uważa się, że podpora odgrywa jedynie rolę w kolejnym wykopie i naprężeniu gruntu wydobytego przed całkowitym uwolnieniem podpory, co jest bezpieczne dla symulacji stabilności wykopu fundamentowego.

Etap 3 Rysunek 2-34 przedstawia poziome przemieszczenie ściany ciągłej wykopanej na różnych poziomach bez wzmocnienia podpór. Z rysunku widać, że ściana ciągła przemieszcza się do wnętrza zagłębienia fundamentowego pod ustaleniem parametrów w tym przykładzie, przemieszczenie wierzchołka ściany jest największe, a przemieszczenie spodu ściany najmniejsze, wykazując wzór deformacji podobny do wzoru belki wspornikowej. Istnieje jednak znaczna różnica w przypadku podparcia, jak pokazano na rysunku 2-35. Po pierwszym wykopie, ponieważ podpora nie została skonstruowana, sposób deformacji ściany ciągłej i przypadku bez podpory jest całkowicie zgodny, to znaczy na końcu ściany występuje swobodne przemieszczenie poziome. Przy wykonaniu pierwszej podpory S1 nie można podczas drugiego wykopu odkształcać ściany ciągłej i gruntu w punkcie podparcia. W tym czasie przemieszczenie dolnej ściany oporowej zaczyna się zwiększać, co jest spowodowane podobnym trybem deformacji "kopnięcia". Trzeci i czwarty stopień wykopu są podobne, a końcowe poziome przemieszczenie ściany jest znacznie mniejsze niż bez podparcia, a pozycje obu są również różne. Oczywiście, jest to związane z głębokością ściany.

Krok 4 Rysunki 2-36 i 2-37 porównują rozkład momentu gnącego (SM) ściany ciągłej bez i z podporą. Obliczone wyniki pokazują, że momenty gnące w obu przypadkach są zupełnie różne. W przypadku braku podparcia, ściana ciągła jest zginana głównie z jednej strony. W miarę postępu wykopu pozycja maksymalnego momentu gnącego przesuwa się stopniowo w dół. Maksymalny moment zginający wykopu fundamentowego po wykonaniu wykopu wynosi -926kN.m/m, który pojawia się w górnej części ściany na wysokości 13,75m. Moment ujemny stanowi naprężenie od strony zewnętrznej wykopu fundamentowego ściany. W przypadku występowania podparcia, ze względu na ograniczenie podparcia, dodatnie i ujemne momenty zginające w zagłębieniu fundamentowym są równomierne, a maksymalny moment zginający wynosi 420kNm/m, który znajduje się 5,0m poniżej górnej części ściany. Rozkład tych momentów jest ściśle związany ze schematem deformacji.

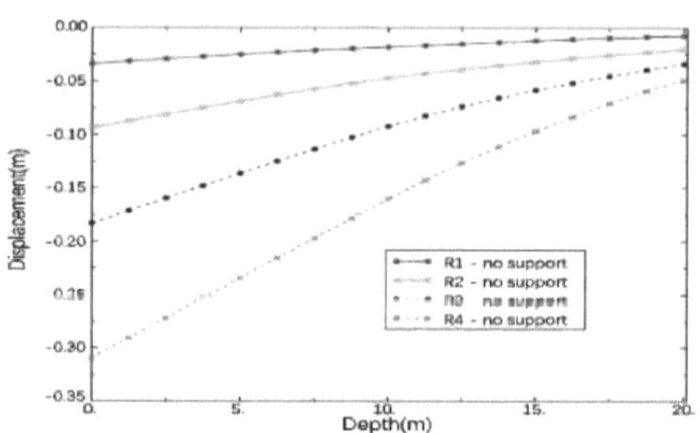

Rysunek 2-34 poziome ściany ciągłej bez podparcia

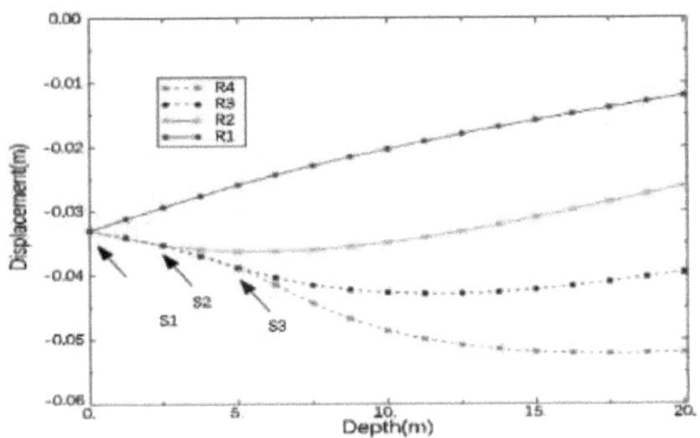

Rysunek 2-35 Odkształcenie poziome ściany ciągłej z podporą

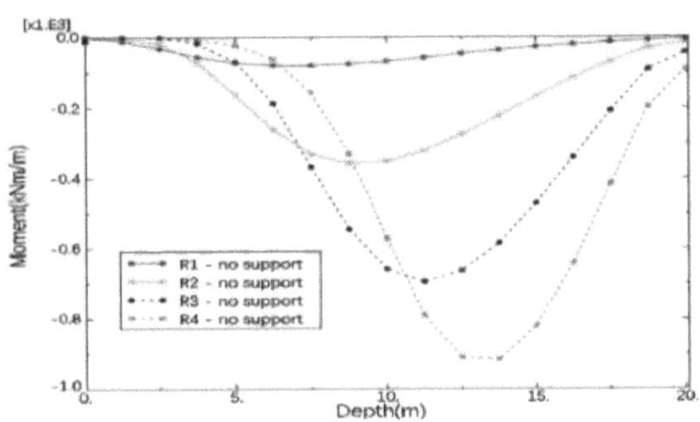

Rysunek 2-36 Moment ściany ciągłej bez podparcia

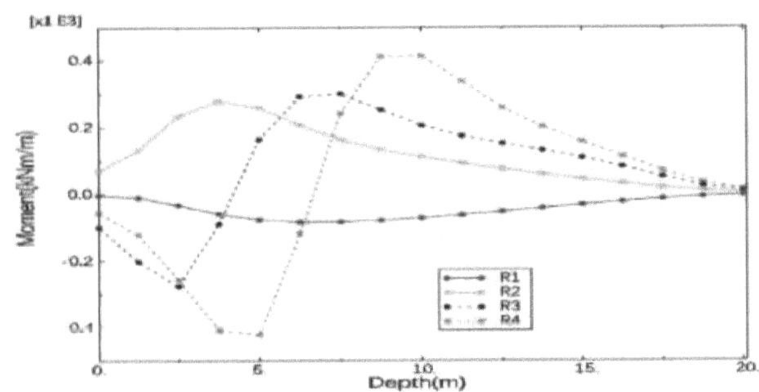

Rysunek 2-37 Moment ściany ciągłej z podporą

2.2.5 Symulacja doładowania wstępnego

Przykład exl0-5.cae

1. Opis problemu

Przykład ten jest wykorzystywany do badania osiadania konsolidacyjnego fundamentu przy stopniowym obciążeniu wypełnieniem. Biorąc pod uwagę symetrię, przyjęto połowę nasypu i fundamentu pokazane na rysunku 2-38. Górna część nasypu ma szerokość 6,0 m, nachylenie nasypu 1:1,5 a wysokość 6,0 m. Obciążenie nasypu odbywa się w trzech etapach, każdy etap obciążony jest 2,0 m, a masa wypełnienia gruntu wynosi $\gamma = 20kN/m^3$. Linia technologiczna załadunku przedstawiona jest na rysunku 2-39. Podstawę stanowi zwykle skonsolidowany grunt nasycony, $\gamma_{sat} = 18kN/m^3$ o miąższości 10,0m. Wody gruntowe znajdują się na powierzchni fundamentu. Miękka warstwa gruntu jest nieprzepuszczalną skałą macierzystą z wolnym drenażem na powierzchni górnej. Parametry gruntu przedstawiono w tabeli 2-2.

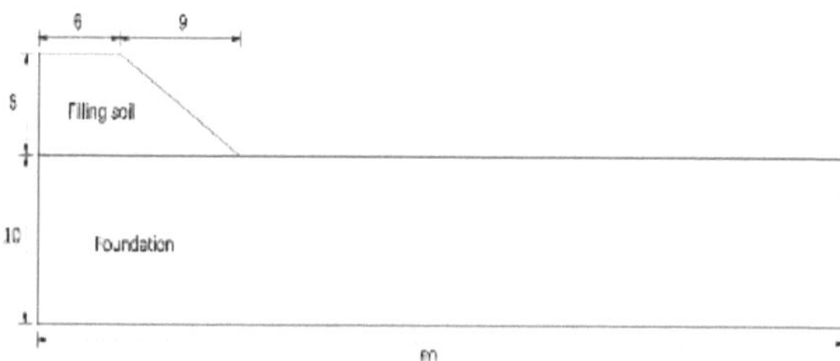

Rysunek 2-38 wzorcowy

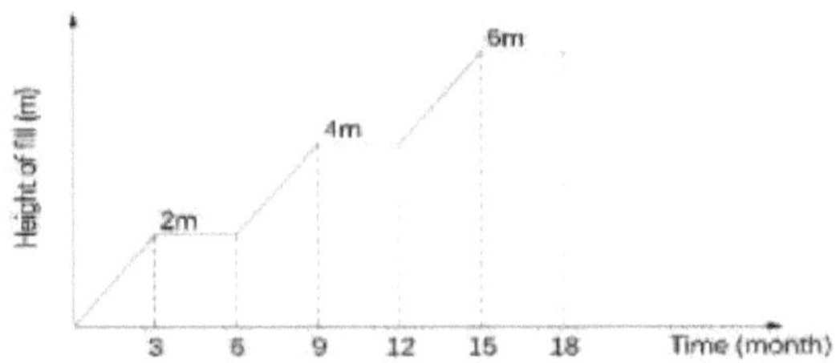

Rysunek 2-39 Krzywa procesu dopłaty

Tabela -22 Parametry materiałowe

Materiały	Model	Stan drenażu	$c'($k	$\varphi'($°	$\Psi'($°	E(MPa)	v	λ	κ	M	e_1	$k \times 10^{-}$ (m/d)
Wypełnienie nasypu	MC	Pełny drenaż	1	40	15	20	0.20					
Podłoże gruntowe	MCC	Konsolidacja					0.33	0.22	0.022	1.20	2.0	4.32

Uwaga: MC to model Mohr-Coulomba, a MCC to model Modified Cam Clay.

2. Nacisk w studium przypadku

- Symulacja stopniowanej dopłaty.
- Wpływ stawki dopłaty na stabilność.

3. Model i rozwiązanie

Elementy z etapu 1. W module części wybrane jest polecenie [Część]/[Utwórz] i utworzony zostaje model części o nazwie Part-1, zgodnie z rozmiarem modelu o współrzędnej dolnej lewej strony (0,0). Wybierz polecenie [Narzędzia]/[Podział], aby oddzielić wypełnienie od fundamentu i podzielić je na trzy obszary w odległości 2,0m. Wykonując polecenia [Tools]/[Set]/[Create], podłoże jest ustawiane jako ustalone podłoże, a trzyetapowe wypełnienia są ustawiane jako wypełnienie-1, wypełnienie-2 i wypełnienie-3 odpowiednio od dołu do góry.

Charakterystyka materiału i sekcji z etapu 2. W module właściwości, polecenie [Materiał]/[Utwórz] jest wybierane w celu utworzenia materiałów nazwanych odpowiednio masą i wypełnieniem. Do wypełnienia wybierany jest materiał Mohr-Coulomba, zmodyfikowany model Cambridge'a używany jest do gruntowania oraz ustawiany jest współczynnik przepuszczalności. Wybierz polecenie [Przekrój]/[Utwórz], ustaw przekrój o nazwie wypełnienie i grunt, a następnie wybierz polecenie [Przypisz]/[Przekrój], aby przypisać odpowiednią powierzchnię.

Etap 3 części montażowe. W module zespołu wybierz polecenie [Instance]/[Create] i utwórz odpowiednią instancję.

Krok 4: definicja etapu analizy. Krok analizy geostatycznej o nazwie ini tworzy się najpierw w module krokowym, a następnie kolejno sześć kroków analizy stanów nieustalonych gleb, a mianowicie wypełnienie 1, con-1, wypełnienie 2, con-2, wypełnienie 3 i con-3. Odpowiadają one etapowemu procesowi obciążenia i konsolidacji. Całkowity czas obciążenia każdego etapu wynosi 90 dni. Etap przyrostu czasu wykorzystuje funkcję automatycznego wyszukiwania. Początkowy krok przyrostu czasu wynosi 1 dzień. Opcja UTOL wynosi 5kPa. Wartości domyślne są stosowane dla pozostałych. W drugiej zakładce okna dialogowego edycji kroku wybierz przycisk opcji Obciążenie w czasie jako liniowy krok narastania, aby uzyskać obciążenie liniowe. Ponieważ do wypełnienia jest stosowany model Mohr-Coulomba, jest potrzebny algorytm asymetryczny.

Krok 5 hierarchiczna definicja obciążenia. W celu zasymulowania stopniowanej konstrukcji wypełnienia, wszystkie oczka wypełniające są usuwane w pierwszym etapie analizy, a następnie aktywowane jedno po drugim w kolejnym etapie analizy. W module interakcji wybierz polecenie [Interaction]/[Create], ustaw krok wyboru na ini i typ zmiany modelu, a następnie kliknij [Continue], by usunąć wszystkie obszary wypełnienia poprzez symbol myszy po prawej stronie obszaru w oknie dialogowym edycji interakcji, potwierdzając, że aktywacja elementów obszaru jest dezaktywowana w tym kroku, by wybrać ponownie polecenie [Interaction]/[Create], ustawić krok analizy jako wypełnienie-1 i aktywować ponownie w tym kroku przez pierwszy wypełniacz. Podobnie, aktywuj odpowiednie obszary w wypełniaczu-2 i wypełniaczu-3.

Krok 6 - obciążenie i warunki brzegowe. W module obciążenia wybierane jest polecenie [BC]/[Create], a w kroku obciążenia ini ustawiane są odpowiednie warunki brzegowe: wszystkie przemieszczenia na dole modelu są stałe, przemieszczenia poziome po lewej i prawej stronie modelu są ograniczone, a granica ciśnienia w porach na górze fundamentu jest ustawiona na 0 na początku analizy.

Wybierz polecenie [Obciążenie]/[Utwórz], obciążenie fizyczne -8 jest przyłożone do fundamentu w kroku ini, a pionowe obciążenie fizyczne -20 jest przyłożone odpowiednio do pierwszej, drugiej i trzeciej warstwy wypełnienia obciążenia-1, obciążenia-2 i obciążenia-3.

Krok 7 wstępne ustawienie stanu naprężenia. W module obciążenia należy wybrać polecenie [Predefiniowane pole]/[Utwórz], wybrać krok jako początkowy (początkowy krok w programie ABAQUS), wpisać jako mechaniczny, wpisać jako naprężenie geostatyczne (pole naprężenia in-situ), ustawić wielkość naprężenia-1 jako 0, współrzędną pionową-1 jako 10 (powierzchnia fundamentu) i wielkość naprężenia-2 jako punkt końcowy dla -80kPa, odpowiednia współrzędna pionowa-2 wynosi 0, a współczynnik bocznego naprężenia ziemskiego wynosi 0,5.

Krok 8: wstępne ustawienie współczynnika pustki. W module obciążeniowym wybierz polecenie [Predefined Field]/[Create], ustaw krok jako początkowy (krok początkowy w programie ABAQUS), wpisz jako inny, wpisz jako nieważny, aby zdefiniować współczynnik pustki, kliknij [Continue] i wybierz zdefiniowany przez użytkownika, aby wskazać, że współczynnik pustki jest określony przez podprogramy użytkownika, a plik programu to ex10-5.for. Jego struktura jest w zasadzie taka sama jak w poprzednim przykładzie, który nie zostanie tutaj opisany.

Krok 9 - oczko. W module mesh wybrana jest opcja obiektu na pasku środowiska jako część, co oznacza, że oczkowanie odbywa się na poziomie części. Wybierz polecenie [Mesh]/[Element Type], ustaw jednostkę CPE4 dla obszaru wypełnienia, wybierz jednostkę CPE4P dla obszaru posadowienia i siatkę, jak pokazano na Rysunku 2-40.

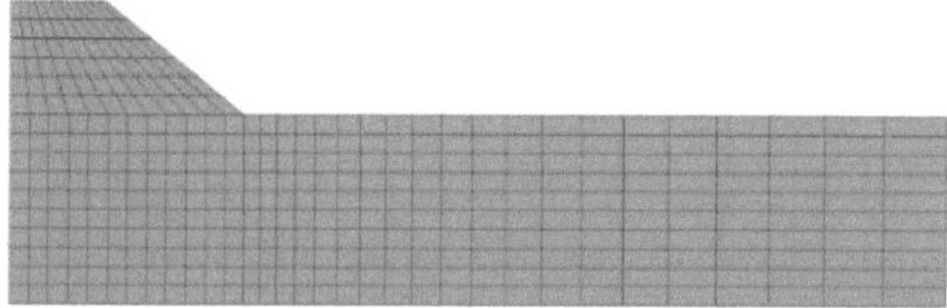

Rysunek 2-40 Siatka z elementami skończonymi w modelu

Krok 10 przedstawia pracę. W module praca, utwórz i prześlij pracę ex10.5. Zauważ, że w zakładce ogólnej okna dialogowego edycji zadania należy wybrać podprogramy użytkownika ex10-5.for definiujące początkowy współczynnik pustki.

4. Analiza wyników

Krok 1 wchodzi do modułu post-processingu wizualizacji i otwiera odpowiedni plik bazy danych wyników obliczeń. Wybierz polecenie [Opcje]/[Wspólne], ustaw opcję widocznych krawędzi na krawędzie w podstawowej zakładce okna dialogowego Opcje działki wspólnej i wyjdź po kliknięciu przycisku [Ok], aby ukryć linię siatki komórek. Wybierz polecenie [Result]/[Field Output] i narysuj końcowe kontury przemieszczenia poziomego i pionowego, jak pokazano na rysunkach 2-41 i 2-42. Wyniki pokazują, że maksymalne przemieszczenie w poziomie wynosi 0,78 m, które występuje na zbiegu zbocza. W przypadku obciążenia stopniowego, maksymalne osiadanie nie występuje na powierzchni wypełnienia. Żywotność jednostkowa i śmierć ABAQUS dobrze odzwierciedla ten punkt. Rysunek 2-42 pokazuje, że maksymalne przemieszczenie pionowe wynosi 2,0 m, które występuje w środku pierwszego stopnia wypełnienia nasypu.

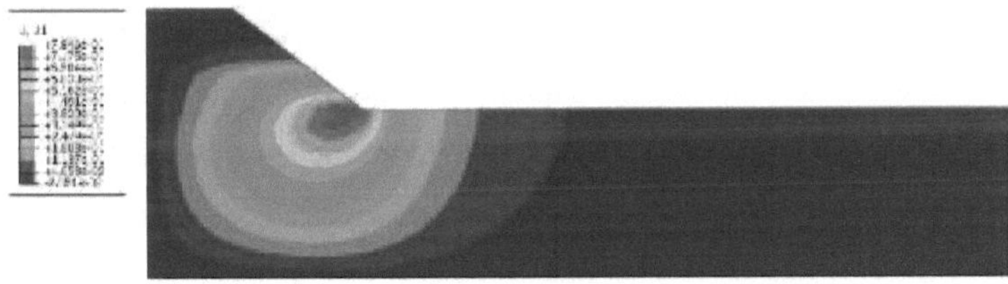

Rysunek 2-41 Chmura konturu przemieszczenia poziomego na końcu obliczeń

Rysunek 2-42 Chmura konturu rozliczenia na końcu obliczeń

Krok 2 wybierz polecenie [Narzędzia]/[Grupa wyświetlania]/[Utwórz], wyświetl tylko fundament i narysuj rozkład pola nacisku na pory na końcu obliczeń, jak pokazano na Rysunku 2-43. Maksymalny nacisk na pory występuje na dnie warstwy gruntu w linii środkowej nasypu, który wynosi 6,57kPa. Wynika to z tego, że efekt ściskania jest większy, a odległość od granicy drenażu do górnej powierzchni jest najdalsza, a rozpraszanie ciśnienia porowego najtrudniejsze. W celu dalszego odzwierciedlenia zmiany ciśnienia w porach, zmianę ciśnienia w pobliżu węzła linii centralnej na dole warstwy gruntu wykreślono na Rysunku 2-44, wykonując polecenie [Narzędzia]/[Dane XY/Create]. Widać, że zmiana ciśnienia porów ma dobrą korelację z procesem obciążania. Ciśnienie porów wzrasta na etapie analizy obciążenia, a rozpada się na etapie analizy konsolidacyjnej.

Krok 3 jest interesujący, że jeśli czas pierwszego etapu analizy obciążenia 1 zostanie dostosowany do 30 dni (ex10-5-2,cae), współczynnik przepuszczalności gleby zostanie zmniejszony o jeden rząd wielkości, a pozostałe parametry pozostaną niezmienione, okaże się, że krok przyrostowy 34 poziomu obliczony do wypełnienia 1 nie będzie zbieżny. Rysując poziomą chmurę konturową przemieszczeń na końcu obliczeń, jak pokazano na Rysunku 2-45, można stwierdzić, że w nasypie i fundamencie występują wyraźne powierzchnie ślizgowe, co oznacza, że jeśli obciążenie jest zbyt szybkie, a przepuszczalność gruntu jest niska, nie można skutecznie zwiększyć wytrzymałości gruntu i uszkodzić jego nośności. Zmianę wielkości powierzchni uzysku i krzywej przemieszczenia poziomego palca zbocza można w dwóch przypadkach porównać samodzielnie.

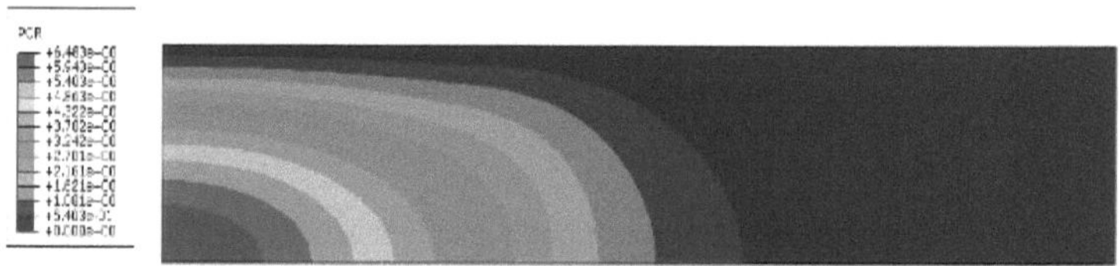

Rys. 2-43 ciśnienia w porach na końcu obliczeń

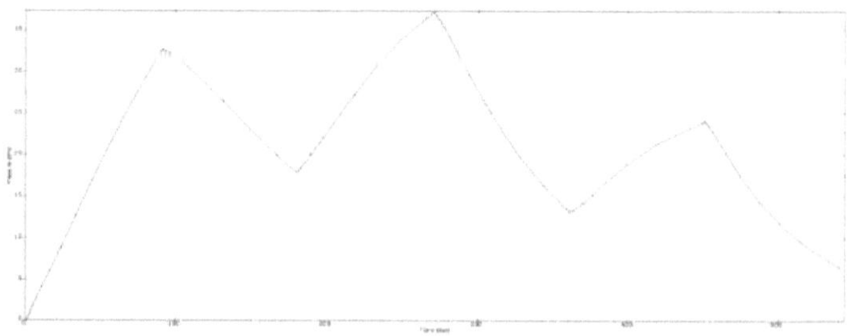

Rysunek 2-44 Krzywa ciśnienia pary na dnie warstwy gleby

Rys. 2-45 Przemieszczenie poziome wsiadania przy szybkim obciążeniu

2.3 Streszczenie tego rozdziału

W tym rozdziale najpierw przedstawiono funkcję życia i śmierci ABAQUS, a następnie szczegółowo przedstawiono problemy związane z wykonywaniem wykopów w tunelach, wykopów fundamentowych i narzutów stopniowanych oraz przeanalizowano wpływ metod symulacyjnych i modeli materiałowych na wyniki obliczeń. Podczas odczytu można również pogłębić zrozumienie warunków początkowych i parametrów materiałowych zmieniających się w zależności od zmiennych terenowych.

3 Analiza stabilności stoków

Streszczenie

Analiza stabilności zbocza zawsze była ważną dziedziną badań w inżynierii konstrukcji hydraulicznej. Obecnie metody analizy stateczności zbocza można podzielić na dwie główne kategorie: metody mieszania równowagi granicznej i metody różnic skończonych. Metoda analizy równowagi granicznej wykorzystuje czynniki bezpieczeństwa do oceny stateczności zbocza. Jej zasada jest prosta, znaczenie fizyczne to jasny kod i jest to najważniejszy, najczęściej stosowany i bezpośredni wskaźnik oceny stateczności w przeszłości. W analizie metodą elementów skończonych stabilność zbocza oceniana jest pośrednio na podstawie pola przemieszczeń i pola naprężeń na zboczu lub współczynnik bezpieczeństwa obliczany jest na podstawie rozkładu naprężeń obliczonego metodą elementów skończonych, a następnie współczynnik bezpieczeństwa obliczany jest na podstawie powierzchni ślizgowej liny mieszającej według wyniku obliczeń naprężeń jednostkowych na powierzchni policzka. Technika redukcji wytrzymałości na ścinanie może bezpośrednio przejść przez analizę metodą elementów skończonych, aby uzyskać współczynnik bezpieczeństwa. Zachowuje ona nie tylko zalety metody elementów skończonych w symulacji złożonych problemów, ale także posiada jasne koncepcje i intuicyjne wyniki. Jest ona coraz częściej stosowana w inżynierii. W tym rozdziale przedstawiono przede wszystkim sposób realizacji metody redukcji wytrzymałości przy użyciu programu ABAQUS oraz podano szczegółowe wprowadzenie z dwu- i trójwymiarowymi przykładami.

Główne punkty tego rozdziału obejmują.

- Podstawowa zasada metody redukcji wytrzymałości.
- Realizacja metody redukcji siły przy użyciu ABAQUS.
- Przykłady dwu- i trójwymiarowe.

Słowa kluczowe: współczynnik bezpieczeństwa; metoda redukcji wytrzymałości; analiza stateczności nachylenia; metoda analizy równowagi granicznej; metody różnic skończonych.

3.1 Podstawowe zasady metody redukcji wytrzymałości

Metoda redukcji wytrzymałości została po raz pierwszy zaproponowana przez Zienkiewicza i in. [9] i powszechnie przyjęty przez wielu uczonych. Przedstawili oni koncepcję współczynnika redukcji wytrzymałości na ścinanie (SSRF), który definiuje się jako stosunek maksymalnej wytrzymałości na ścinanie, jaką zapewnia masa gruntu wewnątrz zbocza, do rzeczywistego naprężenia na ścinanie generowanego przez obciążenie zewnętrzne w zboczu pod warunkiem, że obciążenie zewnętrzne pozostaje niezmienione. W stanie granicznym, rzeczywiste naprężenie ścinające generowane przez obciążenie zewnętrzne jest równe minimalnej wytrzymałości na ścinanie wywieranej na obciążenie zewnętrzne, która jest określana po redukcji według rzeczywistego wskaźnika wytrzymałości i może być stosowana w praktyce. Gdy przyjmuje się, że wytrzymałość na ścinanie wszystkich mas gruntu na zboczu ma taki sam stopień, współczynnik redukcji wytrzymałości na ścinanie jest równoważny tradycyjnemu ogólnemu współczynnikowi bezpieczeństwa stabilności na zboczu. $F_s$znany również jako współczynnik bezpieczeństwa rezerwy mocy, który jest zgodny z koncepcją współczynnika bezpieczeństwa stateczności podanego w metodzie równowagi granicznej.

Zmniejszone parametry wytrzymałości na ścinanie można wyrazić w następujący sposób.

$$c_m = c/F_r \qquad (3-1)$$

$$\varphi_m = \arctan(\tan\varphi/F_r) \qquad (3-2)$$

Gdzie c i φ są wytrzymałością na ścinanie zapewnianą przez masę gleby; c_m oraz φ_m to wytrzymałość na ścinanie niezbędna do utrzymania równowagi lub rzeczywista wytrzymałość na ścinanie masy gleby. F_r to współczynnik redukcji wytrzymałości.

Różne współczynniki redukcji wytrzymałości F_r Są one zakładane w obliczeniach. Analizę metodą elementów skończonych przeprowadza się według parametrów wytrzymałościowych po redukcji, przy czym obserwuje się zbieżność obliczeń. W całym procesie obliczeniowym, F_r jest stale zwiększana, a współczynnik redukcji wytrzymałości F_r to współczynnik bezpieczeństwa stabilności skarpy F_s gdy dojdzie do krytycznej awarii. Obecnie istnieje kilka kryteriów oceny, które pozwalają na ocenę krytycznych uszkodzeń zboczy gleby.

- Jako kryterium oceny przyjmuje się zbieżność obliczeń liczbowych, co jest związane z algorytmem metody elementów skończonych.
- Jako kryterium oceny przyjmuje się punkt przegięcia przemieszczenia części charakterystycznej.
- Kryterium oceny jest to, czy utworzony został obszar ciągły, czy też nie.

3.2 Realizacja metody redukcji wytrzymałości w ABAQUS

Niektóre aktualne oprogramowanie numeryczne, takie jak FLAC, ma już wbudowaną redukcję siły. Ta metoda nie jest dostępna w programie ABAQUS, ale jest dość prosta do wdrożenia.

Zgodnie z podstawową zasadą metody redukcji wytrzymałości, podstawową istotą metody redukcji wytrzymałości jest to, że c i φ materiału stopniowo maleje, co powoduje, że naprężenie jednostki nie może być dopasowane do wytrzymałości lub przekroczyć powierzchni plastycznej, a naprężenie nieznośne stopniowo przenosi się na otaczającą jednostkę gruntu. W przypadku stałej powierzchni ślizgowej (granica plastyczności połączona jest w spójną powierzchnię) gleba traci stabilność. W ABAQUS parametry materiałów mogą się różnić w zależności od zmiennych terenowych, a my możemy łatwo zrealizować proces obniżania parametrów wytrzymałościowych. Poszczególne kroki są następujące.

Krok 1 definiuje zmienną polową, która jest zwykle przyjmowana jako współczynnik redukcji siłyF_Γ.

Krok 2 definiuje parametry modelu materiałowego, które różnią się w zależności od zmiennych pola.

Krok 3 ustawia stan naprężenia równowagi poprzez zastosowanie obciążenia grawitacyjnego (fizycznego) do modelu po przeanalizowaniu wielkości zmiennych polowych określonych na początku analizy. W celu uniknięcia uszkodzeń w tym czasie, F_Γ może osiągnąć mniejsze, takie jak $F_\Gamma < 1$, co powiększa siłę.

Krok 4: dodanie zmiennej w polu F_Γ liniowo w kolejnym etapie analizy, obliczyć zakończenie (liczbowo bezkonwergencyjne) i przetworzyć wyniki oraz określić współczynnik bezpieczeństwa zgodnie z kryteriami oceny niestabilności.

3.3 Przykłady

3.3.1 Analiza stabilności dwuwymiarowego, jednorodnego spadku gruntu

Przykład ex11-1.cae

1. Opis problemu

Jednorodne zbocze gleby analizowane przez Dawson et al. [10] jest wybierany jako przykład. Ten przykład został zatwierdzony przez wielu naukowców przy użyciu wielu metod (takich jak FLAC), więc wyniki tego przykładu mogą odzwierciedlać, czy ABAQUS może użyć metody redukcji wytrzymałości do obliczenia współczynników bezpieczeństwa. Jak pokazano na rysunku 3-1, istnieje jednorodne nachylenie gruntu o wysokim H=10,0m i kącie nachylenia wynoszącym β=45°. Jego gęstość nasypowa wynosi $\gamma = 20kN/m^3$, spójność c=12,38kPa i kąt tarcia φ=20°. W przypadku zastosowania metody równowagi granicznej, współczynnik bezpieczeństwa stateczności skarpy w tym przykładzie powinien wynosić 1,0.

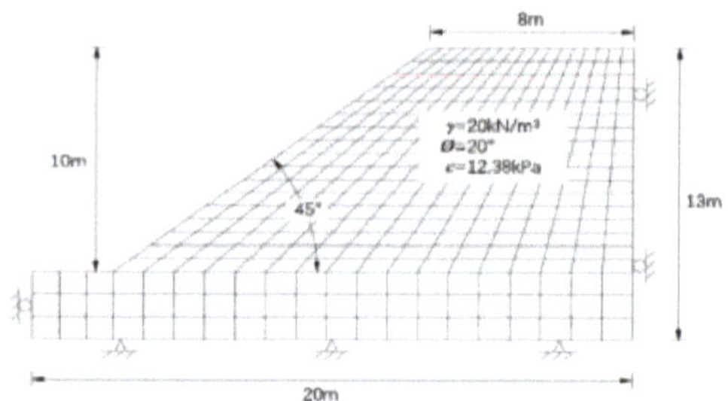

Rysunek 3-1 wzorcowy

2. Nacisk w studium przypadku

- Ustawienie parametrów wytrzymałościowych związanych ze zmiennymi polowymi.
- Redukcja siły.
- Kryteria oceny stanu granicznego.

3. Model i rozwiązanie

Elementy z etapu 1. W module części wybierz polecenie [Część]/[Utwórz], ustaw nazwę zbocza, przestrzeń modelowania na płaszczyznę 2D, wpisz jako odkształcalny, element bazowy do powłoki w oknie dialogowym tworzenia części, kliknij [Kontynuuj] i wejdź do interfejsu edycji graficznej, narysuj geometryczny kontur zbocza zgodnie z rozmiarem modelu pokazanym na Rysunku 3-1, kliknij [Gotowe] w polu zachęty, by zakończyć tworzenie części.

Wybierz polecenie [Narzędzia]/[Zestaw]/[Utwórz], wybierz wszystkie regiony i utwórz zestaw o nazwie zbocze.

Etap 2 właściwości materiału i przekroju poprzecznego. W module właściwości wybierz polecenie [Materiał]/[Utwórz], utwórz materiał o nazwie grunt i wybierz w oknie dialogowym edycji materiału polecenie [Mechaniczny]/[Elastyczność]/[Elastyczny], aby ustawić parametry modelu sprężystego, zakładając, że moduł sprężysty E = 100MPa i stosunek Poissona v = 0,35. Parametry sprężyste można zmieniać, aby sprawdzić ich wpływ na wyniki obliczeń. W oknie dialogowym edycji materiału wybierz polecenie [Mechaniczny]/[Plastyczność]/[Plastyczność Mohr-Coulomba], gdzie c i φ Wartości określonego materiału różnią się w zależności od zmiennych pola, dlatego należy ustawić liczbę zmiennych pola na 1 w zakładce Plastyczność, jak na rysunku 3-2, a następnie ustawić kąt tarcia i kąt dylatacji, które różnią się w zależności od zmiennych pola. Tutaj zmienna polowa jest silnym współczynnikiem redukcji warstwy (lub współczynnikiem bezpieczeństwa), który waha się między 0,5~2. Podobnie w zakładce kohezji należy ustawić granicę plastyczności kohezji jako zmienną polową zgodnie z danymi na rysunku 3-3.

Rysunek 3-2 Kąt tarcia zmienny w zależności od definicji zmiennych pola

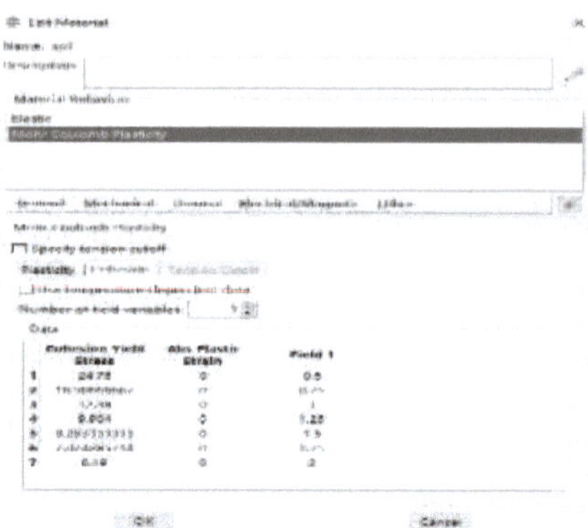

Rysunek 3-3 Spójność zmienna w zależności od definicji zmiennych terenowych

Uwaga: (1) przyjmuje się, że kąt dylatacji jest równy 0. (2) ponieważ kąt tarcia nie przecina się liniowo ze zmiennymi pola, tj. φ_m= arktan (opalenizna)φ/F_r), stosuje się tu symulację liniową w sposób fragmentaryczny.

Wybierz polecenie [Przekrój]/[Utwórz], ustaw element przekroju nazwany gruntem (odpowiednim materiałem jest grunt) i wybierz polecenie [Przypisz]/[Przekrój], aby przypisać odpowiedni obszar.

Etap 3 części montażowe. W module zespołu wybierz polecenie [Instance]/[Create] i utwórz odpowiednią instancję.

Krok 4: definicja etapu analizy. W module kroku wybierz polecenie [Krok]/[Utwórz], ustaw nazwę do załadowania w wyskakującym oknie dialogowym tworzenia kroku, wybierz statyczny, ogólny (ogólny krok analizy statycznej), kliknij [Kontynuuj], aby wejść do okna dialogowego edycji kroku, ustaw początkowy krok przyrostowy na 0.1 w zakładce inkrementacji, przejdź do zakładki [inne], a w obszarze metody rozwiązywania równań, pamięć macierzy ustawiona jest na niesymetryczną, czyli analizę asymetryczną, i wyjdź po zaakceptowaniu pozostałych opcji domyślnych.

Po wykonaniu powyższych kroków, tworzony jest etap analizy statycznej o nazwie redukcja, w którym siła zostanie zredukowana.

Wybierz polecenie [Output]/[Field Output Requests]/[Edit]/[F-Output], aby zmodyfikować domyślne wyjście wynikowe, przeciągnij prawy suwak w oknie dialogowym edycji żądania wyjścia, znajdź FV w stanie/polu/użytkowniku/czasie pod oknem dialogowym i dodaj go do wyniku wynikowego.

Uwaga: Model Mohra-Coulomba wykorzystuje asymetryczne algorytmy.

Krok 5 - obciążenie i warunki brzegowe. W module obciążenia wybrano polecenie [BC]/[Create], aby ograniczyć przemieszczenie poziome po obu stronach modelu oraz przemieszczenie na dole modelu. Należy zauważyć, że te warunki brzegowe są aktywowane w kroku początkowym lub etapie analizy obciążenia. Wybrać polecenie [Obciążenie]/[Utwórz], aby symulować kolejno obciążenie grawitacyjne, przykładając siłę -20 do wszystkich obszarów nachylenia w kroku analizy obciążenia.

Krok 6 oczko. W module mesh wybrana jest opcja obiektu na pasku środowiska jako część, co oznacza, że oczkowanie odbywa się na poziomie części.

Aby zapewnić spójność gęstości siatki i analizy Dawsona, wybierz polecenie [Narzędzia]/[Partycja], ustaw typ jako ścianę (powierzchnię oddzielającą) w oknie dialogowym tworzenia partycji, metodę jako szkic (rozdzielenie linii) i podziel zbocze na kilka obszarów, jak pokazano na Rysunku 3-14. Wybierz polecenie [Mesh]/[controls] i ustaw kształt elementu (kształt komórki) jako quad (czworoboczna technika wyboru) jako zamiatanie w oknie dialogowym sterowania siatką. Wybierz polecenie [Mesh]/[Element Type] w oknie dialogowym Typ elementu, jako typ elementu ustaw CPE4 (element naprężenia powierzchni czterowęzłowego). Wybierz polecenie [Seed]/[Edge by number], aby ustawić gęstość siatki, jak pokazano na Rysunku 3-4. Wybierz polecenie [Mesh]/[Part], kliknij [Yes] w obszarze podpowiedzi i wybierz siatkę modelu.

Krok 7 modyfikuje plik wejściowy modelu i kontroluje zmienność zmiennych pola. Wybierz polecenie [Model]/[Edytuj słowo kluczowe]/[Model-1], aby wyświetlić okno dialogowe edycji słów kluczowych, model: model-1, przewiń suwak po prawej stronie i znajdź definicję pierwszego kroku analizy.

*step, name=load, unsymm=

* statyczny

0.1, 1., 1e-05,1

Przed powyższym oświadczeniem należy wstawić następujące oświadczenie:

*Initia l warunki, typ = fie l d, zmienna = 1: zmienna określa nazwę zmiennej pola, ABAQUS nazywając numer zmiennych pomocniczych musi zaczynać się od 1.

Nachylenie 1. s1 nadziemne, 0,5: nachylenie 1. jest nazwą zbioru punktów, a 0,5 jest wartością początkową zmiennej pola (tutaj współczynnik redukcji wytrzymałości).

Znajdź oświadczenie do drugiego etapu analizy:

Step, name = Reduce, unsymm = YES

*statyczny

0.1, 1., 1e-05, 1

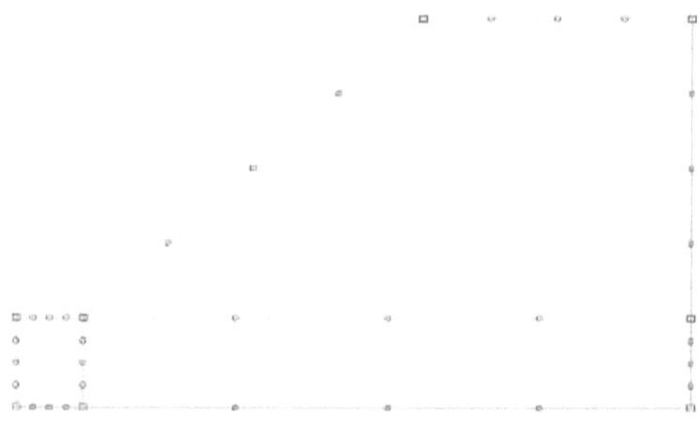

Rysunek 3-4 Gęstość oczek przepuszczonych

Po powyższym oświadczeniu należy wstawić następujące oświadczenie.

*Field, VARIABLE =1

Slope-1. slope, 2; w kroku analizy redukcyjnej zmienna pola zostaje zmieniona na 2.

Gdy modyfikacja zostanie zakończona, kliknij [Ok], aby wyjść.

Etap 8 zgłosić pracę. Wprowadź moduł zadania, wybierz polecenie [Job]/[Create] i utwórz zadanie o nazwie ex11-1. Wybierz polecenie [Job]/[Submit]/[ex11-1] i prześlij obliczenia.

4. Analiza wyników

Krok 1: Wejdź do modułu post-processingu wizualizacji i otwórz odpowiedni plik bazy danych wyników obliczeń. Ten przykład nie jest zbieżny w 0,371831 drugiego kroku analizy, a obliczenia zostają zakończone. Dzieje się tak dlatego, że po pewnym stopniu zredukowanej wytrzymałości, grunt staje się niestabilny. Współczynnik bezpieczeństwa i powierzchnia ślizgowa są analizowane poniżej.

Krok 2: analiza współczynnika bezpieczeństwa. Wybierz polecenie [Tools]/[XY-Data]/[Create] (Narzędzia]/[XY-Data]/[Create] (Utwórz), w wyświetlonym oknie dialogowym create xy data (Utwórz dane xy) wybierz przycisk wyjścia pola ODB, kliknij [Continue] (Kontynuuj), aby wyświetlić dane XY z okna dialogowego ODB. Tutaj zwracamy uwagę tylko na wyniki drugiego kroku analizy (krok analizy redukcji siły), wybieramy [Active Steps/Frames] w prawym górnym rogu okna dialogowego, klikamy przycisk [Active Steps/Frames], anulujemy zielone zaznaczenie przed załadowaniem pierwszego kroku analizy, jak pokazano na Rysunku 3-5, potwierdzamy powrót do okna dialogowego XY-danych wyjściowych pola ODB i wybieramy unikalny węzeł na rozwijanej liście pozycji. Wybierz FV1 i Ul (zmienne pola i przemieszczenie w kierunku X) jako zmienne wyjściowe, przejdź do zakładki elementy/węzły, wybierz metodę jako wybraną z rzutni, wybierz [Edytuj wybór], wybierz górny lewy róg zbocza na ekranie, potwierdź, wróć do danych XY z okna dialogowego ODB field output i kliknij [Zapisz], aby zapisać wyniki.

Wybierz ponownie polecenie [Tools]/[XY-Data]/[Create], tym razem wybierz [Operate on XY -Data], wprowadź okno dialogowe operacji na danych XY-Data, użyj funkcji Abaqus combine i narysuj zależność pomiędzy FV1 i U1 jak pokazano na Rysunku 3-6. Z wykresu wynika, że jeśli obliczenie liczbowe nie jest zbieżne z kryterium oceny stateczności nachylenia gruntu, odpowiadająca mu FV1 wynosi 1,06, czyli współczynnik bezpieczeństwaF_s = 1.06. Jednocześnie zauważa się, że poziome przemieszczenie górnego węzła ma oczywisty punkt przegięcia. Jeżeli za kryterium oceny przyjmuje się punkt przegięcia przemieszczenia, to współczynnik bezpieczeństwa wynosi F_s =0.99. Te dwie wartości są zbliżone doF_s =1,0 podany metodą analizy równowagi granicznej, która pokazuje, że w tym przypadku oba są wykonalne.

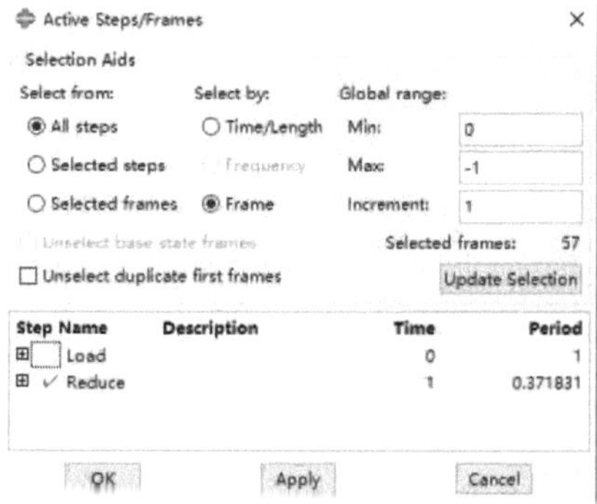

Rysunek 3-5 Wybór odpowiednich etapów analizy

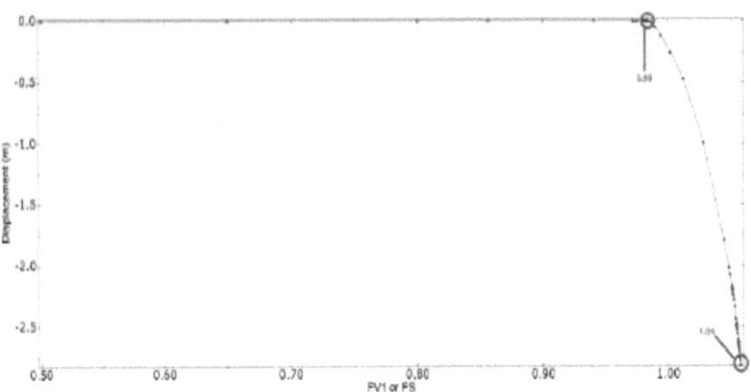

Rysunek 3-6 FV1 versus U1

Etap 3 rozkład naprężeń plastycznych. W drugim etapie analizy należy wybrać polecenie [Wynik]/[Wyjście 1] i narysować wartość odkształcenia plastycznego PEMAG (wartość odkształcenia plastycznego) przy t = 0,2938 i t = 0,3213, odpowiednio na rysunkach 3-7 i 3-8. Te dwa wykresy wyraźnie obrazują proces niestabilności zbocza gleby. Na początku palec stoku daje plon, a następnie rozciąga się w górę, aż do momentu, gdy strefa plastyczna przebije się przez t = 0,3213. Odpowiadający temu współczynnik bezpieczeństwa jest $F_S = 0.98$ podobny do współczynnika bezpieczeństwa uzyskanego na podstawie dwóch poprzednich kryteriów, szczególnie zbliżony do metody punktu przegięcia przemieszczenia. Wynika to z faktu, że przemieszczenie w sposób naturalny gwałtownie wzrasta po penetracji strefy plastycznej, a obliczenia niekoniecznie muszą być zbieżne.

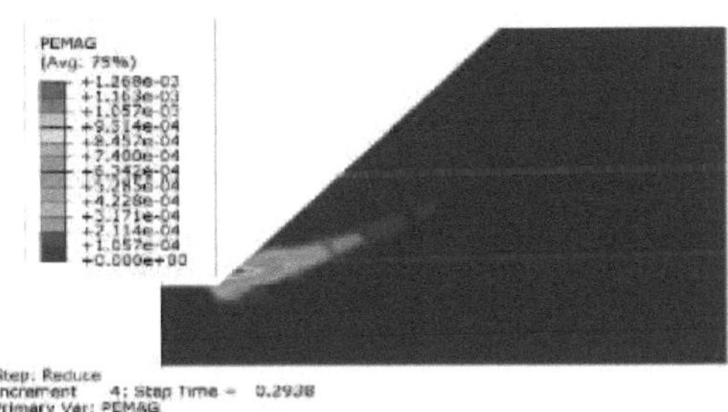

Rysunek 3-7 Strefa z tworzywa sztucznego przy t=0,2938

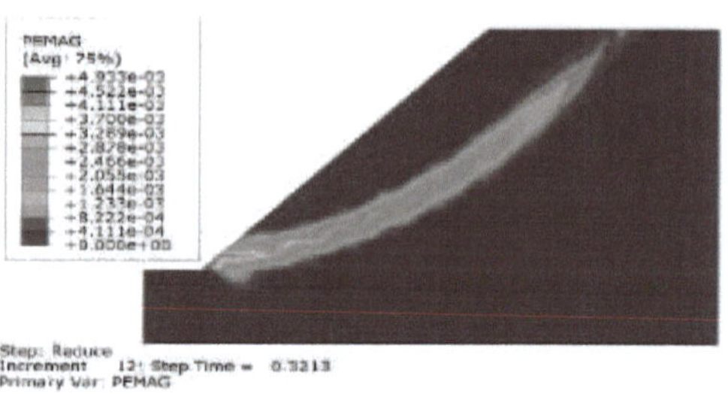

Rysunek 3-8 Strefa plastyczna przy t=0,3213

Krok 4 położenie powierzchni ślizgowej. W rzeczywistości położenie powierzchni ślizgowej można określić na podstawie rozkładu naprężeń plastycznych w poprzednim kroku. Można to również określić na podstawie wykresu rozkładu konturów przemieszczeń. Wybierz polecenie [Result]/[Field Output] i narysuj chmurę konturu przemieszczenia na końcu obliczeń, jak pokazano na Rysunku 3-9. Położenie powierzchni ślizgowej można wyraźnie określić za pomocą wykresu, który, podobnie jak metoda analizy równowagi granicznej, jest mniej więcej okrągły i przechodzi przez narożnik nachylenia.

Krok 5: powierzchnia awarii poprzez przyrostowy rozkład przemieszczeń. Jednakże w niektórych przypadkach nie jest możliwe określenie położenia powierzchni ślizgowej według całkowitego konturu przemieszczenia.

Można to ocenić, obliczając przyrostowe przemieszczenie ostatniego przyrostowego kroku zakończenia (można również odwołać się do przykładu w rozdziale 5). Wybierz polecenie [Narzędzia]/[Utwórz wyjście pola]/[Z pól], ustav S2f56U-S2f55U w oknie dialogowym tworzenia wyjścia pola, gdzie S2 reprezentuje drugi krok, a f56 11 kroków (ramka), potwierdź i zakończ. Wybierz polecenie [Result]/[Field Output], w wyskakującym oknie dialogowym Field output wybierz   po prawej stronie ramki, aby wyświetlić okno dialogowe steps/frames, wybierz krok sesji (uprzednio zdefiniowaną ramkę wynikową) i powróć do okna dialogowego field output. Wybierz przemieszczenie jako zmienną wyjściową i narysuj przyrostową chmurę konturu na Rysunku 3-10, a następnie określ położenie powierzchni przesuwania.

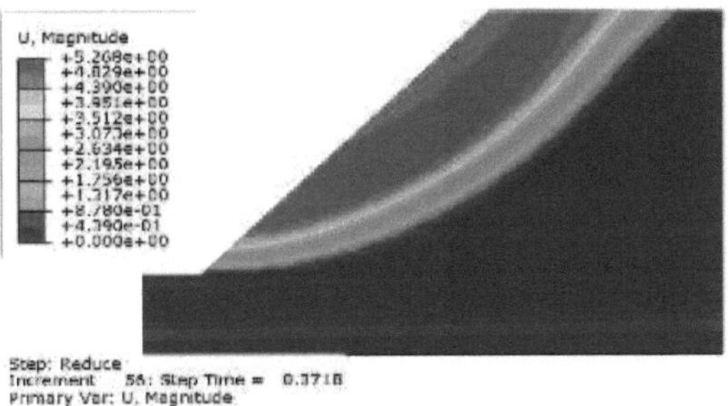

Rysunek 3-9 konturu przemieszczenia

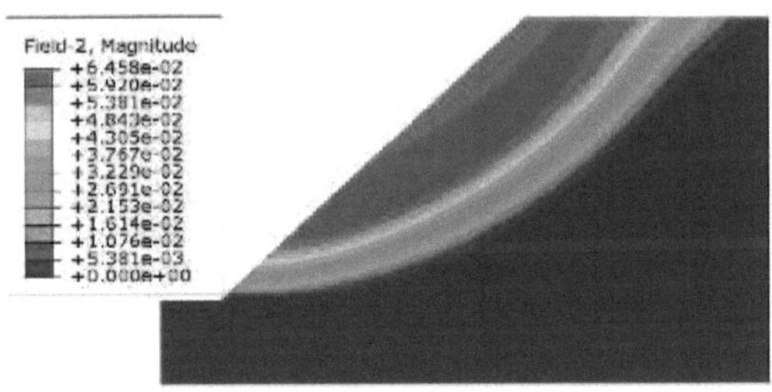

Rysunek 3-10 powierzchni ślizgowej na podstawie przesunięcia przyrostowego

Uwaga: Można zmienić parametry modelu, takie jak kąt dylatacji, aby zaobserwować jego wpływ na współczynnik bezpieczeństwa i położenie powierzchni ślizgowej.

3.3.2 Analiza stabilności zbocza z miękkim podłożem

Przykład ex11-2.cae

1. Opis problemu

Nachylenie w ex11-1 jest rozciągnięte o 20 m na lewą i prawą stronę, jak pokazano na rysunku 3-11, a rozkład miękkiej warstwy gleby jest również zaznaczony na rysunku. Siła kohezyjna miękkiego gruntu wynosi 10kPa, a kąt tarcia wynosi 0°.

2. Nacisk w studium przypadku

- Wpływ miękkiej warstwy gleby na stabilność zbocza.

3. Model i rozwiązanie

Krok 1 zapisuje oryginał ex11-1.cae jako ex11-2.cae.

Krok 2: wprowadzić moduł części, odtworzyć część zgodnie z podaną wielkością na rys. 3-11 i ustawić nachylenie dla wszystkich warstw gleby.

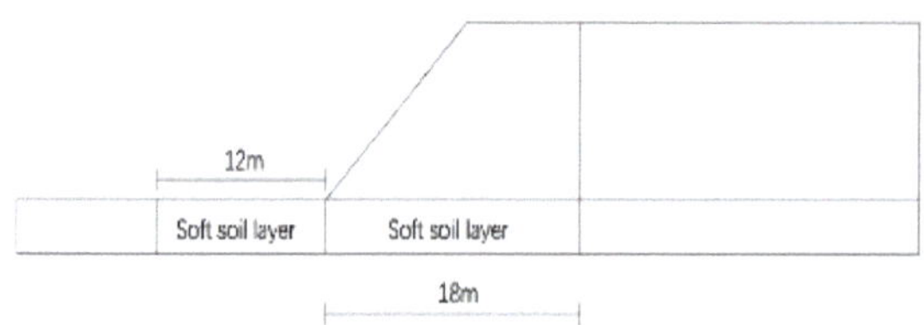

Rysunek 3-11 gleby na podłożu miękko zaciśniętym

Krok 3: Wprowadź model nieruchomości. Wybierz polecenie [Materiał]/[Kopiuj]/[Gleba], skopiuj oryginalny materiał gruntu na materiał miękki i wybierz polecenie [Materiał]/[Kopiuj]/[Edytuj], ustaw moduł sprężystości miękki na 10MPa, zachowaj kąt tarcia na 0°i ustawić spójność na 40kPa (FV1 = 0,25), 2kPa (FV1 = 0,5), 10kPa (FV1 = 1), i 5kPa (FV1 = 2). Ze względu na istnienie słabej warstwy gruntu, w celu zapewnienia zrównoważonego i stabilnego punktu wyjścia redukcji, wytrzymałość analizy zostanie zwiększona na początku do czterokrotności wytrzymałości początkowej. Wybierz polecenie [Materiał]/[Edycja]/[Gleba] dodaj FV1 = 0,25 do danych kąta tarcia i kohezji.

Etap 4 definiuje odpowiednie charakterystyki przekrojowe i przypisuje je do odpowiednich regionów.

Krok 5 wchodzi do modułu obciążenia; wszystkie warunki brzegowe i obciążenie muszą być tu na nowo zdefiniowane ze względu na zmiany komponentów.

Krok 6 wchodzi do modułu siatki, nadal ustawia się CPE4 (czterowęzłowy element naprężający powierzchnię) jako typ elementu. Ułożyć model w siatkę w sposób pokazany na Rysunku 3-12.

W kroku 7 wybierz polecenie [Model]/[Edytuj słowa kluczowe]/[Model-1] i zmień instrukcję definiującą zmienne polowe na poniższą:

* warunki początkowe, typ = pole, zmienna = 1

nachylenie 1. nachylenie, 0,25

W analizie, krok zmniejsza, stwierdzenie, że zmienna pola zmienia się na:

*Field, VARIABLE=1

stok 1. stok, 1

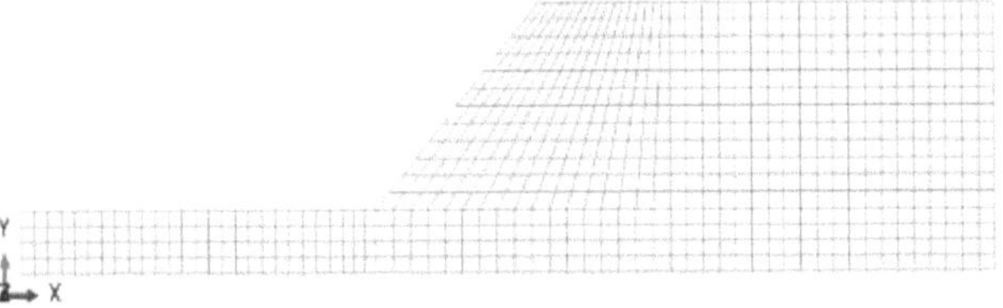

Rysunek 3-12 Siatka z elementami skończonymi na zboczu gleby na słabej interkalowanej warstwie spodniej

W tym przypadku współczynnik bezpieczeństwa nie będzie większy niż 1. Aby zaoszczędzić czas obliczeń, współczynnik redukcji jest mniejszy. Gdy modyfikacja zostanie zakończona, kliknij [Ok], aby wyjść.

Etap 8 zgłosić pracę. Wejdź do modułu zadań, utwórz i prześlij zadanie o nazwie ex11-2.

4. Analiza wyników

Krok 1: Wejdź do modułu post-processingu wizualizacji i otwórz odpowiedni plik bazy danych wyników obliczeń.

Etap 2 Rysunek 3-13 przedstawia krzywą zależności między FV1 i U1 na wierzchołku warstwy gleby. Współczynnik bezpieczeństwa odpowiadający punktowi ugięcia przemieszczenia wynosi około 0,57.

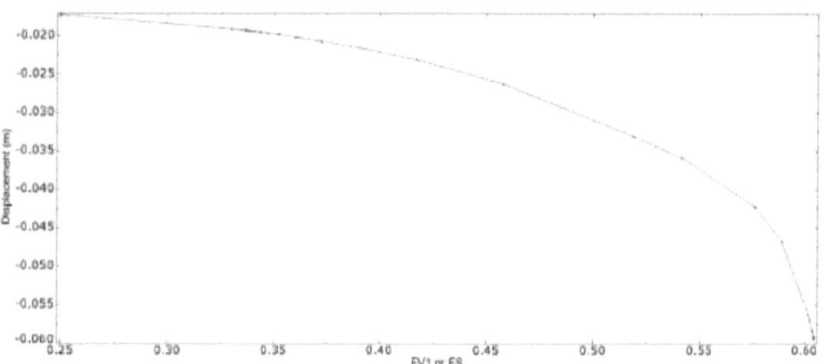

Rysunek 3-13 Współczynnik bezpieczeństwa dla nachylenia podłoża z miękkim zaciskiem

Krok 3 Rysunek 3-14 przedstawia chmurę konturową przemieszczenia po obliczeniach. Wyniki obliczeń dobrze symulują trend przesuwania się słabej warstwy spodniej, tzn. niektóre powierzchnie ślizgowe podążają zgodnie z kierunkiem poziomym słabej warstwy spodniej, a cała powierzchnia ślizgowa jest złożonym kształtem linii prostej między łukami na obu końcach, co jest zgodne z ogólnymi przepisami. Oznacza to, że metoda redukcji wytrzymałości nie musi zakładać położenia powierzchni ślizgowej.

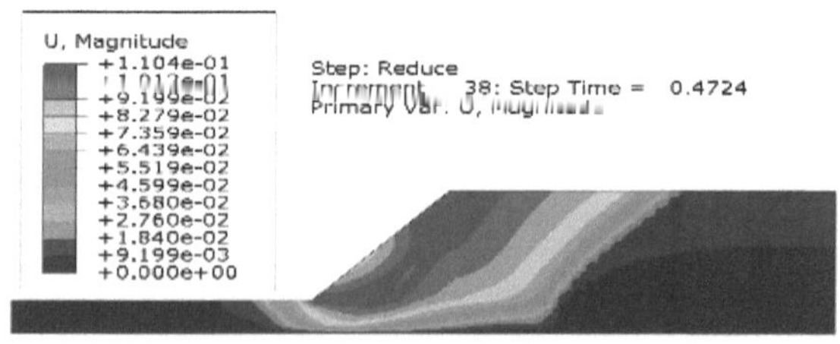

Rysunek 3-14 Linie chmur ekwiwalentu wypornościowego zboczy gleby na słabych, wzajemnie przenikających się warstwach spodnich

3.3.3 Analiza stabilności nachylenia gruntu wzmocniona palem przeciwpoślizgowym

Przykład ex11-3.cae

1. Opis problemu

Obecnie środki techniczne mające na celu zapobieganie i kontrolę katastrof osuwiskowych na całym świecie obejmują rozładunek, kąt nachylenia, ochronę skarp, pal przeciwpoślizgowy, kotwicę, wstępnie naprężony kabel kotwiczny oraz kompleksowe zbrojenie. W wielu dużych projektach zapobiegania osuwiskom i ich kontroli często stosuje się jednocześnie środki zapobiegawcze i kontrolne, wśród których pal przeciwpoślizgowy jest powszechnie stosowaną techniką zbrojeniową. Dzięki ciągłemu wzbogacaniu praktyki zapobiegania osuwiskom i gromadzeniu doświadczeń inżynierskich, ludzie zdali sobie sprawę, jak ważne jest zapobieganie osuwiskom z wyprzedzeniem. Bardzo skuteczne jest zastosowanie pali przeciwodsuwiskowych i innych środków wstępnego wzmacniania w przypadku osuwisk niestabilnych.

Analiza stateczności skarp wzmocniona palami przeciwsuwiskowymi, a zwłaszcza efekt łukowania się gruntu w wyniku interakcji pal - gleba, od wielu lat wzbudza zainteresowanie wielu naukowców. Obecnie metody analizy można w przybliżeniu podzielić na dwie kategorie: metodę równowagi granicznej opartą na analizie naporu i przemieszczeń gruntu oraz metodę numeryczną różnic skończonych elementów. Wykorzystując metodę numeryczną do analizy stabilności układu nachylenia pali przeciwpoślizgowych, można oddzielnie dyskredytować grunt i pal przeciwpoślizgowy, a naprężenia i odkształcenia gruntu oraz pal przeciwpoślizgowy analizować metodą sprężysto-plastyczną, odzwierciedlającą rzeczywisty mechanizm oddziaływania pomiędzy palu a gruntem, co jest metodą obliczeń sprzężeń.

W tym rozdziale przeprowadzana jest trójwymiarowa analiza elementów skończonych zbocza wzmocnionego palem przeciwpoślizgowym. Jak pokazano na Rysunku 3-15, nieskończenie długie nachylenie gruntu wzmacniane jest palem przeciwpoślizgowym o wysokości nachylenia 10,0 m, nachyleniu 1:1,5, odległości położenia pala 10,5 m, długości pala 15,5 m, średnicy pala 0,8 m, odległości pala 3,2 m i czubku pala 2,0 m od dna gruntu. Ze względu na istnienie pala przeciwpoślizgowego, problem ten nie może być uproszczony do analizy odkształceń powierzchniowych. Wykorzystując symetrię, analizuje się cienie na rysunkach 3-15. W analizie wykorzystano idealny liniowo elastyczno-plastyczny model Mohr-Coulomba, a pal jest materiałem elastycznym. Parametry pala-grunt przedstawiono w tabeli 3-1.

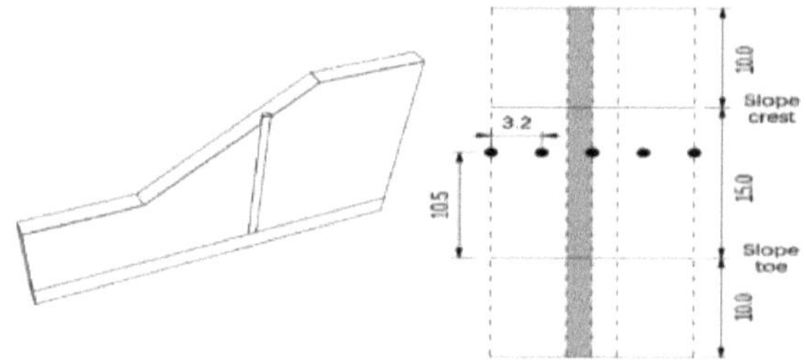

Rysunek 3-15 wzorcowy

Tabela 3-1 Parametry modelu

Materiały	Poważny γ/(kN/m³)	Spójność c/kPa	Kąt tarcia wewnętrznego φ(°)	Kąt dylatacji ścinającej Ψ(°)	Moduł elastyczny E/MPa	Współczynnik Poisson μ
Masa gleby	20	20	36	0	100	0.25
Pile	24	-	-	-	30000	0.2

2. Nacisk w studium przypadku

- Początkowe warunki naprężenia wprowadzane są z zewnątrz.
- Naprężenie początkowe jest ustawiane za pomocą funkcji wzmocnienia etapu analizy geostatycznej.
- Wpływ pala antypoślizgowego na stabilność stoku.

3. Model i rozwiązanie

W poprzednim dwuwymiarowym przykładzie istnieją dwa etapy analizy. Pierwszy krok polega na przyłożeniu obciążenia grawitacyjnego w celu uzyskania stanu początkowego naprężenia, a drugi na zmniejszeniu wytrzymałości. W tym przypadku jest on podzielony na dwa niezależne obliczenia. Z jednej strony, może to zaoszczędzić czas podczas wielokrotnych próbnych obliczeń. Z drugiej strony, przemieszczenie w redukcji wytrzymałości nie obejmuje przemieszczenia spowodowanego obciążeniem grawitacyjnym, które bezpośrednio odzwierciedla efekt redukcji wytrzymałości.

Krok 1. Tworzenie ex11-3-ini.cae. Następnie, w module części, wybierz polecenie [Part]/[Create]. W wyskakującym oknie dialogowym tworzenia wypraski zaakceptuj wszystkie opcje domyślne, tzn. utwórz trójwymiarowo odkształcalny wyprawę poprzez rozciągnięcie, nadaj jej nazwę, kliknij [Dalej], wejdź do graficznego interfejsu edycyjnego, narysuj powierzchnię 35,0m x 1,6m, kliknij [Gotowe] w obszarze zapytania, a następnie w wyskakującym oknie dialogowym edycji wypraski bazowej ustaw głębokość na 20. Za pomocą polecenia [Kształt]/[Wytnij] wycinany jest kształt wykopanego zbocza i położenie stosu.

Wybierz ponownie polecenie [Part]/[Create], aby utworzyć komponent o nazwie kupka zgodnie z rozmiarem kupki.

Wybierz polecenie [Narzędzia]/[Zestaw]/[Utwórz], wybierz glebę komponentu i utwórz zestaw o nazwie gleba; wybierz kupkę komponentu i utwórz zestaw o nazwie kupka.

Etap 2 charakterystyka materiału i przekroju. W module właściwości wybiera się polecenie [Materiał]/[Utwórz], aby utworzyć materiały nazwane gruntem i palem zgodnie z danymi. Należy pamiętać, że kąt tarcia i koherencja gruntu wynosi 55,46. ° i 40kPa, tzn. współczynnik redukcji wytrzymałości (współczynnik bezpieczeństwa) wynosi 0,5. Ma to na celu ustalenie początkowego stanu równowagi naprężeń.

Uwaga: Biorąc pod uwagę niespójność pala i gruntu, gęstość materiału ustawia się oddzielnie, a następnie w module obciążającym równomiernie przykłada się obciążenie grawitacyjne. Podczas załadunku można również zastosować obciążenie fizyczne w obszarze.

Wybierz polecenie [Przekrój]/[Utwórz], ustaw charakterystyki przekroju o nazwie grunt i pal (odpowiednie materiały to odpowiednio grunt i pal), a następnie wybierz polecenie [Przypisz]/[Przekrój], aby przypisać odpowiednią powierzchnię.

Etap 3 części montażowe. W module zespołu wybierz polecenie [Instancja]/[Utwórz], a następnie wybierz stos i grunt, aby utworzyć odpowiednią instancję w oknie dialogowym tworzenia instancji, które zostanie wyświetlone. Wybierz polecenie [Instance]/[Translate], aby przenieść stos do otworu w stosie.

Krok 4: definicja etapu analizy. W module kroku wybierz polecenie [Krok]/[Utwórz], ustaw nazwę do załadowania w wyskakującym oknie dialogowym tworzenia kroku, ustaw typ kroku analizy jako statyczny, ogólny (ogólny krok analizy statycznej), kliknij [Kontynuuj], aby wejść do okna dialogowego edycji kroku, ustaw początkowy krok przyrostu na 0.1 w zakładce przyrostu, przejdź do drugiej zakładki i zakładki metody solwera, ustaw pamięć macierzy na niesymetryczną, czyli analizę asymetryczną i wyjdź po zaakceptowaniu pozostałych opcji domyślnych.

Krok 5: definicja kontaktu. W module interakcji, w celu zdefiniowania wygody kontaktu, należy najpierw zdefiniować kilka aspektów. Wybierz polecenie [Narzędzia/[Powierzchnia]/[Utwórz], obwody pala i powierzchnia końca pala są ustawione odpowiednio jako pal powierzchniowy 1 i 2, położenie styku między gruntem a obwodem pala jest ustawione jako grunt 1, a powierzchnia styku z końcem pala jest ustawiona jako grunt 2.

Wybierz polecenie [Interaction]/[Property]/[Create], aby utworzyć charakterystykę styku o nazwie pile-soil-1, w którym model normalny jest wybierany jako styku twardego, a charakterystyka tarcia jest wybierana jako kara, a współczynnik tarcia wynosi 0,51 (opalenizna 0,75φ)).

Wybierz polecenie [Interaction]/[Create], aby wyświetlić okno dialogowe tworzenia interakcji, ustaw nazwę na pile-soil-1, upewnij się, że rozwijana lista kroków jest początkowa, co oznacza, że styk istnieje już od kroku analizy początkowej, i kliknij [Continue]. W tym momencie obszar podpowiedzi wymaga wybrania powierzchni głównej, kliknij przycisk [Powierzchnia] po prawej stronie obszaru podpowiedzi u dołu okna, w wyświetlonym oknie dialogowym wyboru regionu, wybierz pile-1, a następnie kliknij przycisk [Kontynuuj]. W tym momencie należy wybrać powierzchnię podrzędną, kliknąć [Powierzchnia] w obszarze podpowiedzi u dołu okna, wybrać grunt-1 w wyskakującym ponownie oknie dialogowym wyboru regionu, kliknąć [Kontynuuj], wyskoczyć do okna dialogowego edycji interakcji, wybrać polecenie Powierzchnia-powierzchnia (dyskretna twarzą w twarz) z rozwijanej listy metod dyskretyzacji, a pod właściwością Interakcja, wybrać pile-soil-1 z rozwijanej listy i wprowadzić 0,02 w oknie dialogowym specyficznej tolerancji dla wprowadzania stref regulacji. Węzły powierzchni Slave w zakresie powierzchni styku zostaną dopasowane do powierzchni głównej. Ma to na celu uniemożliwienie penetracji przez przegrodę siatkową. Zaakceptuj inne domyślne opcje i wyjdź po potwierdzeniu.

Podobnie powstaje kontakt końca pala z ziemią na końcu pala.

Krok 6 - obciążenie i warunki brzegowe. W module obciążenia wybierz polecenie [BC]/[Create], a krok początkowy definiuje przemieszczenie w kierunku X po lewej i prawej stronie modelu, przemieszczenie w kierunku Y po stronie przedniej i tylnej oraz przemieszczenie w trzech dolnych kierunkach. Należy zauważyć, że przemieszczenie w kierunku Y powinno być utwierdzone na symetrycznej powierzchni pala. W kroku analizy obciążenia należy wybrać polecenie [Obciążenie]/[Utwórz] i zastosować ciężar -10 na grunt i pal.

Etap 7 oczko. Wejdź do modułu mesh i wybierz opcję obiektu na pasku środowiska jako część, co oznacza, że siatka jest wykonywana na poziomie części.

Wybierz polecenie [Tools]/[Partition], aby oddzielić zbocze wzdłuż poziomej powierzchni palca, wierzchołka i końca zbocza. Wybierz polecenie [Siatki]/[Element] i w oknie dialogowym Typ elementu jako typ jednostki wybierz C3D8 (ośmiowęzłowa jednostka sześciościenna). Wybierz polecenie [Nasiona]/[Część] i ustaw przybliżoną wielkość globalną na 0,5 w oknie dialogowym Nasiona globalne; wybierz polecenie [Nasiona]/[Krawędź po numerze] i ustaw 8 nasion na krawędzi styku ziemia-paliwo. Wybierz polecenie [Mesh]/[Part] i kliknij [Yes] w oknie dialogowym, aby oczyścić glebę, jak pokazano na Rysunku 3-16. Podobnie, siatka stosu jest dzielona.

Etap 8 zgłosić pracę. Wejdź do modułu zadań, utwórz i prześlij zadanie o nazwie ex11-3-ini.

Krok 9 uratować ex11-3-ini. cae jak ex11-3cae.

Krok 10 wejdź do modułu właściwości, wybierz polecenie [Materiał]/[Edycja]/[Grunt] i zmień parametry materiałowe materiału gruntu. W edycji materiału, zgodnie z normą ex11-1, liczba zmiennych terenowych w zależności od materiału jest ustawiona na 1. W zakładce plastyczność zmienia się kąt tarcia z 55,46° (FV1 = 0,5) do 10,29° (FV1 = 4); w zakładce hartowania zmienia się kohezję z 40kPa (FV1 = 0,5) na 5kPa (FV1 = 4).

W kroku 11 wybieramy polecenie [Krok]/[Utwórz] w module krokowym, wstawiamy krok analizy geostatycznej o nazwie geo przed krokiem analizy obciążenia po kroku analizy wstępnej i przyjmujemy algorytm asymetryczny.

Wybierz polecenie [Wyjście]/[Polecenie Wyjście]/[Menedżer], aby wyświetlić okno dialogowe Field Output Request Manager (Menedżer żądań wyjścia), wybrać ustawienia wyjścia w kroku analizy obciążenia i wybrać polecenie [Przesuń w lewo], aby było skuteczne w kroku analizy geo. Wybierz polecenie [Edytuj], aby dodać FV, PE, PEEQ i PEMAG jako zmienne wyjściowe, wyjdź po potwierdzeniu. Analogicznie, historyczne ustawienia wyjściowe są włączane w kroku geoanalizy.

Wybierz polecenie [Step]/[Rename]/[Load], aby zmienić nazwę drugiego kroku analizy z obciążenia na zmniejszenie.

Krok 12 wprowadzić do modułu obciążenia. Wybierz polecenie [Load]/[Manager], aby przenieść przyłożone obciążenie fizyczne do etapu analizy geo.

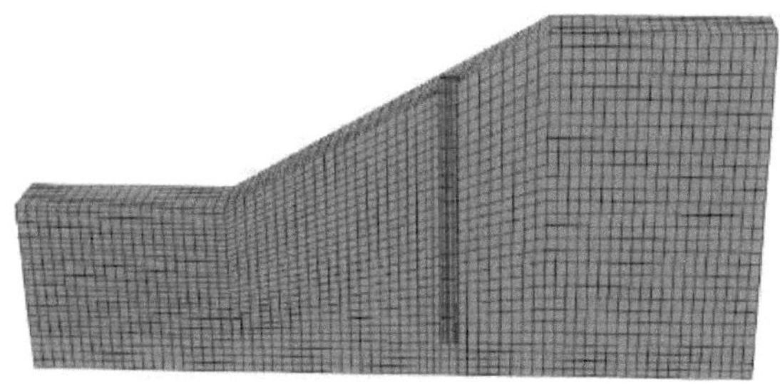

Rysunek 3-16 Siatka z elementami skończonymi w modelu

Uwaga: Ponieważ wcześniej zdefiniowane warunki brzegowe i powierzchnie styku są wykonywane w kroku wstępnym, nie ma potrzeby ich zmiany.

Krok 13 naprężenie początkowe z ustawienia zewnętrznej bazy danych. Wybierz polecenie [Predefiniowane pole]/[Utwórz], ustaw krok jako początkowy (krok początkowy w programie ABAQUS), wpisz jako mechaniczny, wpisz jako naprężenie, kliknij przycisk [Dalej] i naciśnij znak zachęty w obszarze zachęty, aby wybrać cały obszar. Po potwierdzeniu wybierz z listy rozwijanej po prawej stronie okna dialogowego specyfikacji plik danych wyjściowych do edycji wstępnie zdefiniowanego pola, ustaw ścieżkę dostępu do zewnętrznej bazy danych w polu tekstowym po prawej stronie nazwy pliku. W tym przypadku, poprzedni krok ex11-3-ini (nie zapisywać po skomponowaniu ODB) i inkrementacyjny odpowiednio, aby prowadzić do wyników analizy i kroków inkrementalnych, w tym przypadku odpowiednio 1 i 6, czyli pierwszy krok analizy i szósty krok inkrementalny.

Krok 14 modyfikuje plik wejściowy modelu, aby kontrolować zmienność zmiennych pola. Wybierz polecenie [Model]/[Edycja słów kluczowych]/[Model-1], otwórz okno dialogowe edycji słów kluczowych, model: model-1, przewiń suwak po prawej stronie i znajdź definicję pierwszego kroku analizy:

*step, name=geo. unsymm=

Przed powyższym oświadczeniem należy wstawić następujące oświadczenie:

*warunki początkowe, type=field, variable=1: zmienna określa nazwę zmiennej pola, a zmienna środkowa ABAQUS musi zaczynać się od 1.

Gleba-1. gleba, 0,5: gleba -1. gleba jest nazwą zestawu punktowego, a 0,5 jest wartością początkową zmiennej polowej (współczynnik redukcji wytrzymałości).

Znajdź oświadczenie do drugiego etapu analizy:

*step, name=reduce, unsymm=

*statyczny

0.1, 1., 1e-05, 1

Po powyższym oświadczeniu należy wstawić następujące oświadczenie:

*field, variable=1;

Gleba-1. gleba, 4: zmień zmienną polową na 4 w zmniejszaniu kroku analizy.

Kliknij [Ok], aby wyjść po zakończeniu modyfikacji.

Krok 15 przedstawia pracę. Wejdź do modułu zadań, utwórz i prześlij zadanie o nazwie ex11-3.

4. Analiza wyników

Krok 1: sprawdzić naprężenie początkowe. Wejdź do modułu post-processingu wizualizacji i otwórz odpowiedni plik bazy danych wyników obliczeń. Rysunek 3-17 przedstawia pionowy rozkład naprężeń masy gruntu, który przedstawia ogólne prawo naprężeń nachylenia gruntu, czyli wzrost naprężeń od nachylenia do wewnątrz.

Etap 2 Rysunki 3-18 i 3-19 przedstawiają chmury konturowe przemieszczenia globalnego i odkształcenia plastycznego odpowiednio na końcu obliczeń. Pozycja powierzchni ślizgowej może być wyraźnie przeanalizowana na podstawie wyników obliczeń. Paliki przeciwpoślizgowe zapobiegają odkształceniom ślizgowym górnego gruntu w kierunku do dołu i nie posiadają zintegrowanej, okrągłej powierzchni ślizgowej. Jednak gleba przed palem nadal wytwarza niestabilną deformację ślizgową w dół, która jest oddzielona pomiędzy gruntem a palem. Ponadto, gleba za palem wytwarza tryb ślizgania się wokół pala, czyli tzw. zjawisko stabilności okołostratnej.

Etap 3 - analiza charakterystyki pala antypoślizgowego. Rysunek 3-20 przedstawia deformację pala, gdy jest on niestabilny. Widać, że górna część pala ma deformację zginającą, natomiast dolna część ma lepiej rozłożoną konsolidację, co jest typowym trybem deformacji pali średniodługich.

Ponadto, w celu zaprojektowania pala przeciwpoślizgowego, konieczna jest analiza rozkładu nacisku gruntu (nacisku kontaktowego) na korpus pala. Jak widać na rysunkach 3-21, napór gruntu na pal przeciwpoślizgowy jest znacznie bardziej skomplikowany niż bierny napór gruntu po palach i aktywny napór gruntu po palach założony w analizie konwencjonalnej. W tym przykładzie nie ma naporu kontaktowego między gruntem a palem ze względu na niestabilność ślizgową gruntu w zakresie 4D poniżej górnej części pala. W głębokim gruncie nacisk gruntu przed palem jest większy niż wartość za palem, co jest ściśle związane z modelem deformacji giętnej pala.

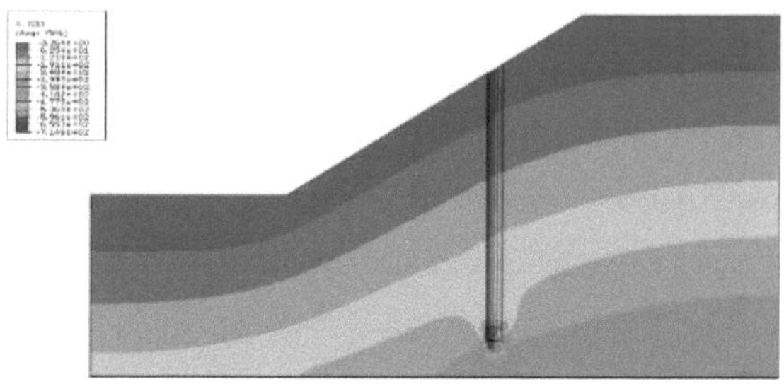

Rysunek 3-17 Chmura konturowa początkowych naprężeń pionowych na zboczu gruntu

Rysunek 3-18 konturu przemieszczenia

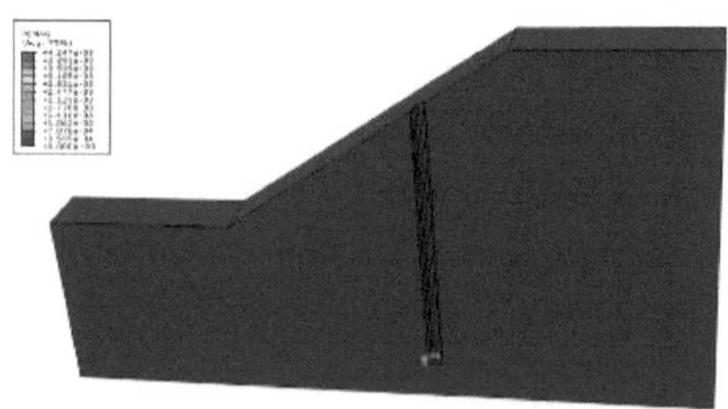

Rysunek 3-19 konturu naprężenia plastycznego

Rysunek 3-20 Deformacja pierścieniowa pala

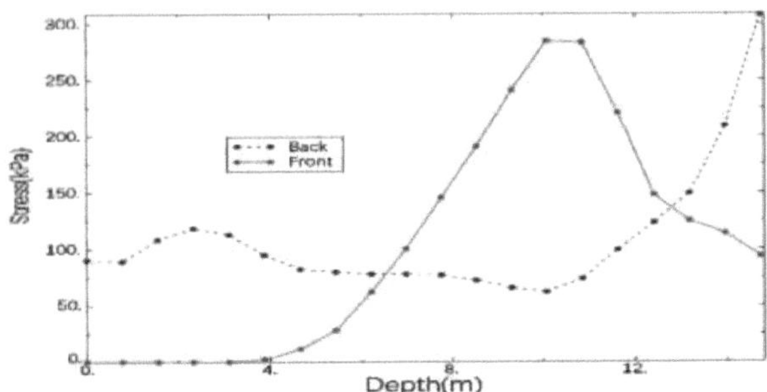

Rysunek 3-21 Ciśnienie w gruncie pala

Krok 4 - współczynnik bezpieczeństwa. Tutaj zależność między zmiennością pola FVl (współczynnik bezpieczeństwa F_s) oraz przemieszczenie poziome U1 na zbiegu zbocza przedstawiono na rysunku 3-22. Jak widać na rysunku, jeśli za kryterium oceny przyjmuje się punkt ugięcia przemieszczenia, a współczynnik bezpieczeństwa po zbrojeniu wynosi 2,52, można porównać obliczone wyniki bez pali przeciwpoślizgowych i przeanalizować efekt zbrojenia pala przeciwpoślizgowego.

Ponieważ zmienna polowa zmienia się liniowo z czasem w kroku analizy, możemy również bezpośrednio określić czas odpowiadający punktowi przegięcia zgodnie z krzywą zmian Ul w czasie, a następnie obliczyć odpowiedni współczynnik redukcji.

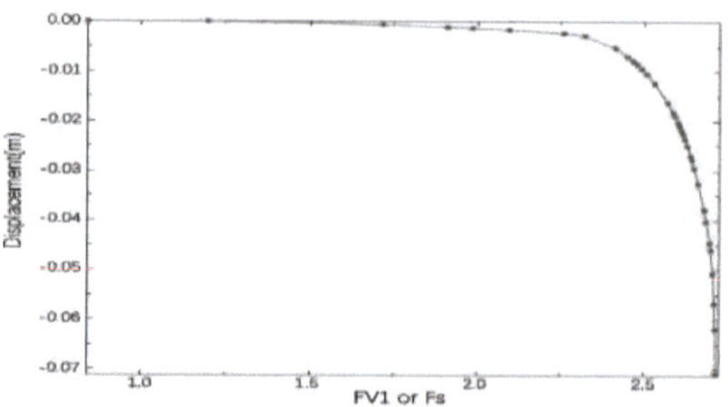

Rysunek 3-22 FV1 vs U1

5. Przykładowa rozbudowa

Jak wspomniano wcześniej w tej książce, analiza numeryczna konstrukcji hydraulicznych wymaga zazwyczaj ustawienia naprężenia początkowego, a następnie zrównoważenia naprężenia w kroku analizy *geostatycznej w celu uzyskania wstępnego stanu zerowego odkształcenia (lub bardzo małego odkształcenia). W przypadku fundamentów poziomych naprężenie początkowe można oszacować za pomocą naprężenia własnego. W przypadku złożonych sytuacji, takich jak zbocza, można najpierw przeprowadzić analizę wstępną, a następnie importować ją z zewnętrznej bazy danych. Metoda ta wymaga, aby naprężenie początkowe było tak dokładne, jak to tylko możliwe. Jeżeli pole naprężenia początkowego nie jest znane, do ustawienia naprężenia początkowego można również wykorzystać rozszerzoną funkcję etapu analizy geostatycznej. Należy jednak zauważyć, że metoda ta ma zastosowanie tylko do sprężystości, sprężystości porów, gliny Cambridge'a i modelu Mohr-Coulomba, a element ten ma zastosowanie tylko do elementu ciągłego lub spoistego elementu wiążącego o pewnym stopniu swobody przemieszczeń.

Krok 1 z wyjątkiem ex11-3.cae jako ex13-3-2.cae.

Krok 2 wejdź do modułu krokowego i wybierz polecenie [Krok]/[Edycja]/[Geo] (nazwa kroku analizy geostatycznej zdefiniowanego przez geo), aby przejść do zakładki inkrementacji jak na rysunku 3-23, ustawić typ na automatyczny i zmienić maksymalne przemieszczenie na 1e-3. Wyjście po potwierdzeniu.

Wskazówka: Po wybraniu metody regulacji przyrostowego rozmiaru kroku jako automatycznej, ABAQUS aktywuje funkcję rozszerzenia. Maksymalna zmiana przemieszczenia kontroluje dokładność obliczeń. Zazwyczaj obliczanie tej metody zajmuje dużo czasu.

Krok 3 wchodzi w moduł obciążenia. Wybierz polecenie [Predefined Field]/[Delete], aby usunąć zdefiniowane wcześniej pole naprężenia początkowego.

Uwaga: Pole naprężenia początkowego jest tutaj usuwane, aby zilustrować wzmocnienie geostatyczne, ale możesz również opuścić pole naprężenia początkowego.

Krok 4 wchodzi do modułu zadań. Zmień nazwę zadania ex11-3-2 i wyślij ponownie obliczenia.

Rysunek 3-24 przedstawia początkowy rozkład naprężeń pionowych po etapie analizy geostatycznej. Dobrze symuluje on również rozkład naprężeń na zboczu, a odpowiadające mu odkształcenie jest nadal bardzo małe.

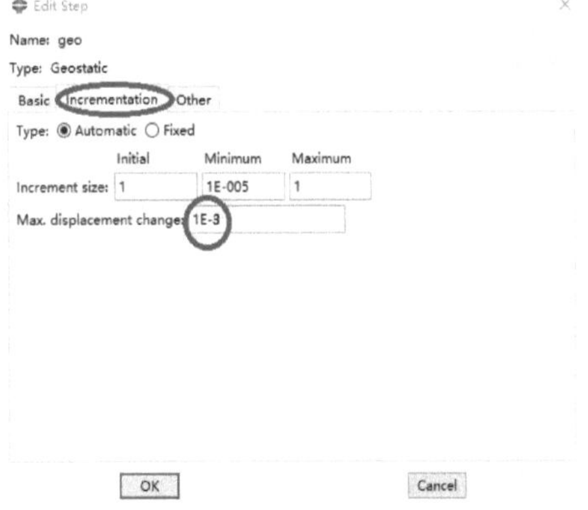

Rysunek 3-23 Rozszerzone funkcje z wykorzystaniem etapu analizy geostatycznej

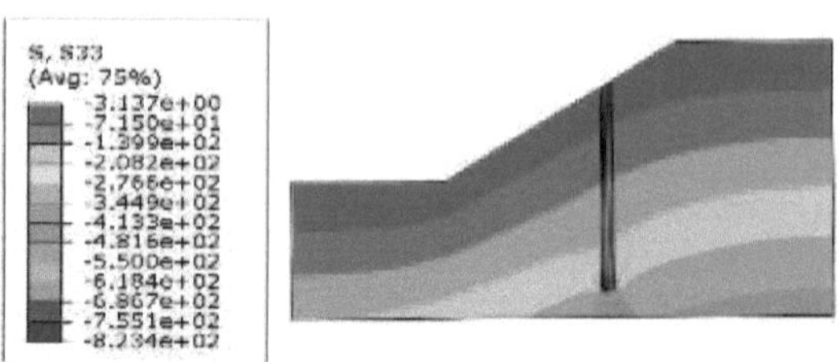

Rysunek 3-24 Uzyskany początkowy rozkład naprężeń pionowych dzięki wzmocnieniu geostatycznemu

3.3.4 Analiza stateczności nachylenia trójwymiarowej zapory z rdzeniem skalnym

Przykład ex11-4.cae

1. Opis problemu

Właściwości geometryczne w tym przypadku są takie same jak w przykładzie exl-3 w rozdziale 1, jak pokazano na rysunku 3-25. Wskaźnik wytrzymałości ściany rdzenia jest taki sam jak w przykładzie exl-3, tj. czysty kąt tarcia wynosi 36. ° a spójność wynosi 200kPa. Dla uproszczenia, wskaźnik wytrzymałości ściany rdzenia jest taki sam jak wypełnienia skalnego.

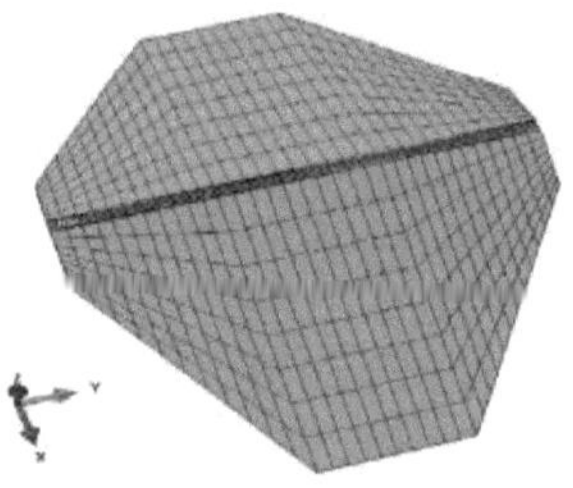

Rysunek 3-25 wzorcowy

2. Nacisk w studium przypadku

- Stwórz bibliotekę materiałów i dziel się materiałami w różnych modelach.

3. Model i rozwiązanie

Krok 1 kopiuje ex1-3.cae, ex1-3prt i ex1-3.odb do bieżącego katalogu roboczego i zmienia odpowiednio nazwy ex11-4.cae, ex11-4-ini. prt i ex11-4-ini.odb.

Uwaga: Aktualne ustawienia katalogu roboczego można zrealizować za pomocą polecenia [File]/[Set work dictionary]. W pliku prt przechowywane są informacje o komponentach i zmontowanych obiektach.

Etap 2 model materiałowy wypełnienia skalnego jest taki sam jak ex11-3. Aby uniknąć żmudnego procesu ustawiania parametrów, przykład ten jest realizowany za pomocą biblioteki materiałowej. Otwórz ex11-3.cae i wejdź do modułu właściwości. Przejść do trzeciej zakładki numeru modelu, biblioteki materiałowej, kliknąć ikonę administratora po prawej stronie nazwy, otworzyć okno dialogowe jak pokazano na Rysunku 3-26, kliknąć [Utwórz] i utworzyć bibliotekę materiałową. W tym przypadku nazwij ją gruntem, następnie wybierz grunt materiałowy pod materiałami modelu po prawej stronie, kliknij < aby dodać go do biblioteki materiałowej, a następnie kliknij [Zapisz zmiany], aby wyjść.

Uwaga: Podczas tworzenia biblioteki materiałów można wybrać, czy mają być one przechowywane w bieżącym katalogu, czy w katalogu domowym.

Rysunek 3-26 Tworzenie biblioteki materiałów

Uwaga: Drzewo modelu można otworzyć za pomocą polecenia [View]/[Show model tree].

Krok 3 otwarty ex11-4.cae. W module części wybierz polecenie [Tools]/[Set]/[Create] i ustaw zestaw zapór dla wszystkich.

Krok 4 wejdź do modułu właściwości, otwórz okno dialogowe manager biblioteki materiałów w kroku 2, wybierz grunt materiałowy pod lewym materiałem bibliotecznym, kliknij > aby zaimportować materiał do istniejącego modelu i zamknij okno dialogowe klikając [Odrzuć].

Krok 5: wybierz polecenie [Materiał]/[Usuń] i usuń poprzedni materiał - skałę i glinę. Wybierz polecenie [Materiał]/[skopiuj] i skopiuj grunt jako glinę wykonując polecenie [Materiał]/[Edycja] i edytując kohezję gruntu według nowych danych, stosunek Poissona do materiału gruntu ustawiony jest na 0,3, a moduł sprężystości i stosunek Poissona do gliny są modyfikowane tak, aby były zgodne z ex1-3, w celu dostosowania do warunków odpowiadających naprężeniu początkowemu.

W kroku 6 wybierz polecenie [Przekrój]/[Edycja], aby dopasować materiał odpowiadający charakterystyce przekroju poprzecznego skały do nowo importowanego materiału gruntu.

Krok 7 wprowadzić moduł krokowy i wstawić etap analizy geostatycznej o nazwie geo przed etapem analizy obciążenia po etapie analizy wstępnej. Ponieważ poszczególne elementy mogą uginać się pod określonymi parametrami wytrzymałościowymi materiału, przyjmuje się algorytm asymetryczny, akceptując pozostałe opcje domyślne.

Krok 8 wchodzi do modułu obciążenia. Wybierz polecenie [Load]/[Manager], aby przenieść przyłożone obciążenie fizyczne do etapu analizy geo. Podobnie, wybierz polecenie [BC]/[Manger], aby przenieść wszystkie warunki brzegowe w lewo do etapu analizy geo.

Krok 9 naprężenie początkowe z zewnętrznej bazy danych. Zgodnie z normą ex11-3, wybierz polecenie [Predefiniowane pole]/[Utwórz], aby zaimportować naprężenie początkowe z zewnętrznej bazy danych. W tym przypadku, ex11-4-ini. Krok i przyrost stanowią koniec obliczeń ex1-3, przy czym oba są równe 1.

Wybierz polecenie [Wyjście]/[Polecenie Wyjście]/[Menedżer], aby wyświetlić okno dialogowe Field Output Request Manager (Menedżer żądań wyjścia), wybierz ustawienia wyjścia w kroku 1 analizy, a następnie wybierz polecenie [Przesuń w lewo], aby wprowadzić je w życie w kroku analizy geo. Wybierz polecenie [Edytuj], aby dodać FV i PEMAG jako zmienne wyjściowe. Wyjdź po potwierdzeniu. Analogicznie, historyczne ustawienia wyjściowe są włączone, aby mogły zostać zastosowane w kroku analizy geo.

Wybierz polecenie [Krok]/[Zmień nazwę], zmień nazwę drugiego kroku analizy z kroku 1, aby zmniejszyć, i ustaw początkowy przyrostowy rozmiar kroku analizy na 0.1 wybierz polecenie [Krok]/[Edycja], użyj algorytmu asymetrycznego.

Krok 10 modyfikacja pliku wejściowego modelu w celu kontroli zmienności zmiennych pola. Wybierz polecenie [Model]/[Edycja słów kluczowych]/[Model-1], ustaw początkową zmienną polową na 0,5 i zmień ją na 4 w kroku analizy redukcyjnej, jak opisano wcześniej.

Uwaga: W tym przypadku, zapora 1.all, gdzie zapora jest nazwą składowej, -1 reprezentuje wytworzenie obiektu, a wszystko jest nazwą zbioru korpusu zapory.

Krok 11. Zgłoś się do pracy. Wejdź do modułu zadania, utwórz i prześlij zadanie o nazwie ex11-4

4. Analiza wyników

Krok 1: należy wejść do modułu post-processingu wizualizacji, otworzyć odpowiedni plik bazy danych wyników obliczeń i sprawdzić naprężenia początkowe.

Etap 2 Rysunki 3-27 i 3-28 przedstawiają odpowiednio początkowy i końcowy rozkład przemieszczenia redukcji. Z wykresu widać, że naprężenie początkowe jest obliczane za pomocą modelu sprężystego. Ze względu na ograniczenie topografii, po obu stronach lewej i prawej strony tamy występują duże naprężenia rozciągające. Na początkowym etapie redukcji te elementy lokalizacyjne ulegają najpierw uginaniu i następuje przeniesienie naprężeń. Jednak na końcu obliczeń występują typowe ślizgowe powierzchnie zniszczenia wzdłuż górnej i dolnej części zapory. Wykonując polecenie [Narzędzia]/[Widok przecięcia]/[Menadżer], można wyświetlić powierzchnię ślizgową wewnątrz korpusu tamy, jak pokazano na rysunkach 3-29. Wyniki pokazują, że metoda redukcji wytrzymałości daje zarówno górne, jak i dolne powierzchnie ślizgowe, a wynik jest odzwierciedleniem ogólnej stabilności. Możemy również dalej analizować proces zniszczenia zapory w zależności od rozkładu naprężeń plastycznych w różnych momentach.

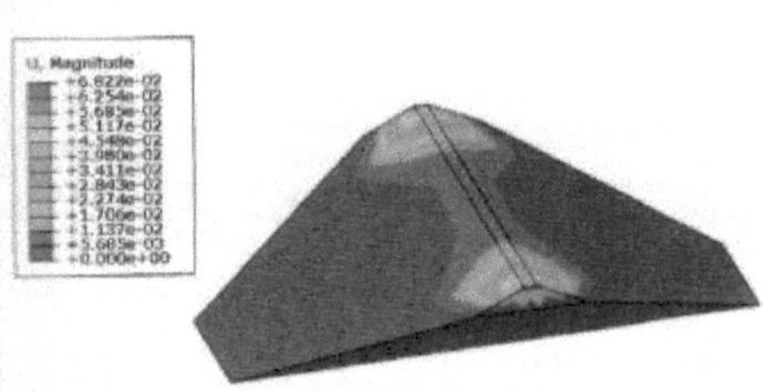

Rysunek 3-27 początkowego po redukcji

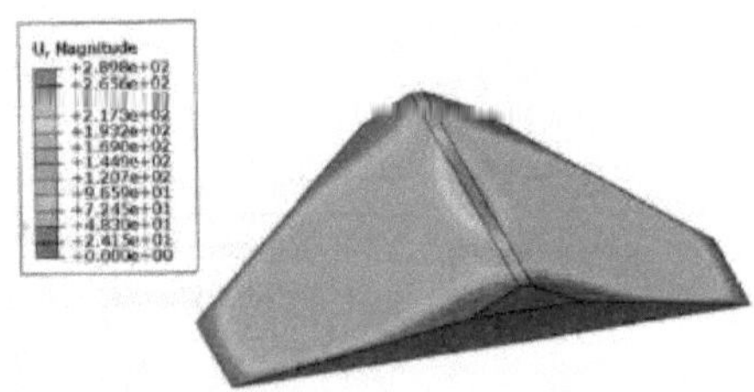

Rysunek 3-28 Końcowy rozkład przemieszczeń

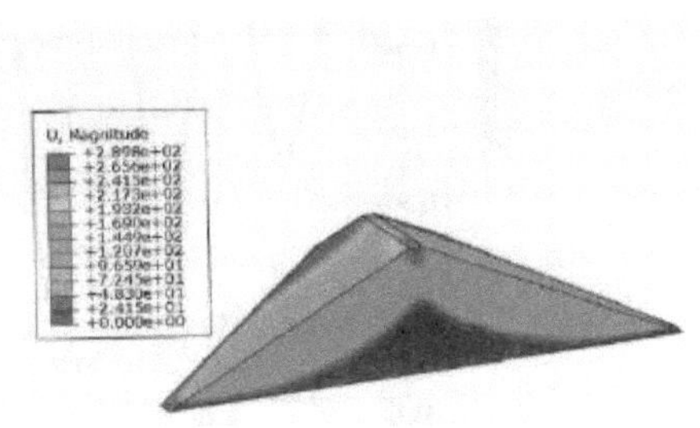

Rysunek 3-29 Umiejscowienie powierzchni ślizgowej w korpusie zapory

3.4 Streszczenie tego rozdziału

Metoda redukcji wytrzymałości jest metodą redukcji współczynnika bezpieczeństwa przy obliczaniu wytrzymałości w analizie elementów skończonych. W ostatnich latach przyciągnęła ona uwagę naukowców i inżynierów. Po wprowadzeniu zasady metody redukcji wytrzymałości, niniejszy rozdział wyjaśnia szczegółowo, jak realizować tę metodę w programie ABAQUS, oraz przedstawia konkretne kroki operacyjne i metody przetwarzania wyników na przykładach dwuwymiarowych (jednorodne nachylenie gruntu, nachylenie gruntu na miękkiej warstwie spodniej) i trójwymiarowych (nachylenie gruntu wzmocnione palem przeciwpoślizgowym i zaporą trójwymiarową). Obliczone wyniki tych przykładów są w dobrej zgodzie z konwencjonalnymi wynikami analizy równowagi granicznej lub ogólnymi prawami, co dowodzi, że metoda redukcji wytrzymałości w ABAQUS jest skuteczna.

Stosując metodę redukcji wytrzymałości należy zwrócić szczególną uwagę na to, jak ocenić stan krytyczny niestabilności zbocza gruntu w analizie elementów skończonych. Obecnie te trzy kryteria (zbieżność liczbowa lub nie, punkt przegięcia przemieszczeń punktów charakterystycznych oraz penetracja strefy plastycznej) mają swoje problemy. Pozytywna zbieżność liczbowa związana jest z wieloma czynnikami, takimi jak typ elementu, algorytm numeryczny itp. Problem doboru odpowiednich punktów charakterystycznych i odpowiednich przemieszczeń charakterystycznych istnieje w punkcie przegięcia przemieszczeń punktów charakterystycznych, natomiast kryterium przenikania strefy plastycznej jest trudne do intuicyjnej oceny. Dlatego w analizie lepiej jest uwzględnić te trzy kryteria kompleksowo. Oczywiście sama definicja czynnika bezpieczeństwa jest jedynie kryterium oceny stateczności skarpy gruntu. Nawet najdokładniejsza analiza stateczności granicznej równowagi, jej wartość nie może dokładnie odzwierciedlać stanu nachylenia gruntu. Współczynnik bezpieczeństwa równy 1 nie musi być bezpieczny, a współczynnik bezpieczeństwa równy 0,99 nie musi być zniszczony. Mając to na uwadze, nie ma potrzeby martwić się o niewielkie różnice pomiędzy współczynnikami bezpieczeństwa określonymi według różnych norm.

Rozdziały dotyczące ulepszeń

Wprowadza się wtórny rozwój zdefiniowanych przez użytkownika materiałów i jednostek, problemy struktury hydraulicznej/ dynamiki geotechnicznej oraz analizę elementów dyskretnych.

4 Zdefiniowane przez użytkownika modele konstytutywne materiałów

---

Streszczenie

Pomimo obfitości modeli materiałowych w ABAQUS, nadal istnieją pewne konstytutywne modele powszechnie stosowane w budownictwie wodnym, które nie zostały uwzględnione, co ogranicza zastosowanie ABAQUS w budownictwie wodnym. Na szczęście, podprogramy UMAT (ABAQUS/Standard) lub VUMAT (ABAQUS/Explicit) dostarczane przez ABAQUS pozwalają nam na elastyczne tworzenie własnych modeli materiałowych. W tym rozdziale zostanie przedstawiony wtórny proces rozwoju zdefiniowanych przez użytkownika materiałów w programie ABAQUS/Standard poprzez połączenie modelu Duncana, liniowego modelu lepkosprężystego oraz modelu powierzchni granicznej.

Główne punkty tego rozdziału obejmują.

- Rozwiązanie nieliniowych problemów w ABAQUS.
- Skład podprogramu UMAT.
- Wyraźne i ukryte algorytmy integracji stresu.
- Wtórne opracowanie wspólnych modeli konstrukcji hydraulicznych.

Słowa kluczowe: Podprograma VUMAT; podprograma UMAT; model Duncana; model lepkosprężysty; model powierzchni granicznej; materiały zdefiniowane przez użytkownika; rozwój wtórny; modele konstytutywne; materiały.

4.1 Rozwiązanie nieliniowych problemów w ABAQUS

4.1.1 Metoda iteracji Newtona

Równanie rozwiązania dla elementów skończonych można uprościć w następujący sposób.

$$F(u) = 0 \quad (4-1)$$

F i *u* są w kierunku, który jest zrozumiały dla problemów mechanicznych i przemieszczeń. W ABAQUS/Standard do rozwiązania tego równania przyjęto metodę iteracyjną Newtona. Załóżmy, że po *iteracji*, przybliżone rozwiązanie $u_i(F(u_i) \neq 0)$, w skrócie F_i), a różnica między nim a dokładnym rozwiązaniem polega na tym, że $c_i + 1$ powinno być.

$$F(u_i + c_{i+1}) = 0 \quad (4-2)$$

Rozwijając powyższą formułę Taylora, a pomijając terminy wyższego rzędu, możemy uzyskać następujące wyniki.

$$K_{ci+1} = -F_i \quad (4-3)$$

Gdzie, $K_i = \frac{\partial F}{\partial u}(u = u_i)$ jest jakobiańska matryca sztywności.

Po rozwiązaniu c_{i+1} z powyższego równania, przemieszczenie u_{i+1} następnej iteracji jest.

$$u_{i+1} = u_i + c_{i+1} \quad (4-4)$$

ABAQUS będzie oceniać konwergencję w oparciu o to, czy F_i oraz c_{i+1} są wystarczająco małe.

Metoda iteracyjna Newtona zwykle daje dobre wyniki w przypadku ogólnych problemów nieliniowych. Jednak generowanie i odwracanie macierzy sztywności wymaga zwykle dużych zasobów obliczeniowych. Można również wziąć pod uwagę metodę quasi-newtonową, tzn. w procesie iteracyjnym stosuje się tę samą matrycę sztywności, a na każdym kroku nie przeprowadza się obliczeń generowania i odwracania. Chociaż podejście to zmniejsza szybkość konwergencji, proces iteracyjny ma również tendencję do rzeczywistego rozwiązania.

Uwaga: W opcji technika rozwiązania w drugiej zakładce okna dialogowego edycji kroku można kontrolować, czy używana jest metoda quasi-newtonowa, czy też nie, a domyślnie jest to metoda iteracyjna Newtona.

4.1.2 Kryteria kontroli konwergencji w przypadku problemów nieliniowych

W module krokowym, wybierz polecenie [Inne]/[Ogólne sterowanie rozwiązaniem]/[Edycja], a pojawi się okno dialogowe pokazane na Rysunku 4-1, aby edytować standard sterowania konwergencją dla problemów nieliniowych. Aby zmodyfikować parametr kontrolny, należy wybrać przycisk przed określeniem. W przypadku problemu siły i przemieszczenia, R_n^a jest stosunkiem pomiędzy maksymalną siłą końcową a średnią siłą, oraz c_n^a to zmodyfikowane przemieszczenie. Znaczenie pozostałych parametrów można znaleźć w dokumencie pomocy ABAQUS.

Rysunek 4-1 Kryteria konwergencji kontroli

Uwaga: W większości przypadków kryteria konwergencji nie muszą być zmieniane.

4.2 Wprowadzenie podprogramu UMAT

4.2.1 Funkcja podprogramu

Zdefiniowana przez użytkownika podprograma materiałowa UMAT jest pomocniczym interfejsem programistycznym dostarczanym przez ABAQUS użytkownikowi w celu zdefiniowania własnych właściwości materiału. Zgodnie z zasadą iteracji metody Newtona, jego głównym zadaniem jest aktualizacja przyrostu naprężenia i zmiennych stanu zgodnie z przyrostem naprężenia wprowadzonym przez program główny ABAQUS (jeśli to konieczne) oraz nadanie matrycy Jacoba $\partial\Delta\sigma/\partial\Delta\varepsilon$ dla rozwiązania ABAQUS.

4.2.2 Format podprogramu i opis zmiennych

1. Format podprogramu

Format UMAT jest następujący

```
UMAT SUBROUTINE (STRESS, STATEV, DDSDDE, SSE, SPD, SCD
1 RPL, DDSDDT, DRPLDE, DRPLDT,
2 STRAN, DSTRAN, CZAS, DTIME, TEMP, DTEMP, PREDEE, DPRED, CMNAME,
3 NDI, NSHR, NENS, NSTATV, REKWIZYTY, NROPY, KORDONY, DROT, PNEWDT
4 CELENT, DEGRDO, DFGRD1, NOEL, NPT, WARSTWA, KSPT, JSTEP, KINC
c
W TYM "ABA _PARAM. INC
c
 CHARAKTER * 80 CMNAME
 NAPRĘŻENIA WYMIAROWE (NENS), STATEV (NSTATV),
 1 DDSDDE (NTENS, NTENS), DDSDDT (NTENS), DRPLDE (NTENS),
 2 STRAN (NTENS), DSTRAN (NTENS), CZAS (2), PREDEFINIOWANE (1) DPRED (1),
 3 REKWIZYTY (NP. KROPLE), KORDY (3), KROPLA (3, 3), DEGRDO (3, 3), DEGRD1
(3, 3),
 4 JSTEP (4)
Kod użytkownika definiuje zmienne takie jak DDSDDE, STRESS, STATEV (tablice)
 ZWROT
END
```

2. Opis zmienny

W niniejszym artykule krótko opisano zmienne, które mogą być uwzględniane w ogólnej analizie konstrukcji hydraulicznej/techniki inżynieryjncj.

(1) Importowane zmienne

- NDI: Liczba elementów składowych normalnych naprężeń lub odkształceń zależy od rodzaju wybranego elementu, np. elementu stałego 3D.
- NSHR: liczba składników naprężenia ścinającego.

- NTENS: całkowita liczba składników naprężenia lub odkształcenia, NDI + NSHR.
- NSTATV: liczba zmiennych stanu w jednostkowym punkcie integracji.
- NPROPS: liczba parametrów zdefiniowanego przez użytkownika modelu materiałowego.
- PROPY (NPROPS): tablica parametrów materiałowych.
- STRAN(NTENS): element odkształcenia na początku stopnia przyrostowego, w tym odkształcenia plastyczne i elastyczne.
- DSTRAN (NTENS): układ przyrostowy naprężeń.
- CZAS (1): czas kroku analizy na początku bieżącego kroku przyrostowego.
- CZAS (2): całkowity czas, od którego rozpoczyna się bieżący krok przyrostowy.
- CZAS: czasowy krok przyrostowy kroku przyrostowego.
- CMNAME: nazwa materiału zdefiniowana przez użytkownika, wyrównana w lewo, w celu uniknięcia zakłóceń, staraj się unikać używania Abaqus start. W podprogramie, CMNAME może być użyta jako identyfikator w celu rozróżnienia różnych niestandardowych materiałów, wywołując różne kody.
- KORZYŚCI: współrzędne to tablica zawierająca aktualny punkt integracji.
- NOEL: aktualny numer jednostki.
- NPT: bieżący numer integralnego punktu.
- JSTEP (1): numer etapu analizy.
- JSTEP (2): liczba rodzajów kroków analizy.
- JSTEP (3): 1 oznacza uwzględnienie geometrycznej nieliniowości, w przeciwnym razie 0.
- JSTEP (4): 1 oznacza liniowy stopień perturbacji, w przeciwnym razie 0.
- KINC: bieżący przyrostowy numer kroku.

Uwaga: NDI, NSHR i NIBNS są automatycznie określane przez ABAQUS w oparciu o wybraną komórkę, natomiast NSTATV, NPROPS i NPROPS są określane przez użytkownika w pliku wejściowym ABAQUS/CAE lub inp.

2) zmienne, które muszą być aktualizowane w ramach podprogramu UMAT

- DDSDDE (NTENS, NTENS): Matryca Jacobi $\partial\Delta\sigma/\partial\Delta\varepsilon$ prawidłowa definicja matrycy Jacobi jest bardzo ważna dla szybkości rozwiązania i stabilności problemu. Należy jednak zaznaczyć, że dopóki rozwiązanie jest zbieżne, konkretna wartość macierzy Jacobiego będzie miała wpływ tylko na szybkość zbieżności, ale nie będzie miała wpływu na wynik obliczeń. W nieokreślonych przypadkach ABAQUS uważa, że matryca DDSDDE jest symetryczna, przechowując tylko połowę elementów.
- STRESS(NTENS): tensor naprężenia, który jest wprowadzany przez ABAQUS na początku kroku przyrostowego, musi być aktualizowany do wartości na końcu kroku przyrostowego w UMAT. W inżynierii konstrukcji hydraulicznej naprężenie początkowe jest zwykle wymagane, a pole naprężenia początkowego jest również przekazywane do podprogramu UMAT poprzez ten układ.
- STATEV (NSTATV): zmienne stanu zależne od rozwiązania są zwykle wykorzystywane do przechowywania odkształceń plastycznych, parametrów hartowania lub innych parametrów związanych z modelem konstytutywnym, które muszą być aktualizowane wraz z procesem rozwiązania. Dodatkowo, podprogramy USDFLD lub UEXPAN mogą zmieniać dane w tablicy STATEV zanim ABAQUS wywoła UMAT, a następnie przekazać zaktualizowane dane do podprogramu UMAT na początku kroku przyrostowego. Definicja wartości początkowej zmiennej stanowej zostanie wyjaśniona w następnych rozdziałach na konkretnych przykładach.

4.2.3 Metoda ustawiania materiałów niestandardowych w CAE

W module właściwości wybierz polecenie [Materiał]/[Utwórz] (lub wybierz przycisk w odpowiednim obszarze narzędzi), aby wyświetlić okno dialogowe edycji materiału, jak pokazano na Rysunku 4-2. Możesz wybrać model materiału i ustawić parametry materiału poprzez okno dialogowe. Dla modelu niestandardowego, wybierz polecenie [Ogólne]/[Materiał użytkownika] w oknie dialogowym, a słowo materiał użytkownika pojawi się w obszarze zachowania materiału, wskazując, że materiał użytkownika jest zdefiniowany. W oknie dialogowym edycji materiału, na liście rozwijanej typ materiału użytkownika w obszarze materiału użytkownika znajdują się trzy opcje: mechaniczna, termiczna i termomechaniczna, domyślnie jest to opcja mechaniczna.

W przypadku niektórych modeli materiałów konstrukcji hydraulicznej, zwłaszcza tych, w których stosuje się niestowarzyszone prawo przepływu, matryca Jacoba jest asymetryczna. Należy sprawdzić użycie pola wyboru Niesymetryczna matryca sztywności materiału. Parametry materiału są wpisywane na liście stałych mechanicznych w obszarze danych, gdzie dane są przekazywane w kolejności do tablicy PROPS (NPROPS) w podprogramie UMAT, a liczba danych jest NPROPS.

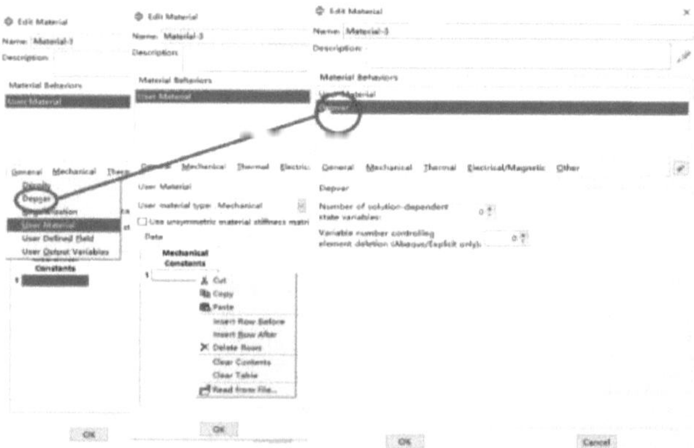

Rysunek 4-2 Materiały zdefiniowane przez użytkownika w programie ABAQUS/CAE

Uwaga: (1) Podczas wprowadzania parametrów materiału, naciśnięcie klawisza Enter na końcu tabeli automatycznie dodaje wiersz danych. (2) Usunięcie prawego przycisku myszy w oknie danych spowoduje wyświetlenie menu podręcznego, które może realizować funkcje kopiowania, powiększania i dzielenia danych.

Jeżeli w podprogramach UMAT wykorzystywane są zmienne stanowe, to należy określić ich liczbę. Konkretna operacja znajduje się jeszcze w oknie edycji materiału, wybieramy polecenie [General]/[Depvar] w oknie edycji materiału i ustawiamy ilość zmiennych stanowych w oknie wprowadzania zmiennych stanowych zależnych od rozwiązania.

4.3 Wtórne opracowanie modelu Duncana

Model Duncana jest rodzajem nieliniowego modelu sprężystego, który jest dobrze znany inżynierom. Jego teoria jest prosta i może odzwierciedlać główne cechy deformacji gruntu. Parametry modelu Duncana dla różnych gleb zgromadziły wiele doświadczeń. Dlatego też, chociaż nadal istnieje wiele problemów, model Duncana jest nadal szeroko stosowany w analizie numerycznej konstrukcji hydraulicznej.

4.3.1 Teoria podstawowa

Model Duncana zawiera model E-v i model E-B. W niniejszym artykule jako przykład wykorzystano model E-v oraz jego styczny moduł sprężystości. E_t jest następujący.

$$E_t = Kp_a(\sigma_3/p_a)^n(1 - R_fS)^2 \qquad (4-5)$$

Gdzie, $S = \frac{(\sigma_1\text{-}\sigma_3)(1\text{- grzech }\varphi)}{2c\,\text{Cos }\varphi+2\sigma_3\text{ grzech }\varphi}$ to poziom stresu.

Dla uwzględnienia nieliniowej wytrzymałości materiału kamiennego gruntu jest to wewnętrzny kąt tarcia.

$$\varphi = \varphi_0 - \Delta\varphi\lg(\sigma_3/p_a) \qquad (4-6)$$

Kiedy odchylenie napręża (σ_1-σ_3) jest mniejsza od historycznego maksymalnego stresu odchylenia (σ_1-σ_3)$_0$ a poziom naprężenia S jest mniejszy niż historyczny maksymalny poziom naprężenia S_0 moduł sprężystości E_{ur} jest przyjęta.

$$E_{ur} = K_{ur} p_a (\sigma_3 / p_a)^{n_{ur}} \qquad (4-7)$$

Ogólnie rzecz biorąc, n_{ur} jest w zasadzie taki sam jak *n* przy załadunku.

Styczna proporcja Poisson'a v_t jest.

$$v_t = \frac{G - F\lg\left(\frac{\sigma_3}{p_a}\right)}{(1-A)^2} \qquad (4-8)$$

$$A = \frac{D(\sigma_1 - \sigma_3)}{Kp_a(\sigma_3/p_a)^n(1 - R_f S)} \qquad (4-9)$$

Oprócz symboli ogólnych, istnieje 10 parametrów modelu K, n, R_f, c, φ_0, Δ_φ, K_{ur}G, F, i D10.

Uwaga: Model Duncana jest nieliniowym modelem sprężystym opartym na testach trójosiowych ze stałym ciśnieniem ograniczającym i zwiększonym naprężeniem odchylającym osiowym. Ma on ścisłe zastosowanie tylko w przypadku, gdy ścieżka naprężeń testowych jest spójna.

4.3.2 Duncan model UMAT Subroutine

1. Notatki pisemne

Struktura podprogramów UMAT została szczegółowo wprowadzona w ostatniej części, a w tej części omówiono tylko kilka kluczowych zagadnień.

(1) Model Duncana ma 10 parametrów modelu. Dodatkowo, w celu koordynowania jednostek, ciśnienie atmosferycznep$_a$ jest również traktowany jako parametr materiałowy. Gdy jednostką naprężenia jest kPa, p_a =100; gdy jednostką naprężenia jest Pa, p_a =10000, matryca PROPS w UMAT posiada 11 komponentów. Z drugiej strony, aby ocenić, kiedy należy przyjąć moduł odbicia i rozważyć zmniejszenie nacisku na konsolidację σ_3 szereg zmiennych STATEV

musi zawierać trzy składniki, a mianowicie największe w historii naprężenie odchylające, poziom naprężenia i ciśnienie konsolidacji.

(2) Naprężenie ABAQUS jest naprężeniem dodatnim, co jest sprzeczne z symbolicznym postanowieniem w mechanice gruntowej. Dlatego też, po uzyskaniu naprężenia głównego poprzez wywołanie wbudowanego w ABAQUS SPRING podrzędnego, należy dokonać odpowiedniej regulacji.

(3) Stan początkowy: w obliczeniach nieliniowych, matryca modułu lub matryca sztywności zależy od stanu naprężenia. Jako przybliżony szacunek, naprężenie początkowe może być obliczone przez naprężenie grawitacyjne ciała. Dla nowej warstwy wypełnienia, wszystkie składniki naprężenia początkowego wynoszą 0. W rzeczywistości wypełnienie zawsze przechodzi przez walcowanie, a naprężenie toczne jest siłą wstępną konsolidacji. W przybliżeniu, $\sigma_{30} = 50\text{kPa}$ jest lepszy. Do oszacowania przemieszczenia można również użyć naprężenia nośnego. Odkształcenie pod obciążeniem ciężarem własnym nie jest uwzględniane w analizie przemieszczenia, lecz jedynie wpływ kolejnego wypełnienia.

(4) Problem korekty naprężeń: gdy obliczone naprężenie niektórych elementów przekracza stan naprężenia niszczącego, a naprężenie rzeczywiste nie może przekroczyć stanu uszkodzenia, należy je skorygować. Z drugiej strony, jeżeli nie zostanie on skorygowany, obliczenia będą błędne. Na przykład, przy wyznaczaniu poziomu naprężenia S, jeżeli element posiada nadmierne naprężenie rozciągające, prowadzi ono do S < 0, co jest oczywiście błędem. Konkretne zmiany można znaleźć w odpowiedniej literaturze.

(5) Jednym z kluczowych zadań w UMAT jest uzyskanie przyrostu naprężenia zgodnie z przyrostem naprężenia, który jest tzw. algorytmem integracji naprężeń.

$$\{\sigma\}_{t+\Delta t} = \{\sigma\}_t + \{\Delta\sigma\}_t = \{\sigma\}_t + \int_t^{t+\Delta t} [D]\{d\varepsilon\} \approx \{\sigma\}_t + [D]^*\{\Delta\varepsilon\} \qquad (4-10)$$

Z matematycznego punktu widzenia jest to typowy nieliniowy problem wartości początkowej. Generalnie, istnieje kilka następujących metod numerycznych:

- Metoda Eulera (metoda sztywności początkowej) wymaga $[D]^* = [D]_t$ która ma tylko jedną dokładność zamówienia.
- Metoda Heuna, $[D]^* = ([D]_t + [D]_{t+\Delta t}) /2$, $[D]_{t+\Delta t}$ zależy od stanu stresu w punkcie końcowym, a obecnie jest nieznany. Jest on obliczany za pomocą $\{\sigma\}_{t+\Delta t} = \{\sigma\}_t + [D]_t\{\Delta\varepsilon\}$ który ma dokładność drugiego rzędu.
- Metoda drugiego rzędu Runge-Kutta (lub zmodyfikowana metoda Eulera-Cauchy'ego), $[D]^* = [D]_{t+\Delta t/2}$, $\{\sigma\}_{t+\Delta t/2} = \{\sigma\}_t + [D]_t\{\Delta\varepsilon/2\}$.

2. Metoda sztywności punktu początkowego

Podstawowe etapy tej metody to

(1) Styczne parametry sprężyste E_t oraz v_t są określane według naprężeń początkowych każdego kroku przyrostowego, tworząc w ten sposób matrycę sztywności $[D(\{\sigma_0\})]$. Gdy aktualny odchylający się poziom naprężenia i naprężenia jest mniejszy niż historyczne maksimum, przyjmuje się moduł sprężystości.

(2) Przyrost naprężenia $\{\Delta\sigma\} = [D(\{\sigma_0\})]\{\Delta\varepsilon\}$ jest obliczany zgodnie z przyrostem odkształcenia $\{\Delta\varepsilon\}$z Abaqus-transmitowanego UMAT.

(3) Aktualizacja składnika naprężenia $\{\sigma\}=\{\sigma_0\}+\{\Delta\sigma\}$i zaktualizować największy w historii nacisk na odchylenie, poziom stresu i presję konsolidacyjną.

(4) Matryca sztywności [D ({\i1}σ})] jest określony przez stan naprężenia punktu końcowego i przypisany do matrycy Jacobian DDSDDE.

Kod programu jest pokazany w Duncan-1.for, w następujący sposób.

```
SUBROUTINE UMAT (STRES, STATEV,
DDSDDE, SSE, SPD, SCD,
 1 RPL, DDSDDT, DRPLDE, DRPLDT,
```

```
2 STRAN, DSTRAN, CZAS, DTIME, TEMP,
DTEMP, PREDEE, DPRED, CMNAME,
3 NDI, NSHR, NENS, NSTATV, REKWIZYTY,
EFEMERYDA, KROPLA, KROPLA, PNEWDT,
4 CELENT, DEGRDO, DFGRDI, NOEL, NPT,
WARSTWA, KSPT, JSTEP, KINC,
C
W TYM "ABA _PARAM. INC
C
CHARAKTER * 80 CMNAME
NAPRĘŻENIA WYMIAROWE (NENS), STATEV (NSTATV),
1 DDSDDE (NTENS, NTENS), DDSDDT (NTENS),
DRPLDE (NTENS)
2 STRAN (NTENS), DSTRAN (NTENS), CZAS (2),
PREDEFINIOWANY (1), DPRED (1),
3 REKWIZYTY (NP. KROPLE), SZNURKI (3), KROPLA (3,3),
DEGRDO (3, 3), DFGRD1 (3, 3) 4 JSTEP (4)
C
WYMIAR PS (3), STRES (NTENS)
C definiuje tablicę Ps (3) do przechowywania trzech głównych naprężeń,
i macierz DSTRESS (NTENS) do przechowywania przyrostów naprężeń
PARAMETR (JEDEN=1. 0D0. TWO-2 .0D0, THREE=3 .0D0,
SIX=6 0D0)
EK = REKWIZYTY (1)
PL = REKWIZYTY (2)
RF = REKWIZYTY (3)
C = PROPY (4)
FAI = REKWIZYTY (5) / 180. 0 * 3. 1415926
UG = REKWIZYTY (6)
UD = REKWIZYTY (7)
UF = REKWIZYTY (8)
EKUR = REKWIZYTY (9)
PA = REKWIZYTY (10)
DFAI = REKWIZYTY (11) / 180. 0 * 3. 1415926
C Kolejność jest parametrem modelu K, n, Rf, c, φ0G, F, Kur, pa oraz Δφ
S1S30-STATEV ( 1)
S30 =STATEV ( 2) SSS =STATEV(3)
C Trzy zmienne stanu są z kolei największymi naprężeniami dewiacyjnymi,
stres konsolidacyjny i poziom stresu w historii.
ZADZWOŃ DO GETPS (STRES, PS, NENS)
C uzyskuje trzy główne naprężenia według podprogramu i przechowuje je w tablicy Ps
FAI =FAI-DEAI*LOG10(S30/PA)
WEZWAĆ GETEMOD (PS, EK, EN, RE, C, FAI, ENU, PA, EKUR, EMOD,
```

```
S, S30, UG, UD, UF
1, SSS, S1S30)
C wywołuje podrzędny GETEMOD w celu uzyskania modułu sprężystości EMOD oraz
C Stosunek Poissona ENU odpowiadający stanowi naprężenia
EBULK3=EMOD /(ONE-TWO*ENU)
NP. 2 =EMOD/(ONE+ENU
EG=EG2/TWO
EG3 =THREE*EG
ELAM=(EBULK3-EG2)/TRZY
CALL GETDDSDDE (DDSDDE, NTENS, NDI, ELAM, EG2, EG)
C wywołanie podprogramu GETDDSDDE w celu uzyskania matrycy sztywności
DSTRESS = 0,0
CALL GETSTRESS (DDSDDE, DSTRESS, DSTRAN, NTENS)
C wywołuje podprogramy GETSTRESS w celu obliczenia
C naprężenie przyrostowe w zależności od odkształcenia przyrostowego
DO 701 I1 = 1, NENS
STRES (I1) = STRES (I1) + STRES (I1)
701 KONTEKST
C stres odnowy
ZADZWOŃ DO GETPS (STRES, PS, NENS)
CALL GETEMOD (PS, EK, EN, RE, C, FAI, ENU, PA, EKUR,
EMOD, S, S30, UG, UD, UF, 1 SSS, S1S30)
EBULK3 =EMOD/ (ONE-TWO*ENU
NP. 2 =EMOD/(ONE+ENU)
EG =EG2/TWO
EG3 =THREE*EG
ELAM =(EBULK3-EG2)/TRZY
CALL GET DDSDDE (DDSDDE, NTENS, NDI, ELAM, EG2, EG)
C Matryca sztywności jest wyznaczana na podstawie naprężeń
Stan C na końcu kroku przyrostowego i przypisany do macierzy DDSDDE.
IF (Ps (3). GT. S30) S30=PS (3)
JEŻELI ((PS (1)-PS (3)). GT. S1S30) S1s30=PS (1)-PS (3)
JEŻELI (S GT SSS) SSS =S
STATEV (1) =S1S30
STATEV (2) =S30
STATEV (3) =SSS
C Aktualizacja zmiennych stanu
END
WZLOTY PODPROGRAMOWE (STRES, PS, NENS)
C Funkcją tej podprogramy jest znalezienie trzech głównych naprężeń
C i zmienić koincydencję w kolejności nadciśnienia.
OBEJMUJĄ "ABA_PARAM.INC
WYMIAR PS (3), STRES (NTENS)
WEZWAĆ SPRĘŻYNĘ (STRES, PS, 1, 3, 3)
```

```
DO310 I=1,2
DO320 J=1+1, 3
 IF (PS (I). GT. PS (J)) THEN
PPS=PS(I)
Ps(I)=PS(J)
 PS (J)=PPS
KONIEC JEŻELI
 320 KONTEKST
310 KONTEKST
DO330K1=1,3
PS (K1) = -PS(K1)
 330 CONTINU
 ZWROT
END
GETEMOD SUBROUTINE (PS, EK, EN, RF, C, FAI, ENU,
 PA, EKUR, EMOD, S, S30, 1, UG, UD, UF, SSS, S1S30)
C Funkcją tej podprogramu jest znalezienie EMOD i
C Wskaźnik Poissona ENU odpowiadający aktualnemu stanowi naprężenia.
 OBEJMUJĄ "ABA_PARAM.INC
 WYMIAR PS (3)
 S = (1-SIN (EAI)) *(PS (1)-PS (3))
IF (PS (3). LT (-C/TAN (FAI))) THEN
S=0.99
ELSE
 S =S/(2*C*COS(FAI)+2*PS (3) *SIN(FAI)
IF(s.GE.0.99) S=0,99
 KONIEC JEŻELI
C Znajdź poziom stresu
EMOD = EK* PA* ((S30/PA) ** PL) * ((1-RE*S) ** 2)
C w celu określenia modułu stycznego
 AA =UD*(PS (1)-PS (3))
 AA =AA/(EK*PA*((S30/PA) **EN)
 AA =AA/(1-RE*S)
 ENU =UG-UF* LOG10 (S30/PA)
ENU =ENU/(1-AA) /(1-AA)
IF (ENU. GT .0.49) ENU=0. 49
IF (ENU. LT 0 .05) ENU=0.05
C Znajduje proporcje Poisson'a
 JEŻELI (S. LT SSS I (PS (1)-PS (3)). LT. S1S30) NINIEJSZE
EMOD =EKUR*PA*((S30/PA) **EN
 KONIEC JEŻELI
END
SUBROUTINE GET DDSDDE (DDSDDE,
NTENS, NDI, ELAM, EG2, EG)
```

```
C Funkcja tej podprogramu polega na komponowaniu
Matryca sztywności C według parametrów sprężystości.
 W TYM "ABA_PARAM. INC
 WYMIAR DDSDDE (NTENS, NTENS)
 DO 20 Kl =l, NTENS
 DO 10 K2 = 1, DZIESIĄTKI
DDSDDE (K2, K1) =0,0
10 KONTEKST
 20 KONTEKST
 DO 40 Kl = l, NDI
 DO 30 K2 = 1, NDI
DDSDDE (K2, K1) = ELAM
40 KONTEKST
DO 50 KI = NDI + 1, NENS
DDSDDE (K1, K1) =EG
 50 KONTEKST
 ZWROT
END
 SUBROUTINE GETSTRESS (DDSDDE,
STRES, DSTRAN, NENS)
C Funkcją tej podprogramu jest rozwiązywanie
C przyrost naprężenia w zależności od przyrostu naprężenia.
 W TYM "ABA_PARAM. INC
 WYMIAR DDSDDE (NTENS, NTENS),
STRES (NTENS), DSTRAN (NTENS)
 DO 70 Kl = 1, DZIESIĄTKI
DO 60 K2 = 1, DZIESIĄTKI
 NAPRĘŻENIE (K1) = NAPRĘŻENIE (K1) + DDSDDE (K1, K2) * DSTRAN (K2)
60 KONTEKST
 70 KONTEKST
 ZWROT
Koniec
C
 OBEJMUJĄ "ABA_PARAM.INC
 WYMIAR PS (3), STRES (NTENS)
WEZWAĆ SPRINKĘ (STRES, PS, 1, 3, 3
 DO 310 I = 1, 2
DO 320 J = I + 1, 3
 IE (PS (I). GT. PS (J)) THEN
PPS = PS (I)
PS (I) = PS (J)
PS (J) = PPS
 KONIEC JEŻELI
 320 KONTEKST
```

```
310 KONTEKST
DO 330 K1 = 1, 3
PS (K1) = -PS (K1)
330 KONTEKST
ZWROT
END
```

3. Średniookresowa metoda przyrostowa

Podstawowymi krokami tej metody są.

(1) Styczne parametry sprężyste E_t oraz v_t są określane według naprężeń początkowych każdego kroku przyrostowego, tworząc w ten sposób matrycę sztywności [D ({ σ_0 }). Gdy aktualny odchylający się poziom naprężenia i naprężenia jest mniejszy niż historyczne maksimum, przyjmuje się moduł sprężystości.

(2) Przyrost naprężenia { $\Delta\sigma_1\sigma_{0\}}$){ $\Delta\varepsilon$ } {Y:i}jest obliczany według przyrostu odkształcenia.$\Delta\varepsilon$}z ABAQUS przekazał UMAT.

(3) Składnik naprężenia odnawiającego {σ_1}= {σ_0}+ {$\Delta\sigma$}.

(4) Styczne parametry sprężyste E_t oraz v_t są ustalane na podstawie średniego naprężenia $\{\{\bar{\sigma}\} = \frac{1}{2}(\{\sigma_0\} + \{\sigma_1\})$ każdego kroku przyrostowego, tworząc w ten sposób matrycę sztywności [D ({$\bar{\sigma}$})].

(5) Przyrost naprężenia { $\Delta\sigma\bar{\sigma}$ })] { $\Delta\varepsilon$ }, obliczony na podstawie przyrostu naprężenia {$\Delta\varepsilon${y:i}przeszedł do UMAT przez ABAQUS. Odnowić składnik naprężenia, największe naprężenie odchylające, poziom naprężenia i ciśnienie konsolidacji w historii.

(6) Matryca sztywności [D ({\i1}σ})] jest określony przez stan naprężenia punktu końcowego i przypisany do kodu Duncan-2.for programu Jacobian matrix DDSDDE. Nazwy i znaczenia tablic w pliku są takie same jak w podstawowej metodzie przyrostowej.

4.4 Przykład modelu Duncana

4.4.1 Próba ściskania trójosiowego

Przykład ex12-1.cae

1. Opis problemu

Celem tego przykładu jest sprawdzenie, czy podprograma UMAT może odzwierciedlać nieliniową zależność pomiędzy naprężeniem i odkształceniem gruntu, dlatego do symulacji wybiera się próbę trójosiową. Istnieje model gruntu z początkowym naprężeniem konsolidacyjnym o wartości σ_3 =100kPa, po pierwsze, naprężenie stronnicze σ_1-σ_3 = 200kPa jest podawane, następnie rozładowywane do 100kPa, a na końcu obciążane do 300kPa.

2. Nacisk w studium przypadku

- Zużycie materiału zdefiniowane przez użytkownika.
- Ustawianie i stosowanie zmiennych stanu zależnych od rozwiązania (dekoracji) zmiennych stanu
- Wpływ algorytmu całkowania naprężeń na wyniki obliczeń.

3. Model i rozwiązanie

Elementy z etapu 1. W module części, polecenie [Part]/[Create] jest wybierane w celu utworzenia trójwymiarowego zdeformowanego ciała o nazwie part-1 o wymiarach 1,0m x 1,0m x 1,0m. Ponieważ główną zawartością weryfikacyjną jest tutaj zależność naprężenie-odkształcenie, nie jest konieczne symulowanie próbki cylindrycznej. Wybierz polecenie [Tools]/[Set]/[Create], aby utworzyć zestaw materiałów gruntu dla całego elementu.

Charakterystyka materiału i sekcji z etapu 2. W module właściwości wybierz polecenie [Material]/[Create], aby utworzyć materiał o nazwie material-1. W oknie dialogowym edycji materiału wybierz polecenie [Ogólne]/ /[Depvar] i ustaw liczbę zmiennych stanu materiału na 3. W oknie dialogowym wybierz polecenie [Ogólne] /[Materiał użytkownika] i ustaw parametry materiału na 1000, 5, 0.8, 10, 30, 0.3, 0, 0, 1500, 100, 0, odpowiadające K, n, R_f, c, φ_0G, D, F, K_{ur}, p_a oraz $\Delta\varphi$ odpowiednio, jak pokazano na rysunku 4-3.

Etap 3 części montażowe. Wejdź do modułu zespołu, wybierz polecenie [Wystąpienie]/[Utwórz], wybierz część 1 w obszarze okna dialogowego Utwórz wystąpienie, kliknij [Ok], aby potwierdzić i zakończyć. ABAQUS automatycznie nadaje nazwę instancji part-1-1.

Krok 4: definicja etapu analizy. Wprowadź moduł kroku, wybierz polecenie [Krok]/[Utwórz], wstaw krok analizy o nazwie geostatyczny po kroku analizy początkowej (krok początkowy w programie ABAQUS), upewnij się, że opcja z poniższej listy typów procedur jest ogólna, wybierz typ kroku analizy geostatyczny w dolnym rogu okna dialogowego, kliknij [Dalej], aby wejść do okna dialogowego edycji kroku i zaakceptuj opcje domyślne. Kliknąć [Ok], aby wyjść. Wybierz ponownie polecenie [Krok]/[Utwórz] i dodaj ogólny krok analizy statycznej o nazwie załadunek, rozładunek i ponowne załadowanie po kroku analizy geostatycznej. W podstawowej zakładce okna dialogowego edycji kroku każdego kroku analizy, całkowity czas ustawiony jest na 1.0 (dla analizy statycznej, czas jest tylko miarą względną, a jego wartość bezwzględna nie ma wpływu na wynik obliczeń). Przycisk automatyczny jest wybierany po prawej stronie opcji typ w zakładce inkrementacji, przyjmuje automatyczną wielkość kroku przyrostowego. Ustawiamy zarówno początkowy krok czasowy, jak i dopuszczalną maksymalną długość kroku na 0,1.

Rysunek 4-3 Ustawienie parametrów materiału Duncan

Uwaga: W przypadku metody sztywności początkowej naprężenie zmienia się liniowo w kroku przyrostowym. W celu symulacji nieliniowości sztywności, konieczne jest kontrolowanie maksymalnego dopuszczalnego stopnia przyrostowego, w przeciwnym razie błąd wyników obliczeń jest zbyt duży.

W module krokowym wybierz polecenie [output]/[Field Output Requests], sprawdź SDV w opcji state/field/user/time w wyskakującym oknie dialogowym edycji field output request, a następnie wypisz zmienne stanu w podprogramie UMAT do bazy danych wyników obliczeń, co jest wygodne dla użytkowników do post-processingu.

Krok 5 - obciążenie i warunki brzegowe. Wprowadź moduł obciążenia, wybierz polecenie [BC]/[Create], nadaj nazwę BC-1, wybierz geostatykę z poniższej listy kroków (tj, warunki brzegowe zaczynają obowiązywać w warunkach geostatycznych), wybierz mechanikę w obszarze kategorii i wybierz przemieszczenie/obrót w typach dla wybranego obszaru kroku po prawej stronie, kliknij [Dalej], wybierz Z = 0 na ekranie, kliknij [Gotowe] w obszarze podpowiedzi, w wyskakującym oknie dialogowym edycji warunków brzegowych, zaznacz U3, aby ustawić odpowiednie przemieszczenie na 0 i kliknij [Ok], aby potwierdzić wyjście. Podobnie, ogranicz U1 do X = 0 i U2 do Y = 0.

Wybierz polecenie [Load]/[Create], w oknie dialogowym create load, nazwij load-1 i ustaw odpowiedni krok obciążenia jako geostatyczny na liście rozwijanej krok, co oznacza, że obciążenie jest aktywowane w kroku analizy geostatycznej, wybierz mechaniczne w obszarze kategorii i wybierz ciśnienie w typach dla wybranego obszaru kroku po prawej stronie, i kliknij [Dalej], wybierz trzy powierzchnie zewnętrzne (z wyjątkiem dolnej i wewnętrznej powierzchni symetrycznej) na ekranie zgodnie z zachętą, kliknij [Gotowe] w obszarze zachęty, otwórz okno dialogowe edycji obciążenia, ustaw nacisk na 100 w polu wprowadzania po prawej stronie wielkości, zaakceptuj pozostałe opcje domyślne i wyjdź po potwierdzeniu. W tym momencie stan modelu jest taki, jak pokazano na Rysunku 4-4.

Ponownie wybierz polecenie [Obciążenie]/[Utwórz] i ustaw równomierne obciążenie ciśnieniowe-2 z kroku analizy obciążenia na Z = 1 powierzchnia przy ciśnieniu 200. Wybierz polecenie [Load]/[Manager], otwórz okno dialogowe Load Manager, zmień rozmiar obciążenia-2 na 100 w kroku analizy rozładowania i 300 w kroku analizy ponownego obciążenia.

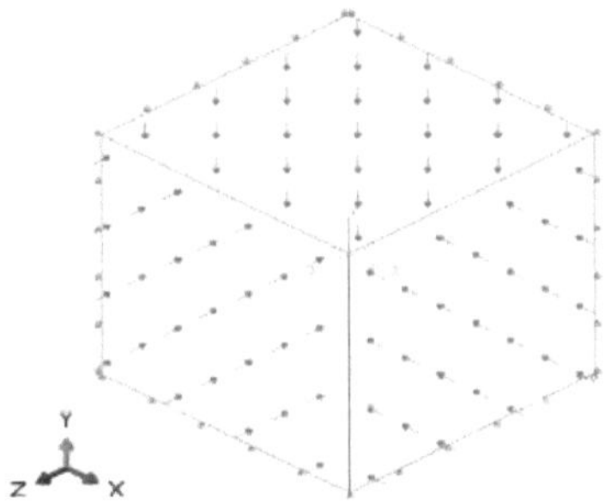

Rysunek 4-Zakres działania obciążenia obciążeniowego-1

Uwaga: (1) W początkowym etapie analizy ABAQUS wszystkie warunki brzegowe i obciążenia mogą wynosić tylko 0. (2) Obciążenie-1 jest zaprojektowane tak, aby zrównoważyć początkowy stan naprężenia, który ma być ustawiony później.

Krok 6 wstępne ustawienie naprężenia. Wybierz polecenie [Predefiniowane pole]/[Utwórz], ustaw krok jako początkowy (początkowy krok w programie ABAQUS), mechaniczny jako typ, naprężenie jako typ, wybierz [Dalej] i naciśnij pole zachęty, aby wybrać całe urządzenie. Po potwierdzeniu, ustaw naprężenie początkowe jak pokazano na rysunku 4-5 (trzy naprężenia normalne to -100kPa, trzy naprężenia ścinające to 0).

Krok 7 Wartość początkowa zmiennej stanu. Podobnie jak w przypadku zmiennych polowych, zmienne stanowe nie mogą być ustawiane w cae. Wybierz polecenie [Model]/[Edycja słów kluczowych]/[Model-l], aby wyświetlić okno dialogowe edycji słów kluczowych, model: model-1, przewiń suwak po prawej stronie, znajdź instrukcję definicji (*step) pierwszego kroku analizy i wstaw instrukcję definiującą wartość początkową zmiennej stanowej przed nią:

* warunki początkowe, typ = rozwiązanie; słowo kluczowe solution wskazuje, że zdefiniowana jest zmienna stanu.

Część 1-1. gleba 0,0, 100,0, 0,0, w której kolejno znajduje się numer komórki i trzy zmienne stanu. W UMAT te trzy zmienne stanowe są największymi w historii naprężeniami odchylenia, naprężeniami konsolidacyjnymi i poziomem naprężeń.

Etap 8 - oczko. Wejdź do modułu mesh i wybierz opcję obiektu na pasku środowiska jako część, co oznacza, że siatka jest wykonywana na poziomie części. Wybierz polecenie [Mesh]/[Controls], ustaw kształt elementu (kształt komórki) jako sześciokąt (sześciobok) i technikę (technika podziału) jako strukturę w oknie dialogowym sterowania siatką. Wybierz polecenie [Mesh]/[Element Type], a w oknie dialogowym Typ elementu, ustaw C3D8 jako typ jednostki. Wybierz polecenie [Seed]/[Part] i ustaw przybliżony rozmiar globalny na 1.0 w oknie dialogowym Global seed, zaakceptuj pozostałe opcje domyślne. Wybierz polecenie [Mesh]/[Part], wybierz przycisk [Yes] (Tak) w obszarze podpowiedzi i zapisz model w siatce.

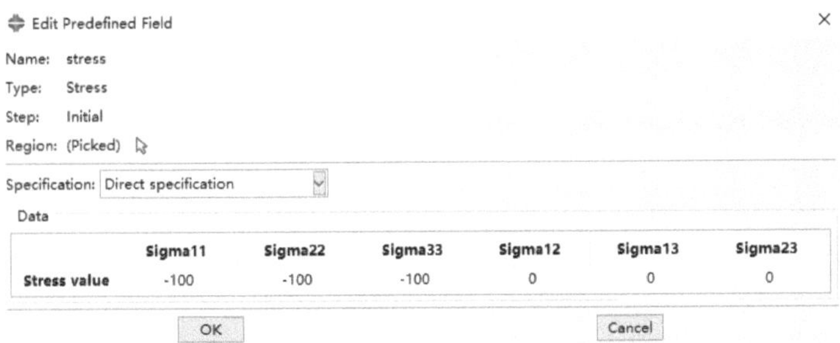

Rysunek 4-5 Wstępne ustawienie naprężeń

Uwaga: Linia klucza definiująca warunek początkowy musi pojawić się przed instrukcją definiowania pierwszego kroku analizy.

Krok 9 przedstawia pracę. Wejdź do modułu zadania, wybierz polecenie [Zadanie]/[Utwórz], ustaw nazwę ex12-1 w oknie dialogowym tworzenia zadania, zaakceptuj pozostałe opcje domyślne, kliknij [Kontynuuj], aby wyświetlić okno dialogowe edycji zadania, kliknij [Wybierz] po prawej stronie pliku podprogramu użytkownika w zakładce ogólnej i znajdź plik Fortran Duncan-1.for the UMAT subroutine, a następnie zaakceptuj inną opcję domyślną, kliknij [Ok] i wyjdź. Wybierz polecenie [Job]/[Submit]/[ex12-1] i wykonaj obliczenia. Zgodnie z powyższymi krokami, tworzone jest zadanie ex12-1-2 przy użyciu metody inkrementalnej midpoint.

4. Analiza wyników

Krok 1: Wejdź do modułu post-processingu wizualizacji i otwórz odpowiedni plik bazy danych wyników obliczeń. Wybierz polecenie [Result]/[Field output], wybierz [Step/Frame] w wyświetlonym oknie dialogowym Field output, aby wywołać okno dialogowe Step/frame, wybierz ostatni krok przyrostowy kroku analizy geostatycznej, kliknij [Ok] i wróć do okna dialogowego Field output.

Wybierz odkształcenie E33 w kierunku Z w obszarze zmiennych wyjściowych w zakładce Zmienne podstawowe w oknie dialogowym Dane wyjściowe pola i kliknij [Ok], aby narysować chmurę konturu odkształcenia osiowego po równowadze geostatycznej, jak pokazano na Rysunku 4-6. Z rysunku widać, że wartość odkształcenia jest równa. Widać, 1×10^{-19} że dodane obciążenie i naprężenie początkowe są dopasowane, a UMAT odegrał rolę w kroku analizy geostatycznej.

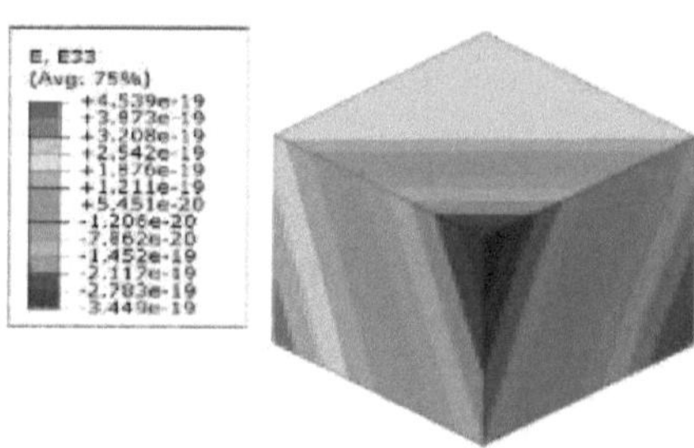

Rysunek 4-6 Geostatyczna chmura konturu naprężenia pionowego po etapie

Uwaga: Wykonując polecenia [Opcje]/[Kontur], można użyć spersonalizowanej metody rysowania chmur konturów.

Krok 2: wybierz polecenie [Narzędzia]/[Dane XY]/[Utwórz], ustaw wyjście pola ODB jako źródło danych krzywej XY w oknie dialogowym tworzenia danych XY, kliknij przycisk [Dalej], otwórz okno dialogowe danych XY z wyjścia pola ODB i wybierz w rozwijanej liście pozycji zakładki zmiennych pozycję środkową, co oznacza, że wynik wyodrębnienia punktu środkowego komórki znajduje się w oknie dialogowym. W poniższym obszarze zmiennych wyjściowych jako zmienne wyjściowe ustawiane są naprężenie osiowe E33 i Mises (tj. naprężenie odchylające). Przejdź do zakładki Elementy/węzły, ustaw metodę jako wybraną z rzutni, wybierz opcję [Edytuj wybór] po prawej stronie, wybierz jednostkę 1 na ekranie zgodnie z wyświetlonym monitem w obszarze podpowiedzi, kliknij [Gotowe] w obszarze podpowiedzi, wróć do danych XY z okna dialogowego wyjściowego pola ODB, kliknij [Zapisz], aby zapisać wyniki E33 i pominąć naprężenie w jednostce 1 oraz kliknij [Odrzuć], aby zamknąć okno dialogowe.

Wybierz ponownie polecenie [Narzędzia]/[Dane XY]/[Utwórz], wybierz w oknie dialogowym tworzenia danych XY operację na danych XY, kliknij [Dalej], aby wyświetlić okno dialogowe operacji na danych XY, które udostępnia szereg funkcji do przetwarzania punktów danych XY w obszarze operatorskim po prawej stronie okna dialogowego. Tutaj wybierasz funkcję łączenia dwóch serii danych w nową serię, jak pokazano na Rysunku 4-7.

Uwaga: Wykonując polecenie [Report]/[XY] można wyprowadzić dane krzywej do zewnętrznych plików tekstowych.

Za pomocą powyższych metod, wyniki obliczeń naprężeń odchylających i odkształceń osiowych otrzymanych metodą sztywności początkowej (ex12-1) oraz metodą sztywności pośredniej (ex12-1-2), przedstawiono na rysunkach 4-8 i 4-9. Metoda sztywności początkowej różni się od metody przyrostowej w punkcie środkowym, szczególnie w przypadku symulacji punktu zwrotnego rozładunku i przeładunku. Wynika to z faktu, że metoda sztywności początkowej wykorzystuje w obliczeniach inkrementalną sztywność punktu początkowego. W związku z tym, gdy następuje rozładunek, UMAT stwierdza, że stan naprężenia jest rozładowany w następnym kroku przyrostowym i przyjmuje moduł sprężystości odbicia. Podobnie, gdy stan naprężenia zmienia się z rozładunku na załadunek, metoda UMAT ulega opóźnieniu w jednym kroku, a odpowiedni moduł obciążenia zostaje przyjęty w następnym kroku. Istnieje kilka sposobów na poprawę tego problemu.

(1) W podprogramie UMAT należy najpierw dodać kod, aby spróbować określić, czy aktualny krok przyrostowy jest rozładowany czy przeładowany, a jeśli jest przeładowany, czy przekroczył największe w historii obciążenie odchyleniowe. Oczywiście, kryterium modułu sprężystości jest w rzeczywistości kwestią

kryterium plastyczności. Nie jest ono tak ścisłe jak w modelu konstytutywnym sprężysto-plastycznym.

(2) Niewielki krok przyrostowy w czasie ulegnie poprawie. Rysunki 4-8 i 4-9 przedstawiają również wyniki obliczeń różnych dopuszczalnych maksymalnych wielkości kroku przyrostowego. Można zauważyć, że mniejsze rozmiary stopni w metodzie sztywności początkowej mogą również zbliżać się do rzeczywistych wyników, ale nie ma stałej normy dotyczącej określania rozmiarów stopni, które można określić jedynie na podstawie próbnych obliczeń lub doświadczenia.

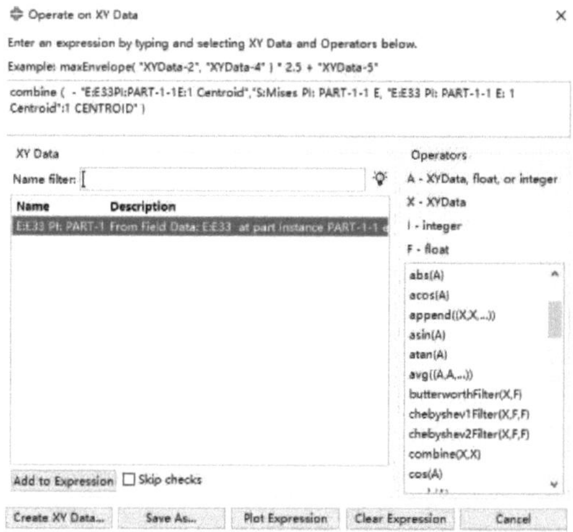

Rysunek 4-7 Przetwarzanie sekwencji danych przy użyciu autonomicznych funkcji

Uwaga: W przypadku problemów z obciążeniem monotonicznym, stopnie obciążenia są zazwyczaj podzielone na 10 do 20 stopni w celu osiągnięcia lepszej dokładności.

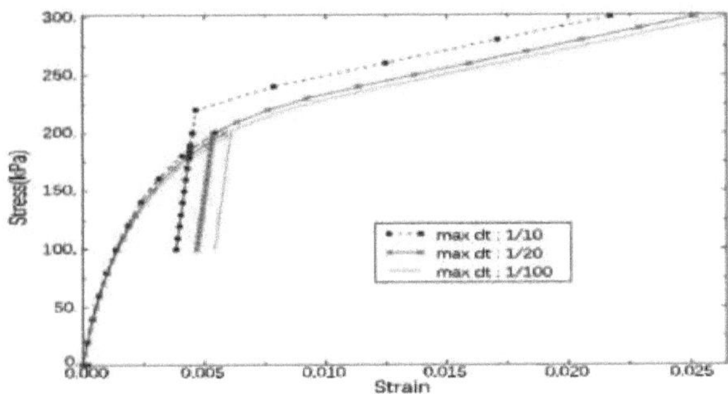

Rysunek 4-8 Krzywa zależności pomiędzy naprężeniem odchylającym a odkształceniem osiowym z wykorzystaniem metody sztywności punktu początkowego

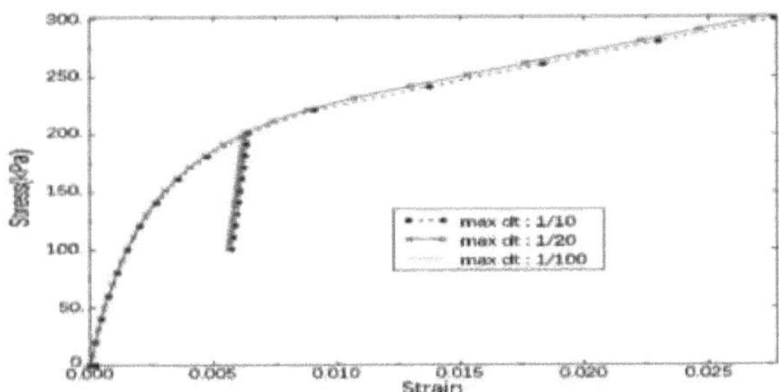

Rysunek 4-9 Krzywa zależności pomiędzy naprężeniem odchylającym a odkształceniem osiowym przy zastosowaniu metody przyrostowej w połowie punktu.

4.4.2 Symulacja procesu budowy zapory ziemno-skalnej

Przykład ex12-2.cae

1. Opis problemu

Znajduje się tam prosta zapora szczelinowa z rdzeniem o wysokości 100 m, jak pokazano na rysunkach 4-10, szerokości korony 10 m, stosunku nachylenia 1:2 dla ściany rdzenia przed i za zaporą, szerokości ściany rdzenia 6 m i stosunku nachylenia 1:0,2 dla ściany rdzenia. Konstrukcja zapory podzielona jest na 10 etapów, z których każdy ma grubość wypełnienia 10 m. W przypadku ścianek szczelinowych zapora ma szerokość 6 m i stosunek nachylenia 1:0,2 dla ścianek rdzenia. Modelowe parametry materiału Duncana przedstawiono w tabeli 4-1. Tutaj przyjęto model Duncana E-B, a na podstawie Duncana-1.for można dokonać pewnych modyfikacji. Podprogramem użytkownika w tym przykładzie jest Duncan-eb.for.

Tabela 4-1 Parametry modelu

Materiały	K	n	R_f	C(kPa)	$\varphi(°)$	$\varphi_0(°)$	K_{ur}	K_b	m	$\rho(g/cm^3)$
Główna ściana	500	0.35	0.8	50	30	0	800	470	0.15	2.0
Materiał powłoki tamy	1100	0.30	0.8	10	40	0	1800	600	0.1	2.2

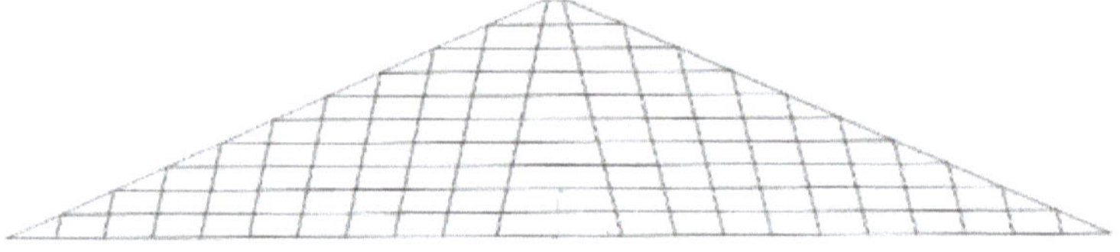

Rysunek 4-10 wzorcowy

2. **Nacisk w studium przypadku**

- Aplikacja modelu Duncan E-B.
- przesunięcie stopniowej modyfikacji wypełnienia.

3. **Model i rozwiązanie**

Elementy z etapu 1. Ponieważ ta podprograma UMAT jest napisana dla jednostek trójwymiarowych, konieczne jest stworzenie komponentów trójwymiarowych. Polecenie [Part]/[Create] jest wybierane w module części, aby utworzyć trójwymiarową część o nazwie part-1 zgodnie z rozmiarem modelu. Grubość części wynosi 5m, a przemieszczenie kierunku grubości jest utwierdzone w kolejnym ustawieniu warunków brzegowych w celu symulacji stanu naprężenia powierzchniowego. Wybierając polecenie [Narzędzia]/[Podział], najpierw oddziela się wypełnienie skalne od ściany rdzenia, a następnie dzieli się cały korpus zapory na 10 obszarów w odległości 10,0m. Wybierz polecenie [Narzędzia]/[Zestaw]/[Utwórz], ustaw rdzeń dla ściany rdzenia, skałę dla wypełnienia skalnego-1, wypełnienie-2... wypełnienie-10 dla wypełnienia dziesięciopoziomowego odpowiednio od dołu do góry. Ustaw zbiór wszystkich regionów na wszystkie.

Charakterystyka materiału i sekcji z etapu 2. W module właściwości wybierz polecenie [Material]/[Create], aby utworzyć materiał o nazwie skała; tutaj używany jest model Duncana E-B. W oknie dialogowym edycji materiału wybierz polecenie [Ogólne]/[Gęstość] i ustaw gęstość na 2.2. Wybierz polecenie [Ogólne]/[Materiał użytkownika] i ustaw parametry materiału na 1000, 0.3, 0.8, 10, 40, 0.0, 600, 0.1, 1800, 100 zgodnie z danymi w tabeli 12-1, odpowiadającymi K, n. W oknie dialogowym edycji materiału wybierz polecenie [Ogólne]/[Gęstość] i ustaw gęstość na 2.2, R_f, c, φ_0, $\Delta\varphi$, K_b , m, K_{ur} m i $p_a$odpowiednio. Wybierz polecenie [General]/[Depvar] i ustaw liczbę zmiennych stanu materiału na 3. Podobnie, budowany jest rdzeń materiałowy.

Uwaga: W tym przypadku kolejność parametrów jest inna niż w ex12-1.

Wybierz polecenie [Sekcja]/[Utwórz], ustaw sekcję o nazwie skała, zaakceptuj domyślną opcję, czyli solidny, jednorodny jednolity obiekt, kliknij [Kontynuuj], wybierz materiał jako skałę zdefiniowaną wcześniej w wyskakującym oknie dialogowym edycji sekcji, a nie zmieniaj pozostałych opcji, kliknij [Ok], aby zdefiniować sekcję. Podobnie definiuje się rdzeń przekrojowy. Wybierz polecenie [Przyporządkuj]/[Przekrój] i przyporządkuj zdefiniowane przekroje do odpowiednich obszarów.

Etap 3 części montażowe. W module montażowym wybierz polecenie [Instance]/[Create], ustaw odpowiednią instancję. Wybierz polecenie

[Instance]/[Rotate], cała oś X korpusu tamy obraca się o 90°, kierunek Z reprezentuje kierunek wysokości jak na Rysunku 4-10.

Uwaga: W tym przypadku, początkowy kierunek Z reprezentuje kierunek grubości podczas budowania elementu.

Krok 4: definicja etapu analizy. W module krokowym, statycznych, ogólnych etapach analizy typu, fill-1, fill-2...fill-10, odpowiadającym procesowi obciążenia krokowego, całkowita długość każdego etapu obciążenia wynosi 10 (bezwzględna wartość czasu nie ma wpływu na wyniki obliczeń). Automatyczny krok przyrostu czasu jest przyjmowany dla kroku przyrostu czasu, początkowy krok przyrostu czasu jest ustawiony na 1, maksymalny dopuszczalny krok przyrostu czasu jest ustawiony na 1, a wartości domyślne są stosowane dla pozostałych. Wybierz polecenie [Wyjście]/[Polecenie Wyjście]/[Edycja] i ustaw naprężenie S, odkształcenie E, przemieszczenie U, współrzędne HORD oraz zmienną stanową SDV jako zmienne wyjściowe w oknie dialogowym edycji poleceń wyjścia.

Krok 5. Symulacja obciążenia wypełnień. Przed zastosowaniem obciążenia pierwszego stopnia, wypełnienia drugiego i trzeciego stopnia nie istnieją, więc potrzebna jest funkcja czasu życia jednostki i śmierci zapewniona przez ABAQUS. Zgodnie z rozdziałem 2, w module interakcji wybierz polecenie [Interaction]/[Create], wybierz etap analizy Fill-1, wpisz zmianę modelu, a następnie kliknij [Continue], aby usunąć resztę wypełnienia poprzez symbol myszy po prawej stronie regionu w oknie dialogowym edycji interakcji. Następnie w polu Fill-2~Fill-10 aktywowane są kolejno odpowiednie wypełnienia.

Krok 6 - obciążenie i warunki brzegowe. W module obciążenia wybierane jest polecenie [BC]/[Create], a w kroku analizy wstępnej ustawiane są odpowiednie warunki brzegowe: przemieszczenie w kierunku y na przedniej i tylnej powierzchni modelu jest stałe, a przemieszczenie na spodzie modelu jest ograniczone w trzech kierunkach. Wybierz polecenie [Obciążenie]/[Utwórz] w poleceniach fill-1, fill-2... fill-10 dla pierwszego, drugiego i..., dziesiąta warstwa wypełnienia jest poddawana pionowemu obciążeniu grawitacyjnemu o wartości -10 (Grawitacja).

Krok 7 oczko. W module mesh wybrana jest opcja obiektu na pasku środowiska jako część, co oznacza, że oczkowanie odbywa się na poziomie części. Wybierz polecenie [Mesh]/[Element Type], ustaw C3D8 jako typ jednostki; wybierz polecenie [Mesh]/[Controls], ustaw kształt elementu jako sześciokąt (sześcian) i technikę (technika podziału) jako strukturę w oknie dialogowym sterowania siatką. Gęstość siatki może być kontrolowana za pomocą polecenia [Nasiona]. Wybierz polecenie [Mesh]/[Part], kliknij [Yes] w obszarze podpowiedzi i wybierz siatkę modelu, jak pokazano na Rysunku 4-11.

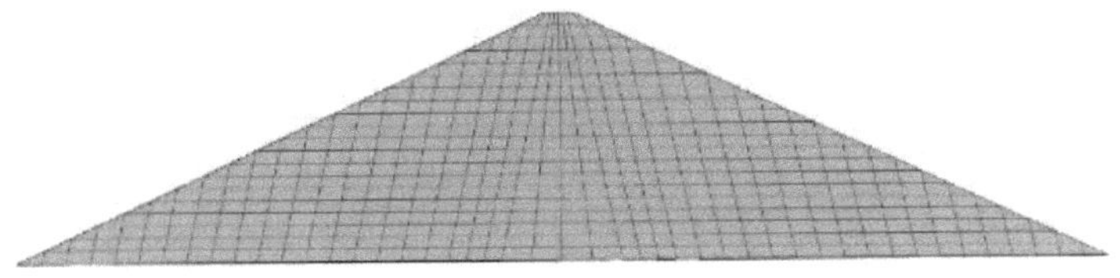

Rysunek 4-11 Siatka z elementami skończonymi w modelu

Krok 8 modyfikuje plik wejściowy modelu i tworzy warunki początkowe. Wybierz polecenie [Model]/[Edytuj słowo kluczowe], dodaj do pierwszego kroku instrukcję wartości początkowej zmiennej stanowej.

*Initial conditions, types=solution

Part-1-1, wszystko, 0.0, 100.0, 0.0! Co z kolei jest nazwą zestawu jednostkowego, trzech zmiennych stanowych, reprezentujących największy poziom naprężenia w historii, mały naprężenie główne i naprężenie odchylenia.

Krok 9 przedstawia pracę. W module zadań wybierz polecenie [Job]/[Create], aby utworzyć plik zadania ex12-2.inp. W ogólnej opcji okna dialogowego edycji zadania wybierz plik Fortran Duncan-eb.for, który zawiera podprogramy UMAT modelu Duncan E-B, i wyślij operację.

4. Analiza wyników

Krok 1: Wejdź do modułu post-processingu wizualizacji i otwórz odpowiedni plik bazy danych wyników obliczeń.

Krok 2: analiza stresu. Rysunek 4-12 przedstawia chmurę konturową niewielkich naprężeń głównych zapory po zakończeniu prac. Jak widać na rysunku, naprężenia między ścianą rdzenia a materiałem płaszcza tamy są nieciągłe. Wynika to z faktu, że naprężenia izolowane przez ABAQUS są uzyskiwane poprzez interpolację na zewnątrz przez punkty całki elementu, a więc będą występować skoki na granicach różnych materiałów. Możemy również użyć ABAQUS do wymuszenia uśredniania w węzłach. Wybierz polecenie [Wyniki]/[Opcje] i w zakładce Obliczenia w oknie dialogowym Opcje wyników upewnij się, że pole wyboru Użyj granic regionów nie jest zaznaczone. Zaakceptuj pozostałe opcje domyślne i zamknij po potwierdzeniu.

Uwaga: Ponieważ naprężenie w ABAQUS jest dodatnie, niewielkie naprężenie główne w ABAQUS odpowiada dużemu naprężeniu głównemu w inżynierii konstrukcji hydraulicznej.

Rysunek 4-12 Min. rozkład naprężeń głównych (przed średnią)

Min. główny kontur naprężenia tamy po zakończeniu robót jest rysowany na nowo, jak pokazano na rys. 4-13. Z wykresu widać, że rozkład małych naprężeń głównych ma lepszą regularność. Im dalej od powierzchni zapory, tym wyższa jest wartość naprężenia. Ze względu na różnicę modułów pomiędzy płaszczem zapory a ścianą rdzenia, kontury małych naprężeń głównych są przerzucane pomiędzy ścianą rdzenia a płaszczem zapory, czyli pojawia się "efekt łuku", który jest zgodny z prawem obliczania naprężeń dla zapór typu ziemia-sura.

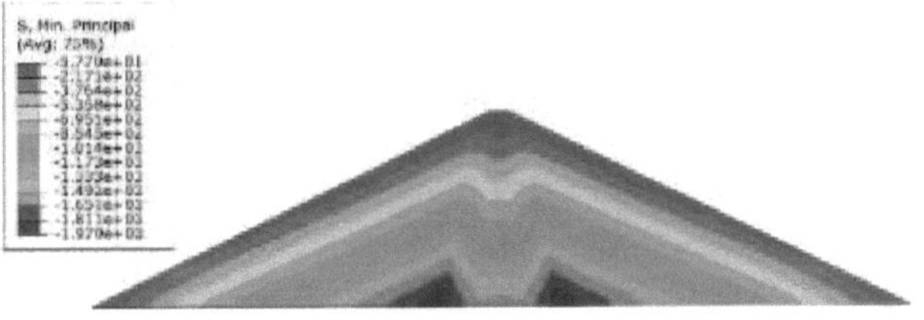

Rysunek 4-13 Min. rozkład naprężeń głównych

Krok 3: analiza przemieszczeń. Rysunki 4-14 i 4-15 przedstawiają odpowiednio przemieszczenia poziome i pionowe zapory. Ponieważ zapora jest symetryczna w lewo i w prawo, a w okresie budowy wpływa na nią tylko ciężar własny, przemieszczenie poziome w górę i w dół płaszcza zapory w okresie ukończenia jest rozmieszczone symetrycznie, wskazując odpowiednio na kierunek na zewnątrz zbocza. Na chmurze konturowej osady widać, że istnieją oczywiste kroki. Wynika to z faktu, że dla wszystkich poziomów wypełnienia obciążenie wzrasta jednorazowo, a przemieszczenie górne nie jest zerowe, co powoduje skumulowane przemieszczenie zapory po zakończeniu budowy wykazujące kształt stopnia. Konieczne jest skorygowanie przemieszczenia obliczonego przez jednorazowe obciążenie wszystkich poziomów wypełnienia do nieskończonego przemieszczenia liczby warstw stopniowych. Wzór na korektę przemieszczenia można określić jako odpowiednią książkę dla inżynierii konstrukcji hydraulicznej lub geotechnicznej.

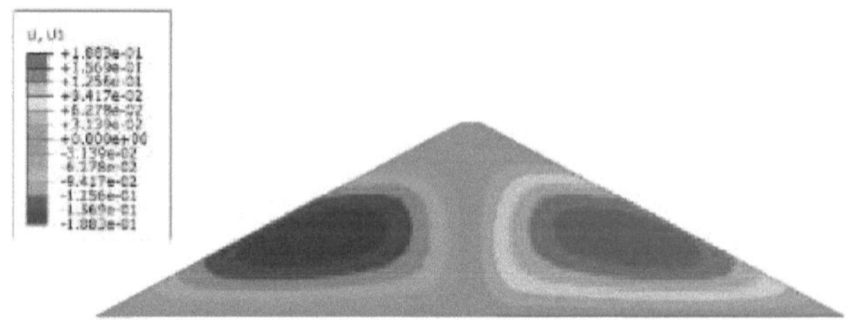

Rysunek 4-14 Przesunięcia poziome zapory

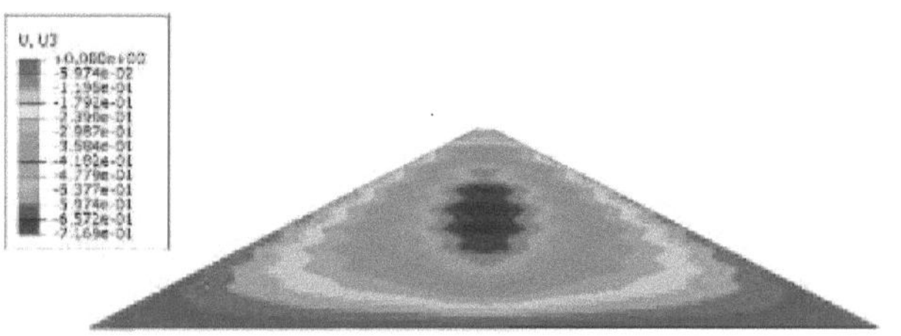

Rysunek 4-15 Przesunięcia pionowe zapory

Krok 4: korekta przemieszczenia. W celu skorygowania przemieszczenia, wyniki obliczeń są najpierw przesyłane do zewnętrznych plików danych. Wybierz polecenie [Report]/[Field Output], w oknie dialogowym wyjściowym pola raportu kliknij na [Step]/Frame], wybierz ostatni krok przyrostowy w kroku analizy wypełnienia pierwszego poziomu, potwierdź i powróć do okna dialogowego wyjściowego pola raportu; wybierz unikalny węzeł w rozwijanej liście pozycji zakładki zmiennych i ustaw COORD1, COORD2, COORD3, U1, U2 i U3 jako zmienne wyjściowe, ustaw nazwę na U1.rpt w zakładce setup, usuń zaznaczenie pola wyboru append to file i kliknij [Ok] lub [Apply], aby wyprowadzić rozliczenie węzła na końcu pierwszego kroku przyrostowego do Ul. rpt. Zgodnie z powyższymi krokami, osiadanie na końcu pozostałych kroków analizy jest wyprowadzane odpowiednio do U2.rpt~U10.rpt. Napisz program Fortran, który zajmie się korektą przemieszczeń (deal.for).

Kod i instrukcje są następujące.

```
DIMENSION NODE (1701), COORD (1701,3), Dis (10,1701,3), CDIS (1701,3)
C to numer węzła, współrzędne, przemieszczenie i korekta przemieszczenia
C pod różnymi obciążeniami. W tym przypadku uwzględnione są węzły 1701.
WYMIAR FDIS (1701, 3)
C ostateczne skumulowane przemieszczenie
OPEN (1, FILE =" Ul.RPT")
OTWARTE (2, PLIK =" U2. RPT")
OTWARTE (3, PLIK =" U3. RPT")
OTWARTE (4, PLIK =" U4. RPT ")
OTWARTE (5, PLIK =" U5. RPT")
OTWARTE (6, PLIK =" U6. RPT")
OTWARTE (7, PLIK =" U7. RPT")
OTWARTE (8, PLIK =" U8. RPT")
OTWARTE (9, PLIK =" U9. RPT")
OTWARTE (10, PLIK =" U10.RPT")
Otwórz po kolei dziesięć plików wynikowych przemieszczeń
OTWARTE (11, PLIK = "OUTU. DAT")
C Otwiera plik wyjściowy
DO20 K=1,10
DO10 I=1,1701
CZYTAJ (K, *) WĘZEŁ (I), KOORDYNACJA (I, 1), KOORDYNACJA (I, 2)
1 COORD (I, 3), DIS (K, I, 1), DIS (K, I, 2), DIS (K, I, 3)
10 KONTEKST
20 KONTEKST
C Numer węzła odczytowego i odpowiadający mu
Współrzędne C i wartości przemieszczeń
DO30 I=1,1701
NFILL =ABS ((COORD (I, 3) -0.001))/10+1
C Określenie, do jakiego poziomu obciążenia należy aktualny węzeł
FEIH=10,0
C Obecnie wysokość wypełnienia wynosi 10,0 m dla wszystkich poziomów wypełnienia w
tym przypadku.
FEIZ=NFILLX*10-COORD (I, 3)
C Określić głębokość zakopania aktualnego węzła w ocenianym węźle
Wypełnienie C (obliczane na podstawie stopniowanej powierzchni wypełnienia)
CDIS (I,1) = 2 * FEIZ/(FEIH+FEIZ) * DIS (NEILL, I, 1)
CDIS (I, 2) = 2 * FEIZ/ (FEIH+EEIZ*DIS (NEILL, I, 2)
CDIS (I, 3) =2 * FEIZ/(FEIH+FEIZ) *DIS (NEILL, I, 3)
C przeprowadza korektę przemieszczenia
FDIS (I, 1) =CDIS (I, 1) +DIS (10, I, 1)-DIS (NEILL, I, 1)
FDIS (I, 2) =CDIS (I, 2) +DIS (10, I, 2) -DIS (NFILL, I, 2)
FDIS (I, 3) =CDIS (I, 3) +DIS (10, I, 3) -DIS (NFILL, I, 3)
```

```
Kumulatywne przemieszczenie
 30 KONTEKST
DO 40 I=1,1701
 NAPISAĆ (11, *) COORD (I, 1), COORD (I, 3), FDIS (I, 1) *100, FDIS (I, 3) *100
C wydajność jednostki wypornościowej od m do cm
40 KONTEKST
END
```

Uruchamiając powyższy program, można uzyskać dane outu.data, a następnie narysować kontur za pomocą oprogramowania Surfer. Jak pokazano na rysunkach 4-16 i 4-17, maksymalne osiadanie tamy wynosi 59. 8cm, które występuje na wysokości zapory 1/2. Jak widać na wykresie, efekt korekcji jest bardzo idealny. Powyższe programy możemy dopracować według własnych przykładów.

Uwaga: Przy ubieganiu się o ten program należy usunąć niepowiązane adnotacje z wyjątkiem danych w Ul.rpt i innych plikach.

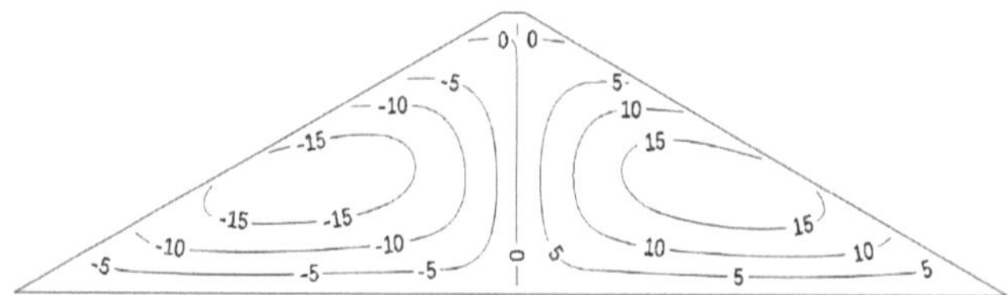

Rysunek 4-16 Zrewidowane przemieszczenie poziome zapory

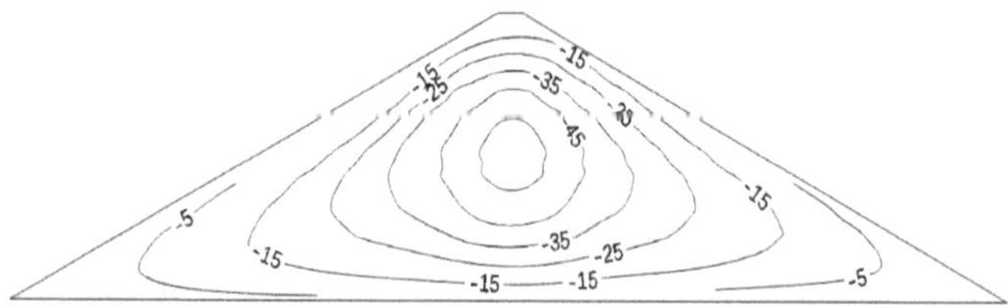

Rysunek 4-17 Zrewidowane przemieszczenie pionowe zapory

4.5 Wtórne opracowanie równoważnego liniowego modelu wiskoelastycznego

4.5.1 Teoria podstawowa

Obecnie analizę reakcji sejsmicznej zapór ziemno-skalnych można podzielić na dwie kategorie: równoważną liniową i nieliniową. Chociaż metoda nieliniowa jest korzystniejsza w teorii, to jednak trudno jest dokładnie określić jej parametry, a ze względu na ograniczenie kosztów obliczeniowych i wydajności, analiza nieliniowa jest często wykorzystywana tylko w analizie jednowymiarowej odpowiedzi obiektu, ale rzadko jest stosowana w analizie trójwymiarowej. Równoważna metoda liniowa przybliża nieelastyczność i nieliniowość gruntu poprzez iterację. Ponieważ każdy proces zastępowania jest liniowy, metoda ta ma wysoką wydajność obliczeniową, a w większości przypadków, zwłaszcza gdy odkształcenie jest małe (mniej niż 2%), przyspieszenie sejsmiczne może zapewnić bardziej uzasadnione wyniki w przypadku (<0,3g). Dlatego też równoważna metoda liniowa jest nadal głównym nurtem w analizie sejsmicznej skał i gleby.

Ponieważ model lepkosprężysty w ABAQUS nie może uwzględniać zależności pomiędzy stanem modułu i naprężenia, a zmianą modułu i współczynnika tłumienia wraz z odkształceniem, należy go przebudować.

W rzeczywistości równoważny model liniowy opiera się na teorii lepkosprężystości, to znaczy, że lepkosprężysty model kelwinowy jest wykorzystywany do odzwierciedlania histerezy gleby pod obciążeniami cyklicznymi. Model Kelvina składa się z liniowej sprężyny sprężystej i glinianej doniczki w układzie równoległym. Relacja naprężenie-odkształcenie modelu Kelvina jest następująca.

$$\tau = G\gamma + \eta_G\dot{\gamma} \qquad (4-11)$$

W którym, G jest modułem ścinania, η_G to współczynnik lepkości przy ścinaniu, τ jest naprężenie ścinające, γ to szczep ścinający. Krzywa zależności naprężenie-odkształcenie jest eliptyczną pętlą histerezy pod obciążeniem harmonicznym z częstotliwością kołową. ω . Zgodnie z koncepcją współczynnika tłumienia, można go uzyskać.

$$\eta_G = \frac{2G\lambda}{\omega} \quad (4-12)$$

W której, λ jest współczynnik tłumienia i ω to okrągła częstotliwość.

Funkcje modułu ścinania G i współczynnika tłumienia λ gleby są funkcją odkształcenia ścinającego γ. Poniższe formularze mogą być wykorzystane do analizy reakcji sejsmicznej zapór ziemno-skalistych.

$$G = \frac{k_2}{1 + k_1\bar{\gamma}_d} p_a \left(\frac{\sigma_3'}{p_a}\right)^n \quad (4-13)$$

$$\lambda = \lambda_{max} \frac{k_1\bar{\gamma}_d}{1 + k_1\bar{\gamma}_d} \quad (4-14)$$

Gdzie, σ_3' jest uciskanie; k_1, k_2 i n są parametrami materiałowymi określonymi przez eksperymenty; $\bar{\gamma}_d$ to znormalizowane odkształcenie przy ścinaniu, które można obliczyć na podstawie maksymalnego dynamicznego odkształcenia przy ścinaniu $\lambda_{maks.}$ podczas trzęsienia ziemi

$$\bar{\gamma}_d = 0.65\lambda_{max} \left(\frac{\sigma_3'}{p_a}\right)^{n-1} \quad (4-15)$$

Dla sytuacji trójwymiarowej, jeżeli e_{ij} służy do przedstawienia odchylenia odkształcenia, relacja naprężenie-odkształcenie może być rozszerzona w następujący sposób

$$\sigma_{ii} = K\varepsilon_v + 2Ge_{ii} + \eta_K\dot{\varepsilon}_v + 2\eta_G\dot{e}_{ii}, i = 1, \ldots, 3 \quad (4-16)$$

$$\sigma_{ij} = 2Ge_{ij} + 2\eta_G\dot{e}_{ij}, i = 1, \ldots, 3, j = 1, \ldots, 3, i \neq j \quad (4-17)$$

Gdzie K jest modułem objętościowym materiału; η_K jest objętościowym współczynnikiem lepkości materiału, podobnym do równania (4-2), który można obliczyć w następujący sposób

$$\eta_K = 2K\lambda/\omega \qquad (4-18)$$

Zgodnie z równaniem (4-12) i wzorem (4-18), $\eta_K/\eta_G = K/G$co oznacza, że matryca tłumiąca przyjęta w tym modelu jest proporcjonalna do matrycy sztywności, a jej współczynnik proporcjonalny wynosi $2\lambda/\omega$.

4.5.2 Równoważny liniowy model lepkosprężysty model UMAT

1. Pomysły na pisanie

W rzeczywistości równoważny model liniowy oparty jest na teorii lepkosprężystej, czyli na modelu lepkosprężystym Kelvina, który odzwierciedla histeretyczne zachowanie się gruntu pod obciążeniami cyklicznymi. Zmiany strat energii (lub współczynnika tłumienia) przy odkształceniu przy ścinaniu oraz nachylenia krzywej histeretycznej (lub modułu sprężystości przy ścinaniu) przy odkształceniu przy ścinaniu są odzwierciedlane przez zmianę parametrów modelu. Specyficzny proces polega na tym, że najpierw, zakładając początkową wartość współczynnika tłumienia i modułu sprężystości przy ścinaniu, zapisując maksymalne odkształcenie przy ścinaniu doświadczane przez każdy z elementów w procesie obliczeniowym, a następnie wyznaczając nowy moduł sprężystości przy ścinaniu i współczynnik tłumienia zgodnie z krzywą zależności pomiędzy modułem sprężystości przy ścinaniu, współczynnikiem tłumienia i okresowym odkształceniem przy ścinaniu uzyskanym z eksperymentu, a następnie obliczając według nowych parametrów materiału, cały proces powtarza się kilkakrotnie, aż do momentu, gdy właściwości materiału nie ulegną zmianie. W konkretnym zestawieniu należy uwzględnić następujące zagadnienia.

(1) Jak odzwierciedlić związek pomiędzy modułem a stresem. Ogólnie uważa się, że moduł dynamiczny gruntu podczas trzęsienia ziemi zależy od naprężenia

statycznego przed trzęsieniem ziemi. Można to osiągnąć, wysyłając do pliku tekstowego, takiego jak B.TXT, średnie naprężenie skuteczne każdej jednostki uzyskane w wyniku analizy statycznej, a następnie używając *warunków początkowych, type= solution, input= B.TXT statement jako zmiennej stanowej STATEV (1) w pliku inp do wywołania w podprogramie UMAT. Ponieważ średnie statyczne naprężenie efektywne nie zmienia się podczas trzęsienia ziemi, nie ma potrzeby modyfikowania STATEV (1) w UMAT. Plik wyników naprężeń statycznych może być obliczany przez Abaqus lub inne programy po prostej obróbce.

(2) Jak odzwierciedlić termin tłumienia. Jeżeli w ABAQUSie stosowane jest tłumienie Rayleigh'a, można ustawić tylko jeden zestaw parametrów tłumienia Rayleigh'a dla danego materiału. Oznacza to, że chociaż poziom odkształcenia (maksymalne odkształcenie przy ścinaniu), którego doświadczają elementy skalne w różnych pozycjach w tym samym materiale podczas procesu dynamicznego jest różny, to ich współczynnik tłumienia jest taki sam. W związku z tym, aby prawidłowo odzwierciedlić termin tłumienia, można go rozwiązać jedynie w ramach modelu, to znaczy, że charakterystyki histeretyczne i straty energii mogą być odzwierciedlone zgodnie z relacją naprężenie-odkształcenie równoważnego modelu liniowego.

Uwaga: Jeżeli parametry modelu pozostają bez zmian, współczynnik tłumienia modelu Kelvina wzrasta wraz ze wzrostem częstotliwości kołowej, podczas gdy model Maxwella maleje wraz ze wzrostem częstotliwości kołowej. Generalnie uważa się jednak, że współczynnik tłumienia gruntu ma niewielki związek z częstotliwością, więc uproszczony model lepkosprężysty nadaje się tylko w przypadku wąskiej częstotliwości obciążenia.

(3) Prawidłowo odzwierciedlają zmianę modułu i współczynnika tłumienia przy poziomie odkształcenia. Aby to osiągnąć, analiza reakcji sejsmicznej zapór ziemia-skroń wymaga kilku iteracji, w których moduł i współczynnik tłumienia pozostają niezmienione. Po zakończeniu iteracji, moduł dynamiczny i współczynnik tłumienia każdego elementu są ponownie wyznaczane zgodnie z

aktualnym poziomem odkształcenia, a następna iteracja jest kontynuowana. Teoretycznie, proces iteracji może być wbudowany w podprogramy użytkownika, aby umożliwić automatyczne uruchomienie programu ABAQUS, ale w przypadku trójwymiarowej analizy odpowiedzi sejsmicznej, zwykle zajmuje to dużo zasobów obliczeniowych i czasu, na co nie mogą sobie pozwolić zwykli użytkownicy komputerów PC. A zbyt długi czas obliczeń nie sprzyja monitorowaniu i debugowaniu wyników pośrednich. Aby uniknąć tego problemu, zaleca się stosowanie następujących metod

- Zmienna państwowa STATEV (2) jest ustawiana w podprogramie użytkownika UMAT w celu przechowywania maksymalnego odkształcenia przy ścinaniu doświadczanego przez każdą jednostkę.
- Dodatkowo, prosty program Fortran jest kompilowany w celu określenia $G/G_{maks.}$ oraz λ/λ_{max}. zgodnie z poziomem odkształcenia każdej jednostki, oraz jako zmienne stanu STATEV (3) i STATEV (4), STATEV (1) ~ STATEV (4) są zapisywane w tym samym pliku tekstowym, takim jak B.TXT.

Trzymaj plik wejściowy Abaqus bez zmian, zmieniaj tylko warunki początkowe, typ = rozwiązanie, wejście = B.TXT, zewnętrzny plik wejściowy w B.TXT i przeliczaj ponownie aż do konwergencji. Generalnie, trzy do czterech razy obliczenia mogą spełnić wymóg.

2. Kod programu

W przykładzie podprogramu UMAT ABAQUS przedstawiono podprogramy użytkownika modelu lepkosprężystego przedstawione na Rysunku 4-18. Zależność naprężenie-odkształcenie przedstawia się następująco.

$$\sigma + \frac{\mu_1}{(E_1 + E_2)}\dot{\sigma} = \frac{\mu_1}{(1 + E_1/E_2)}\dot{\varepsilon} + \frac{1}{(1/E_1/E_2)}\varepsilon \qquad (4-19)$$

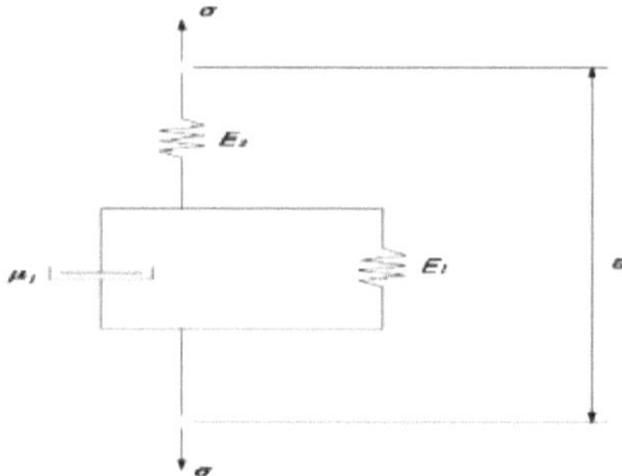

Rysunek 4-18 Schematyczny model elastyczny

Rozszerzenie go na trójwymiarowe obudowy.

$$\sigma_{xx} + \tilde{v}\dot{\sigma}_{xx} = \lambda\varepsilon v + 2\mu\varepsilon_{xx} + \tilde{\lambda}\dot{\varepsilon v} + 2\tilde{\mu}\dot{\varepsilon}_{xx} \text{ (three normal stresses)} \quad (4-20)$$

$$\sigma_{xx} + \tilde{v}\dot{\sigma}_{xx} = \mu\gamma_{xy} + \tilde{\mu}\dot{\gamma}_{xy} \text{ (three shear stresses)} \quad (4-21)$$

Powyższe dwa zestawy równań mogą być rozwiązane metodą różnic średnich. Oznacza to, że te dwa równania są ustalone w $t + \frac{1}{2}\Delta t$ rozszerzony zgodnie z $\dot{f}_{t+\frac{1}{2}\Delta t} = \frac{\Delta f}{\Delta t}$, $f_{t+\frac{1}{2}\Delta t} = f_t + \frac{1}{2}\Delta f$ i w połączeniu z tymi samymi pojęciami można uzyskać wzór do obliczania przyrostu naprężeń.

$$\left(\frac{1}{2}\Delta t + \tilde{v}\right)\Delta\sigma_{xx} = \left(\Delta t\frac{\lambda}{2} + \tilde{\lambda}\right)\Delta\varepsilon v + (\Delta t\mu + 2\tilde{\mu})\Delta\varepsilon_{xx} + \Delta t(\lambda\varepsilon v + 2\mu\varepsilon_{xx} - \sigma_{xx})_t \quad (4-22)$$

$$\left(\frac{1}{2}\Delta t + \tilde{v}\right)\Delta\sigma_{xy} = \left(\Delta t\frac{\mu}{2} + \tilde{\mu}\right)\Delta\lambda_{xy} + \Delta t\left(\mu\varepsilon_{xy} - \sigma_{xy}\right)_t \quad (4-23)$$

W związku z tym można napisać warunki matrycy Jakuba.

$$\frac{\partial\sigma_{xx}}{\partial\varepsilon_{xx}} = \frac{1}{\frac{1}{2}\Delta t + \tilde{v}}\left[\Delta t\left(\frac{\lambda}{2} + \mu\right) + \tilde{\lambda} + 2\tilde{\mu}\right] \quad (4-24)$$

$$\frac{\partial\sigma_{xx}}{\partial\varepsilon_{xy}} = \frac{1}{\frac{1}{2}\Delta t + \tilde{v}}\left[\Delta t\frac{\lambda}{2} + \tilde{\lambda}\right] \quad (4-25)$$

$$\frac{\partial \sigma_{xx}}{\partial \varepsilon_{xy}} = \frac{1}{\frac{1}{2}\Delta t + \tilde{v}}\left[\Delta t\frac{\mu}{2} + \tilde{\mu}\right] \qquad (4-26)$$

Jeśli moduł sprężystości E_2 z modelu przedstawionego na Rysunku 4-18 przyjmuje się, że jest nieskończony, model zdegeneruje się do modelu kelwinowego. W praktyce, $E_2 = 100E_1$ to wystarczy. Oryginalny materiał UMAT zawiera pięć parametrów, tj. λ, μ, $\tilde{\lambda}$, $\tilde{\mu}$ oraz $\tilde{v}$w przypadku λ oraz μ są stałe. W połączeniu z równoważnym wiskoelastycznym modelem gleby, μ powinien być określony na podstawie dynamicznego modułu ścinania gleby. Jeśli współczynnik Poissona jest znany, λ może być również ustalony. $\tilde{\lambda}$ oraz $\tilde{\mu}$ powinny być związane ze współczynnikiem tłumienia. Zgodnie ze wzorem (4-19) i wzorem (4-21), $\tilde{v}$ jest związany z $\tilde{\mu}$. Zgodnie z powyższymi założeniami, kod UMAT równoważnego liniowego, lepkosprężystego modelu gleby jest następujący. Istnieją cztery parametry materiałowe, reprezentujące k, n, stosunek Poissona v i częstotliwość kołową ω parametru maksymalnego dynamicznego modułu sprężystości przy ścinaniu $G_{maks.} = kp_a\left(\frac{\sigma_3'}{p_a}\right)^n$ odpowiednio. Oprócz parametrów modelu wymagane jest rozwiązanie czterech zmiennych stanu, od STATEV (l) do STATEV (4), odpowiadających ciśnieniu zamknięcia przed trzęsieniem ziemi, stosunkowi modułu sprężystości przy ścinaniu. $G/G_{maks.}$ w odniesieniu do poziomu odkształcenia, współczynnika tłumienia D i maksymalnego odkształcenia przy ścinaniu $\gamma_{maks.}$ podczas trzęsienia ziemi. Należy zauważyć, że w przypadku problemu trójwymiarowego, $\gamma_{maks.}$ tutaj mamy do czynienia z czystym odkształceniem przy ścinaniu (wytrzymałość na ścinanie), które różni się od poziomego odkształcenia przy ścinaniu w dwuwymiarowym problemie powierzchni, a te dwa są stałe tylko w przypadku czystego ścinania. Należy zwrócić szczególną uwagę na ten punkt podczas korzystania ze wzoru na moduł zmieniający się wraz z poziomem odkształcenia przy ścinaniu, aby upewnić się, że oba są spójne.

Podprogram UMAT jest dyna.for. Kod i instrukcje są następujące.

```
SUBROUTINE UMAT (STRESS, STATEV, DDSDDE, SSE, SPD, SCD,
 1 RPL, DDSDDT, DRPLDE, DRPLDT,
2 STRAN, DSTRAN, CZAS, DTIME, TEMP, DTEMP, PREDEE, DPRED, CMNAME,
 3 NDI, NSHR, NENS, NSTATV, REKWIZYTY, NROPS, COORDS, DROT, PNEWDT,
 4 CELENT, DEGRDO, DFGRDI, NOEL, NPT, LAYER, KSPT, JSTEP, KINC)
C
OBEJMUJĄ "ABA_PARAM.INC
C
 CHARAKTER *80 CMNAME
NAPRĘŻENIA WYMIAROWE (NENS), STATEV (NSTATV),
1 DDSDDE (NTENS, NTENS), DDSDDT (NTENS), DRPLDE (NTENS),
2 STRAN (NTENS), DSTRAN (NTENS), CZAS (2), PREDEFINIOWANE (1), DPRED (1),
3 REKWIZYTY (NP. KROPLE), AKORDY (3), KROPLA (3, 3), DEGRDO (3, 3), DFGRD1
(3, 3),
4 USTEP (4)
WYMIAR DSTRES (6), D (3, 3)
WYMIAR ŚMIGŁA (5), PS (3)
FEK = REKWIZYTY (1)
FEN = REKWIZYTY (2)
 FEV = PODPORY (3)
 KILKA = REKWIZYTY (4)
C PROPY (1) ~ PROPY (4) odpowiadają k, n, v oraz ωodpowiednio.
SIG30 = STATEV (1)
GG = STATEV (2)
DD = STATEV (3)
GAMA = STATEV (4)
C STATEV (1) ~ STATEV (4) odpowiada wstrząsowi wstępnemu
C ograniczanie nacisku, G/Gmaks.3, D i γmaks.odpowiednio.
 ELG = FEK * (SIG30 / 100) ** FEN * 100
ELG = ELG * GG
ELM = 2 * ELG * FEV / (1-2 * FEV)
ELGT = 2 * ELG / KILKA * DD
ELMT = 2 * ELM / KILKA * DD
C Współczynnik lepkości
ELG1 = ELG / 1. 01
ELM1 = ELM / 1. 01
ELGT1 = ELGT / 1. 01
ELMT1 = ELMT / 1. 01
EFEI = 0. 01 * ELGT / ELG
ŚMIGŁO (1) = WIĄZ1
PROPSS (2) = ELG1
```

```
PROPSS (3) = WIĄZ1
PROPSS (4) =ELGTI
PROPSS (5) = EFEI
C Zakładając, że E2 = 1001, parametry wejściowe są ustawione tak, aby spełniały wymogi
C Porady oryginalnego programu, a oryginalny program jest wywoływany bezpośrednio.
EV = 0
DEV = 0
DO K1 = 1, NDI
EV = EV + STRAN (K1)
DEV = DEV DSTRAN (K1)
 END DO
C
TERM1 =. 5 * DTIME +PROPSS (5)
TERMIN1 I = 1 / TERMIN1
TERMIN2 = (. 5 * DTIMEPROPSS (1) + PROPSS (3)) * TERM1I * DEV
TERM3 = (DTIME * PROPSS (2) + 2 * PROPSS (4)) * TERM1I
C
DO K1 = 1, NDI
DSTRES (K1) = TERMIN2 + TERMIN3 DSTRAN (K1)
1 +DTIME * TERM1I * (PROPSS (1) *EV
2 +2. * PROPSS (2) * STRAN (K1) -STRES (K1)
NAPRĘŻENIE (K1) = NAPRĘŻENIE (K1) + DSTRES (KI)
END DO
C
TERMIN2 = (.5 * DTIMEPROPSS (2) + PROPSS (4)) * TERMII
II = NDI
DO KI = l, NSHR
I1= I1 + 1
DSTRES (I1) = TERMIN2 * DSTRAN (I1) +
1 D TIME * TERM1I * (PROPSS (2) * STRAN (I1) -STRES (I1)
 STRES (I1) = STRES (I1) + DSTRES (I1)
END DO
C STWORZYĆ NOWEGO JACOBIANA
TERM2 = (DTIME * (. 5 * PROPSS (1) + PROPSS (2)) + PROPSY (3) +
1 2. * PROPSY (4) * TERMII
TERM3 = (5 * D TIME * PROPSS (1) + PROPSS (3)) * TERM1I
DO K1 = 1, NENS
DO K2 = 1, NENS
DDSDDE (K2, K1) = 0
END DO
END DO
DO KI = 1, NDI
DDSDDE (K1, K1) = TERMIN2
END DO
```

```
DO K1 = 2, NDI
N2 = K1-1
DO K2 = 1, N2
DDSDDE (K2, K1) = TERMIN3
DDSDDE (K1, K2) = TERMIN3
END DO
 END DO
TERM2 = (.5 * DTIME * PROPSS (2) + PROPSS (4)) * TERM1I
I1 = NDI
DO KI = I, NSHR
I1 =I1+1
DDSDDE (I1, I1) = TERMIN2
END DO
C CAŁKOWITA ZMIANA W ENERGII SPECYFICZNEJ
TDE =0.
DO KI = 1, NENS
TDE = TDE + (NAPRĘŻENIE ( K1 ) - 5 * DSTRES ( K1 ) ) * DSTRAN ( K1)
END DO
C ZMIANA OKREŚLONEJ ENERGII ODKSZTAŁCENIA SPRĘŻYSTEGO
TERMICZNA = ŚMIGŁO (1) + 2 * ŚMIGŁO (2)
DO KI = 1, NDI
D (K1, K1) = TERMICZNY
END DO
DO KI = 2, NDI
N2 = K1-1
DO K2 = 1, N2
D (K1, K2) = PROPSY (1)
D (K2, K1) = PROPSY (1)
END DO
 END DO
DEE = 0.
DO KI = I , NDI
TERM1 = 0
TERM2 = 0
DO K2 = 1, NDI
TERMI = TERM1 + D (K1, K2) * STRAN (K2)
TERM2 =TERM2 + D (K1, K2) * DSTRAN (K2)
END DO
DEE = DEE + (TERM1 + 5 * TERM2) * DSTRAN ( K1)
END DO
I1 = NDI
DO KI = I, NSHR
I 1 =I1 + 1
DEE =DEE +PROPSS ( 2 )* ( STRAN ( I1 ) + 5 * DSTRAN ( I1 ) ) * DSTRAN ( I1 ),
```

```
END DO
SSE =SSE + DEE
SCD = SCD + TDE+DEE
WEZWAĆ SPRINKĘ (STRAN, PS, 2,3,3)

GAMAX = ((PS (1) -PS (2)) * * 2 + (PS (2) -PS (3)) * * 2 +
(PS (3) -PS (1)) * * 2) * 2 / 3 GAMAX = SQRT (GAMAX)
IF (GAMA. LT. GAMAX) STATEV (4) = GAMAX
C obliczyć i zapisać maksymalne dynamiczne odkształcenie przy ścinaniu
ZWROT
END
```

4.6 Przykłady modeli wiskelastycznych

Przykład ex12-3.cae

1. Opis problemu

Jest to sześcian o długości boku 1m, stałym dnie i naprężeniu stycznym o wartości 50 grzech(ωt) działając na górze elementu. Moduł sprężystości przy ścinaniu materiału wynosi 10MPa, stosunek Poissona wynosi 0,3, a stosunek tłumienia 10 % (odpowiedni współczynnik lepkości przy ścinaniu wynosi 636,6), analizowana jest zależność naprężenie-odkształcenie. Podprogramem użytkownika jest dyan.for.

2. Nacisk w studium przypadku

- Dostosuj wykorzystanie materiałów lepkosprężystych do własnych potrzeb

3. Model i rozwiązanie

Elementy z etapu 1. Wybierz polecenie [Part]/[Create] w module części i utwórz zniekształconą bryłę o wymiarach 1m x lm x 1m na podstawie rozciągania. Wybierz polecenie [Narzędzia]/[zestaw]/[Utwórz], aby utworzyć cały grunt jako całość.

Charakterystyka materiału i sekcji z etapu 2. Wprowadź moduł właściwości, wybierz polecenie [Materiał]/[Utwórz], utwórz materiał o nazwie grunt, wybierz polecenie [Ogólne]/[Depvar] w oknie dialogowym edycji materiału i ustaw liczbę powiązanych wariantów stanu na 4. Wybierz polecenie [Ogólne]/[Materiał użytkownika] i ustaw parametry materiału na 100, 0, 0.3, 3.14. Ponieważ w podprogramie użytkownika zdefiniowaliśmy parametry materiałowe jako K, n, v, oraz ω i aby odpowiadały one danym w tym przykładzie, ustawiamy k równe 100 i n równe 0, co sprawia, że $kp_a(\sigma_3/p_a)^n$ = 10MPa.

Wybierz polecenie [Section]/[Create], aby utworzyć jednolitą właściwość sekcji obiektu o nazwie soil. Odpowiednim materiałem jest grunt, a następnie wybierz polecenie [Przypisz]/[Sekcja] do odpowiedniej sekcji.

Krok 3. Elementy montażowe. W module zespołu wybierz polecenie [Instance]/[Create], zaakceptuj ustawienia domyślne i utwórz odpowiednią instancję.

Etap analizy 4. Wybierz polecenie [Step]/[Create], zmień nazwę kroku analizy w oknie dialogowym create step na cykliczną, wybierz typ kroku analizy, który ma być statyczny, ogólny, kliknij [Continue], ustaw typ na stały (stały krok czasowy) i wielkość przyrostu na 0,02 w zakładce inkrementacji. Należy pamiętać, że całkowity czas wynosi 20, a do zwiększenia maksymalnej liczby przyrostów do 1000 potrzeba 500 kroków, po potwierdzeniu należy wyjść z okna dialogowego.

Uwaga: [Statyczny, ogólny] krok analizy jest wybierany w tym przypadku, bez uwzględnienia wpływu siły bezwładności.

Krok 5 określenie warunków brzegowych przemieszczenia. W module obciążenia wybierane jest polecenie [BC]/[Create], a wszystkie przemieszczenia U1, U2 i U3 w dolnej części modelu (powierzchnie Z = 0) są ograniczone w początkowym etapie analizy.

Krok 6: określenie cyklicznej krzywej amplitudy obciążenia. Wybierz polecenie [Narzędzia]/[Amplituda]/[Utwórz], ustaw typ jako okresowy, kliknij [Dalej], aby wyświetlić okno dialogowe edycji amplitudy. Ustaw częstotliwość kołową ω do 3,14, czas startu do 0, amplituda początkowa A_0 do 0, A do 0, B do 1, następnie funkcja ładowania jest:

$$a = A_0 + \sum_{n=1}^{N} [A_n \cos n\omega(t - t_0)] B_n \sin \omega(t - t_0), t \geq t_0 \qquad (4-27)$$

$$a = A_{0,} t > t_0 \qquad (4-28)$$

W module obciążenia wybiera się polecenie [Obciążenie]/[Utwórz], krok analizy ustawia się jako cykliczny, kategorię jako mechaniczną i typ jako trakcję powierzchniową, następnie ustawia się warunki brzegowe obciążenia górnej powierzchni Z = 1 powierzchnia modelu. W oknie dialogowym edycji obciążenia ustawia się wielkość na 50, z listy rozwijanej amplitudy wybiera się uprzednio zdefiniowaną krzywą amp-1, a następnie myszką pod kierunkiem określa kierunek naprężenia ścinającego, jak pokazano na Rysunku 4-19.

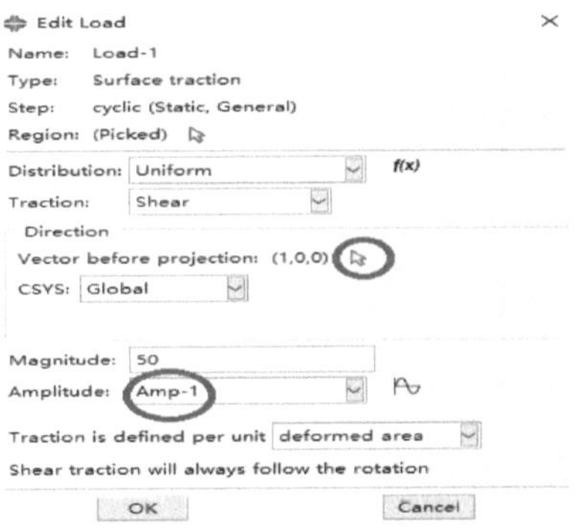

Rysunek 4-19 Ustawienie okresowego naprężenia ścinającego

Krok 7 oczko. Wejdź do modułu mesh i wybierz opcję obiektu na pasku środowiska jako część, co oznacza, że siatka jest wykonywana na poziomie części. Wybierz polecenie [Mesh]/[Element Type], a w oknie dialogowym Element Type ustaw typ komórki jako C3D8 (trójwymiarowe osiem węzłów). Wybierz polecenie [seed]/[Part] i ustaw jednostkę przybliżonej wielkości globalnej na 1, to znaczy, że w tym przykładzie tylko jedna jednostka jest podzielona. Wybierz polecenie [Mesh]/[Part], wybierz opcję [Yes] w obszarze zachęty i utwórz siatkę modelu.

Krok 8 modyfikuje plik wejściowy modelu i tworzy początkowy warunek zmiennej stanu. Wybierz polecenie [Model]/[Edycja słów kluczowych]/[Model-1] i przed pierwszym krokiem dodaj instrukcję z wartością początkową zmiennej stanowej:

*w warunkach początkowych, typ = rozwiązanie

Część 1-1-1. Wszystkie, 10, 1, 0.1, 0. Cztery zmienne stanu reprezentują ciśnienie ograniczające, współczynnik modułu sprężystości przy ścinaniu, współczynnik tłumienia i maksymalne dynamiczne odkształcenie przy ścinaniu przed trzęsieniem ziemi. Ponieważ wartość *n* jest ustawiona na zero, ciśnienie ograniczające jest tutaj arbitralną wartością niezerową.

Krok 9 przedstawia pracę. Wejdź do modułu zadań, utwórz i prześlij zadanie o nazwie ex12-3. Zauważ, że podprogramy użytkownika są zaznaczone w zakładce ogólnej okna dialogowego edycji zadania.

4. Analiza wyników

Krok 1: Wejdź do modułu post-processingu wizualizacji i otwórz odpowiedni plik bazy danych wyników obliczeń.

Krok 2. Wybierz polecenie [Narzędzia]/[Dane XY]/[Utwórz], ustaw pole ODB Wyjście jako źródło danych krzywej XY w wyświetlonym oknie dialogowym tworzenia danych XY, kliknij przycisk [Dalej], ustaw pozycję jako środkową, a następnie wybierz odkształcenie ścinające E13 i naprężenie ścinające S13 jako zmienne wyjściowe w obszarze zmiennych wyjściowych poniżej okna dialogowego. Przejdź do zakładki Elementy/węzły, aby zapisać odpowiednie wyniki z jednostki 1.

Wybierz ponownie polecenie [Tools]/[XY-Data]/[Create], wybierz operację na danych XY i kliknij [Continue]. Krzywa zależności pomiędzy naprężeniem ścinającym i odkształceniem podawana jest za pomocą funkcji łączenia. Jak pokazano na rysunku 4-20, jest ona zgodna z teoretycznymi wynikami obliczeń, które pokazują, że podprograma osiągnęła oczekiwany cel.

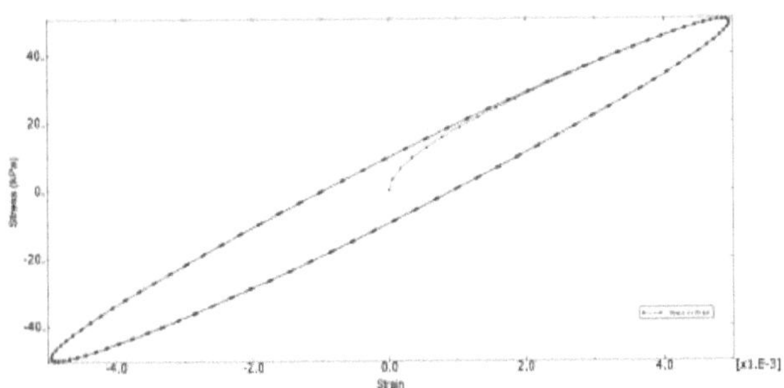

Rysunek 4-20 Pętla histerezy naprężenie-odkształcenie ścinające

4.7 Wtórne opracowanie modelu powierzchni granicznej

4.7.1 Teoria podstawowa

Model powierzchni granicznej może dobrze symulować akumulację odkształceń plastycznych gruntu pod obciążeniem cyklicznym, co przyciągnęło uwagę wielu naukowców. Ogólnie rzecz biorąc, model powierzchni granicznej ma następujące cechy:

(1) Powierzchnia graniczna jest określona w przestrzeni naprężeń, a stan naprężenia może opadać tylko do wewnątrz lub na powierzchnię graniczną.

(2) W powierzchni granicznej znajduje się powierzchnia nośna podobna do kształtu powierzchni granicznej i nie może ona przecinać się z powierzchnią graniczną.

(3) Wielkość powierzchni granicznej i powierzchni ładunkowej może być zmieniona zgodnie z określonymi przepisami dotyczącymi hartowania.

(4) Odkształcenie sprężyste jest obliczane na podstawie uogólnionego prawa Hooke'a i można uwzględnić nieliniową elastyczność gleby.

(5) Jeśli aktualny punkt naprężenia spada na powierzchnię graniczną, przyrost odkształcenia plastycznego jest określany przez prawo przepływu.

(6) Obciążenie plastyczne może występować również w glebie wewnątrz powierzchni granicznej. Moduł plastyczny jest określany przez odległość pomiędzy aktualnym punktem naprężenia a jego punktem rzutowym na powierzchnię graniczną, co wymaga odpowiedniego prawa mapowania.

Ta sekcja łączy w sobie model zaproponowany przez Zhou i Ng [10] aby wprowadzić wdrożenie modelu powierzchni granicznej w ABAQUS. Należy zaznaczyć, że ich model uwzględnia również wpływ temperatury na powierzchnię graniczną. Dla uproszczenia, w tej sekcji uwzględniono jedynie temperaturę pokojową.

1. Elastyczny przyrost odkształcenia

Elastyczne przyrosty objętościowe odkształceń $d\varepsilon_v^e$ i przyrostu odkształcenia sprężystego przy ścinaniu $d\varepsilon_s^e$może być wyrażona jako.

$$d\varepsilon_v^e = \frac{dp'}{K} \qquad (4-29)$$

$$d\varepsilon_s^e = \frac{dq}{3G_0} \qquad (4-30)$$

W którym, p' jest średnim naprężeniem efektywnym, K jest sprężystym modułem objętościowym, jest e współczynnikiem pustki, q jest naprężeniem odchylającym, oraz G_0 to elastyczny moduł ścinania. K jest brane jako.

$$K = \frac{1+e}{\kappa} p' \qquad (4-31)$$

Według Zhou i Ng's [10] Sugeruje się, że moduł ścinania może być brany pod uwagę jako funkcja związana ze współczynnikiem pustki i efektywnym ciśnieniem ograniczającym. Tutaj zależność pomiędzy parametrami sprężystymi jest po prostu wyznaczana w następujący sposób.

$$G_0 = \frac{3(1-2\mu)}{2(1+\mu)}K \qquad (4-32)$$

W którym, μ to proporcja Poissona.

2. Normalna krzywa konsolidacji

Normalnym równaniem krzywej konsolidacji gleby jest.

$$v = N - \lambda \ln(p'/p_{ref}) \qquad (4-33)$$

W którym, $v = 1 + e$ jest konkretną wielkością, a N jest przejęciem normalnej linii konsolidacji w $v \sim p'$ Powierzchnia.

3. Linia stanu krytycznego

Równanie linii stanu krytycznego na $p' \sim q$ Powierzchnia jest.

$$q = Mp' \qquad (4-34)$$

W którym, M jest współczynnikiem naprężenia w stanie krytycznym. Linia stanu krytycznego w$v \sim \ln p'$ Powierzchnia jest.

$$v = \Gamma - \lambda \ln(p'/p_{ref}) \qquad (4-35)$$

Gdzie Γ to przechwytywanie linii stanu krytycznego w $v \sim \ln p'$ Powierzchnia.

4. Powierzchnie graniczne

Równanie powierzchni granicznej jest.

$$F = \frac{q}{Mp'}^{n} + \frac{\ln(p'/p_0)}{\ln r} \qquad (4-36)$$

Gdzie, i $_{n}$ $_{r}$, są parametry materiałowe. Parametr $_{n}$określa krzywiznę powierzchni granicznej, a parametr $_{r}$określa odległość pionową pomiędzy normalną krzywą konsolidacji a linią stanu krytycznego na powierzchni granicznej. v~lnp'Powierzchnia. Wpływ i „kształt granicy przedstawiono odpowiednio na, rysunkach 4-21 i 4-22. Zgodnie z równaniem (4-36), gdy gleba osiągnie stan krytyczny (q = mp'), p' = p_0/rW takim razie.

$$r = \exp\left[\frac{(N - \Gamma)}{\lambda - \kappa}\right] \qquad (4-37)$$

Uwaga: Kiedy n = 1.6 i r = 2, kształt powierzchni granicznej jest w przybliżeniu taki sam jak w zmodyfikowanym modelu Cambridge.

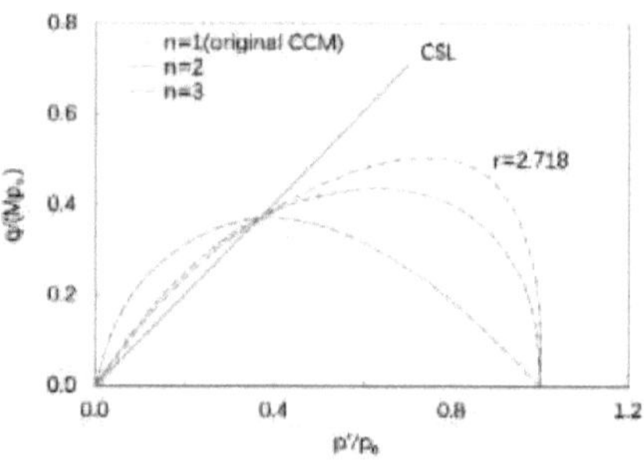

Rysunek 4-4-21 oddziaływania n na kształt powierzchni granicznej

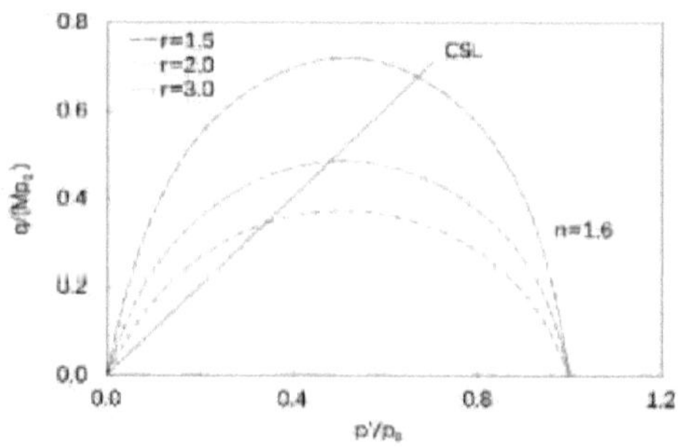

Rys. 4-22 r oddziaływania na powierzchnię graniczną

5. Przepisy dotyczące mapowania

Używając prawa mapowania promienia, jeśli środek projekcji jest brany jako zero przestrzeni naprężeń, to są one.

$$\frac{p'}{\bar{p}'} = \frac{q}{\bar{q}} = \frac{\rho}{\bar{\rho}} \qquad (4-38)$$

Gdzie, p' oraz q' są składnikami naprężeń w rzeczywistym punkcie; $\bar{p}'$, $\bar{q}$ są składowymi naprężeń w punktach obrazu na powierzchni granicznej; ρ oraz $\bar{\rho}$ są to odległości pomiędzy rzeczywistym punktem naprężenia a punktem obrazu i odpowiednio punktem środka projekcji.

6. Prawo przepływu

Biorąc pod uwagę niepowiązane prawo przepływu, współczynnik dylatacji D_s wyrażany jest jako

$$D_s = \frac{d\varepsilon_v^p}{d\varepsilon_s^p} = \frac{M^2(\rho/\bar{\rho}) - \eta^2}{2\eta} \qquad (4-39)$$

W którym, $d\varepsilon_v^p$ jest przyrostem objętościowego odkształcenia plastycznego, $d\varepsilon_s^p$ jest przyrostem odkształcenia plastycznego przy ścinaniu i $\eta = q/p'$ to współczynnik stresu. Gdy punkt naprężenia znajduje się na powierzchni granicznej, $\rho = \bar{\rho}$ Powyższa formuła zdegenerowała się do prawa przepływu przyjętego w zmodyfikowanym modelu Cambridge'a. Gdy punkt naprężenia znajduje się w obrębie powierzchni granicznej, wzór może odzwierciedlać rosnący trend dylatacji gruntu ze wzrostem współczynnika nadkonsolidacji (OCR).

7. Hartowanie prawa i warunki spójności powierzchni granicznych

Prawo hartowania powierzchni granicznej jest takie samo jak w konwencjonalnym modelu Cambridge.

$$dp_0 = p_0 \frac{v}{\lambda - \kappa} d\varepsilon_v^p \qquad (4-40)$$

W zależności od stanu konsystencji powierzchni granicznej.

$$\frac{\partial F}{\partial p'} dp' + \frac{\partial F}{\partial q} dq + \frac{\partial F}{\partial p_0} \frac{\partial p_0}{\partial \varepsilon_v^p} d\varepsilon_v^p = 0 \qquad (4-41)$$

Express $d\varepsilon_v^p$ jak $D_s d\varepsilon_s^p$ i uzyskać.

$$d\varepsilon_s^p = \frac{1}{K_p}\left\{\frac{\partial F}{\partial \sigma}\right\}^T \{d\sigma\} \qquad (4-42)$$

Gdzie, K_p jest modułem plastycznym, wyrażonym jako.

$$K_p = \frac{\partial F}{\partial p_0}\frac{\partial p_0}{\partial \varepsilon_v^p} D_s = \frac{v}{(\lambda-\kappa)\ln r}\frac{M^2-\eta^2}{2\eta} \qquad (4-43)$$

Powyższy wzór odnosi się tylko do punktów stanu na powierzchni granicznej. W przypadku, gdy punkt stanu znajduje się wewnątrz powierzchni granicznej, funkcję modułu plastycznego w powierzchni granicznej uzyskuje się zazwyczaj według najlepszego dopasowania relacji naprężenie-odkształcenie gruntu. Zhou i Ng [10] przybrał stosunkowo prostą formę.

$$K_p = \frac{v}{(\lambda-\kappa)\ln r}\left[\frac{M^2(\bar{\rho}/\rho)-\eta^2}{2\eta}\right] \qquad (4-44)$$

W którym, $\bar{\rho}/\rho$ jest wprowadzony w celu odzwierciedlenia, że im bliżej punktu stanu jest powierzchnia graniczna, tym mniejszy jest moduł plastyczny.

8. Matryca elastoplastyczna

W zależności od stanu konsystencji i pochodzenia, matryca elastyczno-plastikowa D_{ep} modelu można uzyskać:

$$[D]_{ep} = [D] - \frac{[D]\{C\}\left\{\frac{\partial F}{\partial \sigma}\right\}^T [D]}{K_p + \left\{\frac{\partial F}{\partial \sigma}\right\}^T [D]\{C\}} \qquad (4-45)$$

Gdzie, $\{C\}$ jest $\{C\} = \{A\}D_s + \{B\}$, $\{A\} = \{1/3 \;\; 1/3 \;\; 1/3 \quad 0 \;\; 0 \;\; 0\}^T$ $\{B\} = \frac{3}{2q}\{\sigma_{11}-p'/3 \;\; \sigma_{22}-p'/3 \;\; \sigma_{33}-p'/3 \quad 2\sigma_{12} \quad 2\sigma_{13} \quad 2\sigma_{23}\}^T$.

Uwaga: W ABAQUS napięcie jest dodatnie. Przy pisaniu podprogramów należy zwrócić uwagę na znaki dodatnie i ujemne.

4.7.2 Wybór algorytmów całkowania naprężeń

Powszechnie stosowane algorytmy integracji naprężeń sprężysto-plastycznych są ukryte i jednoznaczne. Algorytm domyślny jest reprezentowany przez algorytm backoffa, który obejmuje dwa etapy: przewidywanie sprężystości i korekcję plastyczną. Algorytm spiętrzenia sprężystego może generalnie zapewnić, że stan naprężenie-odkształcenie spełnia prawo przepływu, prawo hartowania oraz stan spójności powierzchni granicznej. Ma on dobrą dokładność, ale programowanie jest stosunkowo skomplikowane. Można zapoznać się z odpowiednią literaturą. Ulepszony integralny algorytm Eulera z kontrolą błędów jest tutaj wybrany.

W rzeczywistości, metoda ta jest podstopniowym algorytmem integracji naprężeń, który dzieli przyrost odkształcenia $\{\Delta\varepsilon\{\backslash i1\}$w serię podstopniowych przyrostów odkształcenia $\{\backslash i1\}\Delta\varepsilon_{ss}\}= \Delta T\{\Delta\varepsilon\}$, w którym $0<\Delta T\leq 1$, oraz długość każdego z etapów ΔT jest kontrolowane przez błędy.

(1) Naprężenie na początku kroku przyrostu obciążenia wynosi $\{\sigma\}$, zakładając, że $T= 0$, $\Delta T = 1$. Dla modelu powierzchni granicznej obciążenie jest sprężysto-plastyczne (wyładunek jest sprężysty), a macierz sztywności początkowej $[D_{ep}(\{\sigma\}, p_0)]$ jest określana według aktualnego stanu naprężenia i parametrów hartowania.

(2) Stopniowy przyrost szczepu określa się na podstawie $\{\Delta\varepsilon_{ss}\} = \Delta T\{\Delta\varepsilon\}$a pierwszy przyrost naprężenia jest szacowany przez$\{\Delta\sigma_1\} = [D_{ep}(\{\sigma\}, p_0)]\{\Delta\varepsilon_s\}$. Obliczany jest przyrost odkształcenia plastycznego i przyrost parametrów hartowania.

(3) Nowa matryca sztywności $[D_{ep}(\{\sigma\} + \{\Delta\sigma_1\}, p_0 + \Delta p_0)]$ {Y:i}jest ustalana w zależności od naprężenia.$\sigma + \Delta\sigma_1\}$ otrzymanego z pierwszego oszacowania, a następnie przyrostu naprężeń $\{\Delta\sigma_2\} = [D_{ep}(\{\sigma\} + \{\Delta\sigma_1\}, p_0 + \Delta p_0)]\{\Delta\varepsilon_s\}$ z drugiego oszacowania uzyskuje się.

(4) Obliczyć średni przyrost naprężenia zgodnie z $\{\Delta\sigma\}\frac{1}{2}(\{\Delta\sigma_1\} + \{\Delta\sigma_2\})$.

(5) Obliczyć błąd względny zgodnie z $R = \left\| \frac{1}{2}(\{\Delta\sigma_2\}\text{-}\{\Delta\sigma_1\}) \right\| \Big/ \left\| \{\sigma\} + \{\Delta\sigma\} \right\|$.

Jeśli R jest większe od wartości kontroli błędu SSTOL, to długość pod-kroka ΔT powinny zostać zredukowane, oraz $\Delta T_{nowy} = 0.8[SSTOL/R]^{1/2}\Delta T$ jest lepszy. Nowa przyrostowa długość kroku $\Delta T = \Delta T_{nowy}$ do (2) jest przeliczany. Jeśli $R \leq SSTOL$, przejdź do następnego kroku.

(6) Aktualizacja składnika naprężenia $\{\sigma\} = \{\sigma\} + \{\Delta\sigma\}$, odkształcenia plastyczne i parametry hartowania.

Uwaga: Błąd całki naprężeń sprężysto-plastycznych pochodzi głównie z pochodnej powierzchni plastycznej w niewłaściwym punkcie stanu naprężenia. Dlatego też algorytm musi zapewnić, że punkty stanu opadną na powierzchnię plastyczną w miarę możliwości. Doświadczenie pokazuje, że gdy SSTOL jest mniejszy niż 1×10^{-4} stan naprężenia poza powierzchnią plonu nie będzie zbyt poważny. W związku z tym w tym przypadku nie trzeba podejmować żadnych działań w celu skorygowania punktu stanu naprężenia na powierzchni plastycznej. W razie potrzeby punkty stanu naprężenia można skorygować, przyjmując podobne środki jak w przypadku algorytmu back-off.

(7) Wykonać zakres nowego przyrostu jednostopniowego o $T = T + \Delta T$ być określone przez $\Delta T_{nowy} = 0.8\,[SSTOL/R]^{1/2}\Delta T$ także. Jeśli $T + \Delta T_{nowy}$ przekracza 1, weź $\Delta T_{nowy} = 1\text{-}T$ i wrócić do kroku 2, aby ponownie przeliczyć.

(8) Gdy T=1, obliczenia kończą się, a macierz sztywności jest określona przez stan naprężenia punktu końcowego, który jest przypisany do matrycy Jacoba DDSDDE.

4.7.3 Podprogram UMAT dla modelu powierzchni granicznej

Podprogram UMAT dla modelu powierzchni granicznej jest ograniczony.for. W modelu uwzględniono siedem parametrów. PROPS (1) ~ (7) odpowiada $\lambda, \kappa, v, M, N, \Gamma$, oraz n odpowiednio. Trzy zmienne stanu odpowiadają odpowiednio współczynnikowi pustki, granicy plastyczności (naprężenie przed konsolidacją) i początkowemu współczynnikowi pustki. Kod programu i instrukcje są następujące.

```
SUBROUTINE UMAT (STRESS, STATEV, DDSDDE, SSE, SPD, SCD,
1 RPL, DDSDDT, DRPLDE, DRPLDT,
2 STRAN, DSTRAN, CZAS, DTIME, TEMP, DTEMP, PREDEE, DPRED, CMNAME,
3NDI, NSHR, NENS, NSTATV, REKWIZYTY, NROPS, COORDS, DROT, PNEWDT,
4 CELENT, DFGRDO, DFGRD1, NOEL, NPT, LAYER, KSPT, JSTEP, KINC),
C
OBEJMUJĄ "ABA_PARAM.INC
C
CHARAKTER *80 CMNAME
NAPRĘŻENIA WYMIAROWE (NENS), STATEV (NSTATV),
1 DDSDDE (NTENS, NTENS), DDSDDT (NTENS), DRPLDE (NTENS),
2 STRAN (NTENS), DSTRAN (NTENS), CZAS (2), PREDEFINIOWANE (1), DPRED (1),
3 REKWIZYTY (NP. KROPLE), AKORDY (3), KROPLA (3, 3), DEGRDO (3, 3), DFGRD1
(3, 3),
4 JSTEP (4)
WYMIAR DE1 (6, 6), DE2 (6, 6), DE (6, 6)
WYMIAR NAPRĘŻENIA1 (6), NAPRĘŻENIA2 (6), NAPRĘŻENIA1 (6), NAPRĘŻENIA2
(6)
WYMIAR FG1 (6), FG2 (6), FG (6)
WYMIAR DEP1 (6, 6), DEP2 (6, 6)
DIMENS ION DDSTRAN (6), ESTRESS (6)
SSTOL = 1E-3
C Standardowe PROPSy kontroli błędów (1)
FLAMA = REKWIZYTY (1)
FKAPA = REKWIZYTY (2)
FU = REKWIZYTY (3)
FM = REKWIZYTY (4)
FNO = REKWIZYTY (5)
FGAO = REKWIZYTY (6)
FN =PROPY (7)
Parametry C7
```

```
FR=EXP((FNO-FGAO)/(FLAMA-FKAPA))
FTIME = 0. 0
FDTIME = 1. 0
888 KONTEKST
FVOIDI =STATEV (1)
FPC1 =STATEV (2)
FVOIDO=STATEV (3)
WEZWAĆ SINV (STRES, SINVI, SINV2, NDI, NSHR)
C Ustawia naprężenie niezmienne w punkcie początkowym podstopniowego stopnia przyrostowego
FPI =SINV1
FQI =SINV2
IF (FQ1. LE. Le-5) FQ1=le-5
FSD1 =SQRT (FP1** 2+FQ1**2)
C Odległość od miejsca wystąpienia stanu naprężenia do miejsca pochodzenia
FKMOD1 = -(1+FVOID1) *FP1/FKAPA
FGMOD 1= FKMOD 1*3,0*(1-2,0*FU)/2,0/(1+FU)
C moduł masowy i moduł ścinania
CALL GETDE (FKMOD1, FGMOD1, DEL)
C Uzyskuje podskokową, przyrostową matrycę elastyczną punktu początkowego
FPFP=-FN*(-FQ1/FM/FP1) +*(FN-1) *(-FQ1/F)/FP1/FP1+1/FP1/L0G(ER)
FPFQ--FN"(-FQ1/EM/FP1) **(EN-1)/EM/FP1 FATA-FQ1/FP1
C Pochodne p i q dla powierzchni plonu, wskaźnik naprężenia
FPB1 =-FPC1*EXP (-((-FATA/EM) **EN) *LOG (FR))
FSDB1=-SORT (1+FATA**?) *FPB1
C STAN NAPRĘŻEŃ NA POWIERZCHNI GRANICZNEJ
FKP1=-(1+EVOID1)/(FLAMA-EKAPA)/LOG(FR)*(FMFM*(FSDB1/ESD1)-FATA*
1FATA)/2,0/FATA
FDS1 =(FM*FM*(FSD1/FSDB1)-FATA*FATA)/2,0/FATA
C moduł plastyczny i współczynnik dylatacji
999 KONTEKST
DO I =L, 6
DDSTRAN (I)=DSTRAN (I)*FDTIME
END DO
```

```
Odkształcenie przyrostowe stopnia C
CALL GETDEP (EPI, FQ1, STRESS, FDSL, FPFP, FPFQ, Del, FKPL, DEP1, DDSTRAN,
1FGS1, FF1, EG1)
C. Uzyskanie matrycy elastyczno-plastikowej
DEVP1 =FDS1*FGS1
C Objętościowy przyrost odkształcenia plastycznego
FPC2 =FPCI*EXP (-(1+FVOID1)/(FLAMA-FKAPA) *DEVP1)
WEZWIJ GETDSTRESS (DEP1, DDSTRAN, DSTRESS1).
C otrzymuje stres przyrostowy
DO I = 1,6
STRES1 (I)=STRES (I)+STRES1(I)
 END DO
C Pierwsza wartość próbna naprężenia w punkcie końcowym
DEV=(DDSTRAN ( 1)+DDSTRAN ( 2)+DDSTRAN ( 3))
FVOID2 =EXP (DEV)*(1+EVOID1)-1
C Współczynnik porowatości punktu końcowego
WEZWAĆ SINV (STRES1, SINV1, SINV2, NDI, NSHR)
FP2 = SINV1
 FQ2 = SINV2
IF (FQ2. LE 1e-5) FQ2 = le-5
FKMOD2 = - (1 + FVOID2) * FP2 / FKAPA
FGMOD2=FKMOD2 * 3. 0 * (1-2. 0 F0) / 2. 0 / (1-FU)
 CALL GETDE (FKMOD2, FGMOD2, DE2)
FPEP = -FN * ((-FQ2 / FM / FP2) * * (FN-1)) *(-FQ2/ FM / FP2/FP2+1/FP2/LOG(FR)
FPFQ=-FN*((-FQ2/FM/FP2) **(FN-1))/FM/FP2
 FATA = FQ2 / FP2
FSD2 = SQRT (FP2 * * 2 + FQ2 * * 2)
FPB2 = -FPC2 * EXP (- ((-FATA / FM) * * EN) * LOG (FR)
 FSDB2 = -SQRT (1 + FATA * * 2) * FPB2
FKP2 =-(1 + EVOID2) / (FLAMA-FKAPA) / LOG (FR) * (FM * FM * (FSDB2 / FSD2) -
FATA *
1FATA) / 2. 0 / FATA
FDS2 = (FM * FM * (FSD2 / FSDB2) -FATAEATA) / 2. 0 / FATA
CALL GETDEP (FP2, FQ2, STRESS1, FDS2, FPEP, FPFQ, DE2, FKP2, DEP2, DDSTRAN,
```

```
1FGS2, FF2, FG2)
DEVP2-FDS2 * FGS2
WEZWIJ GETDSTRESS (DEP2, DDSTRAN, DSTRESS2)
C Oblicza drugą wartość badania dla podstopniowego przyrostu naprężeń przyrostowych
DO I = 1, 6
ESTRES (I) = 0. 5 * (DSTRES2 (I) -DSTRES1 (I)))
STRES2 (I) = STRES (I) + 0. 5 * STRES1 (I) + 0. 5 * STRES2 (I)
END DO
FEIE = 0. 0
FEIS = 0. 0
FERR = 0. 0
DO I = 1, 6
FEIE = FEIE + ESTRESS (I) * ESTRESS (I)
FEIS = FEIS + STRESS2 (I) * STRESS2 (I)
END DO
FERR = SORT (FEIE / FEIS)
 JEŻELI (FERR. LE. 1E-8) FERR = 1E-8
FBETA = 0. 8 * SQRT (SSTOL / FERR)
JEŻELI (FERR. GT. SSTOL) WTEDY
JEŻELI (FBETA. LE 0. 1) FBETA = 0. 1
 FDTIME-FBETAXFDTIME
GOTO 999
 ELSE
FTIME = FTIME + EDTIME
JEŻELI (FBETA. GE. 2. 0) FBETA = 2. 0
FDTIME=FBETAXED TIME
KONIEC JEŻELI
C Określa nową długość kroku przyrostowego w oparciu o standard kontroli błędów
DO I = 1, 6
STRES (I)= STRES (I)+0,5* NAPRĘŻENIE 1(I)+0,5* NAPRĘŻENIE 2(I)
END DO
DEVP = 0,5*(DEVP1 + DEVP2)
FPC * EXP (- (1 + FV0ID1 / (FLAMA-FKAPA) DEVP)
STATEV (1) = FVOID2
```

```
STATEV (2) = EPC
C Błąd standardowy zaktualizowany stan punktu końcowego
JEŻELI (FTIME. LT 1) WTEDY
JEŻELI (FDTIME GT (1-OKRESOWY)) THEN
FDTIME = 1-FTIME
C Kontynuacja obliczeń kolejnego kroku przyrostowego
GOTO 888
KONIEC JEŻELI
WEZWAĆ SINV (STRES, SINVI, SINV2, NDI, NSHR)
FP = SINV1
FQ = SINV2
FVOID = FVOID2
STATEV (1) = FVOID2
STATEV (2) = FPC
FKMOD = - (1 + FVOID) * FP / FKAPA
FGMOD = FKMOD * 3. 0 * (1-2. 0 * F0) / 2. 0 / (1-FU)
CALL GETDE (FKMOD, FGMOD, DE)
IF (FQ. LE 1e-5) FQ = le-5
FPFP = -FN*((-FQ/FM/FP) ** (FN-1)) *(-FQ / FM) / FP / FP + 1 / FP / LOG (FR)
FPFQ = -FN * ((-FQ / FM / FP) * * (FN-1)) / FM / FP
FATA = FQ / FP
FSD = SORT (FPX * 2 + FQ * * 2)
FPB = -EPC * EXP (- ((-FATA / FM) * * FN) * LOG (FR)
FSDB = -SQRT (1 + EATAX * 2) * FPB
FKP = - (1 + FVOID) / (FLAMA-FKAPA) / LOG (FR) * (FM * FM (FSDB / FSD) -FATA*
1FATA) / 2. O / FATA
FDS = (FM * FM * (FSD / FSDB) -FATA * FATA) / 2. 0 / FATA
CALL GETDEP (FP, FQ, STRESS, FDS, FPEP, FPFQ, DE, FKP, DDSDDE, DSTRAN,
FGS1,
FF, FG
C oblicza matrycę sprężysto-plastyczną zgodnie ze stanem końcowym i podaje DDSDDE
ZWROT
END
GETDE SUBROUTINE (FKMOD, FGMOD, FDE)
```

```
C Funkcją tej podprogramy jest określenie osnowy elastycznej.
 OBEJMUJĄ "ABA_PARAM.INC
 WYMIAR FDE (6, 6)
DO I = 1, 6
 DO J = 1, 6
FDE (I, J) =0,0
END DO
 END DO
 FDE (1, 1) =FKMOD+4. 0 /3,0*FGMOD
FDE (2,2) =FKMOD+4,0/3,0*FGMOD
FDE (3, 3) =FKMOD+4,0/3,0*FGMOD
FDE (4, 4) =FGMOD
FDE (5, 5) =EGMOD
 FDE (6, 6) =FGMOD
FDE (1, 2) =FKMOD-20/3. 0 *FGMOD
FDE (1, 3) =FKMOD-20/3,0*FGMOD
 FDE (2, 1) =FKMOD-2,0/3,0*FGMOD
FDE (2, 3) =FKMOD-20/3. 0 *EGMOD
EDE (3,1) =FKMOD-20/3. 0 *FGMOD
FDE (3, 2) =FKMOD-20/3,0*EGMOD
 END
SUBROUTINE GETDSTRESS (FDE, DER, DS)
C Funkcją tej podprogramy jest określenie przyrostu naprężenia.
OBEJMUJĄ "ABA_PARAM.INC
 WYMIAR FDE (6,6), DER (6), DS (6)
Do=1,6
DS(I)=0,0
END DO
 DO I = 1, 6
DO J = 1,6
DS (I)=DS (I)+FDE (I, J) *DER (J)
END DO
END DO
 END
```

```
SUBROUTINE GETDEP (FP, FQ, ESTRESS, FDS, FPFP, FPFQ, FDE, FKP, DEP, DER,
FGS, IFF, FG)
C Funkcją tej podprogramy jest określenie matrycy elastyczno-plastycznej.
ZAWIERAJĄ "ABA_PARAM .INC
WYMIAR ESTRESS (6), FDE (6,6), DEP (6, 6), DER (6)
WYMIAR FA (6), FB (6), FC (6), FD (6), FE (6), FG (6) FH (6, 6)
FA (1) = 1,0/3,0
FA (2) = 1,0/3,0
FA (3) = 1,0/3,0
FA (4) =0
FA (5) =0,0
FA (6) =0,0
FB (1) = 1,0/2,0/FQ*(2*ESTRES (1)-FSTRES (2)-FSTRES (3))
FB (2) = 1,0/2,0/FQ*(2*FSTRES (2)-FSTRES (1)-FSTRES (3))
FB (3) = 1,0/2,0FQ*(2*FSTRES (3)-FSTRES (1)-ESTRES (2))
FB (4) = 3,0/2,0/FQ*2* FSTRESS (4)
FB (5) = 3,0/2,0/FQ*2 FSTRESS (5)
FB (6) = 3,0/2,0/FQ*2* FSTRESS (6)
DO I=1,6
FC (I)=FDS*FA(I)+FB(I)
FD (I)=FPFP*FA(I)+FPFQXFB(I)
 END DO
DO I = 1,6
FE (I)=0,0
 DO J = 1, 6
FE (I)=FE(I)+ED (J)*FDE (I, J)
END DO
END DO
FF=0,0
DO I = 1, 6
FF = FE + FE (I) EC (I)
END DO
DO I = 1, 6
FG (I) = 0. 0
```

```
DO J = l, 6
FG (I) -FG (I) + FDE (I, J). FC (J) -FG (I) + FDE (I, J)
END DO
 END DO
DO I=1, 6
Do J=1, 6
FH (I, J) FG (I). FE (J)
END DO
END DO
DO I=1, 6
Do J=1, 6
DEP (I, J) FDE (I, J) -1 / (FKP + FE) *FH (I, J)
 END DO
END DO
 FGS=0. 0
FGS = FGS + FE (I) DER (I) / (FKP + FE)
END DO
FUNLOAD=0 0
DO I = 1, 6
FUNLOAD-FUNLOAD + FD (I) *DER (I)
END DO
JEŻELI (FUNLOAD. LT 0) WTEDY
DO I = 1, 6
Do J = 1, 6
DEP (I, J) =FDE (I, J)
END DO
END DO
FGS = 0
KONIEC JEŻELI
 END
```

4.8 Przykład modelu powierzchni granicznej

4.8.1 Próba ściskania izotropowego

1. Opis problemu

W celu zweryfikowania symulacji odkształcenia plastycznego w powierzchni granicznej przy użyciu techniki rozwoju wtórnego, symulowana jest próbka do ściskania izotropowego. Dla uproszczenia, model jest przyjmowany jako jednostka 1m x 1m x lm, początkowe średnie naprężenie skuteczne modelu gruntu wynosi $p_0^{'}=$ 100kPa, a współczynnik nadmiernej konsolidacji (OCR) wynosi 1, 2 i 4.$\lambda, \kappa v, M, N, \Gamma$ a n to odpowiednio 0,15, 0,05, 0,3, 1,2, 2,69078, 2,62146 i 1,6. Zmienne stanu określa się według współczynnika nadkonsolidacji. Pliki cae, w tym przypadku, to ex12-4-01 cae, ex12-4-01.cae i ex12-4-04 cae (odpowiadające współczynnikom nadkonsolidacji 1, 2 i 4, odpowiednio).

2. Nacisk w studium przypadku

- o Zastosowanie podprogramu granicznego UMAT.
- o Rozwój odkształceń plastycznych w powierzchni granicznej.

3. Model i rozwiązanie

Elementy z etapu 1. W module części, polecenie [Part]/[Create] jest wybierane w celu utworzenia 1.0m x 1.0m x 1.0m deformowalnego ciała o nazwie part-1. Ponieważ główną treścią weryfikacji jest zależność naprężenie-odkształcenie, nie ma potrzeby symulowania próbki cylindrycznej. Wybierz polecenie [Tools]/[Set]/[Create] (Narzędzia]/[Utwórz], aby ustawić cały stan graniczny odkształconego elementu i zapisać cae jako ex2-4-01.cae.

Charakterystyka materiału i sekcji z etapu 2. W module właściwości wybierz polecenie [Material]/[Create], aby utworzyć materiał o nazwie material-1. W oknie dialogowym edycji materiału wybierz polecenie [Ogólne]/[Depvar], ustaw liczbę zmiennych stanu materiału na 3 i ustaw parametry modelu zgodnie z podanymi parametrami.

Uwaga: Model powierzchni granicznej nie daje potencjalnej powierzchni plastycznej, ale bezpośrednio daje współczynnik dylatacji (kierunek przyrostu odkształcenia plastycznego), który nie jest zależny od fazy, więc matryca elastyczno-plastyczna jest asymetryczna. W oknie dialogowym edycji materiału, zaznacz pole wyboru Użyj niesymetrycznej matrycy sztywności materiału.

Etap 3 części montażowe. Wejdź do modułu zespołu, wybierz polecenie [Wystąpienie]/[Utwórz], wybierz część 1 w obszarze części okna dialogowego Utwórz instancję i zakończ po wybraniu [Ok], aby potwierdzić. Abaqus automatycznie nadaje nazwę instancji part-1-1.

Krok 4: definicja etapu analizy. Wprowadź moduł kroku, wybierz polecenie [Krok]/[Utwórz], wstaw *ggeostatyczny krok analizy o nazwie geoni po kroku analizy wstępnej (początkowy krok w programie ABAQUS) i zaakceptuj opcję domyślną. Ponownie wybierz polecenie [Krok]/[Utwórz], dodaj po kroku analizy geostatycznej, ogólny krok analizy statycznej, ustaw całkowity czas na 1, krok początkowy na 0.1, pozostaw krok minimalny na 1×10^{-5} 0.1, maksymalny na 0.1, ustaw na algorytm asymetryczny.

Wybierz polecenie [Output]/[Field Output Requests] i dodaj SDV w opcji state/field/user/time jako zmienną wyjściową.

Krok 5 - obciążenie i warunki brzegowe. Wprowadź moduł obciążenia, wybierz polecenie [BC]/[create], odtwórz U3 na Z = 0 w środku kroku analizy początkowej i ogranicz U1 na X = 0 i U2 na Y = 0.

Wybierz polecenie [Obciążenie]/[Utwórz] i w kroku analizy geoiniego przyłóż do powierzchni gruntu obciążenie ciśnieniem 100kPa (z wyjątkiem powierzchni wykresu stanu granicznego przemieszczenia). Wybierz polecenie [Obciążenie]/[Menedżer], otwórz okno dialogowe zarządzania obciążeniem i zmień ciśnienie na 800 w kroku analizy sprężania.

Krok 6 stres początkowy. Wybierz polecenie [Predefiniowane pole]/[stwórz]. W oknie dialogowym tworzenia predefiniowanego pola, ustaw granicę kroku jako początkową (początkowy krok w programie ABAQUS), wpisz jako mechaniczną, wpisz jako naprężenie, kliknij [Dalej] i naciśnij polecenie w obszarze wyświetlania, aby wybrać całą jednostkę. Ustaw trzy naprężenia dodatnie na -100kPa, a trzy naprężenia ścinające na 0.

Krok 7 Wartość początkowa zmiennej stanu. Podobnie jak w przypadku zmiennych polowych, zmienne stanowe nie mogą być ustawiane w cae. Wybierz polecenie [Model]/[Edycja słowa kluczowego]/[Model-1], otwórz okno dialogowe edycji słów kluczowych, model: model-1, przewiń suwak po prawej stronie, znajdź instrukcję definicji (*step) pierwszego kroku analizy i wstaw instrukcję definiującą wartość początkową zmiennej stanowej przed nią.

* Initial conditions, type= solution: słowo kluczowe solution wskazuje, że zdefiniowana jest zmienna stanu.

Pat-1-1 gleba, 1, 100, 0, 1: co jest z kolei liczbą jednostkową (zestaw), trzema zmiennymi stanu (stosunek pustki, ciśnienie przed zagęszczeniem, stosunek pustki początkowej).

Etap 8 - oczko. W module mesh należy wybrać opcję obiektu na pasku środowiska jako część, co oznacza, że podział siatki odbywa się na poziomie części. Wybierz polecenie [Mesh]/[Controls], ustaw kształt elementu jako sześciokąt w oknie dialogowym sterowania siatką, a technikę jako strukturalną. Wybierz polecenie [Mesh]/[Element Type], a w oknie dialogowym Typ elementu, ustaw C3D8 jako typ komórki. Wybierz polecenie [Seed]/[Part], przybliżony rozmiar globalny w oknie dialogowym Global seed do 1.0, a następnie zaakceptuj pozostałe opcje domyślne. Wybierz polecenie [Mesh]/[Part] i kliknij przycisk [Yes] (Tak) w obszarze komunikatów, aby utworzyć siatkę modelu.

Krok 9 przedstawia pracę. Wprowadź moduł zadania, wybierz polecenie [Zadanie]/[Utwórz], ustaw nazwę ex12-4-01 w oknie dialogowym tworzenia zadania i ustaw miejsce na bounding.for w podprogramie użytkownika w zakładce ogólnej okna dialogowego edycji zadania. Wybierz polecenie [Job]/[Submit]/[ex12-4-01] i wykonaj obliczenia.

Krok 10 zapisz ex12-4-0 1. cae jako exl2-4-02.cae, wybierz polecenie [Model]/[Edytuj słowa kluczowe]/[Model-1] i zmień sposób podawania odpowiednich zmiennych na:

*Initial conditions, type=solution

Część 1-1. gleba, 0.9307,200.0,0,9307

Zmień nazwę pracy exl2-4-02 i prześlij kalkulację.

Krok 11 zapisz exl2-4-0l.cae jako ex.1 2-4-0 4.cae, wybierz polecenie [Model]/[Edytuj słowa kluczowe]/[Model-1] i zmień odpowiednie polecenie zmiennej na [Model-1]:

*Initial conditions, type=solution

Część 1-1. gleba, 0,8614,400,0,8614

Zmień nazwę pracy exl2-4-04 i prześlij kalkulację.

Uwaga: Odpowiedni wskaźnik porów w stanie nadkonsolidowanym wynosi N- λln (p_0)+κln (*OCR*).

4. Analiza wyników

Wybierz polecenie [Tools]/[XY-Data]/[Create] (Narzędzia)/[XY-Data]/[Create] (Utwórz), wybierz wyjście pola ODB jako źródło danych krzywej XY w oknie dialogowym tworzenia danych XY, kliknij przycisk [Continue] (Kontynuuj) i pojawi się okno dialogowe XY-data z wyjścia pola ODB. Na liście rozwijanej pozycji w zakładce Zmienne wybierz element środkowy, co oznacza wyciągnięcie wyniku z punktu środkowego jednostki. W obszarze zmiennych wyjściowych poniżej okna dialogowego wybierz SDVl (w tym przypadku wskaźnik pustej przestrzeni) i średnie ciśnienie jako zmienne wyjściowe. Przejdź do zakładki Elementy/węzły, wybierz metodę z rzutni, wybierz opcję [Edytuj zaznaczenie] po prawej stronie, postępuj zgodnie z poleceniami w obszarze komunikatów, aby wybrać jednostkę-1 na ekranie, kliknij [Gotowe] w obszarze komunikatów i powróć do danych xy z okna dialogowego wyjściowego pola ODB, kliknij [Zapisz], aby zapisać wyniki jednostki-1, i kliknij [Odrzuć], aby zamknąć okno dialogowe.

Wybierz ponownie polecenie [Tools]/[XY-Data]/[Create], wybierz operację na danych XY w oknie dialogowym create XY-data i narysuj krzywą kompresji, jak pokazano na Rysunku 4-23, używając funkcji logu i funkcji łączenia. Zgodnie ze zmodyfikowaną teorią modelu Cambridge'a punkt stanu gruntu normalnie skonsolidowanego przesuwa się wzdłuż normalnej linii konsolidacji po poddaniu go ciśnieniu, podczas gdy grunt nadmiernie skonsolidowany przesuwa się najpierw wzdłuż linii odbicia wyładunku, a następnie wzdłuż normalnej linii konsolidacji, gdy naprężenie osiągnie naprężenie przedkonsolidacyjne. W przypadku modelu powierzchni granicznej wyniki obliczeń dla gruntu normalnie zagęszczonego są zgodne ze zmodyfikowaną teorią modelu Cambridge'a, ponieważ kształt granicy i prawo powierzchni utwardzającej modelu powierzchni granicznej jest zgodne ze zmodyfikowanym modelem Cambridge'a przy wybranych parametrach. Jednakże krzywa ściskania nadkonsolidowanego gruntu stopniowo odchyla się od linii odbicia wyładunku wraz z obciążeniem, co odzwierciedla rozwój odkształceń plastycznych w powierzchni granicznej i powoduje płynną zmianę pomiędzy sprężystością a plastycznością.

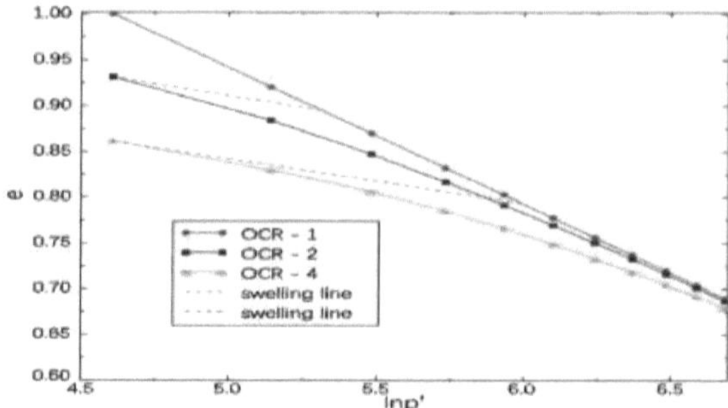

Rysunek 4-23 Wpływ wskaźnika nadmiernej konsolidacji na krzywą ściskania

Uwaga: Można dalej analizować zmienność granicy plastyczności i innych zmiennych oraz zrozumieć charakterystykę modelu powierzchni granicznej.

5. Przykładowa rozbudowa

Ta sekcja zatwierdza podprogram UMAT do symulacji załadunku i rozładunku.

Krok 1 zapisuje ex12-4-02.cae jako exl2-4-02-unload. cae.

Krok 2 wejdź do modułu krokowego, wybierz polecenie [Krok]/[Utwórz], a po kroku analizy kompresji wstaw po kolei rozładowanie lub ponowne załadowanie. Ustawienia czasu i wielkości kroku są takie same jak w przypadku etapu analizy kompresyjnej.

Krok 3 wejdź do modułu obciążenia i wybierz polecenie [Load]/[Manager]. W oknie dialogowym Menedżera obciążeń zmień uprzednio zdefiniowane obciążenie ciśnieniowe na 100 w kroku analizy rozładowania i 800 w kroku analizy ponownego obciążenia.

Krok 4 wejdź do modułu zadań i zmień nazwę zadania ex12-4-02-wyładowanie, aby wykonać nowe obliczenie zgłoszenia.

Krok 5 Rysunek 4-24 przedstawia krzywą zależności między obliczonym współczynnikiem pustki a ciśnieniem. W tym przypadku rozładunek jest przeprowadzany za pomocą matrycy sprężystej, stosunek pustej przestrzeni jest odbijany o nachylenie κa deformacja plastyczna nadal występuje w powierzchni granicznej po obciążeniu. Ponieważ powierzchnia graniczna jest powiększona przez obciążenie początkowe, moduł plastyczny jest większy, a krzywa rekompresji wolniejsza od początkowej krzywej ściskania.

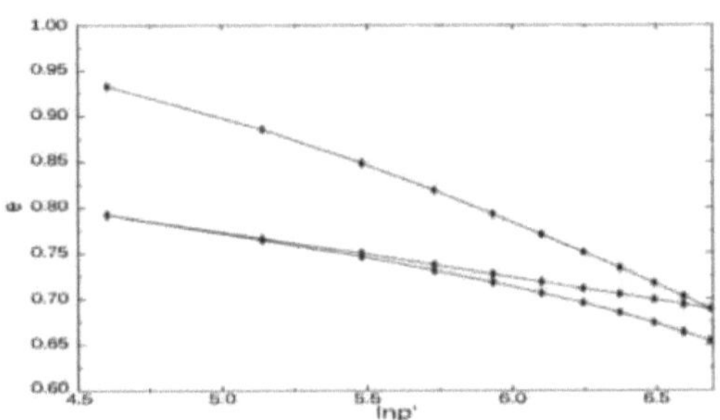

Rysunek 4-24 Zależność między stosunkiem pustej przestrzeni a ciśnieniem w cyklach załadunku i rozładunku

4.8.2 Przykład ściskania drenażu trójosiowego

1. Opis problemu

W celu weryfikacji symulacji zachowania się przy ścinaniu przez podprogramy UMAT na powierzchni granicznej, przeprowadza się symulację trójosiowego ściskania na jednostce. Pliki CAE, w tym przypadku to ex12-5-02.cae i ex12-5-04. cae (odpowiadające odpowiednio *OCR=l*, 2 i 4).

2. Nacisk w studium przypadku

- o Zachowanie gleb na ścinanie symulowane przez model powierzchni granicznej.

3. Model i rozwiązanie

Krok 1 zapisuje ex12-4-01.cae jako exl2-5-01.cae.

Krok 2 wejdź do modułu obciążenia, wybierz polecenie [Load]/[Manager] i zmień obciążenie ciśnienia w kroku analizy sprężarki z powrotem na 100kPa.

W kroku 3 wybierz polecenie [BC]/[Create] w module obciążenia i określ, że przemieszczenie U3 na powierzchni Z = 1 wynosi -0,3 w kroku analizy sprężania.

Krok 4 wchodzi do modułu zadań, tworzy i wysyła zadanie exl2-5-01.

Krok 5 podobnie przedstawia pracę o współczynnikach nadkonsolidacji wynoszących 2 i 4.

4. Analiza wyników

Z rysunków 4-25~4-27 wynika porównanie obliczonych wyników modelu powierzchni granicznej i zmodyfikowanego modelu gliny Cambridge'a o różnych współczynnikach nadkonsolidacji. Z rysunków wynika, że wyniki obliczeń obu modeli w normalnym stanie konsolidacji są w zasadzie spójne, ponieważ prawo utwardzania i współczynnik dylatacji modelu powierzchni granicznej z wybranymi parametrami w tym przykładzie są zgodne ze zmodyfikowanym modelem Cambridge'a, a powierzchnia uzysku jest w zasadzie zbliżona. W warunkach nadkonsolidacji, początkowy przekrój obciążenia modelu Cambridge'a znajduje się w powierzchni plastycznej, która jest przekrójem sprężystym, natomiast odkształcenie plastyczne jest dopuszczalne w powierzchni granicznej, a początkowy przekrój krzywej naprężenie-odkształcenie jest gładszy, co lepiej odzwierciedla zachowanie się gruntu przy ścinaniu.

Uwaga: Krzywa uzyskana przy mniejszej wielkości kroku przyrostowego jest bardziej gładka.

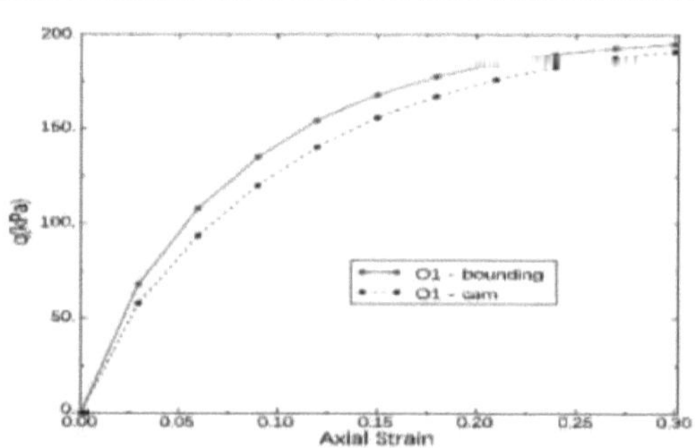

Rysunek 4-25 osiowe ukośne (OCR=1)

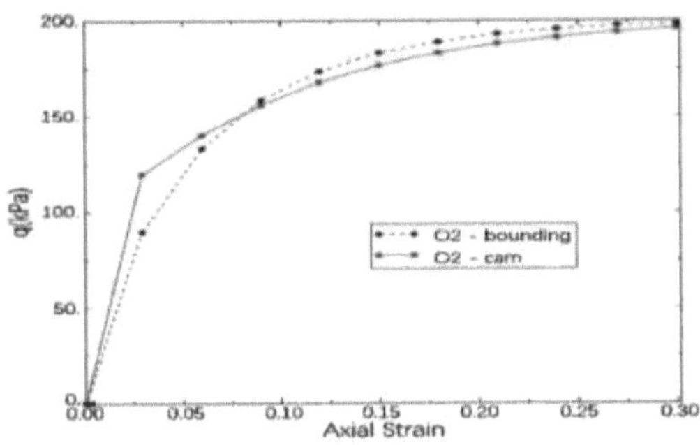

Rysunek 4-26 Symetryczne odkształcenie symetryczne osiowe naprężenia (OCR=2)

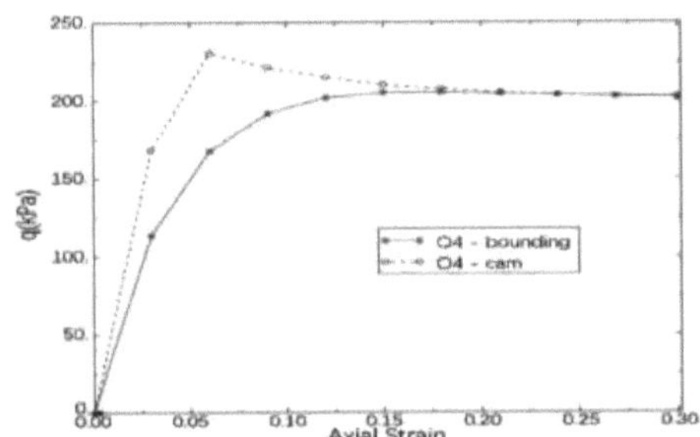

Rysunek 4-27 Symetryczne odkształcenie symetryczne osiowe naprężenia (OCR=4)

4.8.3 Niepohamowana dynamiczna symulacja trójosiowa

Przykład exl2-6.cae

1. Opis problemu

W analizie symulowany jest konwencjonalny trójosiowy stan dynamiczny, tzn. utrzymanie ciśnienia bocznego na niezmienionym poziomie, przy zastosowaniu osiowego ciśnienia okresowego gleby. $\pm\sigma_d$. W analizie, σ_d jest sinusoidalną falą o częstotliwości 1Hz i pojedynczej amplitudzie 30kPa. Wielkość i parametry modelu są takie same jak exl2-4. W tym przypadku symulowany jest tylko normalny grunt koherentny.

2. Nacisk w studium przypadku

- Wspólne korzystanie z niestandardowych materiałów i samodzielnych modeli ABAQUS.
- Zdolność modelu powierzchni granicznej do symulacji właściwości gruntu w warunkach obciążeń cyklicznych nieosłoniętych.

3. Model i rozwiązanie

Krok 1 zapisuje ex124-01.cae jako ex12-6.cae.

Krok 2 wchodzi do modułu właściwości, wybierz polecenie [Materiał]/[Edycja]/[Gleba], wybierz polecenie [Inne]/[Pore Fluid]/[Przepuszczalność] w oknie dialogowym edycji materiału, ustaw współczynnik przepuszczalności na 1×10^{-6} i masę objętościową płynu do $10 kN/m^3$.

Krok 3 wchodzi do modułu krokowego, wybieramy polecenie [Krok]/[Utwórz], po kroku analizy geoiniego wstawiamy krok gruntowy o nazwie cykliczny, łączny czas ustawiamy na 10, początkowy krok wynosi 0,1, maksymalny krok wynosi 0,1, a maksymalny nacisk na pory można zmienić na 10. Przyjmuje się algorytm asymetryczny.

W kroku 4 wybiera się polecenie [Krok]/[Usuń] w module kroku, aby usunąć czas kroku analizy kompresji. Wybierz polecenie [output]/[Field Output Request], aby zwiększyć por do zmiennej wyjściowej.

Krok 5 wchodzi do modułu obciążenia, wybiera się polecenie [Load]/[Manger] i zmienia obciążenie ciśnieniowe w kroku analizy sprężarki z powrotem na 100kPa.

Krok 6: określenie cyklicznej krzywej amplitudy obciążenia. Wybierz polecenie [Narzędzia]/[Amplituda]/[Utwórz], wybierz typ jako okresowy, kliknij

[Kontynuuj], aby wyświetlić okno dialogowe edycji amplitudy. Ustaw częstotliwość kołową (częstotliwość kołowa) ω do 3.14, czas początkowy $t_0 = 0$, amplituda początkowa A_0 do 0, A do 0, B do 1.

Krok 7: definicja obciążeń cyklicznych. W module obciążenia wybierz polecenie [Obciążenie]/[Utwórz], w kroku analizy sprężania zastosuj obciążenie ciśnieniowe 30kPa na górnej powierzchni (= 1 powierzchnia) i wybierz krzywą amplitudy amp-1 zdefiniowaną wcześniej na liście rozwijanej amplitudy.

Krok 8: Wstępna definicja współczynnika pustki. W module obciążenia wybierz polecenie [Predefined Field]/[Create], ustaw krok analizy jako początkowy, kategorię jako inną, wpisz jako stosunek pustki, kliknij [Continue], wybierz grunt na ekranie i ustaw stosunek pustki początkowej na 1.

Krok 9 - oczko. Wybierz polecenie [Mesh]/[Element Type], aby zmienić jednostkę gruntu na C3D8P.

Uwaga: Początkowy współczynnik pustki jest tu ustawiony do celów obliczenia ciśnienia w porach. Współczynnik pustki w tym miejscu nie zostanie wprowadzony do UMAT.

Krok 10 wejdź do modułu zadań, utwórz i prześlij zadanie o nazwie exl2-6.

4. Analiza wyników

Krok 1 Rysunek 4-28 przedstawia efektywną ścieżkę stresu. Dla porównania, amplituda naprężenia dynamicznego 60kPa została przedstawiona na rys. 4-29. W warunkach nieosłoniętego obciążenia występuje odkształcenie plastyczne, wzrasta ciśnienie w porach, a efektywna ścieżka naprężenia stopniowo zmienia się w lewo, aż do osiągnięcia linii stanu krytycznego, która jest zgodna z ogólnym prawem gruntowym.

Etap 2 Rysunek 4-30 przedstawia zależność pomiędzy naprężeniem odchylającym a naprężeniem osiowym. Dla porównania, amplituda naprężenia dynamicznego wynosi 60kPa, co pokazano na rysunkach 4-31. Jak widać na wykresie, wraz ze wzrostem liczby cykli obciążenia, odkształcenie szczątkowe nadal się rozwija, a pętla histerezy odchyla się w prawo, co jest zgodne z prawem ogólnym. Zdefiniowana przez użytkownika podprograma materiałowa opracowana na obliczonej powierzchni może być stosowana w połączeniu z jednostką nacisku na pory.

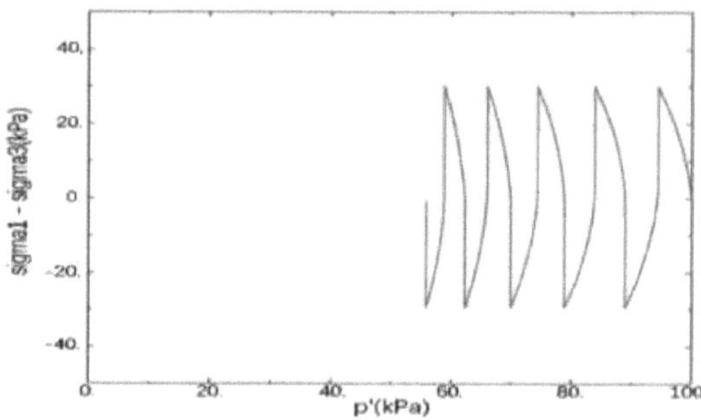

Rysunek 4-28 Skuteczna ścieżka naprężeń

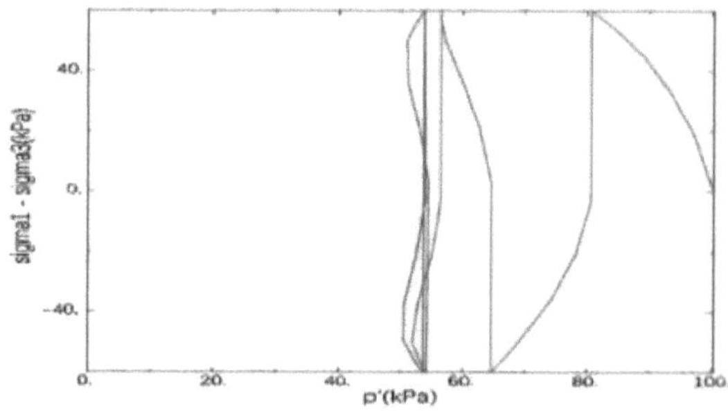

Rysunek 4-29 Efektywna ścieżka naprężenia o amplitudzie naprężenia dynamicznego 60kPa

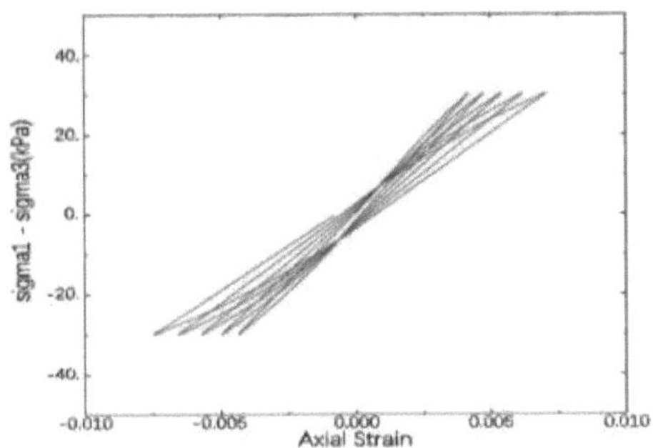

Rysunek 4-30 Zależność między naprężeniem odchylającym a naprężeniem osiowym

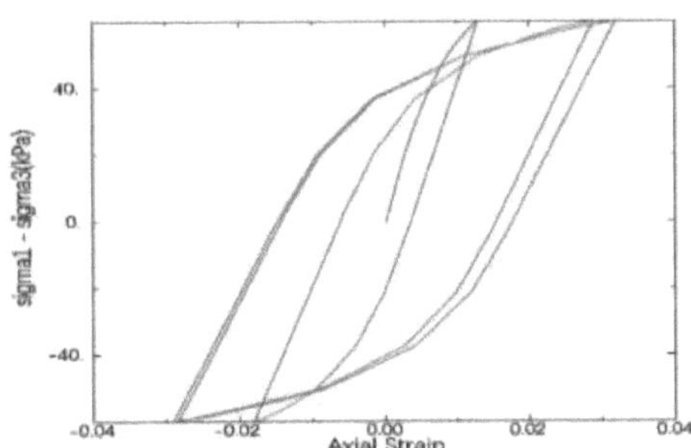

Rysunek 4-31 Zależność pomiędzy naprężeniem odchylającym a odkształceniem osiowym (amplituda naprężenia dynamicznego 60kPa)

4.9 Streszczenie tego rozdziału

Niniejszy rozdział wprowadza głównie metodę programowania podrzędnego użytkownika UMAT i proces modelu Duncana, równoważny liniowy model lepkosprężysty i model powierzchni granicznej oraz zatwierdza go na przykładzie. Zgodnie z metodą wprowadzoną w tym rozdziale, użytkownicy mogą korzystać z zalet programu ABAQUS, takich jak wygodna obróbka wstępna i końcowa, wysoka dokładność obliczeń i duża zdolność do symulowania złożonych problemów oraz rozszerzania zakresu zastosowania oprogramowania ABAQUS w budownictwie hydraulicznym/geotechnicznym.

5 Jednostka zdefiniowana przez użytkownika

Streszczenie

Podprogram UEL (ABAQUS/Standard) lub VUEL (ABAQUS/Explicit) oferowany przez ABAQUS może umożliwić użytkownikom elastyczne tworzenie jednostek zdefiniowanych przez użytkownika. W niniejszym rozdziale przedstawiono wtórny proces tworzenia jednostek zdefiniowanych przez użytkownika w programie ABAQUS/Standard w połączeniu z elementami belki i elementami stykowymi bez grubości.

Główne punkty tego rozdziału obejmują.

- o Skład podprogramu UEL.
- o Skład podprogramowy UELMAT.
- o Jak korzystać z jednostek niestandardowych.
- o Przykład rozwoju jednostki na zamówienie.

Słowa kluczowe: Podprogramy VUEL; podprogramy UEL; jednostki zdefiniowane przez użytkownika; elementy belki; elementy stykowe bez grubości; matryca sztywności MATRX modelu.

5.1 Wprowadzenie podprogramu UEL

5.1.1 Funkcja podprogramu

UEL to zdefiniowana przez użytkownika podprogram jednostki dostarczana przez ABAQUS. Jej głównym zadaniem jest aktualizacja udziału jednostki w niezbalansowanej sile RHS i matrycy sztywności MATRX modelu zgodnie z informacjami z programu głównego ABAQUS. Jeśli to konieczne, zmienna stanowa SVARS musi zostać zaktualizowana. Użytkownicy UEL mogą rozwijać jednostki odpowiednie dla specyficznych wymagań. Należy zaznaczyć, że podprogramy UEL są stosunkowo trudne do napisania, a użytkownik musi mieć pewne mechaniczne i matematyczne podstawy.

5.1.2 Zasada działania UEL

Wkład elementu w równoważną siłę węzłową można zapisać w następujący sposób.

$$F^N = F^N(u^M, H^a) \qquad (5-1)$$

W którym, F^N,u^M oraz H^a są odpowiednio równoważnymi siłami węzłowymi, zmiennymi węzłowymi i zmiennymi polowymi, a indeks górny reprezentuje liczbę. Wszystkie one są pojęciami w szerokim znaczeniu. Dla problemów mechanicznych, u^M zazwyczaj odnosi się do przemieszczenia, podczas gdy F^N reprezentuje siłę. W przypadku problemów z przewodnictwem cieplnym, u^M przedstawia temperaturę i F^N reprezentuje strumień cieplny. W obliczeniach ABAQUS siła węzłowa generowana przez obciążenie zewnętrzne jest dodatnia, a równoważna siła węzłowa generowana przez naprężenie wewnętrzne jest ujemna. Weźmy na przykład mechanikę.

$$F^N = \int_s N^N.tds + \int_V N^N.fdV - \int_V \beta^N:\sigma dV \qquad (5-2)$$

W rozwiązaniu iteracji Newtona problemu nieliniowości ABAQUS konieczna jest znajomość aktualnej matrycy sztywności i niewyważonej siły. Dlatego w UEL konieczne jest zdefiniowanie udziału F^N (siła) oraz $-dF^N/du^M$ (matryca sztywności) elementu do powiązanych elementów. Należy zauważyć, że $-dF^N/du^M$ powinny obejmować bezpośredni i pośredni wpływ u^M na stronie F^N. Jeśli zmienna polowa H^ajest skorelowany z u^MMatryca sztywności powinna również uwzględniać wpływ $-(\partial F^N/\partial H^a)(H^a/\partial u^M)$.

Uwaga: W analizie dynamicznej, jeżeli prędkość lub przyspieszenie ma wpływ na siłę, matryca sztywności obejmuje $-(\partial F^N/\partial u^M)$-$(\partial F^N/\partial \dot{u}^M)(d\dot{u}/du)_{t+\Delta t}$-$(\partial F^N/\partial \ddot{u}^M)(d\ddot{u}/du)_{t+\Delta t}$.

5.1.3 Format podprogramu i opis zmiennych

1. Format podrzędnego formatu UEL jest następujący

```
PODPROGRAMOWY UEL (RHS, AMATRX, SVARS, ENERGIA, NDOFEL, NRHS,
NSVARS
1PROPS, NROPS, COORDS, MCRD, NNODE, U, DU, V, A, JTYPE, TIME, DTIME,
2KSTEP, KINC, JELEM, PARAMS, NDLOAD, JDLTYP, ADMAG, PREDEF, NREDE,
3LFLAGS, MLVARX, DDLMAG, MDLOAD, PNEWDT, JPROPS, N) P, PERIOD)
C
OBEJMUJĄ "ABA_PARAM.INC
C
WYMIAR RHS (MLVARX, *), AMATRX (NDOFEL, NDOFEL), PODPORY (*)
1SVARS (*), ENERGIA (8), AKORDY (MCRD, WĘZEŁ), U (NDOFEL)
2DU (MLVARX, *), V (NDOFEL), A (NDOFEL), CZAS (2), PARAMS (*)
3JDLTYP (MDLOAD, *), ADLMAG (MDLOAD, *), DDLMAG (MDLOAD, *)
 4 PREDEE (2, EFR, WĘZEŁ), LFLAGI (*), JPROPY (*)
Kod użytkownika Definicja RHS, AMATRX, SVARS, ENERGY I PNEWDT
ZWROT
END
```

2. Opis zmienny

W niniejszym artykule krótko opisano zmienne, które mogą być uwzględniane w ogólnej analizie hydraulicznej/geotechnicznej konstrukcji.

(1) zmienne wejściowe

NNODE: liczba węzłów w niestandardowej komórce.

JTYPE: typ jednostki, Un.

NDOFEL: liczba stopni swobody jednostki.

JELEM: zdefiniowany przez użytkownika numer komórki.

NSVARS: liczba zmiennych stanu komórek zdefiniowanych przez użytkownika.

NPROPS: liczba rzeczywistych liczb w parametrach materiałowych elementów.

NJPROP: liczba liczb całkowitych w parametrach materiałowych elementów.

PROPY: rzeczywisty szereg parametrów materiałowych, w tym parametry rzeczywiste NPROPY.

JPROPS: tablica parametrów materiałowych zawierająca parametry całkowite NJPROP.

KORZYŚCI: układ współrzędnych. KORDY (K1, K2) to współrzędne K1 węzła K2;

U, DU, V, A: stopnie swobody w obliczaniu elementów mogą być przemieszczeniem, stopniem rotacji, temperaturą itp. Tutaj U, DU, V, A reprezentują określoną wartość zmiennej (np. przemieszczenie), wartości przyrostowe zmiennych (np. przemieszczenie przyrostowe), pierwszą pochodną zmiennej do czasu (np. prędkość), drugą pochodną zmiennej do czasu (np. przyspieszenie).

NDLOAD: numer rozłożonego obciążenia aktywowany przez aktualny element.

MDLOAD: łączna liczba rozłożonych obciążeń zdefiniowanych w elemencie.

JDLTYP: elementy tej tablicy liczb całkowitych służą do wskazania typu obciążenia elementu. Typ obciążenia Un jest wyrażony liczbą n JDLTYP a obciążenie UnNU jest wyrażone ujemną liczbą całkowitą n. JDLTYP (K1, K2) przedstawia wskazanie obciążenia rozłożonego K1 w stanie obciążenia K2. Ogólnie rzecz biorąc, K2 jest zawsze równe 1 dla analizy nieliniowej.

ADLMAG: dla ogólnej analizy nieliniowej, ADLMAG (K1, 1) jest wielkością Un na końcu kroku przyrostowego dla pierwszego rozłożonego obciążenia K1. Dla przypadku, gdy obciążenie rozłożone jest UnNU, wielkość obciążenia jest określona w UEL. W związku z tym odpowiedni element w ADLMAG-u wynosi 0.

DDLMAG: dla ogólnej analizy nieliniowej, DDLMAG zawiera przyrostową wielkość rozłożonego obciążenia, praca, którą wykonuje przy obliczaniu siły zewnętrznej będzie wykorzystana w czasie. Dla obciążenia typu UnNU, wielkość przyrostu obciążenia jest również określona przez UEL, a odpowiadający mu element DDLMAG wynosi 0.

NPREDF: liczba zdefiniowanych zmiennych pola.

PREDEF: tablica zmiennych pola, takich jak temperatura w węźle elementu. Tablica ma trzy wymiary. Pierwszy wymiar K1 to 1 lub 2, 1 to rozmiar na końcu kroku przyrostowego, a 2 to wartość przyrostowa. Drugi wymiar K2 oznacza typ zmiennych pola, 1 oznacza temperaturę, a 2 lub więcej oznacza inne zdefiniowane zmienne pola. Jeśli temperatura nie jest zdefiniowana, zacznij od 1. K3 oznacza liczbę węzłów w komórce.

PARAMPY: ta tablica przechowuje parametry związane z procesem analizy w programie ABAQUS.

NRHS: wymiar tablicy wektorowej obciążenia, dla większości analiz nieliniowych, NRHS jest równy 1.

MCRD: większa wartość w liczbie składowych współrzędnych i stopniach swobody węzłów. Jeżeli współrzędne wyznaczonych węzłów wynoszą 1, a stopnie swobody aktywacji w jednej jednostce wynoszą 2, 3 i 6, wówczas MCRD wynosi 3.

LFLAGS: bardzo ważna tablica oznaczonych zmiennych. Zawartość tej tablicy odzwierciedla rodzaj bieżących etapów analizy, a zawartość, która ma być zdefiniowana w różnych UEL, jest różna. Tabela 5-1 podaje kilka powszechnie stosowanych przypadków; konkretna zawartość może odwoływać się do dokumentu pomocy ABAQUS.

Tabela 5-1 Znaczenie elementów tablicy LFLAGS

Wartości elementów tablicy	Znaczenie
LFLAGS (1) =1	Proces analizy jest analizą statyczną z automatycznym krokiem przyrostu czasu;
LFLAGS (1) =2	Proces analizy jest analizą statyczną o stałej wielkości kroku przyrostowego w czasie;
LFLAGS (1) =61	Proces analizy jest analizą geostatyczną;
LFLAGS (1) =62	Proces analizy to analiza przesączania płynów/sprzęgania naprężeń, stały krok przyrostowy w czasie, analiza stanu ustalonego;
LFLAGS (1) =63	Proces analizy to analiza przesączania cieczy/sprzęgania naprężeń, automatyczny krok przyrostu czasu, analiza stanu ustalonego;
LFLAGS (1) =64	Proces analizy to analiza przesączania płynów/sprzęgania naprężeń, stały czasowy krok przyrostowy, analiza stanów nieustalonych;
LFLAGS (1) = 65	Proces analizy to analiza przesączania płynów/sprzęgania naprężeń, automatyczny krok przyrostu czasu, analiza stanów nieustalonych.

2) Zmienne, które należy zaktualizować w ramach podprogramów UMAT

RHS: ta macierz zawiera wszystkie wkłady jednostek zdefiniowanych przez użytkownika do prawego wektora regulującego równania. Dla większości analiz nieliniowych (z wyjątkiem statycznych zmodyfikowanych riksów), wymiarem macierzy jest NRHS=1, który powinien zawierać wektor obciążenia rezydualnego (siły niewyważonej).

AMATRX: ta tablica zawiera wkład elementów do matrycy Jakuba (sztywności) równań rządzących. Wszystkie niezerowe elementy muszą być zdefiniowane. Jeśli jej nie zadeklarujesz, to ABAQUS domyślnie będzie symetryczny i zapisze $\frac{1}{2}([A] + [A]^T)$.

SVARS: ta tablica zawiera zmienne stanu rozwiązania używane przez jednostkę niestandardową, których liczba jest określona przez NSVARS. Dla ogólnych nieliniowych kroków obciążenia, matryca jest wartością na początku kroku przyrostowego, gdy jest wprowadzana do UEL i musi być aktualizowana w UEL.

ENERGIA: Ta tablica zawiera różne komponenty niestandardowego urządzenia. Szczegółowe informacje na ten temat znajdują się w podręczniku użytkownika. W większości przypadków nie można go zdefiniować.

5.2 Wprowadzenie podprogramu UELMAT

5.2.1 Funkcja podprogramu

W podprogramie UEL musimy zapisać kod wszystkich połączeń biorących udział w obliczeniach, takich jak wyznaczanie odkształcenia według przemieszczenia, wyznaczanie naprężenia według odkształcenia, wyznaczanie siły węzła zastępczego według naprężenia itp. UELMAT jest rozszerzoną wersją UEL dostarczaną przez ABAQUS, w której możemy wykorzystać niektóre wbudowane modele materiałowe ABAQUS.

Uwaga: Po przypisaniu wbudowanego materiału Abaqus do jednostki niestandardowej, ABAQUS wywołuje UELMAT. W przeciwnym razie ABAQUS wywołuje UELMAT.

5.2.2 Zakres stosowania

UELMAT jest odpowiedni dla następujących etapów analizy.

- Statyczny: etap analizy statycznej.
- Direct-integration dynamic: dynamiczne obliczanie bezpośredniej integracji.
- Ekstrakcja częstotliwości: obliczanie ekstrakcji częstotliwości.
- Przekazywanie ciepła w stanie ustalonym bez sprzęgła: analiza stanu ustalonego przekazywania ciepła bez sprzęgła.
- Przenoszenie ciepła w stanie nieustalonym: przejściowa analiza przenoszenia ciepła w stanie nieustalonym.

Modele materiałowe dostępne w UELMAT obejmują.

- Model liniowo elastyczny.
- Hyper-elastyczny model.
- Model Ramberg-Osgood.
- Modele z klasyczną plastycznością metalu (mises i hill).
- Rozbudowany model Drucker-Prager.
- Zmodyfikowany model plastyczności Drucker-Prager/Cap.
- Model z porowatej plastyczności metalu.
- Model materiału z pianki elastomerowej.
- Model z kruszącą się pianką z tworzywa sztucznego.

5.2.3 Format podprogramu i opis zmiennych

1. Podprogramowy format UELMAT jest następujący

```
PODRZĘDNY UELMAT (RHS, AMATRX, SVARS, ENERGY, NDOFEL, NRHS,
NSVARSI)
1 REKWIZYT, NROPS, COORD, MCRD, NNODE, U, DU, V, A, JTYPE, TIME, DTIME,
2KSTEP, KINC, JELEM, PARAMS, NDLOAD, JDLTYP, ADLMAG, PREDEE, NREDE
3 LEGI, MLVARX, DDLMAG, MDLOAD, PNEWDT, UPROPS, NJPROP, KROPKA,
4 MATERIALLIB)
C
W TYM "ABA _PARAM.INC".
WYMIAR RHS (MLVARX, R), AMATRX (NDOEEL, NDOFEL), PODPORY (*),
1SVARS (*), ENERGIA (8), AKORDY (MCRD, WĘZEŁ), U (NDOFEL)
2DU (MLVARX, *) / V (NDOFEL), A (NDOFEL), CZAS (2), PARAMS (*)
3JDLTYP (MDLOAD, *), ADLMAG (MDLOAD, *), DDLMAG (MDLOAD, R)
4 PREDEFINIOWANE (2, NPREDE, WĘZEŁ), LEGIPY (*), IPROPY (*)
definicja kodu użytkownika RHS, AMATR, SVARS, ENERGY i PNEWDT
ZWROT
END
ZWROT
END
```

2. Opis zmienny

Wszystkie zmienne w UELMAT są takie same jak te w UEL, które nie będą się tu powtarzać.

5.2.4 MATERIAŁ Subrutynowy _LIB_MECH

Podprogram aplikacji MATERIAL_LIB_MECH firmy ABAQUS może być wywołany w podprogramie UELMAT w celu uzyskania danych związanych z modelem materiałowym. W szczególności należy zdefiniować tablice w programie UELMAT.

stres wymiarowy (*), ddsdde (ntens, *), stran (*), dstran (*)

*defgrad (3, 3), predefini (np.redf), dpredef (np.redf), współrzędne (3)

Następnie zadzwoń do MATERIAL_LIB_MECH

wywołać material_lib_mech (materiallib, naprężenie, ddsdde, stran, dstran)

*npt, dvd0, dvmat, dfgrd, predef, dpredef, np.redf, celent, coords)

W ten sposób odbywa się wymiana danych między UELMAT i MATERIAL_LIB_MECH, w szczególności

1) Zmienne przekazane przez UELMAT do MATERIAL_LIB_MECH

materialib: zmienne zawierające informacje o materiale ABAQUS są przekazywane z ABAQUS do UELMAT.

- stran: szczep na początku kroku przyrostowego
- dstan: odkształcenie przyrostowe
- npt: numer punktu integralnego
- dvdv0: stosunek aktualnej objętości punktu całkowania do objętości odniesienia
- dvmat: integralna objętość punktowa
- dfgrd: macierz gradientu przemieszczeń na końcu kroku przyrostowego

- preset: predefiniowana zmienna polowa punktu integracji na początku kroku przyrostowego
- predefiniowane: predefiniowana zmienna polowa matryca przyrostowa
- efrrdf: liczba predefiniowanych zmiennych pola, w tym temperatura
- celent: długość jednostki funkcjonalnej
- współrzędne: matryca współrzędnych

2) zmienna H zmienne przekazane z MATERIAL_LIB_MEC z rutyny użytkowania

- stres: stres na końcu kroku przyrostowego
- ddsdde: Matryca Jacobian $\partial\Delta\sigma/\partial\Delta\varepsilon$ddsdde (i, j) modelu konstytutywnego reprezentuje zmianę naprężenia i spowodowaną jednostkowym przyrostem odkształcenia j

5.3 Użycie jednostki niestandardowej

Aby skorzystać z niestandardowego elementu, musimy zdefiniować podstawowe właściwości elementu, takie jak liczba węzłów, liczba stopni swobody węzłów oraz właściwości materiałowe elementu. Obecnie te treści nie mogą być realizowane w ABAQUS/CAE i muszą być zaimplementowane przez plik wejściowy inp.

1. Definicja numeru identyfikacyjnego jednostki niestandardowej

Jednostki w programie ABAQUS mają odpowiednie numery identyfikacyjne, takie jak C3D8 dla trójwymiarowych jednostek ośmiowęzłowych i CPE4 dla jednostek czterowęzłowych z odkształceniem powierzchniowym. Podobnie w przypadku jednostek niestandardowych należy przypisać numer identyfikacyjny jednostki. Jest on wyrażony jako Un w programie ABAQUS/Standard, a U dla jednostek zdefiniowanych przez użytkownika, gdzie n jest dodatnią liczbą całkowitą mniejszą niż 10000, jak np. U1 dla definicji jednostek niestandardowych. Odpowiednim słowem kluczowym jest wyrażenie wiersza.

* Element użytkownika, typ = Un: typ słowa kluczowego jest używany do określenia numeru identyfikacyjnego jednostki niestandardowej.

2. Stosowanie jednostek niestandardowych w definicjach jednostek

W przypadku podania numeru identyfikacyjnego jednostki zdefiniowanej przez użytkownika Un, zastosowanie jednostki zdefiniowanej przez użytkownika nie różni się od zastosowania jednostki z ABAQUS. Oznacza to, że jednostka zdefiniowana przez użytkownika jest określona w instrukcji definiowania jednostki. Poniższe stwierdzenie definiuje jednostkę zdefiniowaną przez użytkownika o numerze identyfikacyjnym U1, a następnie stosuje U1 jako typ jednostki w definicji jednostki:

- Element użytkownika, typ = Ul: po wierszu słowa kluczowego, potrzebny jest wiersz danych, aby dać stopień swobody węzła w komórce.
- Element, typ = U1: po wierszu słowa kluczowego wymagany jest wiersz danych, aby podać numer komórki i numer węzła w komórce.

3. Liczba węzłów definiujących jednostki niestandardowe

Odpowiednim słowem kluczowym jest wyrażenie wiersza.

*Element użytkownika, węzły = n: n to liczba węzłów w jednostce niestandardowej.

4. Jednostka definicji jest symetryczna lub asymetryczna

Odpowiednim słowem kluczowym jest wyrażenie wiersza.

*Użytkownik, węzły = n, unsymm: Słowo kluczowe unsymm reprezentuje element (matrycę sztywności) asymetrycznie.

5. Określenie stopnia swobody węzłów w komórce niestandardowej

Liczba indywidualnych jednostek używanych w modelu jest nieograniczona. Każda jednostka może mieć dowolną liczbę węzłów. Stopnie swobody na każdym z węzłów mogą być aktywowane w zależności od potrzeb. Liczba stopni swobody musi być zgodna z domyślną umową w programie ABAQUS (patrz rozdział 1/część 1). Domyślna kolejność stopni swobody polega na tym, że wszystkie stopnie swobody pierwszego węzła są ułożone w kolejności, a następnie kolejne stopnie swobody pozostałych węzłów. Na przykład, jeżeli zdefiniowano trzywęzłowy element wiązki, to stopnie swobody wykorzystywane przez pierwszy i trzeci węzeł wynoszą 1, 2 i 6, a stopnie swobody wykorzystywane przez drugi węzeł wynoszą 1 i 2, to kolejność stopni swobody jest przedstawiona w tabeli 5-2.

Tabela 5-2 Przykładowe prawa dotyczące numeracji DOF w jednostkach niestandardowych

Kolejność numeracji zmiennych jednostkowych	Numer węzła	Wolność
1	1	1
2	1	2
3	1	6
4	2	1
5	2	2
6	3	1
7	3	2
8	3	6

Przy określaniu stopnia swobody aktywowanego na węźle komórki, jeśli wszystkie węzły mają ten sam stopień swobody, wystarczy zdefiniować go tylko raz. Jeżeli różne węzły mają różne stopnie swobody, na przykład, niektóre węzły są stopniami wyporu, a niektóre są stopniami nacisku na pory, konieczne jest określenie nowej tabeli stopni swobody. Arbitralne rozmieszczenie stopni swobody może być również osiągnięte poprzez wiersze danych pod elementem *użytkownika. Lista stopni swobody dla pierwszego węzła pierwszej jednostki behawioralnej wiersza pod elementem *user element. Druga akcja stosuje kolejność węzłów w komórce (kolejność numerów węzłów) nowej listy stopni swobody i odpowiadającą jej nową listę stopni swobody, która może być powtarzana wielokrotnie. O ile nie zostanie określona nowa lista DOF, wszystkie węzły będą miały DOF z poprzedniej listy DOF.

Uwaga: Jeżeli numer węzła odpowiadający nowo zdefiniowanej liście DOF jest mniejszy lub równy poprzedniej liście DOF, poprzednia lista DOF zostanie przypisana 1 do wszystkich węzłów. Aby przerwać przydzielanie, należy ustawić listę DOF na zero.

Na przykład, dla elementu wiązki trójwęzłowej, jeżeli stopnie swobody używane przez pierwszy i trzeci węzeł wynoszą 1, 2 i 6, a stopnie swobody używane przez drugi węzeł wynoszą 1 i 2, następujące stwierdzenia osiągną kolejność stopni swobody w tabeli 5-3.

*Element użytkownika

1 (Węzeł 1 ma DOF 1)

1, 2 (poprzednia lista DOF "1" podaje wszystkie węzły, podczas gdy nr 1 ma dwa DOF)

1, 6 (poprzednia lista DOF "2" podaje wszystkie węzły, podczas gdy węzeł 1 ma sześć DOF)

2, (lista DOF po węźle 2 jest zerowa, numer DOF przerwania)

3,6 (węzeł 3 ma sześć DOF)

Uwaga: W programie ABAQUS można wykorzystać element z powielonymi węzłami do realizacji swobodnego rankingu stopni swobody. Na przykład, element trójkąta powierzchniowego z dwoma stopniami swobody na węzeł może być zdefiniowany jako sześć węzłów (powielonych przez dwa węzły), a każdy węzeł ma tylko jeden stopień swobody.

Tabela 5-3 Przykład prawa o numeracji DOF w jednostkach niestandardowych

Kolejność numeracji zmiennych jednostkowych	Numer węzła	Wolność
1	1	1
2	2	1
3	3	1
4	1	2
5	2	2
6	3	2
7	1	6
8	3	6

6. Określenie liczby komponentów współrzędnych węzłów

Odpowiednim słowem kluczowym w wierszu jest

*Element użytkownika, współrzędne=n: n przedstawia współrzędne w kilku współrzędnych.

7. Właściwości materiałowe jednostek niestandardowych

Dla każdej jednostki użytkownika muszą być zdefiniowane odpowiednie właściwości materiału. Najpierw należy ustawić liczbę parametrów materiałowych za pomocą następującego słowa kluczowego.

*Element użytkownika, I WŁAŚCIWOŚCI=n, WŁAŚCIWOŚCI=m: n i m to odpowiednio liczba liczb całkowitych i rzeczywistych w parametrze materiałowym. Materiał integralny jest zazwyczaj używany jako zmienna identyfikacyjna, rzeczywistymi parametrami materiałowymi mogą być pole przekroju, parametry materiałowe itp.

Następnie konkretne wartości parametrów materiałowych są podawane za pomocą następujących słów kluczowych.

*Właściwość "Uel", elset=nazwa: 8 wierszy, pierwszy realny i drugi integer.

Można również używać materiałów do zabudowy ABAQUS. Na przykład, poniższe oświadczenie nadaje niestandardową jednostkę z elastycznym materiałem o nazwie Mat.

*Uel propriety, elset= nazwa, materiał=mat

*materiał, nazwa=mat

*elastyczny

7,00e+010, 0,33 (moduł sprężystości, współczynnik Poissona)

8. Liczba zmiennych stanu jednostki niestandardowej

Zmienne stanu w jednostce niestandardowej mogą być używane do przechowywania naprężeń, naprężeń, siły itp. Domyślną wartością jest 1. Jeżeli w elemencie trójwymiarowym znajdują się cztery numeryczne punkty całkowania i konieczne jest przechowywanie zmiennych stanu naprężenia (6) odkształcenia (6) i hartowania, to liczba zmiennych stanu do zdefiniowania wynosi 4 x (6 x 3 + 1) = 76. Polecenie wiersza słów kluczowych jest następujące

*Element użytkownika, zmienne = n: n jest liczbą zmiennych stanu.

9. Obciążenie elementu niestandardowego

Skoncentrowane obciążenia na niestandardowych elementach, takie jak skupione siły, momenty i przepływy, można zdefiniować w zwykły sposób zdefiniowany w programie ABAQUS. Możemy również zdefiniować rozłożone obciążenia na element (powierzchnię). Istnieją dwa rodzaje obciążeń rozłożonych. Jednym z nich jest znak obciążenia Un, który bezpośrednio podaje wielkość obciążenia. Konieczne jest obliczenie udziału obciążeń rozłożonych na siły połączenia w podprogramie UEL. Drugim jest znak UnNU, a wszystkie definicje obciążeń rozłożonych muszą być uzupełnione w UEL.

10. Post-processing jednostek niestandardowych

Niestandardowe urządzenie nie może być wyświetlane graficznie w module wizualizacji. Można jednak nałożyć zestaw jednostek konwencjonalnych na jednostkę niestandardową (dwa zestawy jednostek mają ten sam węzeł) i wybrać dolne parametry matrycy, tak aby można było zaobserwować zmianę kształtu jednostki niestandardowej poprzez odkształcenie nałożonej jednostki w module post-processingu.

Wyjście, które ma zostać wyprowadzone z jednostki niestandardowej, musi zostać umieszczone w zmiennej SDV, a następnie wyprowadzone do zewnętrznego pliku poprzez deklarację kontroli wyjścia.

Uwaga: (1) dla niestandardowych elementów liniowych, ABAQUS zapewnia bezpośredni sposób definiowania matrycy sztywności i matrycy masowej. (2) zestawienia słów kluczowych linii używane w jednostce niestandardowej są podsumowane w następujący sposób: (1) dla elementów liniowych, ABAQUS zapewnia bezpośredni sposób definiowania macierzy sztywności i macierzy mas.
* Element użytkownika, typ = **, węzły = **, współrzędne = **, właściwości = **, właściwości I = **, zmienne 1 = **, unsymm: wiersz danych definiuje wolność węzła.
*Element, typ =**, elset =**: jednostka definicji wiersza danych.
*Właściwości własne, elset =**: właściwości materiałowe jednostek definicji wiersza danych.

5.4 Planarny trójwęzłowy element belki liniowo-sprężysty UEL podprogram UEL

5.4.1 Podstawowa teoria jednostki

Element ten jest oparty na teorii wiązki Eulera-Bernoullego. Jak pokazano na rysunku 13-1, element składa się z trzech węzłów. Pierwszy i drugi węzeł (A i B) mają trzy stopnie swobody, tj. przemieszczenie U wzdłuż kierunku osi wiązki, przemieszczenie V prostopadłe do kierunku osi wiązki oraz obrót P. Lokalizacja indeksowa wyrażona jest w lokalnym układzie współrzędnych. Trzeci węzeł (C) ma tylko przesunięcia stopni swobody w kierunku osi.

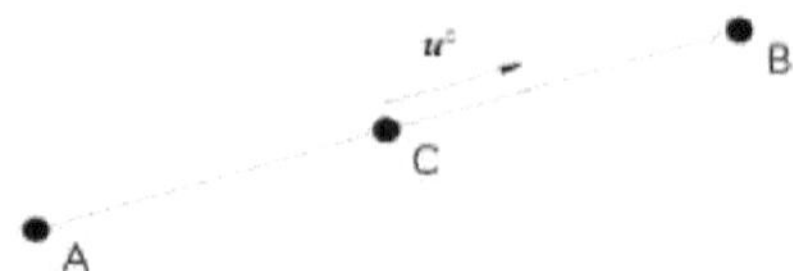

Rysunek 5-1 Trójwęzłowy płaski element belki liniowo elastycznej

Interpolacja przemieszczeń wykorzystuje funkcję kwadratową.

$$u_{loc} = u_{loc}^{A}(1 - 3\xi + 2\xi^2) + u_{loc}^{B}(-\xi + 2\xi^2) + u_{loc}^{C}(4\xi + 4\xi^2) \qquad (5-3)$$

$$v_{loc} = v_{loc}^{A}(1 - 3\xi + 2\xi^3) + v_{loc}^{B}(3\xi^2 - 2\xi^3) + \emptyset^{A}l(\xi - 2\xi^2 + \xi^3) + \emptyset^{B}l(-\xi^2 + \xi^3) \qquad (5-4)$$

W której, l jest długością elementu i ξ to znormalizowana lokalna współrzędna.

Wzory do obliczania odkształcenia osiowego ε i zakrzywieniek można uzyskać po wyprowadzeniu powyższych dwóch formuł.

$$\varepsilon = \frac{1}{l}\left[u_{loc}^{A}(-3 + 4\xi) + u_{loc}^{B}(-1 + 4\xi) + u_{loc}^{C}(4 - 8\xi)\right] \qquad (5-5)$$

$$\kappa = \frac{1}{l^2}[v_{loc}^{A}(-6 + 12\xi) + v_{loc}^{B}(6 - 12\xi) + \emptyset^{A}l(-4 + 6\xi) + \emptyset^{B}l(-2 + 6\xi)] \qquad (5-6)$$

Matrycę transformacji szczepu B można otrzymać z dwóch powyższych wzorów.

$$\begin{Bmatrix} \varepsilon \\ \kappa \end{Bmatrix} = [B]\{u_e\} \qquad (5-7)$$

W której {\i1}u_e}jest przemieszczenie elementu. Należy zauważyć, że lokalny układ współrzędnych powinien być również przekształcony w globalny układ współrzędnych w macierzy B.

Po określeniu odkształcenia i krzywizny, odkształcenie może być połączone z siłą i momentem za pomocą matrycy sztywności D relacji konstytutywnej.

$$\begin{Bmatrix} F \\ M \end{Bmatrix} = [D]\begin{Bmatrix} \varepsilon \\ \kappa \end{Bmatrix} \qquad (5-8)$$

Matryca sztywności elementu jest.

$$[\kappa_e] = \int_0^1 [B]^T[D]\,[B]dl \qquad (5-9)$$

Obliczanie sił węzłowych elementów za pomocą poniższego wzoru.

$$\{F_e\} = \int_0^1 [B]^T \begin{Bmatrix} F \\ M \end{Bmatrix} dl \qquad (5-10)$$

Wzór (5-9) i wzór (5-10) przyjmują integrację numeryczną, a mianowicie.

$$\int_0^1 Adl = \sum_{i=l}^{n} A_i l_l \qquad (5-11)$$

W tym programie używane są dwa punkty całki Gaussa.

5.4.2 Kod programu i instrukcje

Ten przykładowy program jest beam-uel.for, kod i opis programu są następujące.

```
podrzędny uel (rhs, amatrx, svars, energia, ndofel, nrhs, nsvars,
1props, rekwizyty, współrzędne, mcrd, węzeł, u, du, v, a jtype, time, dtime
2kstep, kinc, jelem, params, mdload, jdltyp, adlmag, predef, efrdf
3Flagi, mlvarx, ddlmag, mdload, pnewdt, podpory, nprop, kropka)
C
w tym "aba_param _inc
C
Wymiary rhs (mlvarx, *), amatrx (ndofel, ndofel), svars (*), podpory (*),
1energia (7), akordy (mcrd, węzeł), u (ndofel), du (mlvarx,), v (ndofel),
2a (ndofel), czas (2), params (*), jdltyp (mdload, *) adlmag (mdload),
3ddlmag (mdload, *), predef (2, nredf, nnode), lflagi (4), rekwizyty (*),
C
wymiar b (2, 7), szerokość geometryczna (2)
C B Matryca B i Matryca Punktów Dużej Szybkości
parametr (zero = 0. d0, jeden = l d0, dwa = 2. d0, trzy = 3. d0, cztery4. do,
1 sześć = 6. d0, osiem = 8 d0, dwanaście = 12. d0
data gauss /. 211324865d0, .788675135d0 /
```

```
c LA? KE n e mdx = akordy (1, 2) - akordy (1,1) dy = akordy (2, 2) - akordy (2,) dl2 = dx * *
2 + dy x
C Poniższe zestawienie oblicza długość jednostki i kierunek osi
dx =koordy (1, 2)-koordy (1, 1)
dy =koordy (2,2)-koordy (2,1)
d12=dx**2+dy**2
dl=sqrt(d12)
C DL to długość jednostki
hdl = dl/two
acos = dx/dl
asin = dy / DL
C oblicza kierunek cosinusoidalny
C Poniższe stwierdzenie inicjuje rsy i amatrx
dok1=1,7
rhs (kl, 1) = zero
C Inicjalizacja układu wektorowego siły szczątkowej
dok2=1,7
amatrx (kl, k2) = zero
C Inicjalizacja matrycy sztywności elementu
koniec
koniec
nsvint =nsvars/2
C Określa liczbę zmiennych stanu w każdym punkcie integralnym
C C Cykl punktów integralnych Gaussa poniżej
do kintk = 1, 2
g =gauss(kink)
C następujące oświadczenie ustanawia matrycę B
b (1, 1) =(- trzy+cztery*g) *acos/dl
b (1, 2) =(- trzy+cztery*g) *. asin /dl
b (1,3) =zero b (1, 4) =(-jeden+cztery*g) *acos/dl
b (1,5)-(-jeden+cztery*g) *asin/dl
b (1,6) =zero
b (1,7) =(cztery ósemki*g)/dl
b (2, 1) = (-six + dwanaście*g) *(-asin)/dl2
```

```
b (2,2) =(-six+dwanaście*g) *acos/d12
b (2, 3) =(-cztery+six*g)/dl
b (2,4) =(sześć-dwanaście*g) *(-asin)/d12
b (2, 5) =(sześć-dwanaście*g) *acos/d12
 b (2,6) =(-two+six*g)/dl
b (2,7) =zero
eps =zero
Naprężenie C
deps =zero
C Odkształcenie przyrostowe
czapka =zero
Krzywizna C
dcap =zero
C Krzywizna przyrostowa
C Następujące stwierdzenia obliczają odkształcenie, odkształcenie przyrostowe, krzywiznę
oraz
C krzywizna przyrostowa zgodnie z matrycą B i przemieszczeniem (rogiem)
ok=1,7
eps =eps+b (1, k) *u(k)
deps =deps+b (1, k) *du (k, 1)
 cap =cap+b (2, k) *u(k)
dcap =dcap+b (2, k) *du (k, 1)
koniec
C W poniższym oświadczeniu nawiązuje się do relacji konstytutywnej
C podprogramu, aby uzyskać siłę i moment zginający
isvint =l+(kintk-1) *nsvint
 bn =zero
Siła osiowa C
bm =zero
Moment zginający C
daxial =zero
C ZESZTYWNIENIE OSIOWE BELKI
dbend =zero
C Sztywność zginania belki
```

```
sprzęgło =zero
C Złącze Warunki sztywności osiowej i zginania
Call ugenb (bn, bm, daxial, dbend, coupl, eps, deps, cap, dcap,
1 SVARS (isvint), nsvint, podpory, rekwizyty)
C przypisuje wartości do RHS i AMARX w następujących stwierdzeniach
dok1=1,7
rhs (kl, 1) =rhs (kl, 1)-hdl*(bn*b (1, k1) +bm*b (2, k1))
bd1 =hdl*(osiowe*b (l, k1) +coupl*b (2, k1))
 bd2 =hdl*(coupl*b (, k1) +bend * b (2, k1))
dok2=1,7
amatrx (kl, k2) = amatrx (kl, k2) + bd1 * b (1, k2) + bd2 * b (2, k2)
koniec
koniec
koniec
Wróć
koniec
ugenb subroutine (bn, bm, daxial, dbend, coupl, eps, deps, cap, dcap
1 svint, nsvint, podpory, rekwizyty)
obejmują "aba_param inc
C
parametr (zero=0. do, dwanaście = 12. do)
wymiar svint (*), rekwizyty (*)
h =propy (1)
C Wysokość przekroju
w =propy (2)
C Szerokość przekroju
E =propy (3)
C Elastyczny moduł sprężystości materiału
C następujące zestawienie oblicza sztywność
daxial =E*h*w
dbend =E*w*h**3/twelve
dcoupl =zero
C Poniższe zestawienie oblicza siłę osiową i moment zginający
bn =svint (1) +daxial*deps
```

```
bm =svint (2) +abend*dcap
svint (1) =bn
Siła osiowa C
śwint (2) = ktośm
Moment zginający C
svint (3) = eps
C Obciążenie osiowe
svint (4) =cap
Krzywizna C
C Każdy integralny punkt ma stint (1-4), reprezentujący siłę osiową,
C moment zginający, naprężenie osiowe i krzywiznę, odpowiednio.
Wróć
Koniec
```

5.5 Podprogram UEL płaszczyznowego, czterowęzłowego, bezgrubozowego elementu interfejsu

5.5.1 Podstawowa teoria jednostki

Jak pokazano na Rysunku 5-2, zespół połączenia płaskiego składa się z dwóch płaskich 1-2 i 3-4 długości L, które są połączone licznymi maleńkimi sprężynami. Dwie pierwsze powierzchnie styku są ze sobą w dobrym porozumieniu, to znaczy, że element nie ma grubości, a jedynie długość. Istnieje tylko silne połączenie pomiędzy elementem powierzchni styku a przylegającym do niego elementem powierzchni styku lub elementem dwuwymiarowym w węźle. Na obu końcach każdej powierzchni styku znajdują się dwa węzły, jeden ma cztery węzły1, 2, 3, 4, jak pokazano na rysunku 5-2.

Rysunek 5-2 wzorcowy

W ramach działania wspólnych sił $\{F\}^e$naprężenie sprężynowe pomiędzy dwoma powierzchniami styku jest.

$$\{\sigma\} = [k_0]\{\omega\} \qquad (5-12)$$

W którym, stress $\{\sigma\} = \{\tau \ \sigma_n\}^T$ względne przemieszczenie górnej i dolnej powierzchni wynosi $\{w\} = \{w_s \quad w_n\}^T$, indeks *s* jest styczny, a indeks *n* jest normalny; jednostkowe współczynniki sztywności długości wynoszą $[k_0] = \begin{bmatrix} k_s & 0 \\ 0 & k_n \end{bmatrix}$ k_s orazk_n są styczne i normalne, odpowiednio, w kN/m. W tym przypadku kierunek normalny i styczny są odłączone.

Normalne naprężenie jest małą wartością dla k_n i duża wartość dla normalnej kompresji. Biorąc pod uwagę nieliniowość $k_s$zakładając, że związek pomiędzy stresem tnącym τi względne przemieszczenie ścinające w_s jest hiperboliczny $\tau = w_s/(a + bw_s)$współczynnik sztywności stycznej wynosi $k_s = (a/a + bw_s)^2$.

Jeżeli zamiast przemieszczeń X (poziomych) i Z (pionowych) stosuje się przemieszczenia u i v, wówczas.

$$\begin{Bmatrix} u_{top} \\ v_{top} \end{Bmatrix} = \frac{1}{2}\begin{pmatrix} 1 + \frac{2x}{L} & 0 & 1 - \frac{2x}{L} & 0 \\ 0 & 1 + \frac{2x}{L} & 0 & 1 - \frac{2x}{L} \end{pmatrix}\begin{Bmatrix} u_3 \\ v_3 \\ u_4 \\ v_4 \end{Bmatrix} \qquad (5-13)$$

$$\begin{Bmatrix} u_{bottom} \\ v_{bottom} \end{Bmatrix} = \frac{1}{2}\begin{pmatrix} 1 - \frac{2x}{L} & 0 & 1 + \frac{2x}{L} & 0 \\ 0 & 1 - \frac{2x}{L} & 0 & 1 + \frac{2x}{L} \end{pmatrix}\begin{Bmatrix} u_1 \\ v_1 \\ u_2 \\ v_2 \end{Bmatrix} \qquad (5-14)$$

Względne przemieszczenie dowolnego położenia na powierzchni styku jest.

$$\{w\}=\begin{Bmatrix} w_s \\ w_n \end{Bmatrix}=\begin{bmatrix} a & 0 & b & 0 & -b & 0 & -a & 0 \\ 0 & a & 0 & b & 0 & -b & 0 & a \end{bmatrix}\{\delta\}^e \quad (5-15)$$

Gdzie

$$\{\delta\}^e=\{u_1,v_1,u_2,v_2,u_3,v_3,u_4,v_4\}^T, a=\frac{1}{2}-\frac{x}{L}, b=\frac{1}{2}+\frac{x}{L}.$$

Wyciągnięte z zasady wirtualnego przemieszczenia.

$$\{F\}^e=[K]^e\{\delta\}^e \quad (5-16)$$

$$[K]^e=\frac{L}{6}\begin{bmatrix} 2k_s & 0 & k_s & 0 & -k_s & 0 & -2k_s & 0 \\ 0 & 2k_n & 0 & k_n & 0 & -k_n & 0 & -2k_s \\ k_s & 0 & 2k_s & 0 & -2k_s & 0 & -k_s & 0 \\ 0 & k_n & 0 & 2k_n & 0 & -2k_n & 0 & -k_n \\ -k_s & 0 & -k_s & 0 & 2k_s & 0 & k_s & 0 \\ 0 & -k_n & 0 & -2k_n & 0 & 2k_n & 0 & k_n \\ -2k_s & 0 & -k_s & 0 & k_s & 0 & 2k_s & 0 \\ 0 & -2k_n & 0 & -k_n & 0 & k_n & 0 & 2k_n \end{bmatrix}_s \quad (5-17)$$

Jeżeli połączenie nie jest poziome, a kąt między połączeniem a kierunkiem poziomym wynosi β, relacja między lokalnym układem współrzędnych a globalnym układem współrzędnych jest następująca.

$$\begin{Bmatrix} x \\ z \end{Bmatrix}=\begin{bmatrix} \cos\beta & \sin\beta \\ -\sin\beta & \cos\beta \end{bmatrix}\begin{Bmatrix} X \\ Z \end{Bmatrix}=[\alpha]\begin{Bmatrix} X \\ Z \end{Bmatrix} \quad (5-18)$$

Zamówienie $[Q]=\begin{bmatrix} \alpha & 0 & 0 & 0 \\ 0 & \alpha & 0 & 0 \\ 0 & 0 & \alpha & 0 \\ 0 & 0 & 0 & \alpha \end{bmatrix}$ Następnie siła i przemieszczenie pomiędzy współrzędnymi lokalnymi a współrzędnymi globalnymi są powiązane w następujący sposób.

$$\{F\}^e=[Q]\{\bar{F}\}^e \quad (5-19)$$

$$\{\delta\}^e=[Q]\{\bar{\delta}\}^e \quad (5-20)$$

We wzorach $\{\bar{F}\}^e$ oraz $\{\bar{\delta}\}^e$ są odpowiednio siłami węzłowymi i przesunięciami globalnych współrzędnych. Następnie macierz sztywności w globalnym układzie współrzędnych jest.

$$[\bar{K}]^e = [Q]^{-1}[K]^e[Q] \qquad (5-21)$$

5.5.2 Kod i opis programu

Ten przykładowy program jest goodman-2dul.for, kod programu i instrukcje są następujące.

```
PODRZĘDNY UEL (RHS, AMATRX, SVARS, ENERGIA, NDOFEL, NRHS, NSVARS,
1PROPS, NROPS, COORDS, MCRD, NNODE, U, DU, V, A, JTYPE, TIME,
2DTIME, KSTEP, KINC, JELEM, PARAMS, NDLOAD, JDLTYP, ADLMAG,
3PREDEF, EREDF, LFLAGS, MLVARX, DDLMAG, MDLOAD, PNEWDT,
 4JPROPS, NJPROP, OKRES)
C
W TYM "ABA_PARAM. INC
C
WYMIAR RHS (MLVARX,) AMATRX (NDOFEL, NDOFEL)
1 GWIAZDKA (NSVARS), ENERGIA (8), PODPORY (*), KORDONY (MCRD, WĘZEŁ)
2U (NDOFEL) DU (MLVARX, *), V (NDOFEL), A (NDOFEL), CZAS (2),
3-PARAMETRY (3), JDLTYP (MDLOAD, *), ADLMAG (MDLOAD, *)
4DDLMAG (MDLOAD,) PREDEFINIOWANY (2, NPREDE, NNODE), LFLAGI (*)
5JPROPY (*)
WYMIAR OLDF (8), OLDU (8), FQ (8,8), FFQ (8, 8), TU (8), FAMATRX (8,8)
WYMIAR FKQ (8, 8)
DO I = 1 / 8OLDE (I) = SVARS (I)
OLDU (I) = SVARS (I + 8)
 END DO
C16 zmienne stanu, 1-8 jako siła węzła na końcu poprzedniego kroku, 9-16 jako
przemieszczenie na końcu poprzedniego kroku.
CALL GETBETA (COORDS, FBETA, FL, EQ, FFQ)
C uzyskuje azymut, długość i matrycę przekształcenia
DO I = 1, 8
```

```
TU (I) = 0. 0
END DO
DO I = 1, 8
DO J = 1, 8
TU (I) = TU (I) + FQ (I, J) * OLDU (J)
END DO
END DO
C Konwersja przemieszczeń
CALL GETU (TU, FSHEAR, FPRESS)
C Określa względne przemieszczenie
JEŻELI (FPRESS. GE 0) WTEDY
FKN = 1E-3
C
ELSE
FKN = 1E5
C
KONIEC JEŻELI
FKS = PODPORY (1) / (PODPORY (1) + PODPORY (2) * FSHEAR) / (PODPORY (1) +
PODPORY (2) * FSHEAR
C
FFEKS = FKS * FL / 6. 0
FFKN = FKN * FL / 6. 0
DO K1 = 1, NDOFEL
DO KRHS = 1, NRHS
RHS (K1, KRHS) =0,0
END DO
DO K2 = 1, NDOFEL
AMATRX (K2, K1) =0,0
 FAMATRX (K2, K1) = 0. 0
FKQ (K2, K1) =0,0
END DO
 END DO
CALL GETK (FAMATRX, FFKS, FFKN)
DO I=1,8
```

```
DO J = 1, 8
DO K = 1, 8
FKQ (I, J) =FKQ (I, J) +FFQ (I, K) * EAMATRX (K, J)
END DO
END DO
END DO
DOI=1,8 DO J =1, 8 DO K =1, 8AMATRX (I, J) =AMATRX (I, J) +FKQ (I, K) *FQ (K, J)
END DO
END DO
END DO
C uzyskuje matrycę sztywności i konwertuje ją na globalny układ współrzędnych.
DO I=1,8
DO J = 1, 8
SVARS (I)= SVARS (I)+ AMATRX (I/J) *DU(J,1)
END DO
SVARS (I+8) =U(I)
END DO
DO I = 1, 8
DO J = 1,8
RHS (I, 1) =RHS (I, 1)-AMATRX (I, J) *DU (J, 1)
END DO
RHS (I, 1) =RHS (I, 1)-OLDE (I)
END DO
C niewyważona siła
ZWROT
END
GETU SUBROUTINE (TU, FSHEAR, FPRESS)
C uzyskuje reprezentatywną wartość deformacji powierzchni styku elementu.
C W tym przypadku średnia wartość węzłów na obu końcach jest po prostu używana do oceny.
OBEJMUJĄ "ABA_PARAM.INC
WYMIAR TU (8)
FSHEAR =ABS (0,5*(TU (7) -U (1) +TU (5) -TU (3)))
FPRESS =0. 5 *(TU (8) -TU (2) +TU (6) -TU (4)
END
```

```
PODPROGRAMY GETK (FAMATRX, FFKS, FFKN)
C dostać [K]e.
OBEJMUJĄ "ABA_PARAM.INC
 WYMIAR FAMATRX (8, 8)
 FAMATRX (1,1) = 2*FEKSÓW
FAMATRX (1,3) =FEKS
FAMATRX (1,5) =-FFKS
FAMATRX (1, 7) = -2 * EFKS
FAMATRX (2 / 2) = 2 * FEKN
FAMATRX (2, 4) = FFKN
FAMATRX (2, 6) = -FEKN
FAMATRX (2, 8) = -2 * FFKN
 FAMATRX (3, 1) = EFKS
FAMATRX (3, 3) = 2 * FFKS
FAMATRX (3, 5) = -2KFFKS
 FAMATRX (3, 7) = -FFKS
FAMATRX (4, 2) = FFKN
FAMATRX (4, 4) = 2 * FFKN
FAMATRX (4, 6) = -2 * FFKN
 FAMATRX (4, 8) = -FFKN
 DO J = 1, 8
FAMATRX (5 /J) = -FAMATRX (3, J)
 END DO
DO J = 1, 8
FAMATRX (6 /J) = -FAMATRX (4, J)
 END DO
DO J = 1, 8
FAMATRX (7 /J) = -FAMATRX (1, J)
END DO
 DO J = 1, 8
FAMATRX (8, J) = -FAMATRX (2, J)
END DO
END
GETBETA SUBROUTINE (XYZ, FBETA, FL, FQ, FEQ)
```

```
C uzyskuje azymut, długość i matrycę przekształcenia
OBEJMUJĄ "ABA_PARAM.INC
WYMIAR XYZ (2, 4), FQ (8 /8), FFQ (8, 8)
FXL = XYZ (1 /2) -XYZ (1, 1)
FYL = XYZ (2 / 2) -XY2 (2, 1)
FL = RODZAJ (FXL * FXL*FYL*FYL)
FBETA = ATAN (FY /FXL)
DO I = 1, 8
DO J = 1. 8
FQ (I, J) = 0. 0
FFQ (I, J) = 0. 0
END DO
END DO
DO I = 1, 4
J = 2 * I-1
FQ (J, J) = COS (FBETA)
FQ (J + 1, J + 1) = COS (FBETA)
FQ (J, J + 1) = GRZECH (FBETA)
FQ (J + 1, J) = -SIN (FBETA)
FFQ (J, J) = COS (FBETA)
FFQ (J + 1 / J + 1) = COS (FBETA)
FFQ (J, J + 1) = -SIN (FBETA)
FFQ (J + 1 / J) = GRZECH (FBETA)
END DO
END
```

5.5.3 Weryfikacja programu

1. **Plik wejściowy**

W celu walidacji podprogramu UEL symulowany jest przykład nachylonej powierzchni styku pod wpływem siły stycznej. Szczególne warunki tego przykładu są następujące: plik inp (ex13-1inp).

```
*Node, NSET = NALL; Zdefiniuj węzeł, wszystkie węzły ustanawiają zestaw nall
1, 0, 0; Węzeł 1, x, y współrzędne
2, 0.7071, 0.7071
3, 0.7071, 0.7071
4, 0, 0; Te cztery węzły zachodzą na siebie, powierzchnia styku i oś x 45° w górę
*jeden element, typ = U1, węzły = 4, WSPÓŁRZĘDNE = 2, WSPÓŁRZĘDNE = 2, ZMIANY = 16; Niestandardowe ustawienia jednostek, typ 4, wymiar współrzędnych 2, parametr naturalny 2, zmienna stanu 16
1,2; stopień swobody węzłów wynosi 1,2
*elements, type = U1, elset = Goodman; zestaw jednostek to Goodman
1,1,2,3,4 zgodnie z określoną jednostką niestandardową U1; numer jednostki to Goodman
1,1,2,3,4; dwa pierwsze węzły są duże
*WŁASNOŚĆ PALIWA wzdłuż kierunku powierzchni styku, ELSET = Goodman; właściwość jednostki niestandardowej jest zdefiniowana
0,01,0,03; współczynnik a i b granica;
*Stan graniczny
1,1,2; węzeł 1, ograniczenie 1 i 2 kierunki DOF
2, 1, 2; 2 węzły, ograniczające DOF w kierunku 1 i 2
*step; określić etap analizy
*statyczny; typ etapu analizy jest etapem analizy statycznej
0,1,1,1e-3,0,1; stopień czasu rozpoczęcia, stopień czasu całkowitego, minimalny stopień czasu, maksymalny stopień czasu
*cload; zastosować obciążenie węzłowe
3,1,7,071; 3 węzły x-kierunkowe obciążenie skupione
3,2,7,071; 3 węzły y-kierunek obciążenia skupionego
4,1,7,071; 4 węzły x-kierunkowe obciążenie skupione
4,2,7,071; 4 węzeł y-kierunek obciążenia skupionego 4 węzeł y-kierunek obciążenia skupionego, odpowiednie naprężenie ścinające powierzchni styku 20kPa
*OUTPUT, FIELD; ustawienie wyjścia duże
* EL PRINT; wyjście jednostkowe SDV
SDV
NODE PRINT, NSET = NALL; przemieszczenie wyjściowe węzła
U
```

etap końcowy

Uwaga: (1) Ten przykład ma zastosowanie wyłącznie do analizy statycznej. Metoda sztywności punktu początkowego jest stosowana w podprogramie w celu uwzględnienia nieliniowości. Wielkość kroku w programie ABAQUS nie może być ustawiona zbyt duża. (2) Można wykorzystać inne formy sztywności przy ścinaniu do symulacji połączeń. W przypadku konieczności uwzględnienia wpływu naprężeń na sztywność, można dodać odpowiednie zmienne i kody. (3) W tym przypadku jako osąd rozciągania i ściskania wykorzystuje się średnie przemieszczenie względne elementu, co stanowi uproszczenie. (4) Istotne funkcje tego przykładu mogą być również realizowane za pomocą podprogramów FRIC wprowadzonych w rozdziale 4. W tym przykładzie można zredukować obciążenie obliczeniowe związane z oceną stanu styku 1 w obliczeniach styku, ale konieczne jest ręczne zwiększenie siatki.

2. Przedłożenie obliczeń i weryfikacja

Wywołaj okno poleceń programu ABAQUS, wejdź do katalogu roboczego, wprowadź poniższe polecenie i uruchom je po powrocie.

ABAQUS job=ex13-1 int user=goodman-2d-uel; job= nazwa zadania, int oznacza interaktywne (ABAQUS podaje odpowiednie informacje na ekranie), user = określona podprograma użytkownika

Po zakończeniu obliczeń otwórz ex13-l.dat, a znajdziesz na nim dane wyjściowe. Obliczona wartość krzywej naprężenia ścinającego i przemieszczenia przy ścinaniu jest porównywana z wartością teoretyczną na rysunku 5-3. Wyniki pokazują, że podprograma UEL osiąga oczekiwany cel, a rotacja współrzędnych, niewyważona siła i macierz sztywności są ustawione poprawnie.

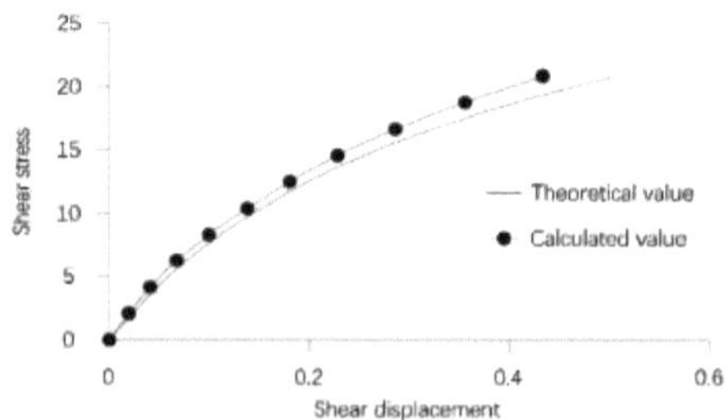

Rysunek 5-3 Porównanie wartości obliczonych i teoretycznych

5.6 UELMAT podprogramu odkształcenia powierzchniowego element czterowęzłowy

Dokument pomocy ABAQUS zawiera przykład opracowania czterowęzłowej jednostki odkształcenia powierzchniowego. Ten przykład przedstawia głównie sposób wykorzystania modelu materiałowego ABAQUS w podprogramie UELMAT. W tym samym czasie kod zawierający punkty całkowania może być również użyty jako odniesienie. Odpowiednią podprogramem jest cpe4.for.

Kod programu i instrukcje są następujące.

```
Podrzędny uelmat (rhs, amatrx, svars, energia, ndofel, nrhs,
1nsvars, rekwizyty, np. rekwizyty, kordy, mcrd, węzeł, u, du,
2v, a, typ, czas, dtime, kstep, kinc, jelem, params,
3ndload, jdltyp, adlmag, predef, npredf, lflags, mlvarx,
4ddlmag, mdload, pnewdt, jprops, njpro, okres
5Materiallib
c
obejmują "aba_param.inc
C
wymiar rhs (mlvarx, *), amatrx (ndofel, ndofel), podpory (*)
1svars (*), energia (*), akordy (mcrd, węzeł), u (ndofel)
2du (mlvarx, *), v (ndofel), a (ndofel), czas (2), params (*)
3jdltyp (mdload, *) adlmag (mdload, *), ddlmag (mdload, *),
4predefiniowane (2, npredefini, węzeł), 1flaga (*), jprops (*)
parametr (zero = 0. d0, done = -1.0d0, one = 1. d0, four = 4. 0d0
1Czwarta = 0. 25d0, kreska = 0. 577350269d0)
C Współrzędne i ciężary punktu integralnego Gaussa
parametr (ndim = 2, ndof = 2, nshr = l, nnodemax = 4,
1 nsens = 4 , ninpt = 4 , nsvint-4 )
C
C zaciemniony... problemowy wymiar
C ndof: liczba stopni swobody każdego węzła
C nshr...liczba składników naprężeń ścinających
```

```
Cteny... całkowita liczba składników naprężenia
C dziewiąta... punkty integralne
C nsvint... liczba zmiennych stanu każdego punktu integralnego, przechowywanie składników szczepu
C
wymiar sztywny (ndof * nnodemax, ndof * nnodemax)
1force (ndof * nnodemax), kształt (nnodemax), dshape (ndim, nnodemax)
2xjac (ndim, ndim), xiaci (ndim, ndim), bmat (nnodemax * ndim)
3statevlocal (nsvint), stress (ntens), ddsdde (ntens, ntens),
4 stran (ntens), dstan (ntens), wght (ninpt)
wymiar predef _loc (npredf), dpredef_loc (npredf)
1 defgrad (3, 3), utmp (3), xdu (3), Stiff_p (3 /3), force_p (3)
 wymiar coord24 (2, 4), coords_ip (3)
data coord24/dmone, dmone
2one, dmone,
3one, one
4dmone, one /
C
data wght / one, one, one, one/
if (flagi (3). Np. 4) to
C w tym momencie etap analizy jest etapem liniowej perturbacji, a macierz masy jest zdefiniowana.
 do i=l, ndofel
 do j =l, ndofel
amatrx (i, j) = zero
koniec
matrx (i, i) = jeden
koniec
goto 999
zakończyć się, jeśli
C
ELIMINACJE
C
pnewdt Local =pnewdt
```

```
If (jtype. ne. 1) then
wpisać (7, *) "nieprawidłowy typ elementu".
wezwanie xit
C Jeżeli typem urządzenia nie jest u1, należy wywołać aplikację wyjścia, aby wyjść z wiatru
Koniec, jeśli
jeżeli (nsvars .1t. ninpt *nsvint) wtedy
pisać (7, *) "Zwiększyć liczbę sdvs do", ninpt *nsvint
wezwanie xit
endif
C. Liczba zmiennych terenowych
grubość = 0. 1d0
do k1 = 1, ndof * nnode
rhs (k1, 1) = zero
do k2 = 1, ndof * nnode
amatrx (k1, k2) = zero
koniec
koniec
C Matryca inicjalizacji
C Poniżej znajduje się cykl integralnych punktów
do kink = 1, ninpt
g = coord24 (1, kintk) * gausscoord
h =coord24 (2, kintk) *gausscoord
kształt (1) = (jeden -g) *(jeden -h) /cztery
kształt (2) = (jeden + g) *9) * (jeden - h) /cztery
kształt (3) = (jeden + g) * (jeden +h) / cztery
kształt (4) = (jeden -g) *(jeden + h)/cztery
C Kształt jest funkcją kształtu
dshape (1, 1) = (jeden - h)/cztery
dshape (1, 2) = (jeden - h) / cztery
dshape (1, 3) = (jeden + h) / cztery;
dshape (1, 4) = - (jeden + h)/cztery
dshape (2, 1) = - (jeden - g) /cztery
dshape (2, 2) = - (jeden + g) /cztery
dshape (2, 3) = (jeden + g)/cztery
```

```
dshape (2, 4) = (jeden - g)/cztery
C - pochodna funkcji kształtowej
do K1 = l,3
coords_ip (k1) = zero
koniec
do kl = l, węzeł
do k2 = 1, mcrd
coords_ip (k2) = coords_ip (k2) + kształt (k1) * coords (k2, k1)
koniec
koniec
Współrzędne punktu C-integralnego
jeśli (np. gt.gt.0) to
do kl = l, efrrdf
predef_loc (k1) = zero
dpredef_loc (k1) = zero
do k2 = 1, węzeł
predef_loc (k1) =
& predef_loc (k1) +
& (predefiniowane (1, k1, k2) - predefiniowane (, k1, k2)) * kształt (k2)
dpredef_loc (k1) =
& dpredef_loc (k1) + predef (2, k1, k2) * kształt (k2)
koniec
koniec
zakończyć się, jeśli
C określa wielkość zmiennej pola punktu integralnego
djac = jeden
do i = 1, ndim
do j = 1, ndim
xjac (1. j) = zero
xjaci (i, j) =zero
koniec
koniec
do inod = 1, węzeł
do idim=1, ndim
```

```
do jdim-1, ndim
 xjac (dim, idim) = xjac (dim, idim) +
1dshape (jdim, inod) *coords (idim, inod)
koniec
 koniec
 djac = xjac (1, 1) *xjac (2, 2) -xjac (1, 2) * xjac (2, 1)
 jeżeli (djac. gt. zero) wtedy
xjaci (1,1) = xjac (2, 2) / djac
xjaci (2, 2) = xjac (1, 1) / djac
 xjaci (1, 2) =xjac (1, 2 / djac
 xjaci (2, 1) = -xjac (2, 1 / djac
W przeciwnym razie
Negatywny lub zerowy jacobian
napisać (7, *) "OSTRZEŻENIE: element", dżem, ma przeczenie.
1jakob
Pnewdt= czwarty
Koniec, jeśli
if (pnewdt. 1t. pnewdtlocal) pnewdtlocal = pnewdt
do i=1, nnode*ndim
bmat (i) = zero
koniec
do inod = 1, węzeł
do ider=1, ndim
do idim = 1, ndim
irow = idim + (inod -1) * ndim
bmat (irow) = bmat (irow) +
1 xjaci (idim, ider) * dshape (ider, inod)
koniec
koniec
koniec
```

C określa matrycę B. Związana z tym teoria może być odniesiona do książek o metodzie elementów skończonych.

```
Do i=1, ntens
dstan (i) = zero
```

```
koniec
do k1=1, 3
 do k2 = 1, 3
defgrad (k1, k2) = zero
koniec
defgrad (kl, k1) = jeden
 koniec
do nodi= 1, nodi
incr_row = (nodi -1) * ndof
do i = 1, ndof
xdu (i) = u (i +incr_row, 1)
 utmp (i) = u (i+ incr_row)
koniec
dnidx = bmat (1 + (nodi-1) * ndim)
 dnidy - bmat (2 + (nodi-1) * ndim)
dstran (1) = dstran (1) + dnidx * xdu (1)
 dstran (2) = dstran (2) + dnidy * xdu dstran (2)
dstran (4) = dstran (4) +
1 dnidy*xdu (1) +
2 dnidx * xdu (2)
C Ustalić odkształcenie przyrostowe
defgrad (1, 1) = defgrad (1, 1) + dnidx * utmp (1)
defgrad (1, 2) = defgrad (1, 2) + dnidy * utmp (1)
 defgrad (2, 1) = defgrad (2, 1) + dnidx * utmp
defgrad (2, 2) = defgrad (2, 2) + dnidy*utmp ( 2 )
koniec
C Określa gradient przemieszczenia
1svinc = (kintk-1) * nsvint
 do i = 1, nsvint
statevlocal (i) = svars (i + isvinc)
koniec
do kl = l, ntens
stran (k1) =statevlocal (k1)
stres (k1) = zero
```

```
koniec
do i = l, ntens
do j = l, ntens
ddsdde (i, j) = zero
koniec
ddsdde (i, j) = jeden
koniec
celent = sqrt (djac*dble(ninpt)))
C długość charakterystyczna jednostki obliczeniowej
dvmat = djac * grubość
dvdv0 = jeden
nazywają materiał lib mech (materiallib, stres, ddsdde,
1 stran, dstran, kintk, dvdv0, dvmat, defgrad,
2predef_loc, dpredef_loc, np.redf, celent, coords_ip
C wzywa Podprogram aplikacji do uzyskania informacji o modelu konstytucyjnym
do k1 = 1, nens
statevlocal (k1) stran(k1) + dstran (k1)
koniec
isvinc = (kintk-1) * nsvint! przyrost punktu integracji
do i=1, nsvint
svars (i+isvinc) = statevlocal (i)
koniec
C zmienne stanu aktualizacji
C następujące stwierdzenia tworzą matrycę sztywności i wektor siły wewnętrznej
dnjdx=zero
dnjdy =zero
do i = 1, ndof * nnode
 siła (i) = zero
do j = 1, ndof * nnode
sztywny (j, i) = zero
 koniec
 koniec
Inicjalizacja matrycy C
dvol = wght (kintk) * djac
```

```
do nodj= 1, nnode
incr _col = (nodj - 1) * ndof
dnjdx = bmat (1 + (nodj-1) * ndim)
dnjdy = bmat (2 + (nodj-1) * ndim)
siła _ p (1) = dnidx * naprężenie (1) + dnjdy * naprężenie (4)
siła _p (2) = naprężenie dzienne (2) + dnjdx * naprężenie (4)
do jdof= 1, ndof
jcol = jdof+ incr_col
siła (jcol) = siła (jcol)+
i siła p (idof) * dvol
koniec
C wektor siły wewnętrznej
do nodi = 1, nodi
incr_row = (nodi -1) * ndof
dnidx = bmat (1 + (nodi 1) * ndim)
dnidy = bmat (2 + (nodi-1) * ndim)
sztywny _ p (1, 1) = dnidx * ddsdde (1, 1) * dnjdx
& & +dnidy*ddsdde (4, 4) * dnjdy
& +dnidy*ddsdde (1, 4) * dnjdy
& + dnidy*ddsdde (4, 1) * dnjdx
Stiff_p (1,2) = dnidx*ddsdde (1, 2) * dnjdy
& + dnidy*ddsdde (4, 4) *dnidx
&+dnidx*ddsdde (1, 4) * dnjdx
&+dnidy*ddsdde (4, 2) * dnjdy
stiff_p (2, 1) = dnidy * ddsdde (2, 1) * dnidx
&+dnidx*ddsdde (4, 4) * dnidy
& + dnidy*ddsdde (2, 4) *dnjdy
& +dnidx*ddsdde (4, 1) * dnidx
stiff_p (2, 2) = dnidy*ddsdde (2, 2) * dnjdy
& + dnidx*ddsdde (4, 4) * dnjdx
& + dnidy*ddsdde (2, 4) * dnidx
& + dnidx*ddsdde (4, 2) * dnjdy
do jdof=1, ndof
icol = jdof +incr_col
```

```
do idof = 1, ndof
 irow= idof +incr_row
sztywny (irow, icol) = sztywny (irow, icol) +
 &+stiff_p (idof, jdof) * dvol
koniec
 koniec
koniec
koniec
Matryca sztywności C
do k1 = 1, ndof * nnode
prawdy (k1, 1) = prawdy (k1, 1) - siła (k1)
 do k2 = 1, ndof + nnode
amatrx (k1, k2) = matrx (k1, k2) + sztywny (k1, k2)
koniec
 koniec
koniec do! koniec pętli na punktach integracji materiałów
pnewdt = pnewdt Lokalny
C integracja matrycy sztywności i niewyważonej siły w elemencie
999 kontynuować
C
Wróć
 koniec
```

5.7 Streszczenie tego rozdziału

W połączeniu z wtórnym rozwojem elementów stykowych bez grubości, niniejszy rozdział wprowadza głównie proces kompilacji podprogramów UEL i UELMAT w ABAQUS/Standard, jak również sposób użycia niestandardowych jednostek. Odpowiednie treści stanowią dla nas dobrą podstawę do opracowania jednostek niestandardowych.

6 Dynamiczna analiza struktur

Streszczenie

W tym rozdziale najpierw przedstawiono rodzaje kroków analizy dynamicznej i związane z nimi teorie w programie ABAQUS, a następnie przedstawiono proces operacyjny i środki ostrożności różnych dynamicznych metod obliczeniowych na konkretnych przykładach oraz porównano zalety i wady każdej z metod.

Główne punkty tego rozdziału obejmują.

- Rodzaje dynamicznego rozwiązywania problemów w ABAQUS.
- Ekstrakcja częstotliwości i metoda superpozycji trybów.
- Dorozumiane algorytmy integralne w ABAQUS/Standard.
- Wyraźne zintegrowane algorytmy w ABAQUS/Standard.
- Przykłady.

Słowa kluczowe: ABAQUS/Standard; analiza dynamiczna; ekstrakcja częstotliwości; metoda superpozycji trybów; algorytmy jawnie integralne; algorytmy implicite integralne.

6.1 Metoda rozwiązania dynamicznego w ABAQUS

Przy rozważaniu siły bezwładności potrzebna jest metoda rozwiązania dynamicznego. Rozwiązania dynamiczne w ABAQUS obejmują metodę superpozycji modalnej oraz metodę integracji bezpośredniej. Metoda analizy modalnej jest odpowiednia do rozwiązywania problemów liniowych, a metoda bezpośredniego całkowania jest odpowiednia do rozwiązywania problemów nieliniowych. Metoda analizy modalnej w programie ABAQUS należy do liniowego etapu analizy typu perturbacji, a metoda bezpośredniego całkowania do ogólnego etapu analizy typu.

6.1.1 Metoda analizy modalnej

1. Rodzaje kroków analizy

ABAQUS obejmuje następujące rodzaje metod.

- Analiza harmonicznych w stanie ustalonym: metoda ta pozwala zaoszczędzić zasoby obliczeniowe w porównaniu z metodą integracji bezpośredniej, a jej rozwiązaniem jest wyimaginowana ekspresja liczbowa przemieszczeń, naprężeń itd.
- Subspace based steady-state harmonic response analysis: metoda ta jest rozwiązywana w przestrzeni wektora własnego, który może odzwierciedlać zależność częstotliwościową drgań strukturalnych i zaoszczędzić zasoby obliczeniowe w porównaniu z metodą integracji bezpośredniej.
- Analiza odpowiedzi przejściowej w oparciu o tryb: problem dynamicznej odpowiedzi przejściowej jest rozwiązywany za pomocą metody superpozycji trybu.
- Analiza widma odpowiedzi: metoda ta może uzyskać szczytową odpowiedź przy obciążeniu dynamicznym i nie obsługuje techniki SIM.
- Analiza reakcji losowej: metoda ta może być stosowana do rozwiązywania reakcji losowej, gdy obciążenie jest utrzymywane i można wyrazić formę funkcji gęstości spektralnej wskaźnika powodzenia.
- Złożona metoda ekstrakcji częstotliwościowej: metoda ta służy do ekstrakcji złożonej częstotliwości i kształtu trybu pracy układu.

2. Analiza ustawień krokowych

Należy zauważyć, że częstotliwość i tryb modelu należy najpierw wyodrębnić za pomocą metody superpozycji trybu. ABAQUS oferuje w tym celu krok analizy częstotliwości. Z modułu krokowego wybierz polecenie [Krok]/[Utwórz], wybierz typ procedury jako liniowy krok perturbacji (liniowy krok perturbacji) w oknie dialogowym tworzenia kroku, jak pokazano na Rysunku 6-1, a następnie wybierz częstotliwość. W oknie dialogowym ustawiania kroku analizy częstotliwości na Rysunku 6-2, główne ustawienia są opisane w następujący sposób.

- Eigensolwer: ABAQUS dostarcza trzy solwery: Lanczos, iteracja podprzestrzeni i automatyczna wielopoziomowa podstruktura (AMS). Lanczos jest metodą domyślną, która na ogół nie musi być zmieniana, ale szybkość rozwiązywania dużych problemów jest wolniejsza niż AMS.

Uwaga: Istnieją pewne ograniczenia w korzystaniu z systemu AMS, można zapoznać się z dokumentami pomocy ABAQUS.

- Liczba żądanych wartości własnych (liczba wartości własnych): można określić w zależności od potrzeb.
- Minimalna/maksymalna częstotliwość zainteresowania (górna i dolna granica częstotliwości): odpowiadająca metodzie Lanczosa, należy określić maksymalną częstotliwość zainteresowania. Jeśli określona jest minimalna częstotliwość, ABAQUS wyodrębnia określoną liczbę wartości własnych w zakresie częstotliwości.

Dopiero po ustawieniu kroku analizy częstotliwości ABAQUS może pozwolić na tworzenie takich kroków analizy, jak metoda superpozycji trybów. Wybierz polecenie [Step]/[Create], a okno dialogowe tworzenia kroku zostanie pokazane na Rysunku 6-3. Pojawi się dynamika modalna (krok analizy dynamiki przemijającej w trybie superpozycji) i inne opcje.

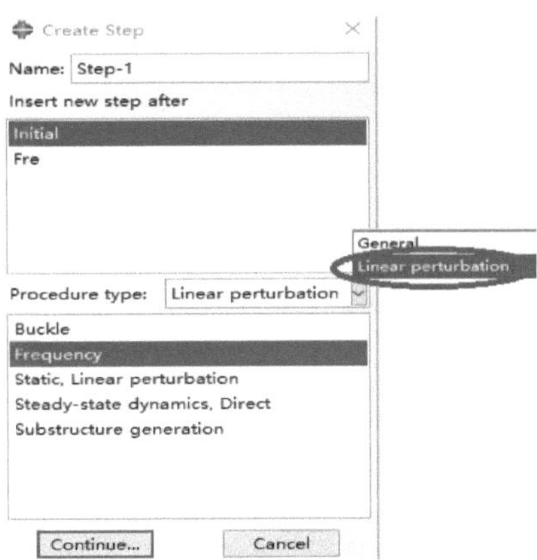

Rysunek 6-1 Tworzenie etapu analizy ekstrakcji częstotliwości

6.1.2 Bezpośrednia metoda integralna

Metoda analizy modalnej ma zastosowanie tylko do problemów liniowych. W przypadku konieczności przeanalizowania problemu nieliniowej odpowiedzi dynamicznej, należy przyjąć metodę bezpośredniego całkowania równania ruchu. Metody bezpośredniego całkowania w programie ABAQUS obejmują głównie metodę implicite w ABAQUS/Standard i metodę explicit w ABAQUS/Explicit. W metodzie domyślnej należy ustalić masę, tłumienie i matrycę sztywności w każdym punkcie oraz rozwiązać równania równowagi dynamicznej. Ilość obliczeń jest znacznie większa niż ta oparta na analizie modalnej. W metodzie jawnej jej istotą jest propagacja w modelu za pomocą fali naprężeń, która jest odpowiednia do analizy chwilowego obciążenia udarowego. Wyboru metod jawnych i domniemanych dokonuje się w oknie dialogowym tworzenia kroku, jak pokazano na Rysunku 6-4. Typ procedury wybierany jest jako ogólny, gdzie dynamiczne, domyślne są domyślne, dynamiczne i jawne są jawne. Te dwie metody są opisane bardziej szczegółowo w kolejnych rozdziałach.

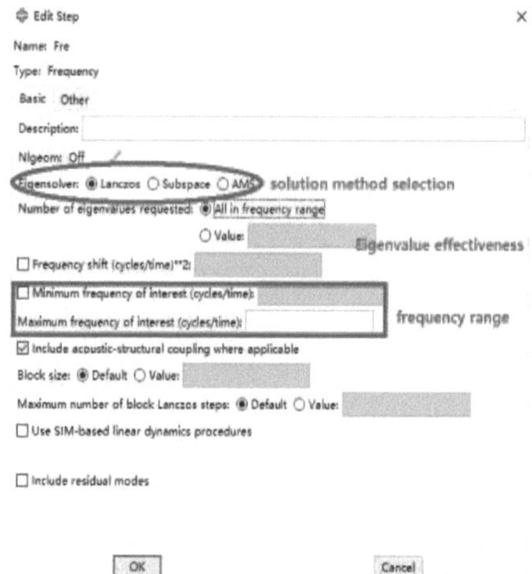

Rysunek 6-2 Ustawienia etapów analizy częstotliwości

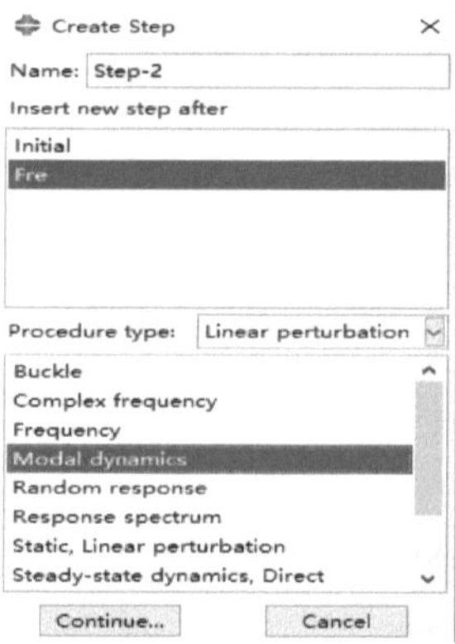

Rysunek 6-3 Ustawienia etapów analizy modalnej

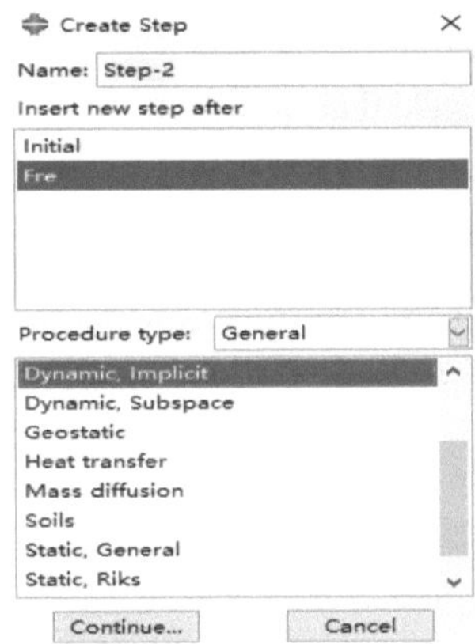

Rysunek 6-4 Ustawienia etapów analizy implicite/explicitlicit

6.1.3 Tłumienie w analizie dynamicznej

W każdym systemie nie konserwatywnym, z powodów wewnętrznych lub zewnętrznych, występują większe lub mniejsze straty energii, tj. efekt tłumienia. Działanie tłumiące spowoduje powstanie siły tłumiącej w stosunku do równania rządzącego systemem konstrukcyjnym. Tłumienie może być spowodowane przez wiele czynników, takich jak lepkość, tworzywo sztuczne lub tarcie z otoczeniem zewnętrznym, więc trudno jest dokładnie określić źródło tłumienia. Poza odbijaniem strat energii poprzez określenie plastyczności materiałów, ABAQUS dostarcza bogatą definicję tłumienia, która może być elastycznie wykorzystywana przez użytkownika.

Istnieją dwa rodzaje tłumienia w ABAQUS.

- o Tłumienie lepkie proporcjonalne do prędkości.
- o Tłumienie strukturalne proporcjonalne do przemieszczenia przyjmuje się w analizie obszaru częstotliwości.

Istnieją trzy sposoby na wprowadzenie tłumienia do analizy ABAQUS.

- o Tłumienie materiałów i elementów: ogólnie rzecz biorąc, tłumienie może być stosowane jako część definicji materiałów. Ponadto, ABAQUS zapewnia również systemy symulacji strat energii elementów, takich jak gliniane donice i tłumiki tłumiące.

- Globalne tłumienie: ABAQUS może określić globalne tłumienie dla całego modelu, łącznie z tłumieniem lepkościowym, tłumieniem Rayleigh'a i tłumieniem strukturalnym (wirtualna matryca sztywności) oraz zdefiniować tłumienie bezpośrednio dla ogólnej matrycy masowej i ogólnej matrycy sztywnościowej.
- Tłumienie modalne: to tłumienie może być używane tylko do analizy modalnej i może być określone bezpośrednio dla danego modalu.

Uwaga: Wilgoć lepka i wilgoć strukturalna mogą być uwzględnione w trzech definicjach wilgotności, a trzy definicje wilgotności mogą być przyjęte jednocześnie.

Powszechnie stosowana definicja tłumienia materiału może być zaimplementowana w module materiałowym ABAQUS/CAE przez polecenia [Materiał]/[Utwórz] i [Mechaniczne]/[Tłumienie] w wyskakującym oknie dialogowym edycji materiału, jak pokazano na Rysunku 6-5.

- Alfa: współczynnik proporcjonalny zależny od masy α_R w Rayleigh tłumienie domyślne do 0.
- Beta: Tłumienie snopów o współczynniku proporcjonalnym zależnym od sztywności β_R Domyślnie do 0.
- Composite: krytyczny stosunek tłumienia do wartości domyślnych tłumienia modalnego kompozytu do 0.
- Strukturalny: współczynnik tłumienia wirtualnej sztywności domyślnie wynosi 0.

Zależność pomiędzy α_R oraz β_R a współczynnik tłumienia jest następujący.

$$\xi_i = \frac{\alpha_R}{2\omega_i} + \frac{\beta_R \omega_i}{2} \qquad (6-1)$$

Subskrypt i reprezentuje $i-th$ tryb. Ogólnie rzecz biorąc, tłumienie jest zazwyczaj określane zgodnie z pierwszym trybem w analizie, tzn, $\alpha_R = \xi_1\omega_1, \beta_R = \xi_1/\omega_1$.

Uwaga: Tłumienie Rayleigh'a odnosi się do matrycy tłumiącej w równaniu dynamicznym wyrażonym jako kombinacja matrycy masowej i matrycy sztywności: [C]=α[M]+β[K].

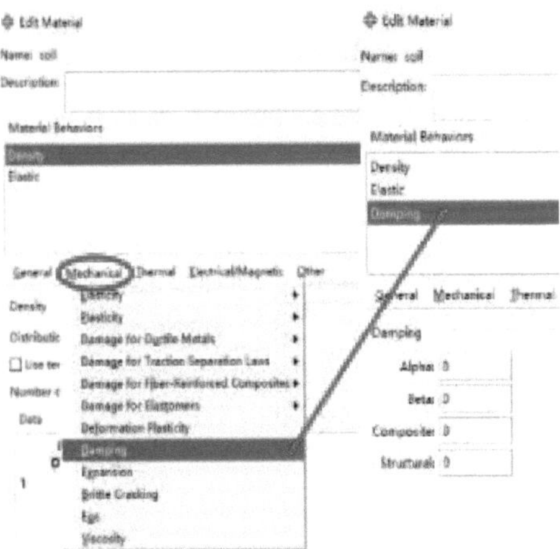

Rysunek 6-5 Tłumienie materiału w ABAQUS/CAE

6.2 Dorozumiane zintegrowane algorytmy w ABAQUS/Standard

6.2.1 Cechy charakterystyczne domyślnej metody integralnej

Algorytm domyślny odnosi się do stanu na końcu kroku przyrostowego podczas rozwiązywania równania dynamicznego na czasowym kroku przyrostowym. Odwrotność macierzy jest zaangażowana w proces rozwiązywania. Dla problemu nieliniowego, seria nieliniowych równań równowagi dynamicznej musi być rozwiązana jednocześnie metodą iteracji Newtona. Można przewidzieć, że zasoby obliczeniowe wymagane przez domyślny algorytm są duże.

Dynamiczne i ukryte kroki analizy w ABAQUS/Standard mogą być wykorzystane do rozwiązania trzech rodzajów problemów: analiza przemijająca, umiarkowane rozproszenie i quasi-statyczna. Główna różnica pomiędzy tymi trzema rodzajami problemów polega na różnicy wilgotności numerycznej pomiędzy algorytmem numerycznym a rozwiązaniem konwergencji. W przypadku problemu analizy stanów nieustalonych, często najtrudniej jest osiągnąć konwergencję w celu zminimalizowania rozpraszania energii spowodowanego tłumieniem liczbowym. Problemy quasi-statyczne często dotyczą jedynie końcowego stanu statycznego. W przypadku dwóch pierwszych rodzajów problemów, domyślny algorytm integracji przedstawiony w ABAQUS/Standard przyjmuje algorytm Hilbera-Hughesa-Taylora, który jest uogólnieniem konwencjonalnego algorytmu trapezowego. Największą zaletą algorytmu Hilbera-Hughes'a-Taylora jest to, że jest on bezwarunkowo stabilny dla układów liniowych i bardzo stabilny dla układów nieliniowych. W przypadku problemu quasi-statycznego, ABAQUS stosuje metodę algorytmu Eulera wstecznego.

Uwaga: Większość wbudowanych modeli materiałów może być wykorzystywana w dynamicznych i domyślnych etapach analizy, ale niestety przepuszczalność materiałów nie zostanie aktywowana w obliczeniach, tzn. obliczenia dynamiczne i konsolidacyjne w programie ABAQUS nie mogą być przeprowadzane jednocześnie.

6.2.2 Sterowanie krokiem czasowym w domyślnych algorytmach integralnych

1. Automatyczny krok przyrostu czasu

W metodzie dorozumianej ABAQUS automatycznie określa krok przyrostu czasu w oparciu o wartość rezydualną pół stopnia.$R_{t+\Delta t/2}$. Reszta pół kroku to niezrównoważone siły w połowie kroku przyrostu czasu. Jeżeli wartość jest niewielka, a dokładność problemu jest wysoka, można stopniowo zwiększać krok przyrostowy czasu, w przeciwnym razie należy zmniejszyć krok przyrostowy kolejnych obliczeń. Automatyczna wielkość kroku przyrostowego jest szczególnie efektywna w przypadku problemów, które występują natychmiast przy obciążeniach dynamicznych, takich jak obciążenia udarowe i wybuchowe. W momencie pojawienia się obciążenia, stopień przyrostu czasu jest zwykle niewielki, ale po stopniowym ustąpieniu obciążenia udarowego można przyjąć większy stopień przyrostu czasu.

Możemy zaakceptować domyślne kryteria kontroli ABAQUS dla resztek półetapowych, a także możemy nadać indywidualny rozmiar w celu określenia dokładności analizy. Jeśli *p* jest przyłożonym obciążeniem zewnętrznym lub potencjalną siłą, wówczas.

- Jeśli $R_{t+\Delta t/2} \approx 0.1p$ Rozwiązanie to ma dużą dokładność w przypadku problemu z małym tłumieniem sprężystym. W przypadku problemu plastyczności lub rozpraszania energii, odbicie wysokiej częstotliwości będzie tłumione pod wpływem działania tłumienia, które jest zbyt rygorystyczne.
- Jeśli $R_{t+\Delta t/2} \approx p$ Rozwiązanie to ma średnią dokładność dla problemu z małym tłumieniem sprężystym. W przypadku problemów z plastycznością lub rozpraszaniem energii, ma wysoką dokładność.
- Jeśli $R_{t+\Delta t/2} \approx 10p$, rozwiązanie jest szorstkie dla problemu z małym tłumieniem sprężystym, i nadal jest dopuszczalne dla problemu z plastikiem lub rozpraszaniem energii.

2. Stały krok przyrostowy w czasie

Możemy również podać stały krok czasowy, używając tej metody, aby zapewnić, że dokładność obliczeń mieści się w dopuszczalnym zakresie. W przypadku przyjęcia stałego kroku przyrostowego czasu, można anulować obliczenie pół kroku rezydualnego i zaoszczędzić na kosztach obliczeń.

6.2.3 Stosowanie ukrytych algorytmów integralnych do rozwiązywania problemów dynamicznych

W module kroku wybierz polecenie [Krok]/[Utwórz], ustaw opcję jako ogólną na liście typów procedur, typ kroku analizy jako dynamiczny, domyślnie w dolnej części okna dialogowego tworzenia kroku, jak pokazano na Rysunku 6-4, i kliknij [Dalej], aby wejść do okna dialogowego edycji kroku.

Ustawienia w podstawowej zakładce okna dialogowego edycji etapu są podobne do tych w innych etapach analizy, tzn. należy ustawić całkowitą długość etapu analizy. Na rozwijanej liście aplikacji możemy wybrać typy analizy przejściowej, umiarkowanego rozproszenia lub quasi-statycznej. Zaleca się przyjęcie domyślnej opcji analizy produktu, jak pokazano na Rysunku 6-6.

Przejdź do zakładki inkrementacji, jak pokazano na rysunku 6-7. W opcji typ tej zakładki możemy wybrać automatyczny krok czasowy lub stały krok czasowy. W zakładce półkrokrotność rezydualna można ustawić kryteria kontrolne dla półkrotności rezydualnej, w tym zaakceptować opcje domyślne, określić współczynnik skali (określoną proporcję) i określić wartość (wartość bezwzględną). Jeśli krok czasowy jest stały, można zaznaczyć pole wyboru Wyłącz obliczenia, aby anulować obliczanie pozostałości pół stopnia i zaoszczędzić zasoby obliczeniowe.

Druga zakładka jest zasadniczo taka sama jak inne typy kroków analizy, zwykle bez zmian, i nie będzie się tu powtarzać.

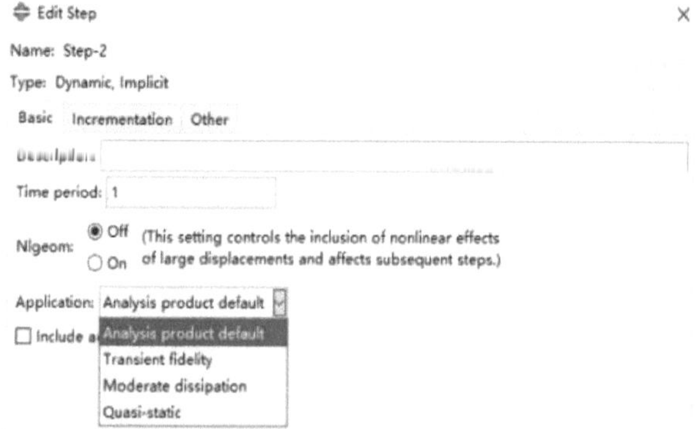

Rysunek 6-6 Podstawowe ustawienia zakładek dla dynamicznych etapów analizy domyślnej

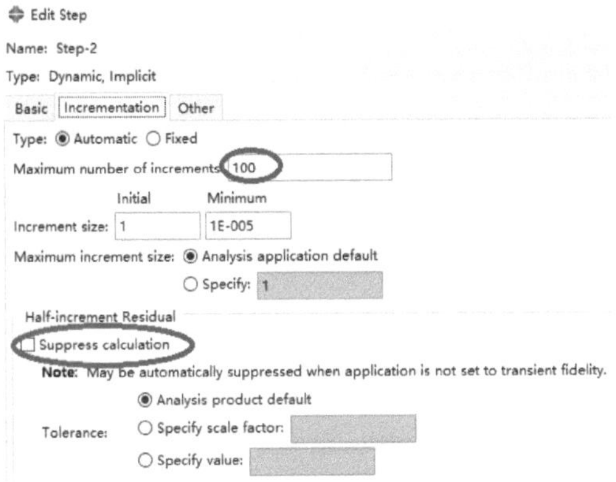

Rysunek 6-7 Ustawienia zakładek inkrementacji dla dynamicznych etapów analizy domyślnej

6.3 Wyraźne algorytmy integracyjne w ABAQUS/Explicit

6.3.1 Charakterystyka metody wyraźnej całościowej

Algorytm wyraźnej integracji w ABAQUS/Explicit przyjmuje metodę interpolacji punktu środkowego, która jest szczegółowo opisana w następujący sposób.

Jeżeli układ spełnia warunek równowagi dynamicznej w czasie *t*, to matryca masy *M* na węźle pomnożona przez matrycę przyspieszenia ü równa się siła na węźle (siła zewnętrzna *P* minus siła wewnętrzna *I*).

$$M\ddot{u} = P - I \qquad (6-2)$$

Następnie można obliczyć przyspieszenie w czasie startu *t* kroku przyrostowego w następujący sposób.

$$\ddot{u}\,\Big|_{(t)} = (M)^{-1}(P - I)\,\Big|_{(t)} \qquad (6-3)$$

Ponieważ w metodzie jawnej zawsze stosowana jest matryca masy grudkowej (przekątna matrycy masy, niezerowa na linii przekątnej i inne jednolite elementy zerowe), nie jest konieczne wspólne rozwiązywanie równań globalnych w celu rozwiązania przyspieszenia. Przyspieszenie węzła jest całkowicie zależne od masy i siły węzła, a koszt obliczeń jest bardzo mały. Zakładając, że przyspieszenie pozostaje niezmienione w kroku przyrostu czasu, przyrost prędkości może być obliczony metodą interpolacji centralnej. Dodając go do prędkości w punkcie środkowym poprzedniego kroku przyrostu, można uzyskać prędkość w punkcie środkowym tego kroku przyrostu.

$$\dot{u}\Big|_{\left(t+\frac{1}{2}\Delta t\right)} = \dot{u}\Big|_{\left(t-\frac{1}{2}\Delta t\right)} + \frac{\left(\Delta t\Big|_{\left(t+\frac{1}{2}\Delta t\right)} + \Delta t\Big|_{(t)}\right)}{2}\ddot{u}\Big|_{(t)} \qquad (6-4)$$

Przemieszczenie na końcu kroku przyrostowego można uzyskać poprzez zintegrowanie prędkości.

$$u\Big|_{(t+\Delta t)} = u\Big|_{(t)} + \Delta t\dot{u}\Big|_{\left(t+\frac{1}{2}\Delta t\right)} \qquad (6-5)$$

Z powyższego wynika, że jeśli początkowy czas kroku przyrostowego spełnia warunek równowagi dynamicznej, to można wyznaczyć początkowe przyspieszenie, a następnie wyświetlić wyznaczoną prędkość i przemieszczenie. W celu uzyskania dokładnego rozwiązania, stopień przyrostu czasu musi być wystarczająco mały, aby w przybliżeniu spełniał warunek, że przyspieszenie pozostaje niezmienione w stopniu przyrostu czasu, pokazując w ten sposób, że stopień przyrostu czasu rozwiązania jest zazwyczaj duży. Na szczęście, ponieważ nie ma potrzeby wspólnego rozwiązywania równań, koszt obliczeniowy każdego kroku przyrostowego jest bardzo mały, a główny koszt obliczeniowy koncentruje się na obliczeniu w komórce. Wewnętrzne obliczanie elementu odnosi się głównie do wyznaczenia odkształcenia według przemieszczenia, następnie wyznaczenia naprężenia według zależności konstytutywnej, a następnie rozwiązania siły wewnętrznej na węźle.

Uwaga: Wyraźny algorytm całkowania jest algorytmem warunkowej stabilności.

6.3.2 Rodzaje pytań mających zastosowanie do metody wyraźnej

W metodzie jawnej nie ma potrzeby rozwiązywania równań wspólnie i stycznej macierzy sztywności, więc koszt obliczeniowy każdego kroku przyrostowego jest bardzo mały. Jest ona odpowiednia do rozwiązywania następujących typów problemów.

- Obciążenie dynamiczne przy dużych prędkościach: często stosuje się jednoznaczne metody rozwiązywania reakcji konstrukcji lub materiałów przy szybkim obciążeniu dynamicznym (np. ładunek wybuchowy). Obciążenie tego typu jest stosowane szybko i drastycznie się zmienia. To, czy fala naprężeń wywołana przez obciążenie dynamiczne może być dokładnie symulowana w konstrukcji, odgrywa kluczową rolę w analizie odpowiedzi dynamicznej modelu. Jeżeli do rozwiązania problemu stosowana jest metoda domyślna, to zazwyczaj wymaga ona bardzo dużej liczby generacji. Metody implicite mogą lepiej radzić sobie z tymi problemami.
- Złożony problem z kontaktem: symulacja złożonego kontaktu jest łatwiejsza do wdrożenia w jednoznacznej metodzie, zwłaszcza w przypadku problemu kontaktu między wieloma osobami i szybkiej zmiany warunków kontaktu.
- Złożone problemy po wyboczeniu: po wyboczeniu materiału, sztywność zmienia się drastycznie, czasami łącznie z problemami kontaktowymi, które można łatwo rozwiązać za pomocą wyraźnych metod.
- Wysoce nieliniowe problemy quasi-statyczne: dzięki funkcjom analizy quasi-statycznej, takim jak kucie, walcowanie, formowanie arkuszy uderzeniowych i inne problemy wymagające skomplikowanego kontaktu i wysokiej nieliniowości, metody jednoznaczne mogą skutecznie rozwiązać wiele problemów statycznych.

- Tłumienie i zniszczenie właściwości materiału: w metodzie domyślnej, w przypadku wystąpienia zniszczenia materiału, napotka on bardzo duże trudności z konwergencją. W metodzie jawnej tego rodzaju problem można dobrze rozwiązać, np. pękanie betonu. Wraz z pojawieniem się pęknięć zmniejsza się sztywność.

6.3.3 Warunkowa stabilność jawnych algorytmów

Stabilność obliczeniowa algorytmów jawnych jest warunkowa. Mówiąc wprost, długość kroku przyrostu czasu nie może być większa od pewnej wartości, która jest nazywana granicą stabilności stabilnego kroku czasu. Gdy krok przyrostu czasu przekroczy tę wartość, wynik będzie się odchylał bez ograniczeń. W większości przypadków trudno jest dokładnie określić stabilny przyrostowy krok czasu, dlatego też w obliczeniach zazwyczaj wybieranie stabilnego przyrostowego kroku jest konserwatywne. W przypadku braku tłumienia, wartość graniczna stabilnego kroku czasowego $\Delta t_{Stajnia}$ można oszacować za pomocą następującego równania.

$$\Delta t_{stable} = \frac{2}{\omega_{max}} \qquad (6-6)$$

W którym, $\omega_{maks.}$ to maksymalna częstotliwość modelu.

Jeśli jest tłumienie, to

$$\Delta t_{stable} = \frac{2}{\omega_{max}}\left(\sqrt{1+\xi^2}-\xi\right) \qquad (6-7)$$

W którym, ξ to krytyczny współczynnik tłumienia odpowiadający maksymalnej częstotliwości. Domyślnie, ABAQUS/Explicit zawiera bardzo małe tłumienie lepkości w celu uniknięcia wibracji o wysokiej częstotliwości.

Maksymalna częstotliwość $\omega_{maks.}$ modelu jest związane z wieloma czynnikami. Biorąc pod uwagę, że maksymalna częstotliwość określona z każdej jednostki jest wyższa niż maksymalna częstotliwość całego modelu, prosta i zachowawcza metoda szacowania jest również podana w ABAQUS/Explicit.

$$\Delta t_{stable} = \frac{L^2}{c_d} \qquad (6-8)$$

W którym, L^2 jest długością elementu, oraz c_d to prędkość fali w materiale. Dla materiałów elastycznych o stosunku Poissona wynoszącym 0 prędkość można oszacować za pomocą następującego wzoru.

$$c_d = \sqrt{\frac{E}{\rho}} \qquad (6-9)$$

W którym E jest młodym modułem sprężystości i ρ to gęstość materiału dla materiałów o współczynniku Poissona, który można obliczyć według poniższego wzoru.

$$c_d = \sqrt{\frac{\lambda + 2\mu}{\rho}} \qquad (6-10)$$

Gdzie, $\lambda = \frac{Ev}{(1+v)(1-2v)}$ i $\mu = \frac{E}{2(1+v)}$ są stałym Lami.

Z równania (6-8) wynika, że krok czasowy stabilności to czas potrzebny do przejścia prędkości fali przez określoną jednostkę długości. Im większy moduł sprężystości materiału, tym większa prędkość fali, tym mniejszy stopień przyrostu czasu stateczności; im większa gęstość, tym mniejsza prędkość fali, tym większy stopień przyrostu czasu stateczności. Na przykład, jeśli minimalny rozmiar elementu wynosi 5 mm, a prędkość fali 5 000 m/s, stopień przyrostu czasu stateczności wynosi 1×10^{-6}.

6.3.4 Sterowanie krokami czasowymi w jednoznacznych zintegrowanych algorytmach

Explicit zapewnia dwie metody wyboru kroku kroku przyrostu czasu: jedną z nich jest automatyczne określanie kroku czasowego; drugą jest określenie stałego kroku czasowego w celu zapewnienia, że dany krok czasowy jest mniejszy niż stały krok przyrostu czasu.

1. Automatyczny krok przyrostu czasu

W programie ABAQUS/Explicit można automatycznie określić krok przyrostu czasu, aby upewnić się, że krok przyrostu czasu jest mniejszy niż limit stabilnego kroku czasu i nie jest konieczna ingerencja użytkownika. W przypadku problemu nieliniowego, sztywność materiału może się zmieniać, dlatego krok przyrostu czasu stabilności będzie się zmieniał wraz z procesem analizy. W programie ABAQUS/Explicit krok przyrostu czasu stabilności zostanie określony automatycznie zgodnie z procesem rozwiązania.

Jak wspomniano wcześniej, istnieją dwa sposoby określania kroku czasowego stałego przyrostu: jeden oparty jest na częstotliwości całego modelu, drugi na częstotliwości każdej jednostki. Stopień przyrostu czasu określony przez ten drugi jest zazwyczaj mniejszy niż ten pierwszy i należy obliczyć więcej stopni przyrostu. W modelu ABAQUS/Explicit pierwsza metoda jest przyjęta domyślnie.

2. Stały krok przyrostowy w czasie

ABAQUS/Explicit może również wybrać stały krok przyrostu czasu węzła. Istnieją dwa sposoby: jeden polega na całkowitym określeniu przez użytkownika, w tym czasie, wartości wejściowej mniejszej od kroku stabilnego przyrostu czasu; drugi polega na określeniu kroku czasu na podstawie szacunkowej wartości każdej jednostki i zachowaniu jej w analizie bez zmian.

3. Zależność między wielkością kroku przyrostowego w czasie a jakością

Ponieważ gęstość materiałów wpływa na przyrostowy stopień czasu stabilizacji, w niektórych przypadkach poprawa gęstości masy materiałów może skutecznie poprawić efektywność analizy. Na przykład, ze względu na złożoność modelu, niektóre elementy mogą mieć niską jakość lub małe rozmiary po zazębieniu, co sprawia, że przyrostowy krok czasu stabilizacji jest bardzo mały. Jednostki te są zazwyczaj skoncentrowane w niektórych obszarach, a ich liczba nie jest zbyt duża. Jeśli tylko jakość tych jednostek kontrolnych ulegnie poprawie, krok przyrostu czasu stabilizacji może zostać znacznie zwiększony, a efektywność obliczeń może zostać zwiększona bez wpływu na wyniki obliczeń całego modelu. ABAQUS/Explicit oferuje dwie funkcje automatycznego skalowania jakości, które rozwiązują ten problem: jedną z nich jest bezpośrednie zdefiniowanie współczynnika skalowania jakości; drugą jest bezpośrednie zdefiniowanie kroku przyrostu czasu stabilności jednostek wadliwych.

Należy zauważyć, że w przypadku tej techniki siła bezwładności ma niewielki wpływ na rozwiązanie, w przeciwnym razie może ona zmienić charakter całego problemu.

4. Wpływ materiału na przyrostowy stopień czasu stabilizacji

Wpływ materiału na przyrostowy stopień czasu stabilizacji jest odzwierciedlony w prędkości fali. W przypadku materiałów liniowych prędkość fali jest stała, więc zmiana przyrostowego stopnia czasu stabilizacji wynika tylko ze zmiany najmniejszego rozmiaru oczka. W przypadku materiałów nieliniowych prędkość fali spada w wyniku zmiany sztywności modelu (np. wydajności materiału), a przyrostowy stopień czasu stabilizacji wzrasta.

5. Wpływ siatki na przyrostową wielkość kroku czasu stabilizacji

Jak wspomniano wcześniej, przyrostowy rozmiar stopnia w czasie stabilizacji jest na ogół proporcjonalny do najmniejszego rozmiaru oczka, a więc im większy rozmiar oczka, tym lepiej. Jednakże w celu przeprowadzenia dokładnej analizy, oczka muszą być zawsze bardziej szczelne. Dlatego też, w przypadku wyraźnych problemów, tworzenie oczek sieci powinno być możliwie jak najbardziej jednolite. Ponieważ przyrostowy stopień czasu stabilizacji zależy od jednostki o najmniejszym rozmiarze, przyrostowy stopień czasu stabilizacji będzie miał wpływ nawet jeśli rozmiar poszczególnych jednostek jest bardzo mały. ABAQUS/Explicit daje 10 jednostek z minimalnym krokiem przyrostu czasu stabilizacji w pliku sta. Jeśli krok przyrostu czasu stabilizacji jednej jednostki jest znacznie mniejszy niż innych jednostek, należy go ponownie podzielić.

6.3.5 Stosowanie wyraźnych, zintegrowanych algorytmów do rozwiązywania problemów dynamicznych

W module kroku wybierz polecenie [Krok]/[Utwórz], ustaw opcję z poniższej listy typów procedur na ogólną, a następnie wybierz typ kroku analizy na dynamiczny, jawny w dolnej części okna dialogowego, jak pokazano na Rysunku 6-4, i kliknij [Dalej], aby wejść do okna dialogowego edycji kroku.

Ustawienia w zakładce podstawowej są podobne do tych w innych krokach analizy, tzn. ustawienie całkowitego czasu trwania etapu analizy itp. Ustawienia w zakładce inkrementacji różnią się od ustawień w konwencjonalnej zakładce ABAQUS/Standard. W opcji typ w tej zakładce można wybrać automatyczny krok czasowy lub stały krok czasowy, w zależności od wybranej wielkości kroku, inne są również opcje, które należy określić:

- W przypadku wybrania automatycznego kroku czasowego, okno dialogowe jest pokazane na Rysunku 6-8. Po prawej stronie estymatora stabilnego przyrostu czasu znajdują się dwie opcje, [Global] i [Element-by-element], co oznacza, że krok przyrostu czasu stabilizacji określany jest przez model ogólny lub najwyższą częstotliwość urządzenia; domyślnie maksymalny przyrost czasu (maksymalny dopuszczalny przyrost) jest nieograniczony i można go określić samemu; do ustawienia kroku przyrostu czasu służy okno wprowadzania współczynnika skalowania czasu. Długi współczynnik korygujący f, domyślnie 1. W obliczeniach krok czasowy określony przez ABAQUS jest zredukowany, a ustawiony krok przyrostu czasu wynosi fΔt.

- W przypadku wybrania stałego kroku czasowego, w obszarze wyboru wielkości przyrostu pojawiają się dwa przyciski [User-defined time increment] i [Use element-by-element time incrementator], które odpowiadają stałemu krokowi czasowemu określonemu przez użytkownika lub określonemu przez wartość estymacji jednostkowej.

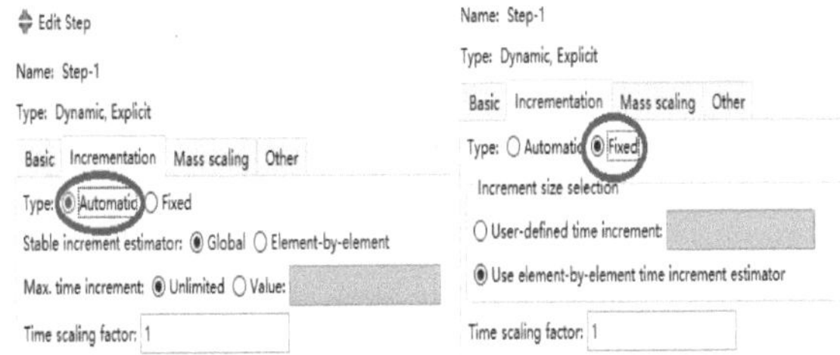

Rysunek 6-8 Ustawienia zakładki inkrementacji dla etapu dynamicznej analizy jawnej

Zakładka Skalowanie masowe służy głównie do ustawiania funkcji skalowania jakości. Druga zakładka definiuje współczynniki korelacji pomiędzy liniową lepkością objętościową a wtórną lepkością objętościową. Współczynniki te są definiowane głównie w celu zapobiegania oscylacjom numerycznym, które nie muszą być zmieniane w ogóle.

6.4 Porównanie rozwiązań domyślnych i jawnych

6.4.1 Ogólne porównanie

Bez względu na to, czy jest to dorozumiane czy jawne, warunek równowagi Mü = P-I pomiędzy siłą zewnętrzną *P*, siłą wewnętrzną *I* i przyspieszeniem węzła ü jest zawsze zadowolony. Obie metody muszą rozwiązać przyspieszenie węzła i użyć tej samej metody obliczeń wewnętrznych elementu do określenia siły wewnętrznej. Największa różnica polega na tym, jak obliczyć przyspieszenie węzła. W odróżnieniu od metody jawnej, w metodzie domyślnej jest stosowana metoda iteracji Newtona. Ponieważ jest ona bezwarunkowo stabilna, to krok przyrostu czasu Δt jest znacznie większa niż wartość liczbowa w obliczeniach jawnych, co wymaga mniej inkrementalnych kroków. Koszt obliczeniowy rozwiązania iteracyjnego Newtona jest stosunkowo duży, a zasoby obliczeniowe lub zużycie czasu niekoniecznie są małe, zwłaszcza w przypadku problemów na dużą skalę.

Ponadto metoda iteracji Newtona jest bardzo skuteczna w przypadku łagodniejszych problemów nieliniowych i ma wskaźnik konwergencji drugiego rzędu. Jednakże, jeżeli proces analizy jest wysoce nieciągły, np. w przypadku gwałtownych zmian warunków brzegowych, takich jak kontakt i poślizg, Newton może nie być zbieżny lub stopień przyrostu czasu wymagany do osiągnięcia zbieżności może być mniejszy niż w przypadku metod jawnych, co pochłania więcej zasobów obliczeniowych.

Podsumowując, metody implicite mogą być stosowane do rozwiązywania płynnych problemów nieliniowych, natomiast metody explicit mogą być stosowane do rozwiązywania problemów z dynamicznym obciążeniem przy dużych prędkościach i złożonych problemów z kontaktem. Oczywiście wiele problemów można rozwiązać w sposób dorozumiany lub jawny. W tym czasie, biorąc pod uwagę liczbę iteracji wymaganych przez metodę dorozumianą, każda iteracja musi rozwiązać duży system równań, więc wymagane miejsce na dysku twardym i pamięć są dość duże. Metoda jawna wymaga mniej miejsca na dysku twardym i pamięci niż metoda domyślna, co ma pewną zaletę.

6.4.2 Wpływ zwiększenia swobody węzłów na zużycie zasobów obliczeniowych

W przypadku metod jednoznacznych, obliczeniowe zużycie zasobów jest w przybliżeniu proporcjonalne do liczby komórek i odwrotnie proporcjonalne do najmniejszej wielkości komórki. W rezultacie liczba komórek zostaje zwiększona, a najmniejszy rozmiar komórki zostaje zmniejszony po udoskonaleniu oczek, co prowadzi do wzrostu obliczeniowego zużycia zasobów. Na przykład, trójwymiarowy obiekt jest dzielony na jednolite oczka. Jeżeli liczba oczek sieci zostanie podwojona we wszystkich trzech kierunkach, wzrost zasobów obliczeniowych wynosi 2 x 2 x 2 z powodu zwiększenia liczby oczek, 2 x 2 z powodu zmniejszenia rozmiaru oczek i 16 razy w stosunku do całkowitych zasobów obliczeniowych. Wymagana ilość miejsca na dysku twardym i pamięci związana jest tylko z liczbą komórek, która wzrasta do 8 razy.

W przypadku metody domyślnej wzrost zasobów obliczeniowych nie może być określony tylko dlatego, że zasoby obliczeniowe są związane z liczbą węzłów w sieci. Doświadczenie pokazuje, że koszt obliczeniowy jest w przybliżeniu proporcjonalny do kwadratu liczby stopni swobody oczek sieci. Podobnie, gdy liczba oczek w trzech kierunkach podwoi się, zwiększy się stopień swobody węzłów. 2^3 czasy i zasoby obliczeniowe zwiększą się $(2^3)^2$ albo 64 razy. Wymagane miejsce na dysku twardym i pamięć będą prawdopodobnie zwiększać się w ten sam sposób. Dlatego w przypadku dużej liczby oczek, metoda jawna ma znaczne zalety.

6.5 Przykłady

6.5.1 Częstotliwość naturalna i sposób posadowienia poziomego

Przykład ex14-1.cae

1. Opis problemu

Do analizy reakcji sejsmicznej podłoża brany jest obecnie pod uwagę przede wszystkim efekt fali ścinającej generowanej przez skałę macierzystą rozchodzącą się w górę do gruntu przez warstwę gruntu. W przypadku jednowymiarowego, poziomego fundamentu, do jego analizy można zastosować metodę belki ścinającej. Reakcję sejsmiczną fundamentu można uzyskać za pomocą równania różniczkowego drgań ścinających i warunków brzegowych ośrodka elastycznego. Jednym z najważniejszych kroków jest określenie częstotliwości drgań własnych i sposobu drgania fundamentu. Przypadek ten jest zilustrowany prostym przykładem.

Fundament poziomy o grubości 50m, dynamicznym module ścinania G = 200MPa, stosunku Poissona v=0,3, (odpowiedni moduł sprężystości E = 520MPa), gęstości $\rho = 2.0\ g/cm^3 = 2000\ kg/m^3$ prędkość fali ścinającej $v_s = \sqrt{G/\rho} = 316{,}23\ m/s$. Zgodnie z teoretycznym rozwiązaniem metody wiązki ścinającej, częstotliwość trybu j-order fundamentu wynosi $\omega_j = \frac{(2j-1)\pi}{2H} v_s$, a częstotliwość podstawowa ω_1 jest 9,93 (f = 1.58) kiedy j=1.

2. Nacisk w studium przypadku

- Zastosowanie etapów analizy częstotliwości

3. Model i rozwiązanie

Elementy z etapu 1. W celu zachowania zgodności z metodą jednowymiarowej belki ścinającej przyjmuje się tutaj słup gruntu o szerokości 1,0m i wysokości 50,0m. W module części wybierz polecenie [Część]/[Utwórz], wybierz płaszczyznę 2D w obszarze przestrzeni modelowania w oknie dialogowym tworzenia części, zaakceptuj inne domyślne opcje, kliknij [Dalej] i wejdź do interfejsu edycji graficznej, utwórz prostokąt o szerokości 1,0m i wysokości 50,0m, a następnie kliknij [Gotowe] w obszarze wyświetlania.

Charakterystyka materiału i sekcji z etapu 2. W module właściwości wybierane jest polecenie [Materiał]/[Utwórz], tworzony jest materiał o nazwie grunt, a polecenie [Mechaniczne]/[Elastyczność]/[Elastyczne] w oknie dialogowym edycji materiału definiuje odpowiednie parametry modelu sprężystego, a gęstość materiału definiowana jest za pomocą polecenia [Ogólne]/[Gęstość].

Uwaga: W tym przypadku jednostką siły jest *kN*, jednostką długości jest *m*, a jednostką odpowiedniego naprężenia jest *kPa*, więc jednostką gęstości jest $t/m^3$to znaczy, że gęstość powinna być ustawiona na 2.

Wybierz polecenie [Przekrój]/[Utwórz], ustaw element przekroju o nazwie grunt (odpowiadający mu materiał jest gruntem), a następnie wybierz polecenie [Przypisz]/[Przekrój], aby przypisać odpowiedni obszar.

Etap 3 części montażowe. W module zespołu wybierz polecenie [Instance]/[Create] i utwórz odpowiednią instancję.

Krok 4: definicja etapu analizy. W module kroku wybierz polecenie [Krok]/[Utwórz], ustaw nazwę wolną w oknie dialogowym tworzenia kroku, jak pokazano na Rysunku 6-1, wybierz typ procedury jako perturbację liniową, a następnie wybierz częstotliwość, kliknij [Dalej], aby wprowadzić ustawienia kroku ekstrakcji częstotliwości. Jak pokazano na Rysunku 6-2, ustaw maksymalną interesującą nas częstotliwość na 20, liczbę żądanych wartości własnych na 5, a następnie wyjdź po zaakceptowaniu pozostałych opcji domyślnych.

Uwaga: W programie ABAQUS częstotliwość odnosi się do fa tam jest$\omega = 2\pi f$ między nim a częstotliwością kołową ω .

Krok 5 - obciążenie i warunki brzegowe. W module obciążenia wybierane jest polecenie [BC]/[Create], a przemieszczenie dwóch dolnych kierunków modelu jest ograniczone w kroku analizy swobodnej. W celu zachowania zgodności z metodą jednowymiarowej belki ścinającej, przemieszczenie pionowe U2 modelu jest ograniczone tak, że może ono powodować jedynie drgania poziome.

Krok 6 oczko. Wejdź do modułu mesh i wybierz opcję obiektu na pasku środowiska jako część, co oznacza, że siatka jest wykonywana na poziomie części. Wybierz polecenie [Mesh]/[Controls], ustaw kształt elementu (kształt komórki) jako Quad (czworoboczny) w oknie dialogowym sterowania siatką, technikę (technika podziału) jako strukturalną. Wybierz polecenie [Mesh]/[Element Type] i ustaw CPE4 jako typ komórki w oknie dialogowym Typ elementu. Wybierz polecenie [Seed]/[Part], ustaw przybliżony rozmiar globalny na 1.0 w globalnym oknie dialogowym seed i zaakceptuj pozostałe opcje domyślne. Wybierz polecenie [Mesh]/[Part], kliknij przycisk [Yes] w obszarze podpowiedzi i wybierz siatkę modelu.

Krok 7 przedstawia pracę. Wprowadź moduł zadania, wybierz polecenie [Zadanie]/[Utwórz] i utwórz zadanie o nazwie ex14-1. Wybierz polecenie [Job]/[Submit]/[ex14-1] i prześlij obliczenia.

4. Analiza wyników

Krok 1 wejdź do modułu wizualizacji i otwórz odpowiedni plik bazy danych wyników obliczeń.

W kroku 2 wybierz polecenie [Wykres]/[Zniekształcony kształt], aby narysować zdeformowaną siatkę. Korzystając z⏮ ◀ ▶ ⏭ paska menu, można obserwować różne tryby wibracji. Wielkość wartości własnych i odpowiadająca im częstotliwość f są podane na dole ekranu.

Krok 3. Kształty trybów modelu mogą być również wyrażone za pomocą zdeformowanego wykresu chmurkowego. Wybierz polecenie [Result]/[Field Output] i ustaw U1 jako zmienną wyjściową. Wybierz polecenie [Wykres]/[Kontury]/[Na zdeformowanym kształcie], aby narysować chmurę konturów przemieszczeń dwóch pierwszych trybów, jak pokazano na Rysunku 6-9.

Obliczone wyniki wskazują, że odpowiednia częstotliwość pierwszego trybu wynosi 1,5811, co odpowiada teoretycznej wartości 1,58. Wyniki innych zamówień są również w dobrej zgodzie z wartością teoretyczną.

Uwaga: Kiedy ABAQUS przetwarza wyniki, maksymalne przemieszczenie każdego trybu jest automatycznie normalizowane do 1.

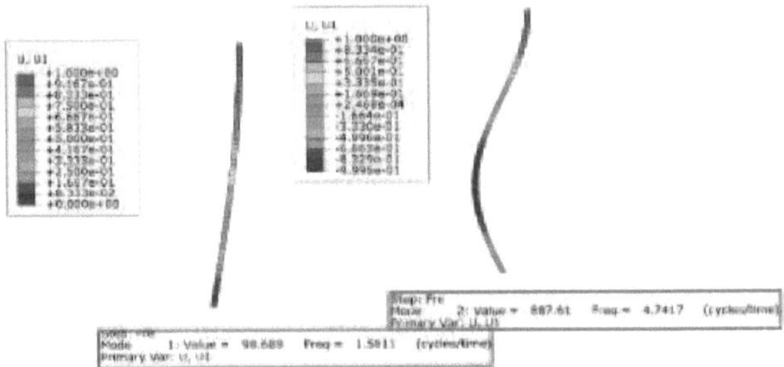

Rysunek 6-9 Kształty i częstotliwości trybów każdego zamówienia

6.5.2 Naturalne częstotliwości i tryby pracy dwuwymiarowych idealnych zapór ziemnych

Przykład ex14-2cae

1. Opis problemu

Kiedy zapory ziemne poddawane są działaniu poziomych ruchów sejsmicznych, do analizy zapór ziemnych można zastosować metodę klina ścinającego, ponieważ wysokość i szerokość dna są tej samej wielkości. Tak zwana metoda klina ścinającego polega na traktowaniu zapór ziemnych jako belek o zmiennym przekroju poprzecznym (klinów) osadzonych w skale macierzystej na dnie i analizowaniu ich deformacji przy ścinaniu pod wpływem trzęsienia ziemi. W analizie przekrój poprzeczny nieskończonej zapory ziemnej jest uproszczony do trójkąta, a trzy pierwsze częstotliwości drgań własnych uzyskane przez teoretyczne rozwiązanie to $(2.41, 5.52, 8.65)\ v_s/H$. Podany jest prosty przykład porównania wyników ABAQUS i wartości teoretycznych.

Zapora ziemna o wysokości 100 m, korpus zapory jest uproszczony do kształtu trójkąta, a stosunek nachylenia w górę i w dół wynosi 1:2, dynamiczny moduł ścinania G=200MPa, stosunek Poissona v=0,3, (odpowiadający modułowi sprężystości E=520MPa), gęstość $\rho = 2.0\ g/cm^3 = 2000\,kg/m^3$prędkość fali ścinającej $v_s = \sqrt{\frac{G}{\rho}} = 316.23$ m/s, odpowiednie częstotliwości kołowe ω to 7,62, 17,46 i 27,35 (f=1.21, 2.78, 4.35).

Uwaga: Gdy szerokość wierzchołka tamy nie jest równa zeru, kształty trybu można uzyskać za pomocą metody interpolacji zgodnie z kształtami trybu przekrojów trójkątnych i prostokątnych. Rzeczywisty kształt przekroju może zostać użyty do obliczeń numerycznych.

2. Nacisk w studium przypadku

- Zastosowanie etapów analizy częstotliwości.
- Podobieństwa i różnice pomiędzy wynikami obliczeń elementów skończonych a wartościami teoretycznymi i ich przyczynami.

3. Model i rozwiązanie

Większość kroków w tym przykładzie jest taka sama jak w przypadku ex14-1, a tylko niektóre z nich są tu wyróżnione.

Elementy z etapu 1. W module części, polecenie [Część]/[Utwórz] jest wybierane w celu utworzenia trójwymiarowych trójkątnych części zgodnie z podaną wielkością geometryczną.

Charakterystyka materiału i sekcji z etapu 2. Podobnie jak w przypadku ex14-1, tworzone są odpowiednie charakterystyki materiału i przekroju poprzecznego.

Etap 3 części montażowe. W module zespołu wybierz polecenie [Instance]/[Create] i utwórz odpowiednią instancję.

Krok 4: definicja etapu analizy. W module kroku wybierz polecenie [Krok]/[Utwórz], zdefiniuj krok analizy częstotliwości nazwany wolnym, ustaw maksymalną częstotliwość odsetkową na 20, a liczbę wymaganych wartości własnych na 5.

Krok 5 - obciążenie i warunki brzegowe. W module obciążenia wybrano polecenie [BC]/[Create], aby ograniczyć przemieszczenie w dwóch kierunkach u dołu modelu oraz przemieszczenie pionowe całego modelu.

Krok 6 oczko. Wejdź do modułu mesh i wybierz opcję obiektu na pasku środowiska jako część, co oznacza, że siatka jest wykonywana na poziomie części. Wybierz polecenie [Mesh]/[Controls], ustaw kształt elementu (kształt komórki) jako zdominowany czworokątny (zdominowany czworokątny) (trójkątna siatka może być użyta dla poszczególnych ostrych obszarów), ustaw technikę (technika przegrody) jako wolną, algorytmy jako postępujący front w oknie dialogowym sterowania siatką. Wybierz polecenie [Mesh]/[Element Type] i w oknie dialogowym Element Type (Typ elementu) ustaw CPE4 jako typ jednostki. Wybierz polecenie [Seed]/[Part] (Nasiona)/[Part] (Część) i w oknie dialogowym Global seed (Nasiona) ustaw przybliżony rozmiar globalny na 5.0. Wybierz polecenie [Mesh]/[Part], kliknij przycisk [Yes] w obszarze podpowiedzi i wybierz siatkę modelu.

Krok 7 przedstawia pracę. Wejdź do modułu zadań, utwórz i prześlij zadanie o nazwie ex14-2.

4. Analiza wyników

Krok 1 wejdź do modułu wizualizacji i otwórz odpowiedni plik bazy danych wyników obliczeń.

Krok 2 z rysunków 6-10 ~ 6-12 są podane pierwsze trzy tryby, a odpowiadające im częstotliwości to odpowiednio 1,0780, 1,8940 i 2,2717. Istnieje niewielka różnica pomiędzy teoretycznymi wartościami metody klina ścinającego i metody klina ścinającego 1,21, 2,78 i 4,35. Wynika to z faktu, że w metodzie klina ścinającego korpus zapory jest podzielony na szereg poziomych pasów gleby wzdłuż kierunku wysokości, w którym przemieszczenie poziome jest uznawane za spójne. Z rysunków 6-10 ~ 6-12 wynika, że przemieszczenia poziome na tej samej wysokości mogą być różne, a wyniki obliczeń elementów skończonych są bliższe rzeczywistości.

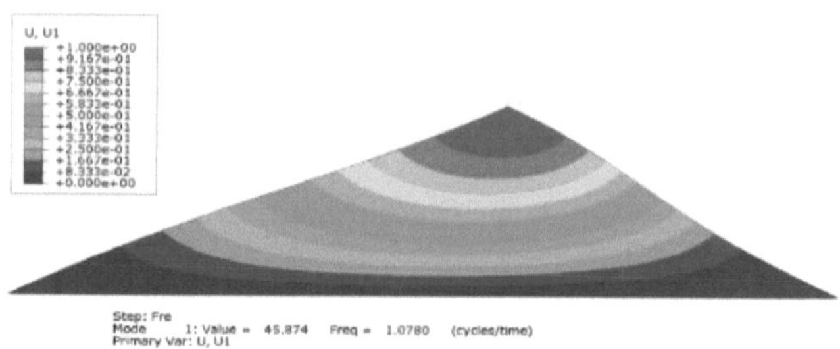

Rysunek 6-10 Tryby pierwszego zamówienia

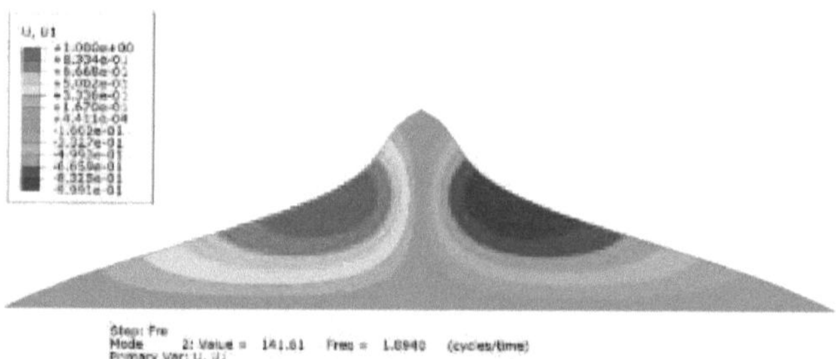

Rysunek 6-11 Tryby drugiego rzędu

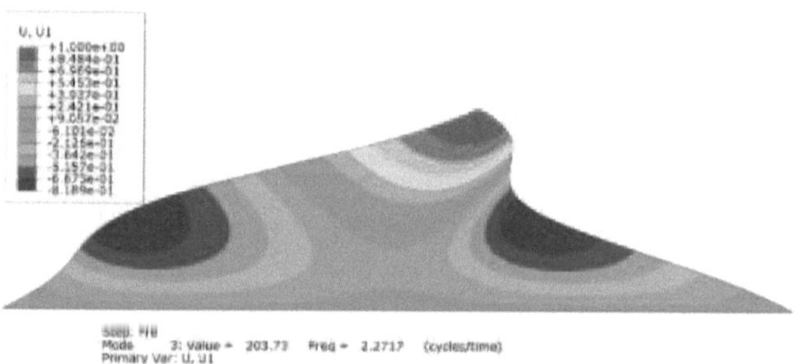

Rysunek 6-12 Tryby trzeciego rzędu

5. Przykładowa rozbudowa

W celu dalszej weryfikacji możliwości zastosowania ABAQUS, przemieszczenie poziome na tej samej wysokości musi być spójne, a różnice między obliczonymi wynikami a wartościami teoretycznymi są porównywane.

Krok 1 z wyjątkiem ex14-2.cae jako ex14-2.cae.

Krok 2 w module części, wybierz polecenie [Narzędzia]/[Podział] i podziel zaporę ziemną na 20 regionów w kierunku wysokości.

W kroku 3 wejdź do modułu interakcji, wybierz polecenie [Wiązanie]/[Utwórz], ustaw typ jako wiązanie MPC, kliknij [Kontynuuj] i wybierz znak zachęty w obszarze zachęty, by wybrać punkt kontrolny. Wybierz lewy górny róg każdego obszaru, a następnie linię poziomą o tej samej wysokości co punkt kontrolowany (punkt podrzędny), jak pokazano na Rysunku 6-13. Po potwierdzeniu wybierz typ jako Wiązanie w oknie dialogowym edycji wiązania, jak pokazano na Rysunku 6-14, by to samo wzniesienie miało ten sam stopień swobody. Podobnie, wszystkie obszary poziome są obsługiwane w ten sam sposób.

Krok 4 wchodzi do modułu siatkowego, aby ponownie utworzyć siatkę. W tym czasie siatka jest taka, jak pokazano na rys. 6-15. Można zauważyć, że stosunkowo regularne oczka można uzyskać po segmentacji wielu regionów.

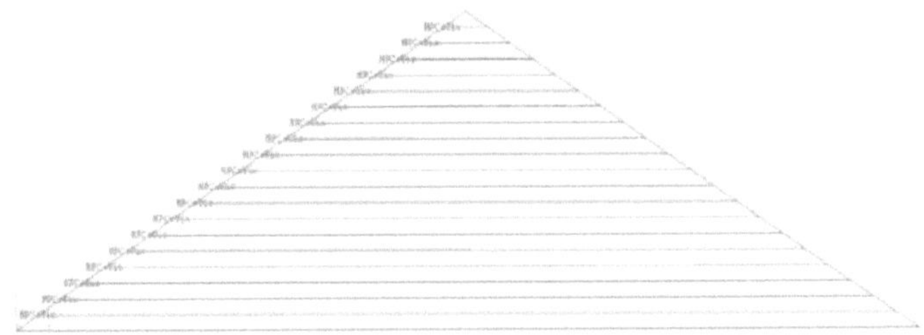

Rysunek 6-13 Tworzenie ograniczeń MPC

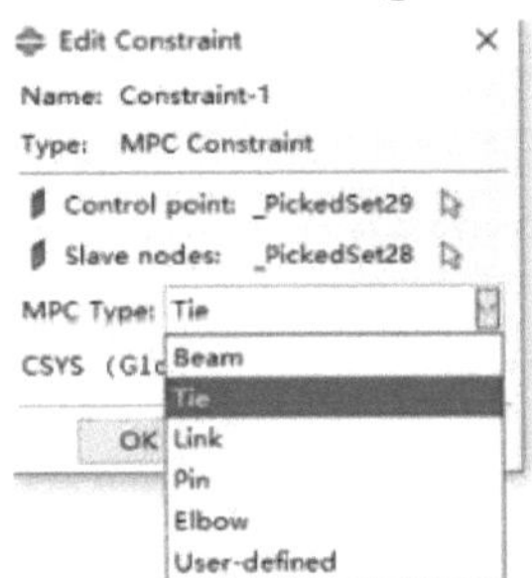

Rysunek 6-14 Ustawienie ograniczenia wiązania

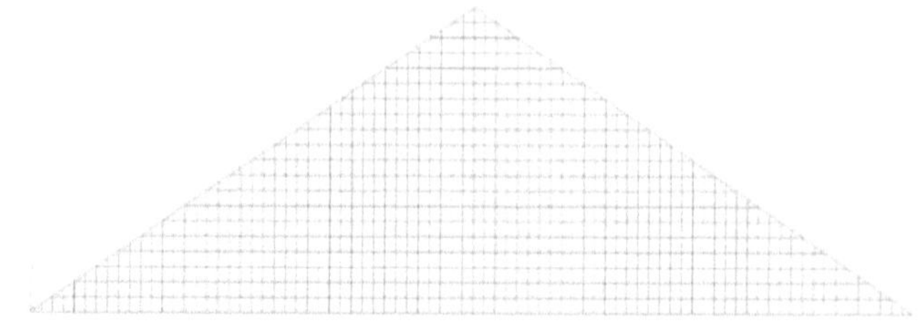

Rysunek 6-15 Ponownie podzielone oczka

Etap 5 pierwsze trzy obliczone częstotliwości to odpowiednio 1.1997, 2.7341 i 4.2552, które są zasadniczo zgodne z teoretycznymi wartościami 1.21, 2.78 i 4.35. Rysunek 6-16 przedstawia pierwszy tryb po ponownym obliczeniu. Wyniki pokazują, że przemieszczenie poziome na tej samej wysokości jest zgodne z założeniem klina ścinającego.

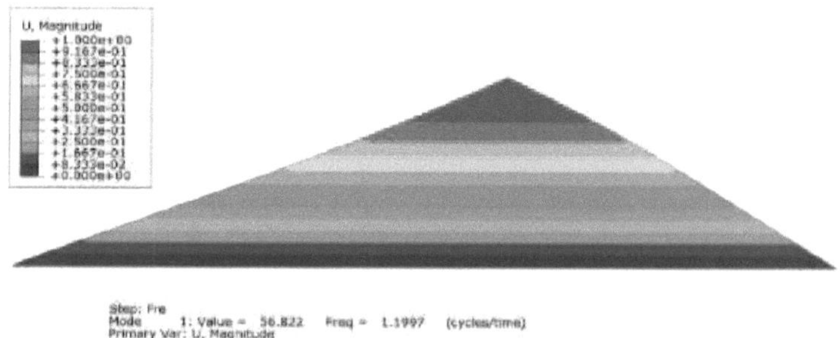

Rysunek 6-16 Ponownie obliczone kształty trybu pierwszego rzędu

Uwaga: W rzeczywistości poziome przemieszczenie tej samej wysokości może być niespójne, co jest tylko do porównania z metodą ścinania.

6.5.3 Analiza reakcji sejsmicznej liniowego posadowienia poziomego metodą superpozycji trybów

Przykład ex14.3.cae

1. Opis problemu

W przypadku problemów liniowych, gdy częstotliwość i tryb są ekstrahowane przez *częstotliwość, dynamiczna odpowiedź przejściowa może być analizowana za pomocą etapu analizy dynamicznej modelu (metoda superpozycji trybu). Przykład ten jest zilustrowany tutaj.

Rozmiar i parametry modelu są takie same jak w przypadku ex14-1. Fundament poddawany jest przyspieszeniu poziomemu o wartości 2 grzech(9.93t) przez 5 sekund.

2. Nacisk w studium przypadku

- Zastosowanie etapu analizy dynamicznej modelu.
- Ustawienia tłumienia.
- Odciąganie maksymalnego przyspieszenia.

3. Model i rozwiązanie

Etap 1 z wyjątkiem ex14-1 cae jako ex14-3 cae

Krok 2 wejdź do modułu krokowego, wybierz polecenie [Krok]/[Utwórz], wstaw krok analizy dynamicznej modelu o nazwie dyna po kroku analizy swobodnej. Zwróć uwagę, że typ procedury typu krok analizy jest ustawiony jako perturbacja liniowa. W podstawowej zakładce okna dialogowego edycji kroku, ustaw całkowity czas na 5 i przyrostową wielkość kroku na 0,005. Przejść do zakładki tłumienia, w której ABAQUS oferuje trzy ustawienia tłumienia, z których każde może być ustawione dla trybu lub częstotliwości, jak pokazano na Rysunku 6-17. W tym miejscu jako przykład przedstawiono tryb wibracji.

- Modal bezpośredni ustawia różne tryby bezpośrednio. W tym przypadku dla trybu 1-5 (liczba trybów wyodrębnionych w kroku analizy częstotliwości) ustawiany jest współczynnik tłumienia wynoszący 5 procent. Jeśli różne tryby mają różne współczynniki tłumienia, można zastosować wejście wieloliniowe.
- Modal kompozytowy, który jest obliczany na podstawie tłumienia w kroku analizy częstotliwości.

- Rayleigh określający współczynniki tłumienia Rayleigh'a α_R oraz β_R dla każdego trybu.

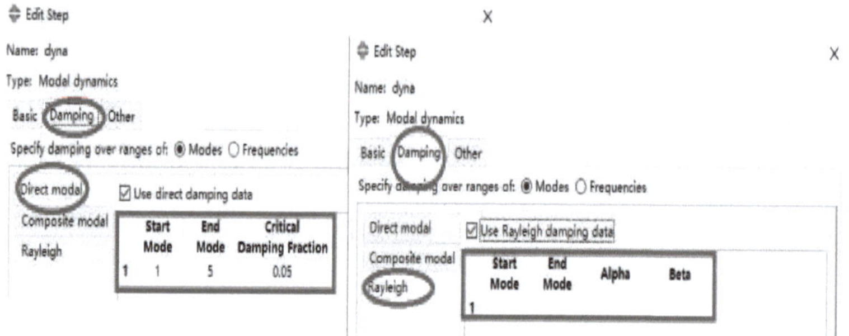

Rysunek 6-17 Ustawienia zakładki Tłumienie

Krok 3: modyfikacja sterowania wyjściem. W module krokowym wybierz polecenie [Wyjście]/[Żądania wyjścia polowego]/[Edycja] i dodaj TU, TV i TA jako zmienne wyjściowe w kroku analizy dyny.

Uwaga: (1) domyślne wyjścia U, V i A (przemieszczenie, prędkość i przyspieszenie) metody superpozycji trybu w ABAQUS są odniesione do ruchu bazowego. (2) dla metody superpozycji trybów, domyślne wyjście jest jednokrotne na 10 kroków przyrostowych, które można skorygować za pomocą polecenia [Wyjście]/[Żądania wyjścia polowego]/[Edycja].

Krok 4: określenie warunków brzegowych przyspieszenia. Po pierwsze, definiuje się krzywą amplitudy przyspieszenia. Wybierz polecenie [Narzędzia]/[Amplituda]/[Utwórz], ustaw typ jako okresowy, kliknij [Dalej], aby wyświetlić okno dialogowe edycji amplitudy. Ustawić częstotliwość kołową ω do 9,93, godzina rozpoczęcia t_0 do 0, amplituda początkowa A_0 do 0, A do 0, B do 2.

Wybierz polecenie [BC]/[Create], ustaw krok analizy jako dyna, wpisz dla wybranego kroku jako podstawowy ruch przyspieszenia, ustaw stopień swobody jako U1 po potwierdzeniu, wybierz z listy rozwijanej amplitudy czas przyspieszenia amp-1 zdefiniowany jak na Rysunku 6-18 i wyjdź po potwierdzeniu.

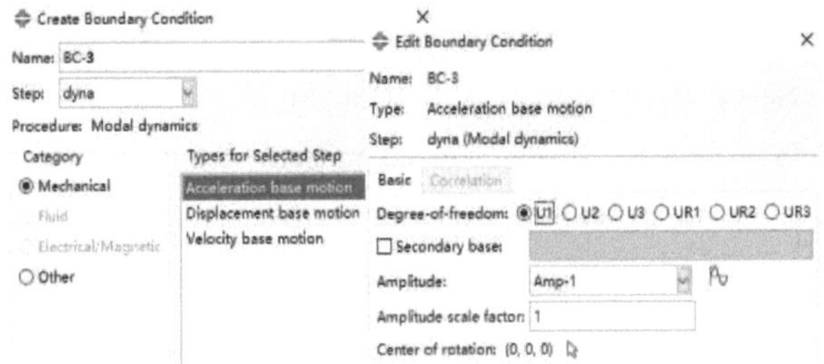

Rysunek 6-18 Ustawienia warunków brzegowych przyspieszenia

Krok 5 przedstawia pracę. Wprowadź moduł zadania, wybierz polecenie [Job]/[Rename], zmień nazwę zadania exl4-3, wybierz polecenie [Job]/[Submit]/[exl4-3] i prześlij obliczenia.

4. Analiza wyników

Krok 1 wejdź do modułu wizualizacji i otwórz odpowiedni plik bazy danych wyników obliczeń.

Krok 2 wybierz polecenie [Narzędzia]/[Dane XY]/[Utwórz], ustaw wyjście pola ODB jako źródło danych krzywej XY w oknie dialogowym tworzenia danych XY, kliknij [Dalej], aby wyświetlić dane XY z wyjścia pola ODB i wybierz unikalny węzeł na rozwijanej liście pozycji zakładki zmiennych, co oznacza, że wynik węzła zostanie wyodrębniony w oknie dialogowym. TA1 (całkowite przyśpieszenie poziome) pod TA jest ustawione jako zmienna wyjściowa w obszarze zmiennych wyjściowych. Przejdź do zakładki elementy/węzły, ustaw metodę wybraną z rzutni, wybierz [Edit Selection] po prawej stronie, a następnie wybierz węzły na dole i na górze fundamentu na ekranie, jak pokazano w obszarze zachęty. Wybrać opcję [Aktywne kroki/ramki] w prawym górnym rogu okna dialogowego, wykonać krok analizy dyny jako krok wynikowy, kliknąć [Gotowe] w obszarze komunikatów, powrócić do okna dialogowego xy z danymi wyjściowymi pola ODB, kliknąć [Zapisz], aby zapisać wyniki, i kliknąć przycisk [Odrzuć], aby zamknąć okno dialogowe.

Wybierz polecenie [Narzędzia]/[Dane XY]/[Wykres] i narysuj krzywą historii zapisanego czasu przyspieszenia, jak na Rysunku 6-19. Ponieważ częstotliwość przyspieszania wynosi 9,93, co jest równe podstawowej częstotliwości modelu, występuje oczywiste zjawisko rezonansu. Można dostosować częstotliwość ładowania i obserwować zmianę wyników obliczeń. Tak długo, jak częstotliwość jest lekko regulowana i nie występuje rezonans, reakcja na przyspieszenie będzie znacznie zmniejszona.

Krok 3, czasami konieczne jest podanie rozkładu maksymalnego przyspieszenia wraz z wysokością. Możesz użyć funkcji menu raportu, aby wyświetlić wyniki, a następnie zostać przetworzonym przez inne oprogramowanie. W niniejszym opracowaniu przedstawiono metodę implementacji w programie ABAQUS. Wybierz polecenie [Narzędzia]/[Utwórz wyjście pola]/[Z ramek] lub kliknij w obszarze narzędzi. W oknie dialogowym pokazanym na Rysunku 6-20 wybierz opcję [Znajdź maksymalną wartość ogólnych ramek] po prawej stronie operacji, kliknij zielony plus + w lewym dolnym rogu okna dialogowego, kliknij [Wybierz wszystkie] w oknie dialogowym dodawania ramek, wybierz wszystkie ramki w kroku analizy dyny i potwierdź go. Wróć w oknie dialogowym ramek do utworzenia pola wyjściowego, wybierz TA1 w polu TA jako zmienną operacyjną i wyjdź po potwierdzeniu. Podobnie można wyodrębnić minimalne przyspieszenie.

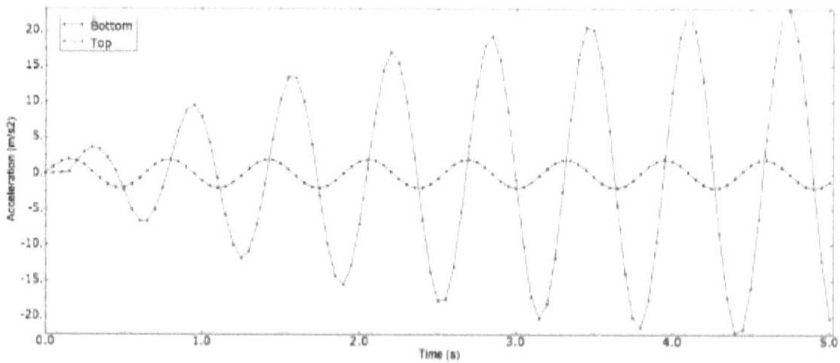

Rys. 6-19 Porównanie górnego i dolnego przyspieszenia fundamentu

Krok 4. Wybierz polecenie [Narzędzia]/[Ścieżka]/[Utwórz], wybierz typ listy węzłów w oknie dialogowym tworzenia ścieżki, kliknij przycisk [Kontynuuj], a następnie kliknij przycisk [Dodaj wcześniej] w nowym oknie dialogowym, wybierz górny i dolny węzeł do utworzenia ścieżki-1, wybierz kolejno polecenie [Narzędzia]/[XY- Dane]/[Utwórz], ustaw źródło (źródło danych) jako ścieżkę i kliknij przycisk [Kontynuuj] w oknie dialogowym. Zmień kształt modelu na niezdefiniowany w oknie dialogowym XY-dane ze ścieżki, wybierz interakcje pod punktami (łącznie ze wszystkimi węzłami na ścieżce), wybierz ramkę maksymalnego przyspieszenia w kroku sesji utworzonym w poprzednim kroku za pomocą przycisku po prawej stronie ramki i wybierz TA_max za pomocą przycisku [Field output], TA1 jest zmienną wyjściową, kliknij przycisk [Save As], aby zapisać krzywą danych, a następnie kliknij przycisk [Plot], aby ją narysować. Podobnie, najmniejszy TA1 na ścieżce 1 jest pobierany i wykreślany jak pokazano na Rysunku 6-21, z którego można zaobserwować wyraźne wzmocnienie przyspieszenia na wysokości.

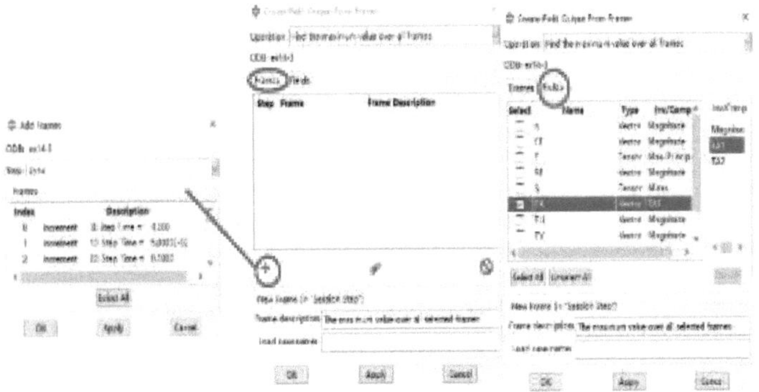

Rysunek 6-20 Ekstrakcja przy maksymalnym przyspieszeniu

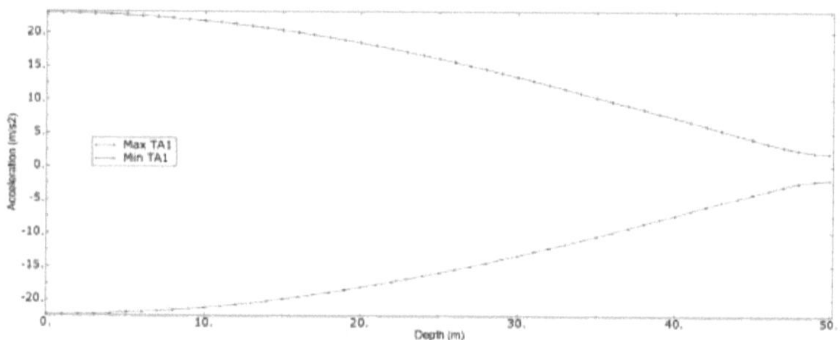

Rysunek 6-21 ekstremum przyspieszenia wraz z głębokością

5. Przykładowa rozbudowa

Krok 1 powoduje zapisanie ex14-3.cae jako ex14-3-1.cae w module krokowym, wybranie polecenia [Krok]/[Edycja], przełączenie na zakładkę tłumienia w oknie dialogowym edycji kroku i anulowanie ustawień tłumienia. Wejdź do modułu zadań i ponownie prześlij obliczenia. Przyspieszenie poziome wytłumionej i nietłumionej powierzchni podłoża jest porównywane z tym na Rysunku 6-22. W rezultacie, wraz z istnieniem tłumienia, zwiększa się rozpraszanie energii i maleje przyspieszenie.

Krok 2 ratuje ex14-3-1.cae jako ex14-3-2.cae. Wprowadza moduł krokowy, wybiera polecenie [Krok]/[Edycja], przełącza na zakładkę tłumienie w oknie dialogowym edycji kroku, używa funkcji Rayleigh do ustawienia tłumienia, ustawia α_R oraz β_R dla trybu 1-5 do $\alpha_R = \xi_1 \omega_1 = 0.4965$, $\beta_R = \xi_1 / \omega_1 = 0{,}005$, i wprowadzić moduł zadań, aby ponownie wysłać zadanie ex14-3-2.

Krok 3 z wyjątkiem ex14-3-2.cae jako ex14-3-3.cae. Wejdź do modułu krokowego, wybierz polecenie [Krok]/[Edycja] i usuń ustawienia tłumienia. Wprowadź moduł właściwości, wybierz polecenie [Materiał]/[Edycja], edytuj materiał gruntu, wybierz polecenie [Mechaniczny]/[Tłumienie] w oknie dialogowym edycji materiału, ustaw odpowiednio alfa i beta na 0,4965 i 0,005, a następnie wprowadź moduł zadania, aby ponownie wysłać zadanie ex14-3-3.

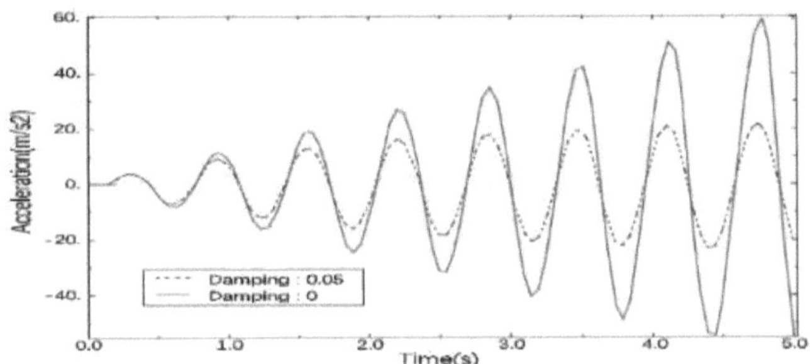

Rysunek 6-22 Kontrast przyspieszenia poziomego z tłumieniem lub bez tłumienia

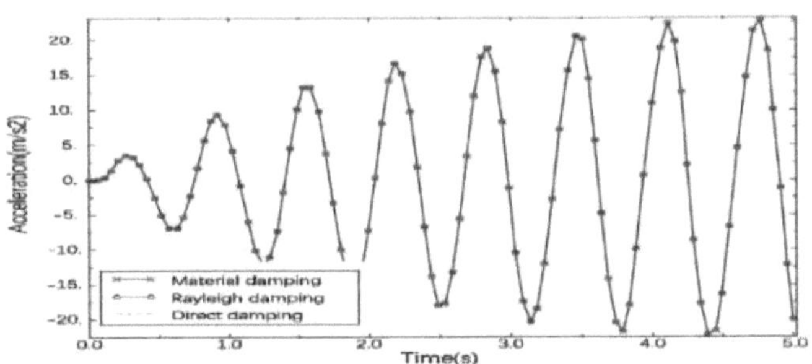

Rysunek 6-23 Porównanie przyspieszenia różnych ustawień tłumienia

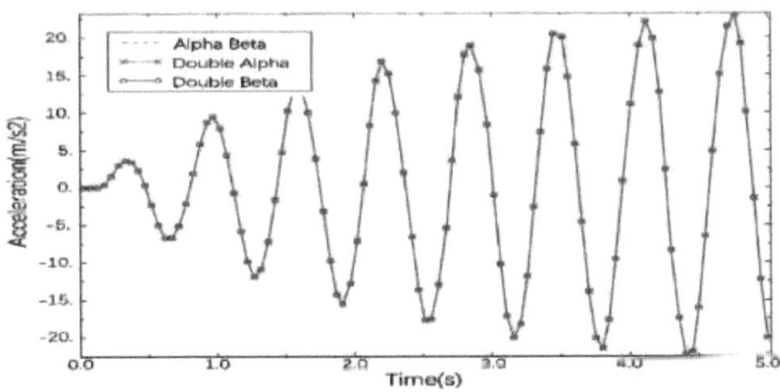

Rys. 6-24 Wpływ różnych współczynników tłumienia Rayleya na wyniki obliczeń

Na rysunku 6-23 porównano wyniki obliczeń przyspieszenia poziomego z trzech różnych metod ustawiania tłumienia. Chociaż metody ustawienia tłumienia są różne, wszystkie otrzymane współczynniki tłumienia wynoszą 0,05, a rozpraszanie energii jest takie samo, więc wyniki obliczeń są spójne. Ponadto możemy rozważyć wpływ różnych wartości alfa i beta na wyniki obliczeń, np. dostosowanie alfa do dwukrotnej wartości pierwotnej i beta do zera lub dostosowanie alfa do zera i beta do dwukrotnej wartości pierwotnej. Dopóki rozpraszanie energii jest takie samo, wyniki obliczeń nie będą się różnić, jak pokazano na rysunku 6-24.

Uwaga: Na podstawie tego przykładu sugeruje się, aby użytkownicy przeprowadzili przejściową analizę dynamiczną ex14-2. Kroki i operacje z tym związane są w zasadzie takie same i nie będą się tu powtarzać.

6.5.4 Dorozumiana analiza reakcji sejsmicznej liniowego fundamentu poziomego

Przykład ex14-4.cae

1. Opis problemu

W analizie dynamiki struktury hydraulicznej często stosuje się równoważną metodę liniową w celu uwzględnienia nieliniowości charakterystyki dynamicznej gruntu. Przykład ten najpierw ilustruje zastosowanie etapów analizy dynamicznej i domyślnej na przykładzie problemów liniowych, a następnie wprowadza równoważną metodę nieliniową w poniższych przykładach. Wszystkie warunki modelu są takie same jak w przypadku modelu ex14-3.

2. Nacisk w studium przypadku

- Zastosowanie dynamicznego, ukrytego etapu analizy.

3. Modelowanie i rozwiązanie

Etap 1 z wyjątkiem ex14-3-3.cae jako ex14-4.cae

Krok 2 wejdź do modułu krokowego, wybierz polecenie [Krok]/[Usuń] i usuń kolejno kroki dyna i wolnej analizy. Wybierz polecenie [Krok]/[Utwórz], ustaw typ procedury jako ogólny, przeanalizuj krok jako dynamiczny, domyślny i utwórz nowy krok analizy dyny. Ustawić okres czasu (długość całkowita) na 5 w podstawowej zakładce okna dialogowego edycji kroku, początkowy krok czasu na 0.005 w zakładce inkrementacji, jak pokazano na rysunkach 6-6 i 6-7, oraz maksymalną dopuszczalną liczbę przyrostów na 1000. Aby dokładnie uchwycić zmianę przyspieszenia, należy ustawić maksymalną wielkość przyrostu na 0.005, a następnie wyjść po zaakceptowaniu pozostałych opcji domyślnych.

Krok 3 warunki brzegowe przyspieszenia. Warunki brzegowe należy zdefiniować na nowo, ponieważ uprzednio zdefiniowane etapy analizy są usuwane. Wprowadź moduł obciążenia, wybierz polecenie [BC]/[Create], ustaw krok analizy jako dyna, kategorię jako mechaniczną, wpisz jako przyspieszenie/ przyspieszenie kątowe w oknie dialogowym tworzenia warunków brzegowych i kliknij [Continue], aby ustawić warunki brzegowe jak pokazano na Rysunku 6-25. W celu zapewnienia, że w gruncie występuje tylko przemieszczenie poziome, przemieszczenie pionowe modelu jest ograniczane za pomocą polecenia [BC]/[Utwórz].

Uwaga: Jeśli dopuszczalne jest pionowe przemieszczanie się gruntu, to naturalna częstotliwość posadowienia zmieni się. W zależności od podanych warunków przyspieszania nie wystąpi rezonans, a reakcja na przyspieszenie będzie inna.

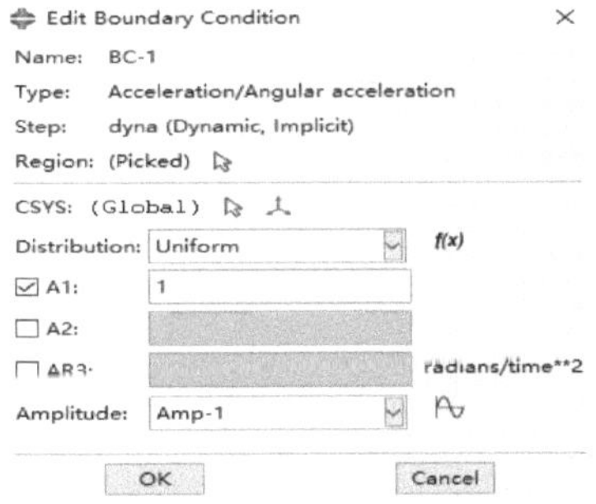

Rysunek 6-25 Warunki brzegowe przyspieszenia w dynamicznym i domyślnym ustawieniu etapu analizy

Krok 4 przedstawia pracę. Wejdź do modułu zadań, odtwórz zadanie o nazwie ex14-4 i prześlij obliczenia.

4. Analiza wyników

Krok 1 wejdź do modułu wizualizacji i otwórz odpowiedni plik bazy danych wyników obliczeń.

Krok 2 - użycie funkcji korelacji danych XY. Na rysunkach 6-26 porównano przyspieszenie powierzchni gruntu obliczone metodą domyślną i metodą superpozycji trybów. Wyniki pokazują, że te dwie metody są zasadniczo równoważne z problemami liniowymi.

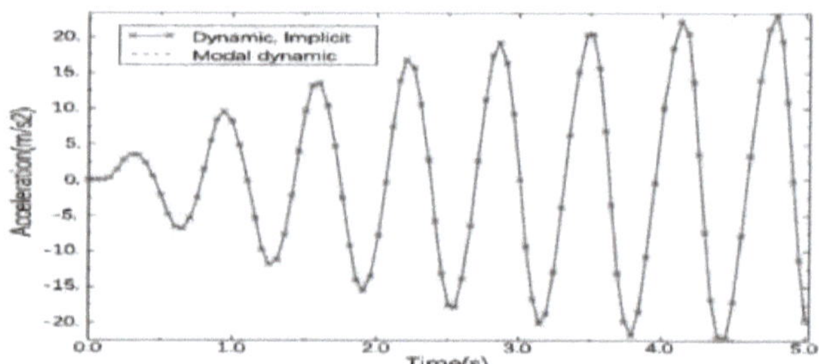

Rysunek 6-26 Ukryte algorytmy i metoda superpozycji trybów dla porównania przyspieszenia powierzchni ziemi

Uwaga: Wyjścia U, V i A są wartościami bezwzględnymi dynamicznych, domyślnych kroków analizy.

6.5.5 Wyraźna analiza reakcji sejsmicznej liniowego fundamentu poziomego

Przykład ex14-5cae.

1. Opis problemu

W tym przykładzie do analizy ex14-4 użyto dynamicznego i jednoznacznego kroku analizy explicit. Wszystkie warunki modelu są takie same jak w przypadku ex14-4.

2. Nacisk w studium przypadku

- Zastosowanie dynamicznego, jednoznacznego etapu analizy.

3. Model i rozwiązanie

Krok 1 z wyjątkiem ex14-4.cae jako exl4-5.cae.

Krok 2 wejdź do modułu krokowego, wybierz polecenie [Krok]/[Usuń] i usuń krok analizy dyny. Wybierz polecenie [Step]/[Create], ustaw typ procedury jako ogólny, krok analizy jako dynamiczny, jawny i utwórz nowy krok analizy dyny. W podstawowej zakładce okna dialogowego edycji kroku, ustaw okres czasu (długość całkowita) na 5 i wyjdź po zaakceptowaniu wszystkich domyślnych opcji.

Wskazówka: ABAQUS automatycznie określa wielkość kroku przyrostowego w kroku analizy jawnej, nie zmieniając jej w razie potrzeby.

Krok 3 modyfikuje sterowanie wyjściem. W module krokowym wybierz polecenie [Wyjście]/[Żądania wyjścia polowego]/[Edycja], wybierz z listy rozwijanej po prawej stronie okna dialogowego częstotliwości [Co x jednostek czasu], jak pokazano na Rysunku 6-27, i ustaw x na 0,02, czyli wyjście co 0,02s, i wyjdź po potwierdzeniu.

Krok 4 warunki brzegowe przyspieszenia. Warunki brzegowe należy zdefiniować na nowo, ponieważ uprzednio zdefiniowane etapy analizy są usuwane. Zgodnie z metodą ex14-4, granica przyspieszenia powierzchni dna jest ustalona.

Krok 5. Ze względu na etap analizy jawnej, należy stosować jednostki jawne. Wprowadź moduł siatki, wybierz polecenie [Mesh]/[Typ elementu], wybierz [Wyraźne] w opcji [Biblioteka elementów] i znajdź [Odkształcenie powierzchniowe] w odpowiedniej rodzinie. W tym czasie, w oknie dialogowym poniżej wyświetlany jest komunikat o wybranym typie jednostki i opisie, jak pokazano na Rysunku 6-28, potwierdź i zakończ.

Uwaga: Na etapie analizy jawnej można stosować tylko CPE4R (jednostka zredukowana), ale nie CPE4.

Krok 6 przedstawia pracę. Wejdź do modułu zadań, odtwórz zadanie o nazwie ex14-5 i prześlij obliczenia. Proces obliczeń można monitorować w oknie dialogowym [Monitor] w menedżerze zadań. Jak pokazano na Rysunku 6-29, rozmiar kroku przyrostowego przyjmowany automatycznie przez program ABAQUS wynosi około 0,00038 , czyli jest znacznie mniejszy niż rozmiar szacowany za pomocą wzoru 6-8. Jest to spowodowane proporcjonalnym tłumieniem sztywności. β związane z matrycą sztywności znacznie zmniejszą wielkość kroku analizy stateczności, a masa tłumienia proporcjonalnego α związane z matrycą masy ma niewielki wpływ na wielkość kroku czasowego. Można regulować α do dwóch razy więcej niż oryginalny ty i β do 0, wtedy wielkość kroku przyrostu stabilności wzrośnie do około 0,0011, a wyniki obliczeń nie ulegną zmianie.

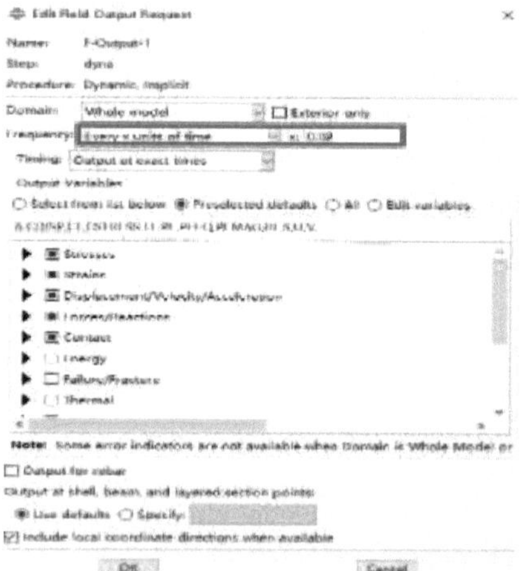

Rysunek 6-27 Modyfikacja przedziału wyjściowego wyraźnych kroków analizy

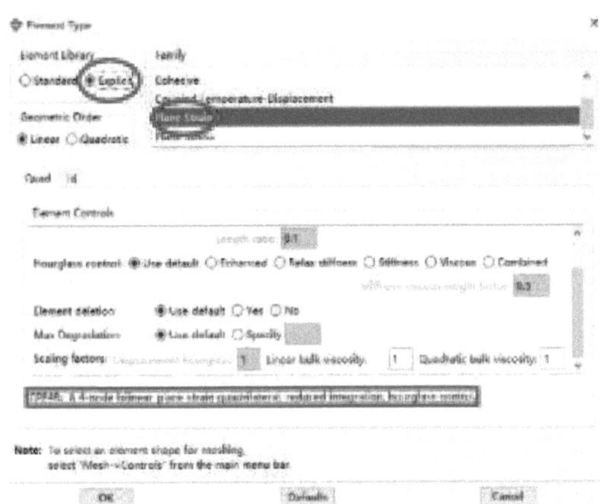

Rysunek 6-28 Wyraźny wybór jednostki dla danego etapu analizy

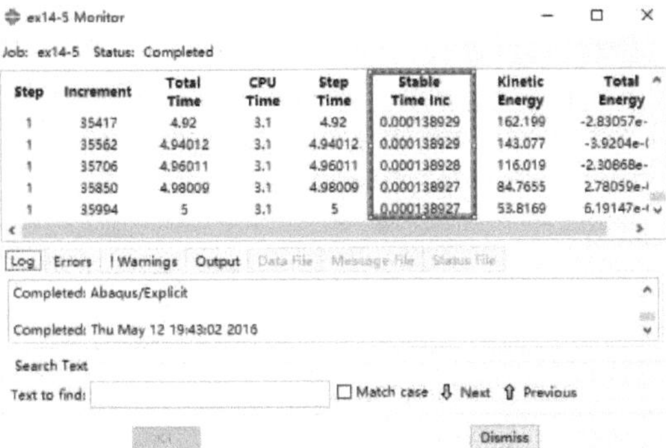

Rys. 6-29 dialogowe monitorowania dla etapu jednoznacznej analizy

4. Analiza wyników

Krok 1 wejdź do modułu wizualizacji i otwórz odpowiedni plik bazy danych wyników obliczeń.

Krok 2 - użycie funkcji korelacji danych XY - na rysunku 6-30 porównano przyspieszenie powierzchni ziemi obliczone za pomocą algorytmów jawnych i ukrytych. Te dwie metody są w zasadzie identyczne, co wskazuje, że w przypadku problemów liniowych obie metody są w zasadzie równoważne.

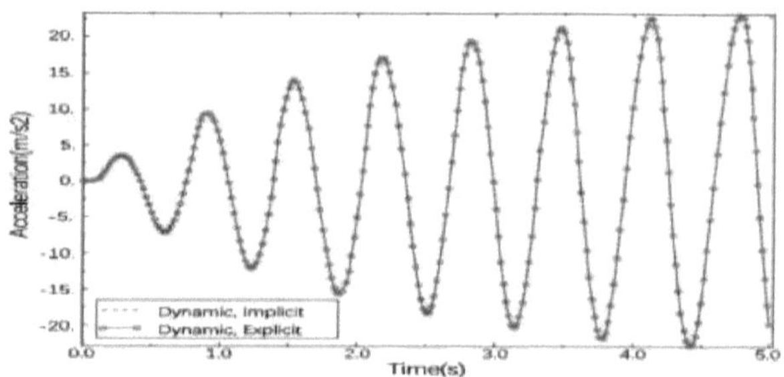

Rysunek 6-30 Wyraźne i ukryte porównania przyspieszenia powierzchni ziemi

Uwaga: Wyjścia U, V i A są wartościami bezwzględnymi dynamicznych, jednoznacznych kroków analizy.

6.5.6 Równoważna analiza liniowa reakcji sejsmicznej podłoża poziomego (metoda domyślna)

Przykład ex14-6.cae

1. Opis problemu

Na podłożu znajduje się poziomy fundament o grubości 45,72m. Podłoże składa się z piasku i gliny. Poszczególne warstwy i parametry przedstawione są na rysunkach 6-31 oraz w tabeli 6-1. Krzywe zależności współczynnika modułu sprężystości przy ścinaniu, współczynnika tłumienia oraz odkształcenia przy ścinaniu iłów i piasku pokazano na rysunkach 6-2 i 6-3. W tym przypadku współczynnik tłumienia gruntu jest taki sam jak w tabeli 6-2 i 6-3. Przyspieszenie wejściowe skały płonnej przyjmuje wartość po przefiltrowaniu wysokiej częstotliwości (25Hz). Istnieje 2048 punktów danych. Punkt odstępu czasowego wynosi 0,02s. Krzywa historii czasu pokazana jest na rysunku 6-32. Maksymalna wartość szczytowa wynosi 0,1g, a g jest przyspieszeniem grawitacyjnym.

Tabela 6-1 warstw gleby

Numer warstwy gleby	Rodzaj gleby	Grubość gleby (m)	$G_{max}(MPa)$	Gęstość nasypowa (kN/m^3)	Numer materiału w Abaqus
1	George Sand	1.524	186.19	19.66	M1
2	George Sand	1.524	150.81	19.66	M2
3	George Sand	3.048	150.81	19.66	M2
4	George Sand	3.048	168.03	19.66	M3
5	Glina	3.048	186.19	19.66	M4
6	Glina	3.048	186.19	19.66	M4
7	Glina	3.048	225.19	19.66	M5
8	Glina	3.048	225.19	19.66	M5
9	George Sand	3.048	327.24	20.45	M6
10	George Sand	3.048	327.24	20.45	M6
11	George Sand	3.048	379.52	20.45	M7
12	George Sand	3.048	379.52	20.45	M7
13	George Sand	3.048	435.68	20.45	M8
14	George Sand	3.048	435.68	20.45	M8
15	George Sand	3.048	495.71	20.45	M9
16	George Sand	3.048	627.38	20.45	M10

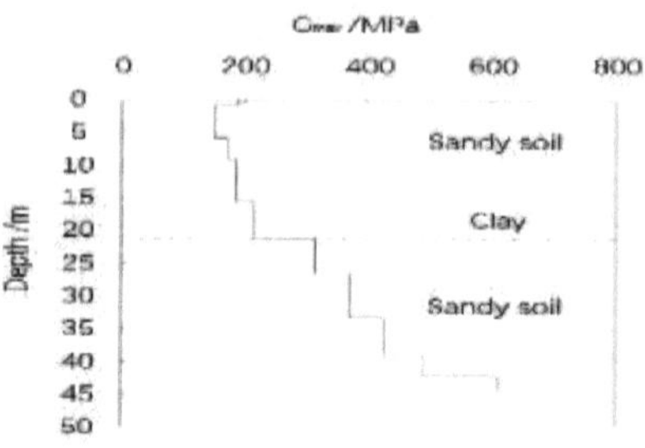

Rysunek 6-31 warstw gleby

Tabela 6-2 Krzywe zależności współczynnika modułu sprężystości przy ścinaniu, współczynnika tłumienia i odkształcenia przy ścinaniu gliny

Obciążenie (w procentach)	G/G_{max}	Obciążenie (w procentach)	Tłumienie (w procentach)
0.0001	1	0.0001	0.24
0.0003	1	0.0003	0.42
0.001	1	0.001	0.8
0.003	0.981	0.003	1.4
0.01	0 .941	0.01	2.8
0.03	0.847	0.03	5.1
0.1	0.656	0.1	9.8
0.3	0.438	0.3	15.5
1	0.238	1	21
3	0.144	3	25
10	0.11	10	28

Tabela 6-3 Krzywe zależności współczynnika modułu sprężystości przy ścinaniu, współczynnika tłumienia i odkształcenia przy ścinaniu gleby piaszczystej

Obciążenie (w procentach)	G/G_{max}	Obciążenie (w procentach)	Tłumienie (w procentach)
0.0001	1	0.0001	0.24
0.0003	1	0.0003	0.42
0.001	0.99	0.001	0.8
0.003	0.96	0.003	1.4
0.01	0 .85	0.01	2.8
0.03	0.64	0.03	5.1
0.1	0.37	0.1	9.8
0.3	0.18	0.3	15.5
1	0.08	1	21
3	0.05	3	25
10	0.035	10	28

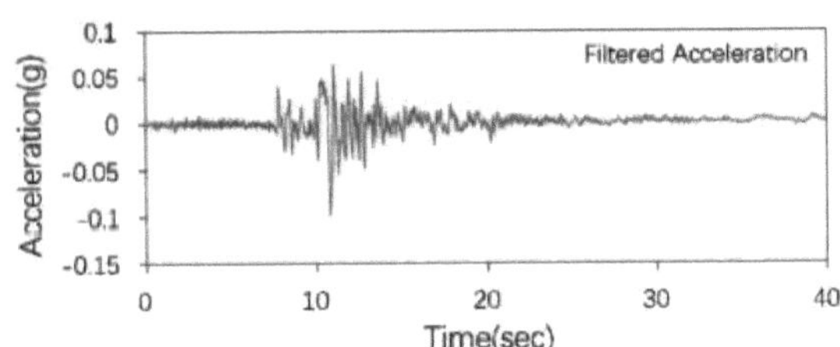

Rysunek 6-32 Krzywa historii czasu przyspieszenia wejściowego

2. Nacisk w studium przypadku

- Realizacja równoważnej metody liniowej.
- Wprowadzenie fal sejsmicznych.

3. Model i rozwiązanie

W tym przypadku do symulacji charakterystyki dynamicznej gruntu stosuje się równoważny model lepkosprężysty UMAT wprowadzony w rozdziale 4. Model ten posiada cztery parametry materiałowe, reprezentujące k, n, stosunek Poissona v oraz częstotliwość kołową ω parametru maksymalnego dynamicznego modułu sprężystości przy ścinaniu $G_{maks.} = kp_a\left(\frac{\sigma_3'}{p_a}\right)^n$ odpowiednio. Oprócz parametrów modelu rozwiązuje się cztery zmienne stanu STATEV (1) ~ STATEV (4), które odpowiadają ciśnieniu zamknięcia przed trzęsieniem ziemi, współczynnikowi modułu sprężystości przy ścinaniu $G/G_{maks.}$ w odniesieniu do poziomu odkształcenia, współczynnika tłumienia D i maksymalnego odkształcenia przy ścinaniu $\gamma_{maks.}$ podczas trzęsienia ziemi. Zmiana modułu sprężystości gruntu i współczynnika tłumienia wraz z poziomem naprężenia ścinającego realizowana jest poprzez zastępowanie. W celu określenia tłumienia w analizie, w pierwszej kolejności analizowane są częstotliwości drgań własnych modelu.

(1) Ekstrakcja częstotliwości

Elementy z etapu 1 W module części wybierz polecenie [Part]/[Create] i utwórz część o nazwie gleba o wymiarach 1m x 1m x 45,72m. Na rysunku 6-31 obserwuje się rozkład maksymalnego dynamicznego modułu ścinania wraz z głębokością. Przedstawia on skokowy kształt stopnia z 10 różnymi modułami ścinania. Biorąc pod uwagę . $G_{maks.} = k_2p_a(\sigma_3'/p_a)^n$ Cecha ta może być symulowana poprzez kontrolę parametrów ciśnienia ograniczającego i dynamicznego modułu ścinania warstw gleby na różnych głębokościach. Na przykład, ciśnienie zamknięcia wszystkich warstw gleby ustawiamy na takie samo jak ciśnienie atmosferyczne. p_a która wynosi 100kPa. Jeśli przyjąć *n* wszystkich warstw gleby jako 1, wówczas dynamiczny moduł ścinania zależy bezpośrednio od k_2. Różne moduły ścinania można podzielić na różne materiały, tj. 10 rodzajów materiałów. Wybierz polecenie [Narzędzia]/[Podział], aby podzielić słup gruntu na 10 obszarów zgodnie z wielkością pokazaną na rysunkach 6-31 i użyć różnych materiałów.

Wybierz polecenie [Narzędzia]/[Ustaw]/[Utwórz], ustaw glinę i glebę odpowiednio w obszarach gliny i piasku, a następnie ustaw wszystko w modelu jako całość.

Uwaga: Można go również po prostu podzielić na glinę i piasek, a następnie sterować STATEV (1), aby uzyskać inny moduł ścinania. Czytniki mogą wypróbować go samodzielnie.

Charakterystyka materiału i sekcji z etapu 2. W module właściwości, polecenie [Material]/[Create] jest wybierane w celu utworzenia materiału o nazwie M1. W oknie dialogowym edycji materiału wybierz polecenie [Ogólne]/[Gęstość] i ustaw gęstość na 2.0. Wybierz polecenie [Ogólne]/[Materiał użytkownika] i ustaw parametry materiału na 1861.9, 1, 0.3, 1 zgodnie z danymi w tabeli, odpowiadającymi odpowiednio k, n, v i ω. Uwaga: . $G_{maks.} = k_2 p_a (\sigma_3'/p_a)^n$ jeśli ciśnienie ograniczające wynosi 100kPa, maksymalny moduł ścinania wynosi 186,19MPa z *k* i *n* ustawionymi powyżej. Wybierz polecenie [General]/[Depvar] w oknie dialogowym edycji materiału i ustaw liczbę zmiennych stanu materiału na 4. Wybierz polecenie [Material]/[Copy] aby skopiować materiał M1 do M2~M10; wybierz polecenie [Material]/[Edit] aby zmodyfikować k materiału 2~10 do 1508.1, 1680.3, 1861.9, 2252.9, 3272.4, 3759.2, 43568, 4957.1 i 6273.8 oraz zmienić gęstość M6 -M10 na 2.08.

Wybierz polecenie [Sekcja]/[Utwórz], ustaw sekcję o nazwie M1, zaakceptuj domyślną opcję, stały, jednorodny jednolity obiekt, kliknij [Kontynuuj], ustaw materiał jako materiał M1 zdefiniowany wcześniej w wyskakującym oknie dialogowym edycji sekcji, pozostałe opcje pozostaną niezmienione i kliknij [Ok], aby zakończyć definicję sekcji. Wybierz polecenie [Przypisz]/[Przekrój], aby przypisać zdefiniowaną charakterystykę przekroju do pierwszego obszaru od góry. Analogicznie tworzone są przekroje M2 ~ M10 i nadawane są im odpowiednie rejony.

Etap 3 części montażowe. W module zespołu wybierz polecenie [Instance]/[Create] i utwórz odpowiednią instancję.

Krok 4: definicja etapu analizy. Wybierz polecenie [Krok]/[Utwórz] w module kroku, zmień nazwę na wolną w oknie dialogowym tworzenia kroku, wybierz perturbację liniową z listy rozwijanej typu procesu, wybierz częstotliwość w kolejnej opcji kroku i kliknij [Kontynuuj]. W wyskakującym później oknie dialogowym edycji kroku, w zakładce podstawowej, ustaw maksymalną interesującą nas częstotliwość na 10 i zaakceptuj pozostałe opcje domyślne.

Krok 5 - obciążenie i warunki brzegowe. W module obciążenia należy wybrać polecenie [BC]/[Create], a w początkowym etapie analizy ograniczyć przemieszczenie całego modelu w kierunkach y i Z, czyli model może poruszać się tylko w kierunku X, co ma na celu symulację charakterystyki sejsmicznej pola jednowymiarowego. Ograniczenie stopni swobody w kierunkach X, Y i Z w dolnej części modelu.

Krok 6 oczko. W module mesh wybrana jest opcja obiektu na pasku środowiska jako część, co oznacza, że oczkowanie odbywa się na poziomie części. Wybierz polecenie [Mesh]/[Element Type], ustaw komórkę C3D8, wybierz polecenie [Mesh]/[Controls], ustaw kształt elementu jako sześciokąt (heksahedron), a technikę podziału jako strukturę. Wybierz polecenie [Seeds]/[Part] i ustaw rozmiar komórki na 1,524. Wybierz polecenie [Mesh]/[Part], kliknij [Yes] w obszarze podpowiedzi i wybierz siatkę modelu. Istnieje 30 oczek w kierunku wysokości.

Krok 7 modyfikuje plik wejściowy modelu i tworzy początkowe warunki dla dekoracji zmiennych stanu. Wybierz polecenie [Model]/[Edycja słów kluczowych]/[Model-1], dodając następującą instrukcję, aby określić wartość początkową zmiennej stanowej przed pierwszym krokiem.

```
* warunki początkowe, typ = roztwór, wejście = ex14-6-1 txt
Stwierdzenie to wskazuje, że zmienne stanu rozwiązania każdej jednostki są importowane z
pliku tekstowego ex14-6-1.xt. 1. zachowanie danych w TXT
soil-1. 1, 100, 1, 0, 0
soil-1. 2, 100, 1, 0, 0
.....
Gleba-1,30, 100, 1, 0,0
```

Dane w wierszu danych są z kolei nazwą zestawu jednostek oraz czterema zmiennymi stanowymi (reprezentującymi odpowiednio ciśnienie zamknięcia przed-trzęsieniowego, współczynnik modułu sprężystości przy ścinaniu, współczynnik tłumienia i maksymalne dynamiczne odkształcenie przy ścinaniu).

Wskazówka: Soil-1 jest nazwą instancji, ABAQUS automatycznie określa nazwę komponentu. Prawa generowania to "nazwa komponentu "+" -n", a n to liczba obiektów generacji.

Krok 8 przedstawia pracę. Zachowaj cae jako ex14-6-fre. cae. W module zadań wybierz polecenie [Zadanie]/[Utwórz], utwórz plik zadania ex14-6-fre.inp i wybierz podprogram użytkownika dyna.for w zakładce ogólnej okna dialogowego edycji zadań. Wybierz polecenie [job]/[Submit], aby przesłać operację.

Krok 9, otrzymanie częstotliwości. W module wizualizacji, pierwszy tryb wibracji jest rysowany jak na rysunku 6-33 poprzez wykonanie polecenia [Pot]/[Deformed Shape]. Zauważ tekst poniżej rysunku, częstotliwość wynosi 2,3026 (cykli/czas), a odpowiadająca jej częstotliwość kołowa wynosi $2\pi f =$ 14,47.

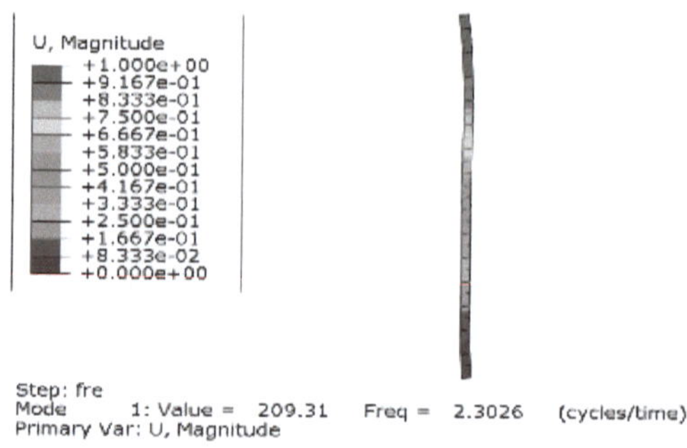

Rysunek 6-33 Pierwszy tryb wibracji słupa ziemi

(2) Modelowanie i rozwiązanie analizy historii czasu

W oparciu o wcześniejszą ekstrakcję i analizę częstotliwości przeprowadzono tu model analizy historii czasu. Konkretna operacja jest następująca.

Krok 1 zapisuje oryginalny plik cae jako ex14-6-i1.cae. W module właściwości, polecenie [Materiał]/[Edycja] jest wybierane w celu modyfikacji M1 ~ materiały M10 ω do 14.47.

Krok 2 wchodzi do modułu krokowego, wybiera się polecenie [Krok]/[Usuń], usuwa się oryginalny krok wolnej analizy i tworzy nowy krok analizy. W oknie dialogowym create a step, zmień nazwę na dyna, wybierz ogólny z listy rozwijanej typ procedury, wybierz dynamiczny, domyślny w kolejnej opcji kroku i kliknij [Continue]. W podstawowej zakładce okna dialogowego edycji kroku, która pojawi się później, okres czasu jest zdefiniowany jako 25s, typ jest stały w zakładce inkrementacji, maksymalna liczba przyrostów jest ustawiona na 2000, rozmiar przyrostu jest ustawiony na 0.02, gdzie krok inkrementacji czasu nie może przekroczyć 0.02, ponieważ przedział czasu kolejnych fal sejsmicznych wynosi 0.02s. Ponadto należy zaznaczyć pole wyboru tłumienia obliczeń, aby anulować obliczanie siły szczątkowej i zaoszczędzić czas obliczeń.

Wybierz polecenie [Output]/[Field Output Requests]/[Edit] i jako zmienną wyjściową weź tylko zmienną stanu rozwiązania SDV i przyjmij domyślną częstotliwość wyjściową 10.

Krok 3 w module obciążenia, wybierz polecenie [Narzędzia]/[Amplituda]/[Utwórz]. W oknie dialogowym tworzenia amplitudy, ustaw nazwę trzęsienia ziemi, wybierz typ do tabeli, kliknij [Dalej], wybierz prawym przyciskiem myszy w oknie dialogowym edycji amplitudy, wybierz odczyt z pliku, jak pokazano na Rysunku 6-34, i wybierz plik danych sejsmicznych ex14-6-6.txt.

Wybierz polecenie [BC]/[Delete], aby usunąć pierwotne warunki brzegowe w dolnej części kolumny gleby. Wybierz polecenie [BC]/[Edit], wybierz krok analizy iq, ustaw kategorię jako mechaniczną, wybierz przyspieszenie typu dla wybranego typu, kliknij [Continue], wybierz dolną część kolumny jako obszar zastosowania warunków brzegowych, potwierdź i ustaw przyspieszenie A1 w kierunku X na 9,81 (przyspieszenie grawitacyjne g) w oknie dialogowym edycji warunków brzegowych i rozwijaj amplitudę. W tabeli wybierz uprzednio zdefiniowaną krzywą amplitudy trzęsienia ziemi i wyjdź z niej po potwierdzeniu.

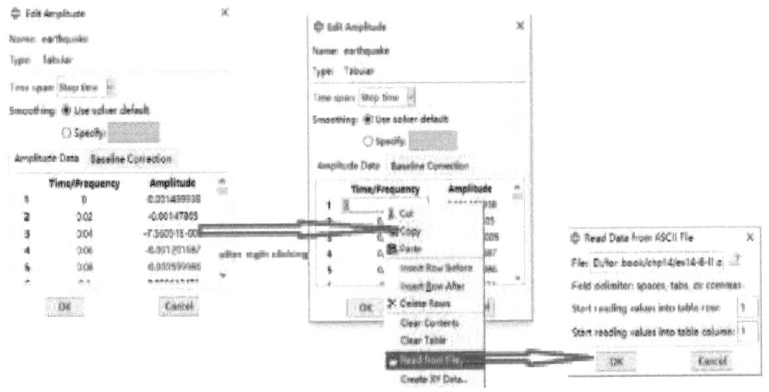

Rysunek 6-34 Krzywa charakterystyki czasowej ustawień przyspieszeń sejsmicznych

Uwaga: Karta korekcji bazowej w oknie dialogowym edycji amplitudy może dostosowywać krzywą historii przyspieszenia w celu zmniejszenia bezwzględnego przesunięcia (aby uniknąć dryftu przesunięcia od całkowania przyspieszenia).

Krok 4 w module zadań, stwórz plik zadań ex14-6-il.inp (pierwsze obliczenie iteracyjne) i wybierz podprogramy użytkownika dyna.for. W zakładce ogólnej okna dialogowego edycji zadania wybierz polecenie [Zadanie]/[Prześlij], aby przesłać operację.

W kroku 5 uzyskuje się maksymalne odkształcenie przy ścinaniu, dynamiczny współczynnik modułu sprężystości przy ścinaniu oraz współczynnik tłumienia. Dynamiczny moduł sprężystości przy ścinaniu stosowany w materiale powinien być powiązany z poziomem odkształcenia każdej warstwy gleby. W module wizualizacji należy wybrać polecenie [Wyniki]/[Opcje], upewnić się, że pole wyboru [Użyj granic regionów] jest odznaczone na karcie obliczeń w oknie dialogowym Opcje wyników, zaakceptować pozostałe opcje domyślne i wyjść po potwierdzeniu. Wybierz polecenie [Report]/[Field Output] i podaj maksymalne dynamiczne odkształcenie przy ścinaniu (SDV4) na środku każdej komórki do pliku tekstowego gama-1.txt. Zgodnie z zewnętrznym oprogramowaniem do obróbki numerycznej lub samodzielnie opracowanym małym programem, współczynnik dynamicznego modułu ścinania i współczynnik tłumienia każdej komórki są uzyskiwane przy 0,65 $\gamma_{maks.}$ jako reprezentatywny szczep ścinający, a drugi jest zapisany jako ex14-6-2.txt.

Uwaga: Należy zwrócić uwagę na rozróżnienie różnych materiałów w obróbce zewnętrznej. Określenie współczynnika dynamicznego modułu ścinania i współczynnika tłumienia może być również realizowane poprzez wpisanie kodu w podprogramie.

Krok 6 druga iteracja. Otwórz ex14-6.il.cae, wybierz polecenie [Model]/[Edit Keywords]/[Model-1] i zmień plik wejściowy w instrukcji definiowania wartości początkowej zmiennej stanu rozwiązania z ex14-6-1.txt na ex14-6-2.txt, czyli.

```
*Warunki początkowe, typ = roztwór, wejście = ex14-6-2.txt
Format danych w ex14-6-2.txt jest taki sam jak w ex146-1.txt, tzn. numer jednostki i cztery zmienne stanowe. Należy pamiętać, że w tym przypadku odkształcenie ścinające jest resetowane do 0.
soil-1,1 100,0,568287969,0,07266189,0
soil-1,2,100,0,569848788,0,072412339,0
............
```

W module zadania tworzony jest plik zadania ex14-6-i2i.np, a w zakładce ogólnej okna dialogowego edycji zadania wybierana jest dyna.for użytkownika. Wyślij operację poprzez polecenie [Job]/[Submit].

Krok 7 podobnie, zrób trzecią i czwartą iterację. Rozkład maksymalnego odkształcenia przy ścinaniu (SDV4) z głębokością w każdej iteracji jest wykreślony jak na Rysunku 6-35. Z rysunku widać, że uzyskane odkształcenie przy ścinaniu jest większe, ponieważ współczynnik tłumienia nie jest uwzględniony w pierwszej iteracji. Z doświadczenia wynika, że zazwyczaj możliwe jest wykonanie trzech do czterech iteracji w obliczeniach. W tym przypadku wyniki czwartej iteracji są zbliżone do wyników trzeciej iteracji. Do formalnych obliczeń wykorzystuje się dynamiczny współczynnik modułu ścinania i współczynnik tłumienia uzyskane z czwartej iteracji.

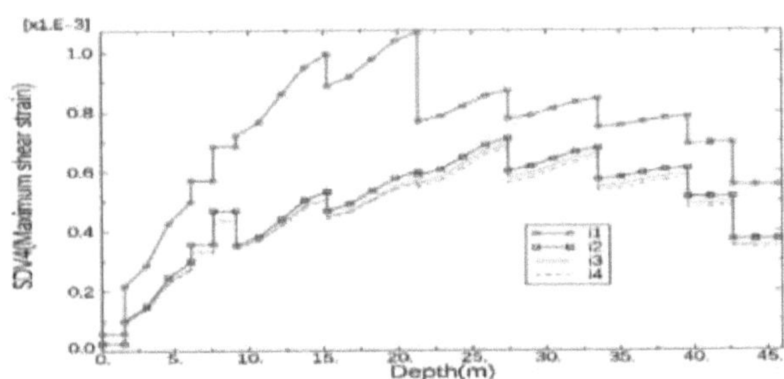

Rysunek 6-35 Maksymalne odkształcenie przy ścinaniu z głębokością w każdej iteracji

Krok 8: formalne obliczenie. Zapisz plik cae jako ex14-6.cae, wejdź do modułu krokowego, wybierz polecenie [Wyjście]/[Żądania wyjścia polowego]/[Edycja], ustaw przyspieszenie A jako zmienną wyjściową w oknie dialogowym edycji żądań wyjścia polowego i zmień częstotliwość sterowania wyjściami (częstotliwość) na 1. Wybierz polecenie [Model]/[Edycja słów kluczowych]/[Model-1], aby rozwiązać wejście *warunki, typ = rozwiązanie, wejście = ex14-6-4-6-5.txt w instrukcji określającej wartość początkową zmiennej stanu. Powtórzyć zadanie z pliku ex14-6.inp do ex14-6-5.inp i przesłać operację.

4. Analiza wyników

Krok 1 wchodzi do modułu post-processingu wizualizacji i otwiera odpowiedni plik bazy danych wyników obliczeń.

W kroku 2 wybierz polecenie [Narzędzia]/[Dane XY]/[Utwórz], w oknie dialogowym tworzenia danych XY wybierz wyjście pola ODB jako źródło danych, kliknij przycisk [Dalej], ustaw pozycję jako unikalny węzeł w zakładce zmiennych i ustaw A1 jako zmienną wyjściową; w zakładce Element/węzły wybrać metodę z rzutni i kliknąć [Edytuj wybór], zaznaczyć węzeł na dole i u góry kolumny gleby zgodnie z zachętą w obszarze zachęty, kliknąć [Gotowe], aby powrócić do okna dialogowego XY-danych wyjściowych pola i kliknąć [Wykres], aby narysować krzywą historii przyspieszenia, jak pokazano na Rysunku 6-36. Z wykresu widać, że maksymalna reakcja na przyspieszenie górnej powierzchni warstwy gleby wynosi 2,95, czyli 0,3g.

W kroku 3 wybieramy polecenie [Narzędzia]/[Utwórz wyjście pola]/[Z ramek], ustawiamy listę rozwijaną operacji jako [Dopasuj minimalne wartości do wszystkich ramek] w oknie dialogowym tworzenia wyjścia pola z ramek, klikamy [Dodaj] w zakładce ramki, klikamy [Wybierz wszystko] w oknie dialogowym dodawania ramek, wybieramy wszystkie wyjścia, a następnie wracamy do tworzenia wyjścia pola po potwierdzeniu w oknie dialogowym tworzenia wyjścia pola z ramek. Przejdź do zakładki Pola, wybierz przyspieszenie A1, ustaw opis ramki na min i kliknij przycisk [Ok]. Podobnie, maksymalną wartość A1 (Max) podczas trzęsienia ziemi można uzyskać, wykonując powyższe kroki.

Wybierz polecenie [Tools]/[Path]/[Create], aby zdefiniować ścieżkę-1 od góry do dołu. Wybierz polecenie [Tools]/[XY-Data]/[Create] (Narzędzia]/[XY-Data]/[Create] (Utwórz), wybierz ścieżkę jako źródło danych w oknie dialogowym tworzenia danych XY, kliknij przycisk [Continue] (Kontynuuj), zaznacz w oknie dialogowym XY-data from path (Dane XY ze ścieżki) pole wyboru lokalizacji punktu, kliknij przycisk [Step/Frame] (Krok/Frame), wybierz min w kroku sesji; kliknij przycisk [Field Output] (Wyjście), wybierz przyspieszenie Al; kliknij przycisk [Save as] (Zapisz jako), zapisz wynik jako XY-data-1. Ponownie wybierz [Krok/Frame], wybierz maksimum w kroku sesji uzyskanym wcześniej i zapisz maksymalne przyspieszenie wraz z głębokością jako XY-dane-2.

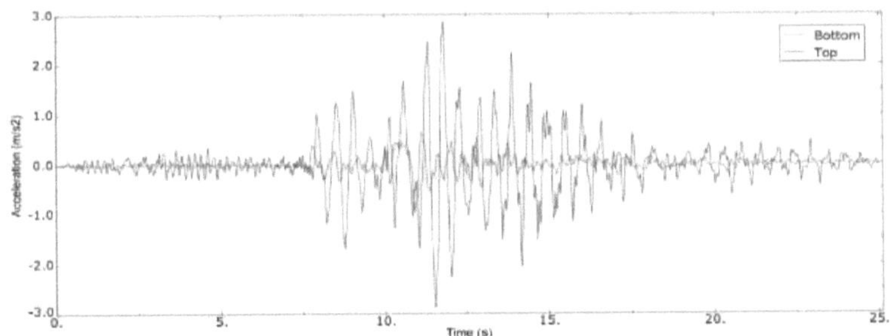

Rysunek 6-36 Krzywa historyczna przyspieszenia górnej i dolnej warstwy gleby

Wybierz polecenie [Tools]/[XY-Data]/[Create], w oknie dialogowym create xy data ustaw operować na danych xy jako źródło danych, kliknij [Continue], przewiń suwak w opcji operate on xy data, znajdź i wybierz funkcję max cloud, wciśnij funkcję max cloud (-"XY-data-1", " XY-data-2"), aby utworzyć dane i kliknij przycisk [Plot], aby narysować wynik jak na Rysunku 6-37. Jak widać na wykresie, wyniki obliczeń programu ABAQUS są podobne do tych z innych programów. Oznacza to, że przyspieszenie zmienia się nieznacznie w zakresie 1/3 powyżej dna warstwy gleby. Powyżej tego zakresu, wzmocnienie przyspieszenia jest oczywiste, a maksymalne przyspieszenie występuje w górnej części warstwy gleby.

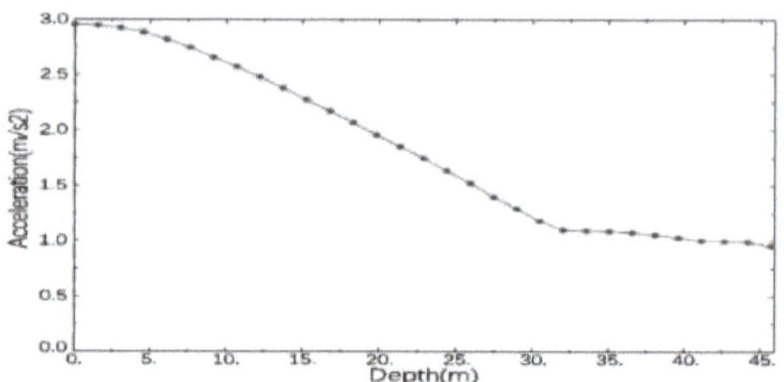

Rysunek 6-37 przyspieszenia szczytowego wraz z wysokością

6.5.7 Równoważna analiza liniowa reakcji sejsmicznej podłoża poziomego przy użyciu metody jawnej

Przykład ex14-7.cae

1. Opis problemu

W powyższym przykładzie równoważna lepkosprężystość liniowa jest wykorzystywana do symulacji histeretycznego zachowania się gleby. Współczynnik tłumienia materiału jest określony przez współczynnik lepkości modelu. Jeżeli w analizie wykorzystano model sprężystości liniowej, a w równaniu dynamicznym uwzględniono wilgotność związaną z osnową masową lub osnową sztywności, to ten sam cel można osiągnąć. Jedynym problemem z tą metodą jest to, że współczynniki tłumienia różnych elementów gruntu mogą być różne. Należy zauważyć, że współczynniki tłumienia Rayleigh'a mogą różnić się w zależności od zmiennych terenowych w ABAQUS/Explicit. Równoważna analiza liniowa reakcji sejsmicznej może być również realizowana za pomocą tej funkcji.

W tym przypadku wszystkie warunki są takie same jak ex14-6, a odpowiedni plik to ex14-7.cae

2. **Nacisk w studium przypadku**

- Moduł sprężystości i charakterystyka tłumienia nie są zmieniane za pomocą zmiennych terenowych.
- Wyraźny krok analizy jest używany do realizacji równoważnej analizy liniowej.

3. **Model i rozwiązanie**

Etap 1 z wyjątkiem ex14-6.cae jako ex14-7.cae

Krok 2 wchodzi do modułu właściwości. Wybierz polecenie [Materiał]/[Edytuj], aby usunąć wszystkie definicje materiałów z wyjątkiem gęstości. W oknie dialogowym edycji materiału wybiera się polecenie [Mechaniczny]/[Sprężystość]/[Elastyczny], aby ustawić model sprężysty, a liczbę zmiennych terenowych ustawia się na 1, tzn. moduł sprężysty jest powiązany ze zmienną terenową 1, gdzie zmienna terenowa jest reprezentatywną wartością maksymalnego dynamicznego odkształcenia przy ścinaniu podczas procesu trzęsienia ziemi. $0.65\,\gamma_{maks.} \times 100$ a odpowiedni moduł sprężystości jest przeliczany na odpowiedni współczynnik Poissona 0,3, jak pokazano na rysunkach 6-38.

Współczynnik tłumienia zmieniający się wraz ze zmiennymi polowymi jest realizowany poprzez modyfikację inp. Wybierz polecenie [Model]/[Edycja słów kluczowych]/[Model-1], znajdź blok definicji materiału w wyskakującym oknie dialogowym (z nagłówkiem *material.header) i wstaw następującą deklarację do każdej deklaracji definicji materiału M1~M10, jak pokazano na Rysunku 6-39.

*DAMPING, ALPHA = TABULAR, zależności = 1; ALPHA = Tablica wyjaśnia definicję korelacji zmiennych pola α, zależnej od zmiennej pola 10.069456, 0.0001; rozmiar α, zachowuje wartość pustą (można tu wziąć pod uwagę wpływ temperatury, w tym przypadku nie bierze się pod uwagę wartości pustej, ale nie można pominąć przecinka), a trzecie dane to wielkość zmiennej pola 1.

0.121548, ,0.0003
0.23152, ,0.001
0.40516, ,0.003
0.81032, ,0.01
1.47594,0.03
2.83612,, 0
4.4857,, 0.3
6.0774, ,1
7.235,, 3.16
8.1032,, 10

Aby uniknąć wpływu tłumienia korelacji pomiędzy matrycą sztywności a wielkością kroku przyrostowego, współczynnik tłumienia Rayleigh'a definiuje się przez $\alpha = 2\lambda\omega_1$ w tym przypadku.

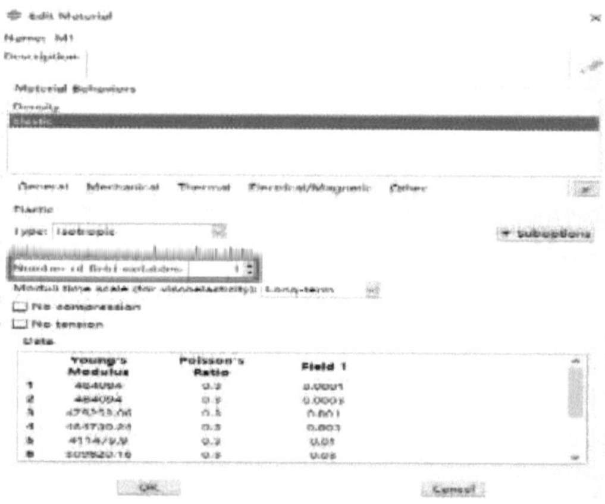

Rys. 6-38 Zmienny, zależny od pola moduł sprężystości ustawienia

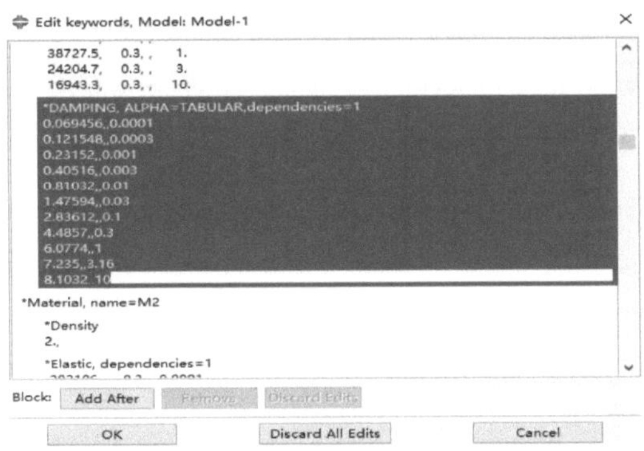

Rysunek 6-39 Wstawienie oświadczenia o definicji tłumienia do pliku inp

Krok 3 Wartość początkowa zmiennej polowej. W oknie dialogowym edycji słów kluczowych, jak na Rysunku 6-39, przeciągnij suwak po prawej stronie i wstaw wyrażenie określające wartość początkową zmiennej pola przed rozpoczęciem pierwszego kroku analizy *step.

```
* Warunek początkowy, typ = pole, zmienna = 1, wejście = ex14-7-1.txt; wyjaśniając, że
początkowa zmienna pola jest zdefiniowana przez zewnętrzny plik ex14-7-1.txt
Formaty danych w ex14-7-1.txt są następujące
soil-1.1, 1.00E-06
soil-1.2, 1.00E-06.
.....
soil-1.124,1.00E-06
```

W iteracji początkowej za minimalną wartość przyjmuje się maksymalne odkształcenie przy ścinaniu w procesie trzęsienia ziemi 1×10^{-6}.

Uwaga: Zmienna polowa jest ustawiona tak, aby podać wartość na węźle. W odróżnieniu od poprzedniej zmiennej stanowej związanej z dekorem, zmienna stanowa jest wartością elementu.

Krok 4 wejdź do modułu krokowego, wybierz polecenie [Krok]/[Usuń] i usuń krok analizy dyny. Wybierz polecenie [Krok]/[Utwórz], ustaw typ procedury jako ogólny, krok analizy jako dynamiczny, jawny i utwórz nowy krok analizy dyny.

W podstawowej zakładce okna dialogowego edycji kroku, ustaw okres czasu (długość całkowita) na 25 i wyjdź po zaakceptowaniu wszystkich domyślnych opcji.

Krok 5 modyfikuje sterowanie wyjściem. W module krokowym wybierane jest polecenie [Wyjście]/[Żądania wyjścia polowego]/[Edycja], przyspieszenie A i odkształcenie E są ustawiane jako zmienne wyjściowe, a wyjście co 0,02s, a następnie wyjście po potwierdzeniu.

Krok 6 warunki brzegowe przyspieszenia. Warunki brzegowe należy zdefiniować na nowo, ponieważ uprzednio zdefiniowane etapy analizy są usuwane. Odnosząc się do metody w poprzednim przykładzie, ustawiana jest granica przyspieszenia dna.

Krok 7. Wprowadź moduł siatki, wybierz polecenie [Mesh]/[Element Type], wybierz jawnie w bibliotece elementów i ustaw C3D8 jako typ siatki.

Krok 8 wchodzi do modułu zadań, tworzy i przedkłada zadanie dla ex14-7-il.

Etap 9: Maksymalny odkształcenie przy ścinaniu i minimalny odkształcenie przy ścinaniu (maksymalny ujemny) wszystkich węzłów są pobierane za pomocą poprzedniej metody po obliczeniu. Bezwzględną wartość maksymalną uzyskuje się poprzez wyjście menu [Raport], po niewielkim przetworzeniu, oraz $0.65\gamma_{maks.} \times 100$ jest zapisany w ex14-7-2.txt.

Krok 10 wybiera polecenie [Model]/[Edytuj słowo kluczowe]/[Model-1], zmienia plik wejściowy w instrukcji, aby rozwiązać wartość początkową definicji zmiennej stanowej z ex14-7-1.txt na ex14-7-2.txt.

Krok 11 wchodzi do modułu zadań dla drugiej iteracji.

Krok 12 podobnie, zrób trzecią i czwartą iterację.

4. Analiza wyników

Krok 1 wchodzi do modułu post-processingu wizualizacji i otwiera odpowiedni plik bazy danych wyników obliczeń.

Etap 2 Na rysunkach 6-40 i 6-41 porównano rozkłady przyspieszenia powierzchni górnej i maksymalnego wraz z wysokością warstwy gleby odpowiednio z algorytmami jawnymi i niejawnymi. Wyniki są w pełni zgodne. Obie metody umożliwiają uzyskanie równoważnej analizy liniowej.

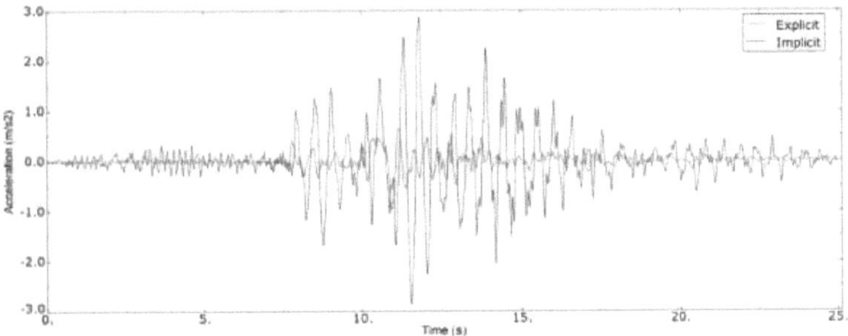

Rysunek 6-40 Kontrast przyspieszenia pomiędzy jawną i ukrytą górną powierzchnią warstwy gleby

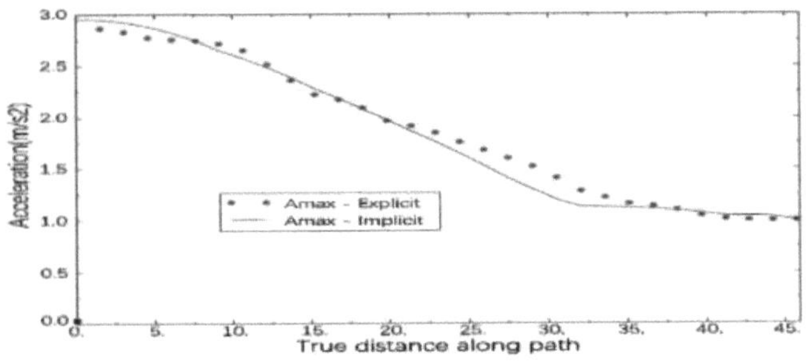

Rysunek 6-41 Rozkład szczytowy przyspieszenia wraz z wysokością

Uwaga: (1) Tłumienie w równoważnej podprogramie lepkosprężystości jest w rzeczywistości tłumieniem związanym z matrycą sztywności. Tłumienie w algorytmie jawnym może uwzględniać tłumienie odniesione do matrycy masowej i matrycy sztywności jednocześnie. W tym przypadku, w celu uniknięcia zbyt małych przyrostowych wielkości kroków, pod uwagę bierze się tylko tłumienie zależne od masy, podczas gdy tłumienie całkowite jest stałe, a wyniki obliczeń nie różnią się znacząco. (2) Chociaż przykład ten dotyczy jednowymiarowego fundamentu, te dwie metody mogą być bezpośrednio rozszerzone na przypadki dwu- i trójwymiarowe. W przypadku metody jawnej kluczem jest uzyskanie maksymalnego odkształcenia przy ścinaniu w procesie trzęsienia ziemi. Dla wygody można napisać prosty elastyczny model konstytutywny przy użyciu VUMAT (model podprogramowy materiału użytkownika w algorytmach jawnych). Dynamiczne odkształcenie przy ścinaniu jest przechowywane jako zmienna stanu w podprogramie, a zależność pomiędzy modułem sprężystym a stanem naprężenia może być brana pod uwagę.

6.5.8 Charakterystyka propagacji fali w fundamencie

Przykład ex14-8.cae

1. Opis problemu

Jak pokazano na Rysunku 6-42, na powierzchni fundamentu występuje obciążenie udarowe. Krzywa amplitudy obciążenia jest pokazana na Rysunku 6-43, plik danych to ex14-8.amp.txt. Fundament o dynamicznym module sprężystości 720MPa, współczynniku Poissona 0,33, gęstości wynoszącej 2.842 t/m^3o odpowiedniej prędkości fali rozchodzenia się 616,91 m/s i prędkości fali ścinania 310,75 m/s.

Przykładowy plik to ex14-8.cae. W celu wyraźnej identyfikacji rozchodzenia się fali, symetria jest używana do pobrania połowy analizy. Obszar analizy ma 80 m szerokości, 50 m wysokości i 32,5 m szerokości działającej na obciążenie. Wielkość ta jest mnożona przez 100kPa na podstawie krzywej amplitudy. Tłumienie nie jest uwzględniane w analizie.

2. Nacisk w studium przypadku

- Charakterystyka propagacji fali w fundamencie.
- Wpływ warunków brzegowych.

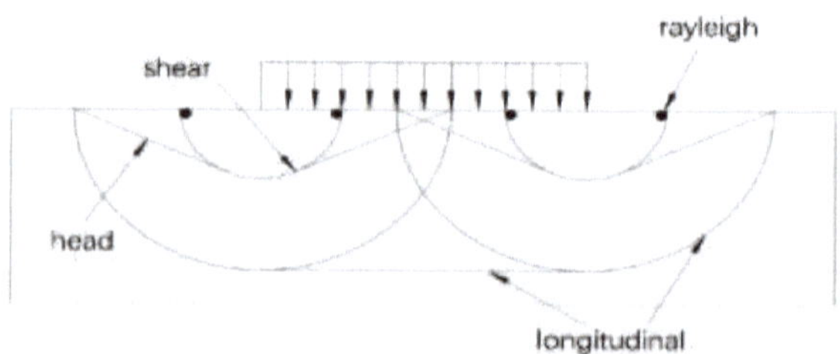

Rysunek 6-42 wzorcowy (dokument pomocniczy dotyczący benchmarków z ABAQUS)

3. Model i rozwiązanie

Elementy z etapu 1. W module części wybierz polecenie [Part]/[Create], aby utworzyć dwuwymiarowy komponent o nazwie Part-1, o szerokości 80m i wysokości 50m. Wybierz polecenie [Narzędzia]/[Partycja], aby oddzielić zakres obciążeń nakładanych za pomocą szkicu typu.

Charakterystyka materiału i sekcji z etapu 2. W module właściwości, polecenie [Materiał]/[Utwórz] jest wybierane w celu utworzenia materiału o nazwie bryła, parametry modelu gęstości i sprężystości są ustawiane zgodnie z podanymi danymi.

Wybierz polecenie [Sekcja]/[Utwórz], ustaw sekcję o nazwie bryła i wybierz bryłę jako materiał. Wybierz polecenie [Przypisz]/[Przekrój], aby przypisać zdefiniowaną charakterystykę przekroju do odpowiedniego obszaru.

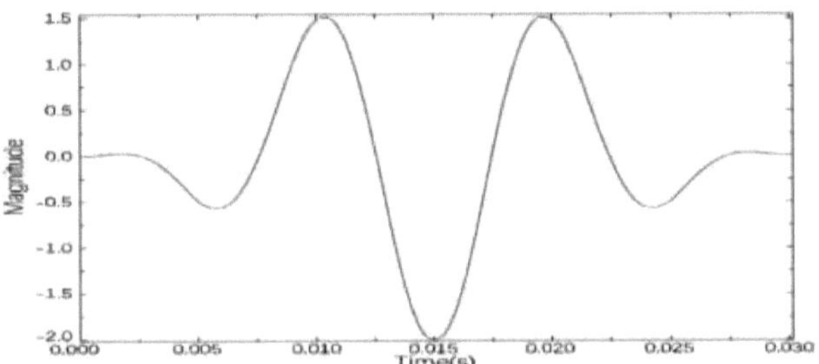

Rysunek 6-43 Krzywa amplitudy obciążenia

Etap 3 części montażowe. W module zespołu wybierz polecenie [Instance]/[Create] i utwórz odpowiednią instancję.

Krok 4: definicja etapu analizy. W module kroku, polecenie [Krok]/[Utwórz] jest wybierane w celu utworzenia dynamicznego, nazwanego impulsem, domyślnego kroku analizy. W podstawowej zakładce okna dialogowego edycji kroku, całkowity czas ustawiony jest na 0.4. W zakładce inkrementalnej, typ metody sterowania krokiem (typ) jest ustawiony jako stały, rozmiar kroku inkrementalnego jest ustawiony na 1x10-3, maksymalny dozwolony przyrost jest ustawiony na 400, a integracja numeryczna jest wykonywana w drugiej zakładce. W algorytmie alfa jest ustawiona na 0, tłumienie liczbowe jest anulowane, jak pokazano na Rysunku 6-44, a pozostałe opcje domyślne są akceptowane przed wyjściem.

Uwaga: Algorytm integracji alfa w czasie zazwyczaj nie wymaga regulacji. Wartość domyślna produktu analitycznego wynosi -0,05 dla nieznacznego tłumienia liczbowego, z dopuszczalnymi wartościami od -0,5 do 0. Dzięki wprowadzeniu do obliczeń sztucznych liczbowych parametrów sterujących tłumieniem, obliczenia mogą stać się stosunkowo płynne i zbieżne.

Wybierz polecenie [Wyjście]/[Żądania wyjścia polowego]/[Edycja], w kroku analizy impulsów jako zmienną wyjściową ustawiane jest tylko U, a częstotliwość wyjściowa jest ustawiona na 2.

Krok 5 warunki brzegowe. W module obciążenia wybierane jest polecenie [BC]/[Create], a przemieszczenie U1 po lewej stronie modelu (oś symetryczna) jest ograniczone w początkowym etapie analizy. Pozostała część granicy nie jest ograniczona, co oznacza, że jest to swobodna granica pod obciążeniem dynamicznym.

Krok 6: Warunki obciążenia. Wybierz polecenie [Narzędzia]/[Amplituda]/[Utwórz], ustaw nazwę amp-1 w oknie dialogowym tworzenia amplitudy, wybierz typ do tabeli, kliknij [Kontynuuj], kliknij prawym przyciskiem myszy na okno dialogowe edycji amplitudy, wybierz odczyt z pliku, a następnie wybierz krzywą wielkości ex14-8 amp.txt. Wybierz polecenie [Load]/[Create], załaduj dany obszar w kroku analizy impulsów, ustaw wielkość na 100 w oknie dialogowym edycji obciążenia i wybierz amp-1 z listy rozwijanej amplitudy.

Krok 7 oczko. W module mesh należy wybrać opcję obiektu na pasku środowiska jako część, co oznacza, że przegroda mesh jest wykonywana na poziomie części. Wybierz polecenie [Mesh]/[Element Type], ustaw jednostkę jako CPE4R, kształt elementu (kształt komórki) jako quad i technikę jako polecenie przeszukania [Mesh]/[Controls]. Wybierz polecenie [Nasiona]/[Część], aby ustawić rozmiar komórki na 0,5. Wybierz polecenie [Mesh]/[Part], kliknij [Yes] w obszarze wyświetlania monitu i wybierz siatkę modelu.

Rysunek 6-44 Numeryczna rezygnacja z tłumienia

Krok 8 przedstawia pracę. Wprowadź moduł zadań, wybierz polecenie [Job]/[Create], utwórz plik zadań ex14-8 i wybierz polecenie [Job]/[Submit], aby przesłać operację.

4. Analiza wyników

Krok 1 wejdź do modułu wizualizacji i otwórz odpowiedni plik bazy danych wyników obliczeń.

Obciążenia falowe z etapu 2 na styku modelu będą generować fale podłużne i ścinające w obszarze analizy, a fale powierzchniowe zostaną również przeniesione na lewą i prawą stronę przy krawędzi obciążenia z powodu nagłej zmiany obciążenia. Fale te są wyraźnie widoczne w zdeformowanej siatce. Zgodnie z podanymi danymi fala P osiąga dolną granicę około 0,082s, a siatka w tym czasie pokazana jest na Rysunku 6-45. Następnie, na skutek odbicia fal (w tym fal wzdłużnych, ścinających i powierzchniowych) na granicy obszaru analizy, wracają one do wnętrza obszaru analizy, a nakładanie się fal jest wyraźnie widoczne na Rysunku 6-46.

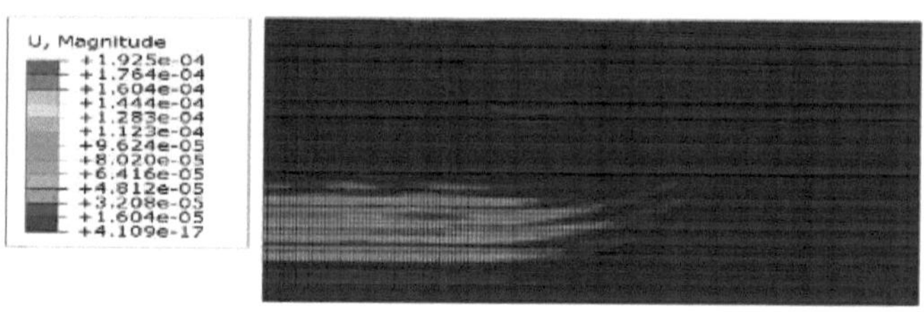

Rysunek 6-45 Chmura deformacji siatki (powiększona 10000 razy, t=0,082s)

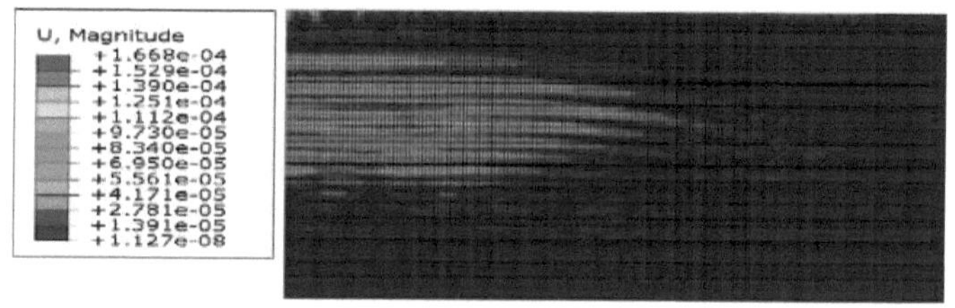

Rysunek 6-46 Chmura deformacji siatki (powiększona 10 000 razy, t = 0,164s)

6.5.9 Symulacja nieskończonych warunków brzegowych w analizie dynamicznej

Przykład ex14-9.cae

1. Opis problemu

W powyższym przykładzie fala ta jest odzwierciedlona w wolnej granicy sztucznego obcięcia, która nie odpowiada rzeczywistym warunkom w nieskończonym fundamencie. W celu uniknięcia retransmisji energii do siatki, ABAQUS dostarcza nieskończony element, który spełnia wymóg analizy, co w rzeczywistości odnosi się do pracy Lysmera i Kuhlemeyera [12]który absorbuje energię poprzez ustawienie tłumienia.

W tym przypadku w analizie dynamicznej wprowadza się metodę elementów nieskończonych. Przykładowy plik to ex14-9cae. Parametry modelu są takie same jak w przypadku ex14-8. Dla celów ilustracyjnych obszar analizy wynosi 20m x 20m, zakres przyłożonego obciążenia 75m, fala uderzeniowa obciążenia jest trójkątna, czas trwania wynosi 0,02s, wielkość obciążenia wynosi 100kPa, a czas kroku analizy wynosi 0,15s.

2. Nacisk w studium przypadku

- Zastosowanie elementu nieskończonego.
- Wpływ elementu nieskończonego na wyniki obliczeń.

3. Krótkie wprowadzenie elementu Abaqus nieskończoność

Użytkownik specyficznych teorii nieskończonych elementów może czytać dokumenty pomocnicze. Oto kilka kluczowych punktów.

Elementy nieskończone w ABAQUS obejmują naprężenia powierzchniowe, odkształcenia powierzchniowe, elementy osiowo-symetryczne i trójwymiarowe nieskończone. Nazwa elementu nieskończonego zawiera literę "IN", jak np. CINPE 4, który jest czworokątnym elementem odkształcenia powierzchniowego nieskończonego.

- Określanie materiału i charakterystyki przekroju poprzecznego nieskończonego elementu. ABAQUS/CAE nie wspiera definicji obiektu w elemencie skończonym i może być wprowadzany tylko w pliku inp.
- Określanie materiału i charakterystyki przekroju poprzecznego nieskończonego elementu. ABAQUS/CAE nie wspiera definiowania obiektu w elemencie skończonym i można to zrobić tylko w pliku inp, lecz wyrażenia liniowe słów kluczowych definiujące właściwości przekroju są takie same jak inne jednostki.

- Prawa numerowania węzłów w elementach nieskończonych są w zasadzie takie same jak w elementach bryłowych, tzn. węzły powinny być numerowane zgodnie z prawami przeciwległymi do ruchu wskazówek zegara, ale pierwsza powierzchnia elementów powinna być interfejsem elementów skończonych i nieskończonych.

4. Model i rozwiązanie

Elementy z etapu 1. W module części, polecenie [Part]/[Create] jest wybierane w celu utworzenia dwuwymiarowej części o nazwie part-1, która ma 40m szerokości i 40m wysokości. Obszar analizy znajduje się w obrębie 20m, a obszar nieskończonego elementu jest na zewnątrz. Wybierz polecenie [Tools]/[Partition] aby oddzielić zakres obciążeń od nieskończonego obszaru elementu poprzez [Type-faces-sketch] jak pokazano na Rysunku 6-47.

Uwaga: Ponieważ element nieskończony nie może być zdefiniowany bezpośrednio w cae, przyjmuje się tutaj metodę pośrednią. Najpierw, odpowiedni obszar nieskończonego elementu jest dzielony na zwykłą siatkę, aby wygenerować informacje o elemencie i węźle, a następnie modyfikuje plik inp, aby wygenerować nieskończony element.

Charakterystyka materiału i sekcji z etapu 2. W module właściwości, polecenie [Materiał]/[stwórz] jest wybierane w celu utworzenia materiału o nazwie bryła, a parametry modelu gęstości i sprężystości są ustawiane zgodnie z podanymi danymi.

Wybierz polecenie [Sekcja]/[Utwórz], ustaw sekcję o nazwie bryła i wybierz materiał jako bryłę. Sekcja o nazwie inf jest tworzona zgodnie z tą samą operacją, a materiał jest również wybierany jako bryła. Wybierz polecenie [Przypisz]/[Przekrój], aby przypisać zdefiniowaną charakterystykę przekroju do odpowiedniego obszaru.

Etap 3 części montażowe. W module zespołu wybierz polecenie [Instance]/[Create] i utwórz odpowiednią instancję.

Krok 4: definicja etapu analizy. Wybierz polecenie [Krok]/[Utwórz] w module kroku, utwórz dynamiczny, domyślnie nazwany impuls, krok analizy, ustaw całkowity czas na 0,15 w podstawowej zakładce okna dialogowego edycji kroku, ustaw typ metody sterowania krokiem (typ) jako stały w zakładce inkrementacji, ustaw rozmiar kroku przyrostowego na 8×10^{-3} , ustaw maksymalny dopuszczalny przyrost na 400 i ustaw wartość w drugiej zakładce. Alfa algorytmu integracji jest ustawiona na 0, tłumienie liczbowe jest anulowane, a inne domyślne opcje są akceptowane przed zamknięciem.

Wybierz polecenie [Output]/[Field output requests]/[Edit] i ustaw tylko U jako zmienną wyjściową w kroku analizy impulsów z częstotliwością wyjściową 2.

Krok 5 warunki brzegowe. W module obciążenia wybierane jest polecenie [BC]/[Create]. W początkowym etapie analizy ograniczone jest tylko przemieszczenie U1 po lewej stronie (oś symetryczna) modelu, podczas gdy pozostała część granicy nie jest ograniczona (łącznie z lewą granicą nieskończonego obszaru elementu), co oznacza, że jest to swobodna granica pod obciążeniem dynamicznym.

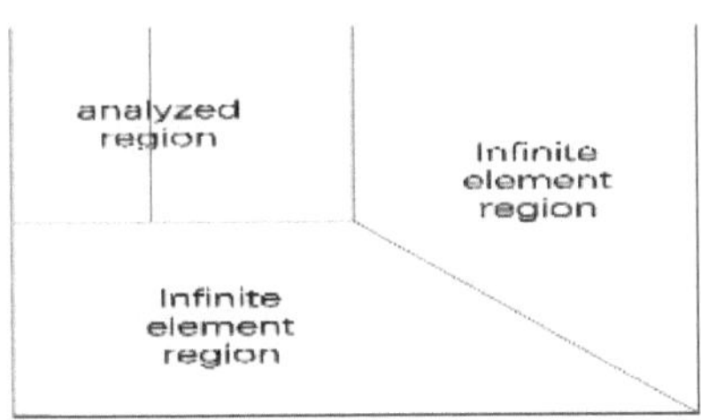

Rysunek 6-47 Region elementów nieskończonych

Krok 6: Warunki obciążenia. Wybierz polecenie [Narzędzia]/[Amplituda]/[Utwórz]. W oknie dialogowym create an amplitude, ustaw nazwę na amp-1, wpisz w tabelę, kliknij [Continue], a następnie ustaw krzywą amplitudy zgodnie z Rysunkiem 6-48. Wybierz polecenie

[Load]/[Create], załaduj dany obszar w kroku analizy impulsów, ustaw wielkość na 100 w oknie dialogowym edycji obciążenia i wybierz amp-1 z listy rozwijanej amplitudy.

Krok 7 oczko. W module mesh wybrana jest opcja obiektu na pasku środowiska jako część, co oznacza, że oczkowanie odbywa się na poziomie części. Wybierz polecenie [Mesh]/[Element Type], ustaw jednostkę jako CPE4 dla obszaru analizy i jednostkę jako CPE4P dla obszaru elementu nieskończonego.

Uwaga: W tym przypadku CPE4P jest wybierany dla nieskończonego obszaru elementu, aby odróżnić go od elementów konwencjonalnych, co nie oznacza, że stosowane są jednostki ciśnienia w porach.

Wybierz polecenie [Mesh]/[Controls], ustaw kształt elementu jako quad, technikę jako sweep. Wybierz polecenie [Seeds] /[Edges], ustaw rozmiar komórki na długości krawędzi obszaru analizy na 1,25, a format siatki w kierunku zmiany nieskończonej powierzchni elementu na 1. Wybierz polecenie [Mesh]/[Part], kliknij [Yes] w obszarze podpowiedzi i utwórz siatkę modelu w sposób pokazany na Rysunku 6-49.

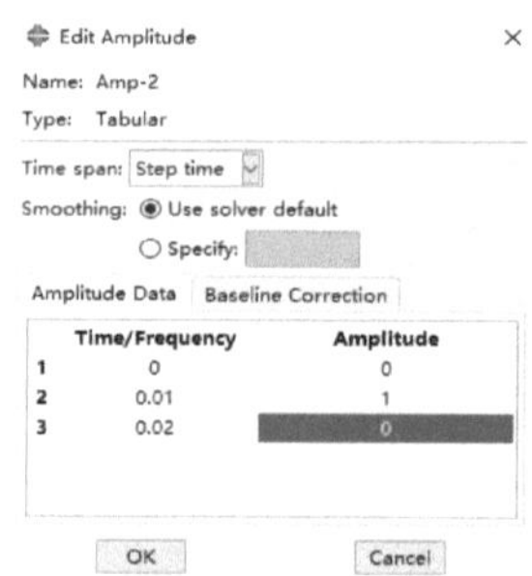

Rysunek 6-48 dialogowe ustawień amplitudy obciążenia

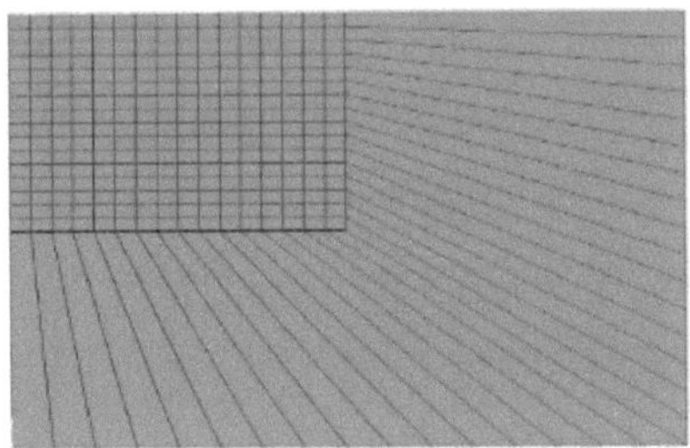

Rysunek 6-49 Siatka z elementami skończonymi w modelu

Krok 8 tworzy zadanie i generuje plik inp. Wprowadź moduł zadań, wybierz polecenie [Job]/[Create], utwórz plik zadania ex14-9 i wybierz polecenie [Job]/[Write input], aby wygenerować plik zadania.

Krok 9 otwiera plik ex14-9 inp z edytorem tekstu. Znajdź wyrażenie "*Element, type = CPE4P", numer jednostki określony przez zachowanie danych w wierszu poleceń oraz czterowęzłowe numery jednostki. W tym przypadku znajdują się 32 elementy nieskończone.

257, 7, 5, 58, 97

258, 97, 58, 57, 96

....

288, 73, 112, 9 ,6

Aby zastosować element nieskończony, konieczne są następujące operacje.

- Zmień *element, typ = CPE4P na *element, typ = CINPE 4.
- W przypadku automatycznych przegród ABAQUS, węzły są rozmieszczone w kierunku przeciwnym do ruchu wskazówek zegara, ale może to nie gwarantować, że pierwsza powierzchnia jest interfejsem pomiędzy elementami skończonymi i nieskończonymi. Dlatego też można wybrać polecenie [Widok]/[Opcje wyświetlania zespołu] i wybrać jednostkę wyświetlania oraz numer węzła w celu sprawdzenia w zakładce siatki okna dialogowego opcji wyświetlania zespołu, jak pokazano na

Rysunku 6-50. Jeżeli to konieczne, dostosuj kolejność numeracji węzłów. W przypadku większej ilości oczek, napisany jest prosty program do sprawdzania i regulacji współrzędnych węzłów.

- Skopiuj dostosowane numery komórek i węzłów z powrotem do pliku inp i zapisz ex14-9 inp jako ex14-9 new.inp.

Krok 10 Nowy plik inp można obliczyć, wprowadzając w oknie dialogowym polecenia zadanie ABAQUS = ex14-9-new lub importując go z powrotem do programu ABAQUS/CAE. Wybierz polecenie [Plik]/[Import]/[Model], wybierz filtr plików (filtr plików jest inp), jak na Rysunku 6-51 w oknie dialogowym, a następnie zaimportuj ex14-9 new.np.

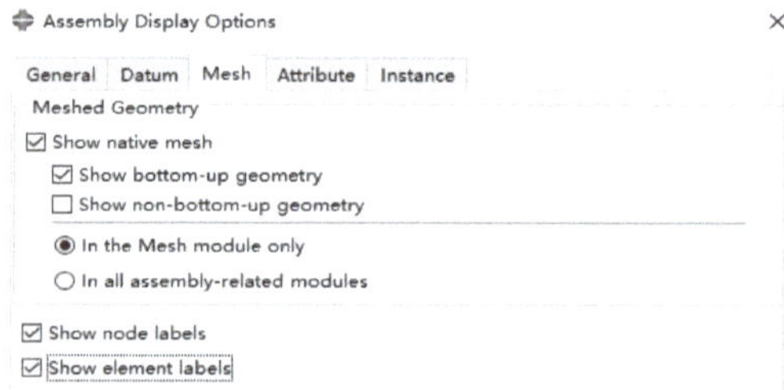

Rysunek 6-50 Numer urządzenia i węzłów w oknie dialogowym opcji wyświetlania zespołu

Krok 11 wchodzi do modułu zadań i wybiera polecenie [Zadanie]/[Utwórz]. W oknie dialogowym tworzenia zadania pokazanym na Rysunku 6-52, wybierz nowe zaimportowane ex14-9 nowe jako nowe zadanie tworzenia modelu, lub bezpośrednio wybierz plik inp w źródle, aby zlokalizować zadanie tworzenia pliku inp. Wybierz polecenie [Job]/[Submit], aby przesłać obliczenia.

5. Analiza wyników

Krok 1 wchodzi do modułu wizualizacji i otwiera odpowiedni plik bazy danych wyników obliczeń.

Krok 2 Rysunek 6-53 porównuje przemieszczenie pionowe U2 na szóstym węźle poniżej górnej części osi symetrycznej z elementem nieskończonym i bez niego.

Wyniki obliczeń pokazują, że gdy element nieskończony nie jest ustawiony, fala powróci do wnętrza oczka na ściętej granicy, co ma bardzo oczywisty wpływ na przemieszczenie pionowe. Możemy zwiększyć zasięg obszaru analizy, zmniejszyć wpływ warunków brzegowych i porównać z wynikami obliczeń elementu nieskończonego.

W kroku 3 wybiera się [Wynik]/[Wyjście historyczne] i rysuje pracę zewnętrzną, energię kinetyczną, energię odkształcenia i energię pochłoniętą przez nieskończone tłumienie elementu modelu na Rysunku 6-54. Jak widać na wykresie, praca wykonywana przez siły zewnętrzne jest przekształcana na energię kinetyczną i energię odkształcenia. Kiedy fala rozprzestrzenia się do granicy elementu skończonego lub elementu nieskończonego, element nieskończony pochłania energię tak, że nie wraca do siatki.

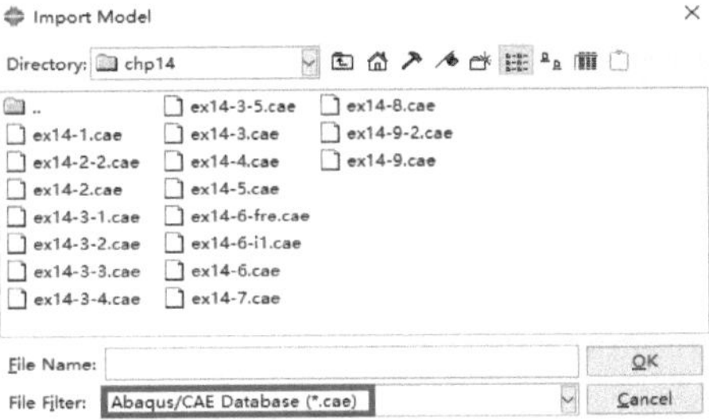

Rys. 6-51 Import zmodyfikowanego pliku inp

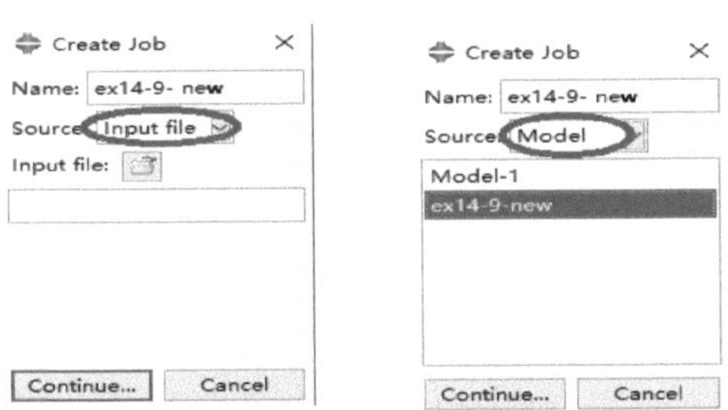

Rysunek 6-52 tworzenie miejsc pracy

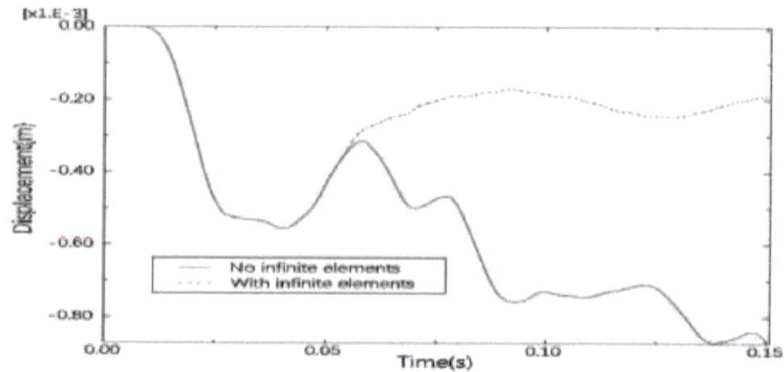

Rysunek 6-53 Wyniki obliczeń przemieszczenia z elementami nieskończonymi i bez nich

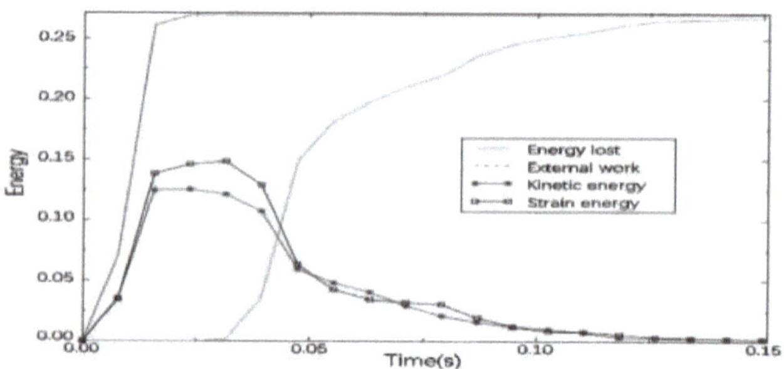

Rysunek 6-54 Krzywa zmiany energii

6.6 Streszczenie tego rozdziału

W tym rozdziale przedstawiono rodzaje i związane z nimi teorie dynamicznych kroków analizy w programie ABAQUS, a następnie przedstawiono konkretne ustawienia i zastosowania kroków ekstrakcji i analizy częstotliwości, kroków dynamicznej analizy przemijających w trybie superpozycji, kroków dynamicznej analizy domyślnej oraz kroków dynamicznej analizy jawnej wraz z konkretnymi przykładami. Opisuje również szczegółowo sposoby realizacji równorzędnej metody analizy liniowej skał i gruntów oraz wprowadza metodę elementów nieskończonych w celu zajęcia się sztuczną ściętą granicą. Możliwość symulacji nieskończonych warunków brzegowych może być dobrym punktem odniesienia dla użytkownika do analizowania związanych z tym problemów.

7 Dyskretne elementy w ABAQUS

Streszczenie

Metoda elementów dyskretnych (DEM) jest dojrzałą metodą numeryczną, która uwzględnia kontakt pomiędzy cząstkami i wykorzystuje równanie siły i ruchu do obliczenia stanu ruchu dużej liczby cząstek w danych warunkach. ABAQUS włącza tę funkcję do modułu jawnego.

Główne punkty tego rozdziału obejmują.

- Metoda elementów dyskretnych.
- Przykłady.

Słowa kluczowe: metoda elementów dyskretnych (DEM); kontakt między cząstkami; element PD3D

7.1 Podstawowe wprowadzenie

W programie ABAQUS specjalny element PD3D jest używany do symulacji każdej dyskretnej cząstki. Promień elementu może być określony. W analizie uważa się, że sztywność elementu nie uwzględnia deformacji pojedynczego elementu. Element PD3D posiada tylko jeden węzeł o stopniach swobody przemieszczenia i obrotu.

W analizie elementów dyskretnych istnieje zazwyczaj wiele rodzajów kontaktów. Każda cząstka może mieć kontakt z kilkoma cząstkami lub może mieć kontakt z określonym regionem elementu skończonego lub ze sztywną powierzchnią ciała. ABAQUS jest symulowany przez ogólny kontakt (patrz rozdział 3/część 1).

7.2 Ustawienia analizy

W analizie dyskretnych elementów należy uwzględnić następujące szczegóły.

1. **Tworzenie i inicjowanie modelu**

W problemach praktycznych, dystrybucja i wielkość granulatu jest zazwyczaj przypadkowa. W analizie elementów dyskretnych zazwyczaj trudno jest stworzyć początkową siatkę. Powszechnie stosowaną metodą jest dopuszczenie pewnych odstępów pomiędzy cząstkami, mniej więcej w danej pozycji, a następnie odkształcenie do stabilnej pozycji pod wpływem obciążenia grawitacyjnego.

2. **Zmniejszenie wahań roztworu**

Ze względu na kontakt dużej liczby cząstek, mogą wystąpić wahania hałasu spowodowane gwałtowną zmianą warunków kontaktu. W tym czasie, tłumienie proporcjonalne do masy może być wykorzystane do zmniejszenia wahań roztworu spowodowanych zmianą warunków kontaktu.

3. **Uwzględnienie wielkości kroku przyrostowego w czasie**

DEM przyjmuje wyraźny etap analizy dynamicznej. W większości przypadków, ABAQUS/Explicit model oparty na sztywności i charakterystyce jakościowej automatycznie kontroluje przyrostowy krok czasowy. W przypadku czysto dyskretnej analizy elementów, ponieważ element cząstkowy jest sztywny, nie jest możliwe automatyczne obliczenie kroku czasu stabilności. Należy określić stały krok czasowy. Jeśli w modelu znajdują się oba elementy skończone, można użyć automatycznego kroku czasowego w ABAQUS/Explicit.

Interakcja w cząsteczkach elementów dyskretnych będzie miała wpływ na wybór kroku przyrostu czasu. Jeżeli sztywność styku nie jest określona w kroku analizy, ABAQUS/Explicit automatycznie ustawi funkcję karną na podstawie kroku przyrostu czasu oraz masy i charakterystyki rotacji cząstek. W analizie stopień przyrostu czasu powinien być wystarczająco mały, aby sztywność domyślna była wystarczająco duża. Jeśli określono sztywność styku, należy również upewnić się, że stopień przyrostu czasu jest wystarczająco mały, aby uniknąć niepowodzenia obliczeń numerycznych. Krok przyrostu czasu można po prostu oszacować na podstawie $0.4\sqrt{m/K}$ masy cząstek, m - na podstawie masy cząstek, a K - na podstawie sztywności kontaktowej.

4. Warunki początkowe

Można stosować wszystkie warunki wstępne związane z analizą mechaniczną w ABAQUS/Explicit.

5. Warunki brzegowe

Ustalenie warunków brzegowych jest podobne do innych rodzajów analiz, ale warunki brzegowe są rzadko stosowane dla poszczególnych cząstek.

6. Warunki obciążenia

Najważniejszym obciążeniem w DEM jest obciążenie grawitacyjne cząstek, które rzadko nakłada skoncentrowane obciążenia na poszczególne cząstki.

7. Charakterystyka elementu i sekcji.

W systemie ABAQUS dyskretne cząstki są symulowane przez PD3D pojedynczego węzła, kuliste i sztywne elementy. Metoda definiowania elementów jest podobna do metody stosowanej w przypadku pojedynczych elementów węzłowych, takich jak elementy masowe. Współrzędne węzłów elementów PD3D odpowiadają środkom cząstek. Definicje jednostek nie mogą być wypełnione w języku angielskim. W pliku inp są one definiowane za pomocą następującego stwierdzenia:

*Element, Type=PD3D, Elset=zestaw jednostek, numer jednostki, numer komórki

*Odcinek dyskretny, Elset=liczba jednostek, Kształt=sfera, Gęstość=gęstość, Alpha=promień cząstek tłumiących

8. Integracja cząsteczek

Każdy element dyskretny w ABAQUS jest sferyczny, ale różne kształty mogą być symulowane przez ograniczenie węzłów cząstek. Cząstka elipsoidalna jest w przybliżeniu symulowana, jak pokazano na Rysunku 7-1.

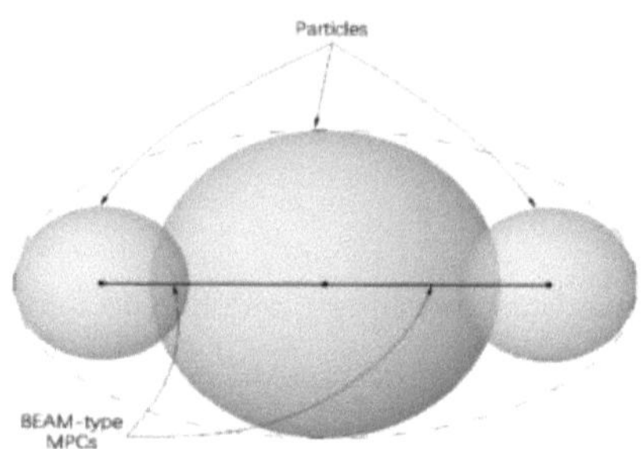

Rysunek 7-1 Symulacja całkowania cząstek o różnych kształtach

9. Definicja kontaktu

W celu symulacji kontaktu pomiędzy cząsteczkami i cząstkami, pomiędzy cząsteczkami i regionem elementów skończonych oraz pomiędzy cząsteczkami i sztywną powierzchnią ciała należy określić odpowiedni kontakt.

W ABAQUS/Explicit kontakt pomiędzy cząstkami jest symulowany przez kontakt uniwersalny. W tym momencie na powierzchni cząstek potrzebna jest powierzchnia oparta na elementach, co jest bardzo proste dla pojedynczego elementu węzłowego.

*Surface, name=nazwa

jednostkowy numer

Ponadto, powierzchnie te muszą być włączone do powierzchni styku w ogólnym kontakcie.

Rysunek 7-2 przedstawia schemat kontaktu pomiędzy cząstkami. Subscript reprezentuje t kierunek styczny, n reprezentuje kierunek normalny, K reprezentuje sztywność, a C reprezentuje tłumienie.

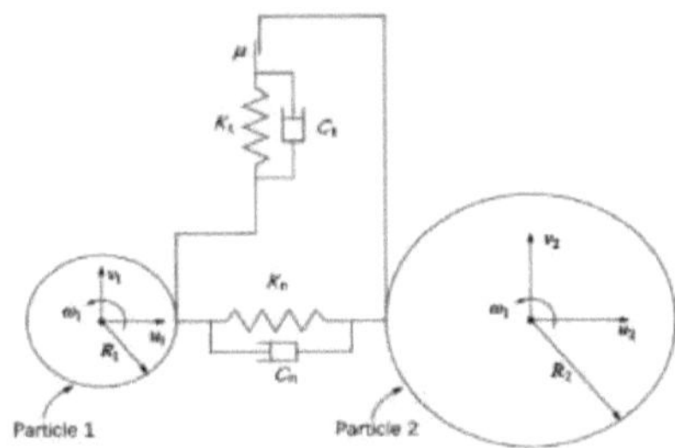

Rysunek 7-2 Charakterystyka kontaktu pomiędzy cząstkami

Dla dwóch stykających się ze sobą sfer, zgodnie ze stanem styku Hertza, zależność pomiędzy siłą węzłową F a odkształceniem δ jest następująca.

$$F = \frac{4}{3} E^* \sqrt{R\sqrt{\delta^3}} \quad 7-1$$

oraz

$$\frac{1}{E^*} = \frac{1-\nu_1^2}{E_1} + \frac{1-\nu_2^2}{E_2} \quad 7-2$$

$$R = \frac{R_1 R_2}{R_1 + R_2} \quad 7-3$$

We wzorze E1 i E2 są elastycznymi modułami dwóch cząstek, v1 i v2 są stosunkiem Poissona dwóch cząstek, a R1 i R2 są promieniem dwóch cząstek. Powyższa zależno¶ć pomiędzy sił± kontaktow± a przemieszczeniem może być użyta w zależno¶ci nacisk-zamknięcie w definicji wła¶ciwo¶ci kontaktowej (ABAQUS uznaje powierzchnię kontaktu elementu dyskretnego za 1 w obliczeniach kontaktowych), lub wyrażenie sztywno¶ci kontaktowej może być otrzymane z równania (7-1).

$$K = dF/d\delta = 2E^* \sqrt{R\sqrt{\delta}} \quad 7-3$$

Ponieważ siła i przemieszczenie są nieliniowe, można określić sztywność liniową oczekiwanego odkształcenia według powyższego wzoru.

10. Zmienne wyjściowe

Jednostka PD3D nie posiada żadnych jednostkowych zmiennych wyjściowych, a jedynie zmienne wyjściowe węzłów.

7.3 Przykłady

7.3.1 Symulacja zawalenia się cząstek

1. Opis problemu

Rysunek 7-3 pokazuje, że istnieje sztywna skrzynka o wymiarach 1,0m×1,0m×0,5m (długa, szeroka i wysoka). W rogu skrzynki znajdują się cząstki o wymiarach 0,1m×0,1m×0,1m akumulacji. Promień cząstek wynosi 5mm, moduł sprężystości 20GPa, współczynnik Poissona 02, gęstość $2.7\,g/cm^3$ 0,3, współczynnik tarcia między cząstkami a skrzynką 0,35. Puszka obraca się wokół osi x -1° w ciągu 0,5s, a następnie obserwuje deformację cząstek.

2. Nacisk w studium przypadku

- Odpowiednie ustawienia sztywnego ciała.
- Stworzenie modelu DEM.
- Uniwersalne ustawienia styków.

3. Model i rozwiązanie

Ponieważ odpowiednie ustawienia elementów dyskretnych nie są obsługiwane w CAE, ten przykład tworzy model pudełkowy w CAE i ustawia kroki analizy, granice, obciążenia, styki i inne warunki, a następnie przekazuje obliczenia po modyfikacji pliku inp na zewnątrz.

Krok 1: utworzenie części pudełka. Wejdź do modułu Części, wybierz polecenie [Część]/[Utwórz], zaakceptuj domyślną nazwę Część-1 w oknie dialogowym tworzenia części, jak pokazano na Rysunku 7-4, ustaw przestrzeń modelowania jako 3D, wpisz dyskretny sztywny (dyskretny korpus sztywny) kształt podstawy jako powłokę, wpisz jako płaszczyznę (płaszczyznę), po kliknięciu [Dalej] narysuj płaszczyznę 1,0m ×1,0m w interfejsie rysunkowym.

wybierz polecenie [Kształt]/[Powłoka]/[Wytłaczanie] lub kliknij w obszarze narzędziowym, wybierz dolną część okna jako płaszczyznę rysunkową zgodnie z obszarem podpowiedzi, wybierz prawą stronę jako oś odniesienia [pojawi się pionowo i po prawej], narysuj kontur wokół okna po wejściu do interfejsu rysunkowego i potwierdź w oknie dialogowym edycji wytłaczania. Długość rysunku jest ustawiona na 0,5m, jak pokazano na Rysunku 7-5. Po potwierdzeniu otrzymuje się model okna dialogowego.

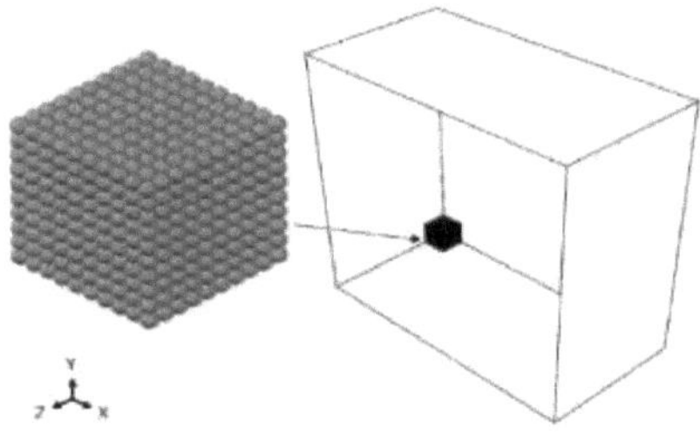

Rysunek 7-3 wzorcowy

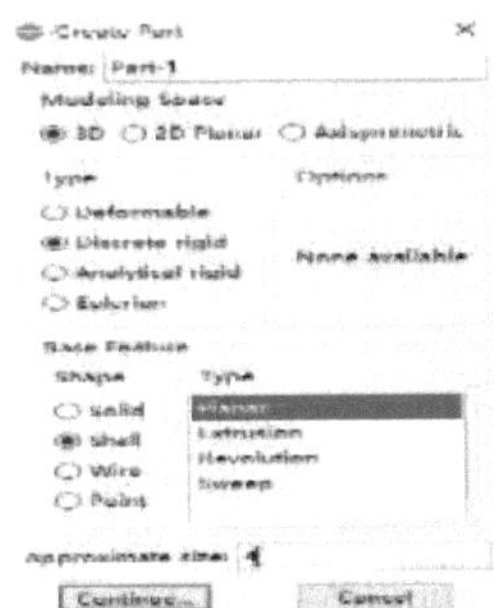

Rysunek 7-4 Tworzenie dolnej płaszczyzny pudełka

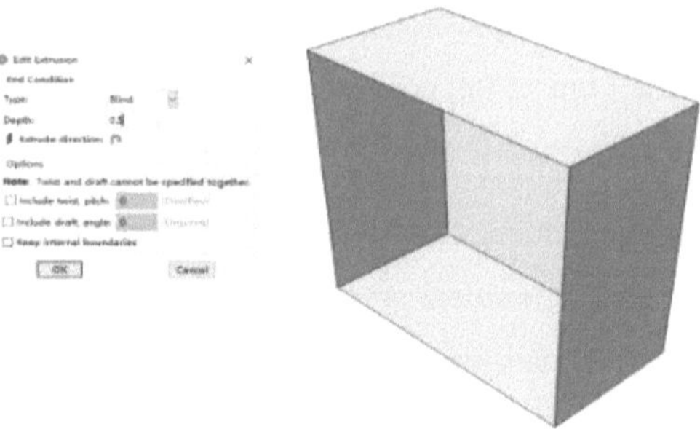

Rysunek 7-5 Strona skrzynki rozszerzającej

Krok 2 ustala wewnętrzną powierzchnię pudełka. Dla wygody kontynuacji, wybierz polecenie [Narzędzia]/[Powierzchnia]/[Utwórz], ustaw wewnętrzną powierzchnię pudełka i zwróć uwagę na prawidłowy normalny kierunek podczas potwierdzania.

Wybierz ponownie polecenie [Narzędzia]/[Powierzchnia]/[Utwórz], dowolnie wybierz twarz i ustaw zestaw twarzy Dem.

Uwaga: Powierzchnia Dem jest zbudowana tutaj dla łatwej obsługi i zostanie zastąpiona powierzchnią cząstek w kolejnych modyfikacjach.

Krok 3 ustawia punkt odniesienia sztywnego korpusu. W korpusie sztywnym należy ustawić punkt odniesienia, wybrać polecenie [Narzędzia]/[Punkt odniesienia] i wybrać dolny, lewy róg pola (X=Y= Z = 0) jako punkt odniesienia.

Uwaga: Sztywne nadwozia nie muszą być wyposażone w materiały i właściwości przekroju poprzecznego.

Etap 4 części montażowe. Wejdź do modułu Assembly, wybierz polecenie [Instance]/[Create], ustaw typ instancji jako siatkę na instancji, wybierz Part-1 w obszarze części okna dialogowego create instance i wyjdź po kliknięciu [Ok], aby potwierdzić. ABAQUS automatycznie nadaje nazwę instancji part-1-1.

Uwaga: Teraz typ instancji jest siatkowy na instancji, co oznacza, że siatka musi być zrobiona na poziomie zespołu jednostek. Jest to dla wygody późniejszego przetwarzania plików inp.

Krok 5 - analiza. Wprowadź moduł kroku, wybierz polecenie [Krok]/[Utwórz], ustaw typ procedury jako ogólny krok analizy dla dynamicznego, wyraźnego, aby utworzyć nowy krok analizy Dyna krok-1. Ustawić okres czasu (długość całkowita) na 0,1 w zakładce podstawowej okna dialogowego edycji kroku, a w zakładce Inkrementacja wybrać metodę kroku analizy jako stały krok czasowy. Stały krok czasowy jest ustawiony na 1×10^{-5}. Podobnie, wstawić dynamiczny, jawny krok analizy o nazwie krok-2 i krok-3, o łącznym czasie 0,5s i stałym kroku czasowym 1×10^{-5}.

Krok 6 modyfikuje sterowanie wyjściem. W module krokowym wybierz polecenie [Wyjście]/[Polecenie Wyjścia]/[Edycja], wybierz tylko przemieszczenie U jako zmienną wyjściową i zaakceptuj inne domyślne opcje.

Etap7 charakterystyki powierzchni styku. Wprowadź moduł interakcji, wybierz polecenie [Interaction]/[Property]/[Create], wprowadź nazwę P11 (reprezentującą styk pomiędzy cząstkami) w oknie dialogowym właściwości tworzenia interakcji, ustaw typ jako styk, kliknij przycisk [Continue], aby wejść do okna dialogowego właściwości edycji styku, a następnie wybierz polecenie [Mechanical]/[Normal Behavior], aby zdefiniować charakterystykę normalną powierzchni styku, wybierz z rozwijanej listy rozwijanej właściwości nacisku na zamknięcie liniowe, ustaw sztywność normalną na 32.9 (określona przez 7-4, odpowiednie przemieszczenie jest 1×10^{-9}); wybrać polecenie [Mechaniczne]/[Zachowanie styczne], w polu [Sformułowanie tarcia] wybrać opcję kara z rozwijanej listy i ustawić współczynnik tarcia na 0,3, jak pokazano na rysunku 7-6. Podobnie, współczynnik tarcia i sztywność stykowa P1f wynoszą odpowiednio 0,35 i 93,2.

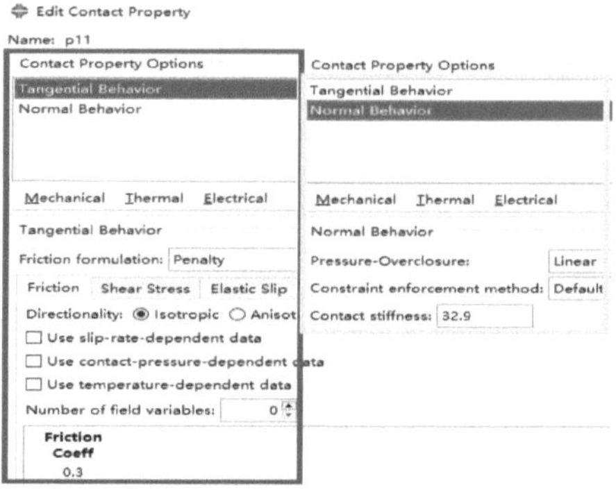

Rysunek 7-6 Ustawienie właściwości powierzchni styku

Krok 8 ustawia kontakt uniwersalny. W module interakcji, wybierz polecenie [Interaction]/[Create], by wyświetlić okno dialogowe tworzenia interakcji, i ustaw nazwę na intl w polu wprowadzania nazwy, ustaw krok analizy jako początkowy krok analizy init, wybierz kontakt ogólny w opcji type i kliknij [Continue], by wyświetlić okno edycji interakcji, jak pokazano na Rysunku 7-7. Wybierz pary powierzchni pod domeną kontaktu (obszar kontaktu) w tym oknie dialogowym, a następnie kliknij , aby wejść do okna dialogowego edycji, wybierz pierwszą i drugą powierzchnię kontaktu po lewej stronie okna dialogowego, a następnie kliknij , aby wygenerować powierzchnię kontaktu uniwersalnego. Kliknij przycisk [Ok] i wróć do okna dialogowego edycji kontaktu. W oknie dialogowym edycji interakcji wybierz globalne przypisanie właściwości jako P11, a następnie kliknij po prawej stronie opcji indywidualnego przypisania właściwości. W oknie dialogowym pokazanym na Rysunku 15-8, ustaw charakterystykę styku między oknem a cząstką jako p1f, styk między cząstką i cząstką jako p11, potwierdź i wyjdź.

Krok 9 warunki brzegowe. Wprowadź moduł obciążenia, wybierz polecenie [Narzędzia]/[Amplituda]/[Utwórz], ustaw nazwę na amp-1 i typ na płynny krok, a następnie ustaw czas jako czas całkowity w oknie dialogowym edycji amplitudy (co oznacza, że czas na krzywej amplitudy jest czasem całkowitym) i ustaw krzywą amplitudy jak pokazano na Rysunku 7-9.

W module obciążenia wybierz polecenie [BC]/[Create], ustaw nazwę BC1, wybierz krok 1 na liście poniżej, kliknij [Mechanical] w obszarze kategorii, wybierz [Displacement/Rotation] w typach dla wybranego obszaru kroku po prawej stronie, kliknij [Continue] i zaznacz pole na ekranie. Punkt odniesienia, kliknij [Gotowe] w obszarze podpowiedzi, zaznacz wszystkie stopnie swobody w wyskakującym oknie dialogowym edycji warunków brzegowych, ustaw stopnie swobody z wyjątkiem U4 na 0, U4 na -1, wróć do listy rozwijanej amplitudy, aby wybrać uprzednio zdefiniowaną krzywą amp-1, jak pokazano na Rysunku 7-10, i kliknij [Ok], aby potwierdzić wyjście.

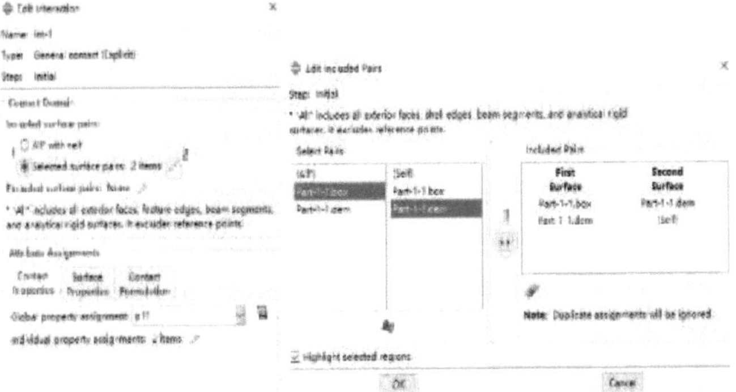

Rysunek 7-7 Obszar styku dla zestyków ogólnych

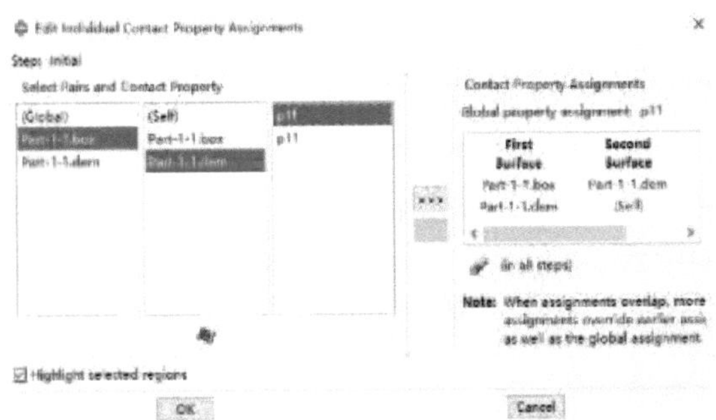

Rysunek 7-8 Charakterystyka zestawu styków uniwersalnych

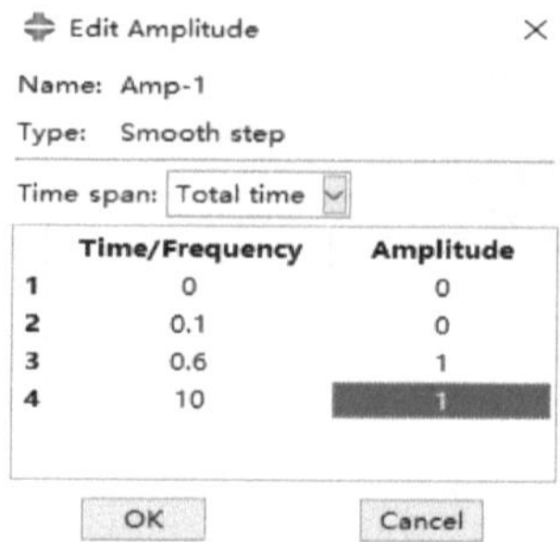

Rysunek 7-9 Ustawienie łagodnej krzywej amplitudy

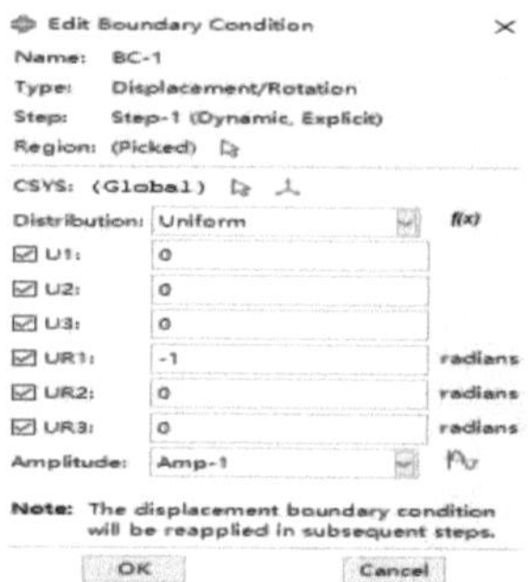

Rysunek 7-10 Ustawienie warunków brzegowych

Rys. 7-11 Ustawienie obciążenia grawitacyjnego

Uwaga: Ustawienie niezerowych warunków brzegowych w analizie dynamicznej i jawnej musi być narzucone poprzez krzywą amplitudy. W celu uniknięcia oscylacji spowodowanych nagłą zmianą warunków brzegowych, zwykle konieczne jest wygładzenie warunków amplitudowych.

Obciążenia grawitacyjne stopnia 10. Wybierz polecenie [Ładuj]/[Utwórz]. W oknie dialogowym Utwórz obciążenie, nazwij obciążenie-1 na liście rozwijanej krok, wybierz odpowiedni krok obciążenia jako krok-1, wybierz polecenie [Mechaniczne] w obszarze kategorii, ustaw typy dla wybranego obszaru kroku jako siłę ciężkości i kliknij przycisk [Kontynuuj]. Obciążenie grawitacyjne ustawia się w sposób pokazany na Rysunku 7-11.

Uwaga: W tym przypadku cały model jest poddawany obciążeniu grawitacyjnemu, które w późniejszym etapie zostanie zastąpione obciążeniem na cząstki.

Krok 11 oczko. Wejdź do modułu mesh i wybierz opcję obiektu na pasku środowiska jako zespół, co oznacza, że siatka jest wykonywana na poziomie zespołu. Wybierz polecenie [Mesh]/[Controls], ustaw kształt elementu (kształt komórki) jako quad (czworoboczny) w oknie dialogowym sterowania siatką, ustaw technikę (technika podziału) jako sweep. Wybierz polecenie [Mesh]/[Element Type] i ustaw R3D4 jako typ jednostki w oknie dialogowym Typ elementu. Wybierz polecenie [Seed]/[Part] i ustaw przybliżony rozmiar globalny na 0,05 w oknie dialogowym Global seed, zaakceptuj pozostałe opcje domyślne. Wybierz polecenie [Mesh]/[Part] i kliknij przycisk [Yes] (Tak) w oknie dialogowym, aby utworzyć siatkę modelu.

Krok 12 generowanie pliku inp. Wprowadź moduł zadań, wykonaj polecenie [Zadanie]/[Utwórz], ustaw nazwę na ex15-1-pre, w oknie dialogowym tworzenia zadania i wyjdź po zaakceptowaniu pozostałych opcji domyślnych. Wykonaj polecenie [Job]/[Write input], aby wygenerować plik zadania.

Krok 13 modyfikuje plik inp i dodaje informacje o węźle jednostki elementów dyskretnych. Zapisz ex15-1.pre.inp jako ex15-1.inp, otwórz plik ex15-1.inp i dodaj następujące wyrażenie w następnej linii wyrażenia "instancja, nazwa = część 1-1, część = część 1".

*node, nset = ndem, input = node.txt; wygeneruj węzły zgodnie z danymi w node, txt, i ustaw zestaw węzłów, ndem

*Element, typ = PD3D, elset = edem, Input = ele.txt; utworzyć jednostki elementów dyskretnych zgodnie z danymi w ele.txt i ustawić zestaw jednostek edem.

> Wskazówka: Elementy dyskretne nie mogą być generowane w poziomie części, a odpowiednie informacje mogą być zapisywane tylko w poziomie instancji.

Dane w węźle. txt są następujące.

10001, 0.0050, 0.0050, 0.0050; współrzędne odpowiednio numeru węzła i trzech kierunków. Aby uniknąć kolizji z wbudowanym numerem węzła, numer węzła elementu dyskretnego jest obliczany od 10000. Współrzędne węzła reprezentują współrzędne środków cząstek sfer dyskretnych ……. Dane w ele. txt są następujące 1001, 10001; numer komórki, numer węzła komórki, należy zauważyć, że Pd3D jest jednostką pojedynczego węzła …… 10002, 10002

> Uwaga: Informacje o jednostce i węźle można uzyskać poprzez napisanie prostego, małego programu. W tym przypadku istnieje niewielka szczelina pomiędzy jednostką a jednostką, a stan równowagi jest uzyskiwany pod wpływem obciążenia grawitacyjnego.

W kroku 14 dodaj informacje charakterystyczne dla poszczególnych sekcji elementu dyskretnego. Po informacji o elemencie "*element, typ = PD3D" dodać następujące stwierdzenia: przekrój dyskretny, elset = edem, kształt = kula, gęstość = 2,7, alfa = 7; alfa reprezentuje tłumienie związane z masą 5,e-3; promień cząstek.

Krok 15 zastąpi dem na powierzchni dyskretnych cząstek. W pliku inp, znajdź następujące stwierdzenia definiujące powierzchnię dem.

```
*Elset, elset=dem_spos, wygeneruj
601, 800
*Surface, type = element, name = dem
Wiesz co?
Zastąpienie go stwierdzeniem, że dem powierzchniowe jest generowane na podstawie
parametru unit set edem.
*Surface, type = element, name = dem
Edem; Polecenie Surface należy do hierarchii instancji, bez dodawania "części-1-1" przed
edem.
Krok 16 zastępuje obszar, na który są nakładane obciążenia grawitacyjne. W sekcji *krok w
pliku inp,
* Dload
GRAV, 9.81, 0., 0., -1, które definiują obciążenie.
Dodać obrzęk powierzchniowy przecinka przyłożonego przez obciążenie grawitacyjne przed
pierwszym przecinkiem (np. pominąć wskazanie obciążenia na całym modelu), tzn.
*dload
Część 1-1-1. edem, grawitacja, 9,81, 0., -1
```

Krok 16 zapisz plik, a następnie otwórz okno poleceń ABAQUS w menu startowym okna, przejdź do bieżącego katalogu roboczego i zapisz "zadanie ABAQUS = ex15-1 int", aby wrócić do obliczeń.

4. Analiza wyników

Krok 1: otwórz moduł ABAQUS/CAE lub ABAQUS/Viewer, wejdź do modułu post-processingu i otwórz odpowiedni plik bazy danych wyników obliczeń.

Krok 2 Rysunki 7-12 i 7-13 przedstawiają odpowiednio kształt klastrów cząstek na końcu obciążenia grawitacyjnego i proces rotacji skrzyni. Wyniki pokazują, że początkowe cząstki są równomiernie rozmieszczone na powierzchni. Po rotacji skrzyniowej, na skutek działania ścianki skrzyni, następuje rozpad klastrów cząstek i uzyskuje się ich prędkość. Gdy skrzynka jest nieruchoma, cząstka nadal porusza się w dół. Pozycja na końcu obliczeń przedstawiona jest na rysunkach 7-14. Pokazano, że metoda elementów dyskretnych w ABAQUS może dobrze uchwycić prawo oddziaływania i ruchu dużej liczby cząstek.

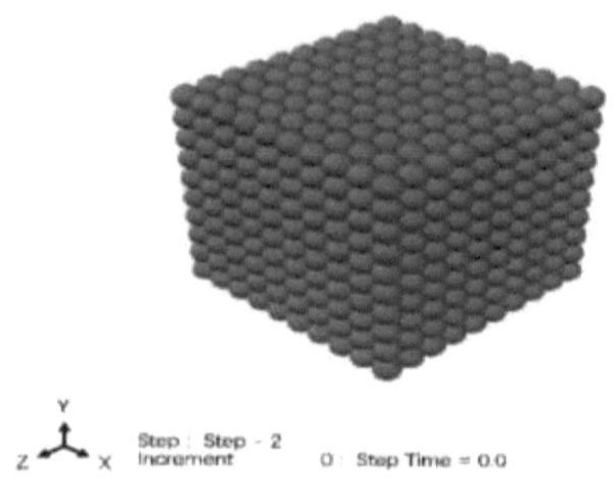

Rys. 7-12 Morfologia grupy cząstek stałych po obciążeniu grawitacyjnym

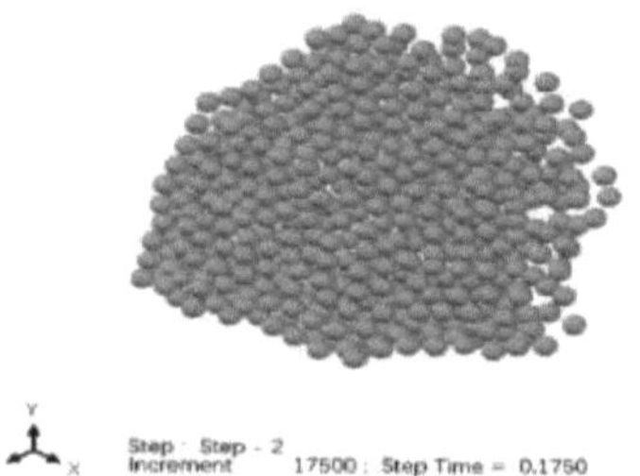

Rys. 7-13 Morfologia grupy cząstek stałych podczas rotacji skrzyniowej

Rys. 7-14 Końcowa lokalizacja cząstek

7.3.2 Symulacja testu na bezpośrednie ścinanie

1. Opis problemu

Górna i dolna skrzynia to sztywne skrzynie o wymiarach 0,1m×0,1m×0,05m (długie, szerokie i wysokie). Pudełka są wypełnione cząstkami. Promień cząstek wynosi 5mm, moduł sprężystości 2GPa, stosunek Poissona wynosi 02, gęstość $2.7g/cm^3$ 0,3, współczynnik tarcia między cząstkami 0,3, a współczynnik tarcia między cząstkami i skrzynkami 0,35. Analiza jest podzielona na dwa etapy. Pierwszy etap polega na przyłożeniu ciśnienia 100kPa na górze skrzynki, a drugi na poziomym przemieszczeniu ścinającym 0,01 na górze skrzynki. Przykładowy plik to ex15-2-pre.cae.

2. Nacisk w studium przypadku

- o Stworzenie modelu analizy elementów dyskretnych.
- o Uniwersalne ustawienia styków.

3. Model i rozwiązanie

Idea tego przykładu jest taka sama jak ex15-1, to znaczy, że model pudełka jest tworzony w CAE, a kroki analizy, granice, obciążenia, kontakty i inne warunki są ustawiane, a następnie obliczenia są składane po modyfikacji pliku inp na zewnątrz.

Krok 1: utworzenie części pudełka. Wprowadź moduł części i wybierz polecenie [Part]/[Create]. Zgodnie z wprowadzeniem w ex15-1, stwórz trójwymiarowe, odkształcalne pudełko o wymiarach 0,1m×0,1m×0,05m. Ustaw nazwę części jako b-box. Wybierz ponownie polecenie [Part]/[Create] i stwórz górne pole o tym samym rozmiarze. Ustaw nazwę komponentu jako t-box. Zauważ, że kierunek rozciągania górnego pola jest w dół, a kierunek rozciągania dolnego pola jest w górę.

Krok 2 tworzy wnętrze pudełka. W module części wykonywane jest polecenie [Narzędzia]/[Powierzchnia]/[Utwórz], powierzchnia wewnętrzna dolnej skrzynki ustawiona jest za pomocą f-b, a powierzchnia wewnętrzna górnej skrzynki za pomocą f-t.

Charakterystyka materiału i sekcji z etapu 3. W module właściwości wybierane jest polecenie [Materiał]/[Utwórz], tworzone jest pole o nazwie materiał oraz ustawiane są parametry modelu gęstości i sprężystego zgodnie z podanymi danymi.

Wybierz polecenie [Sekcja]/[Utwórz], ustaw sekcję o nazwie box, ustaw materiał jako box i ustaw typ jako powłokę, grubość 0,002, jak pokazano na Rysunku 7-15. Wybierz polecenie [Przypisz]/[Przekrój] i przypisz zdefiniowaną charakterystykę przekroju do górnego i dolnego pola. Ogólnie rzecz biorąc, zostanie uwzględniona grubość blachy. Aby skrzynka stykała się z cząstkami, za powierzchnię odniesienia należy przyjąć jej wewnętrzną powierzchnię. Po zakończeniu przypisywania interfejsu, dolna skrzynka b-box jest używana jako składnik bieżący, a górna powierzchnia jest wybierana w [Przesunięcie powłoki] poprzez wykonanie polecenia [Sekcja]/[Menedżer przypisań], jak pokazano na Rysunku 7-16. Analogicznie, wybierz [Powierzchnia dolna] dla górnego pola.

Uwaga: W tym przypadku, jeżeli powierzchnia nie jest przesunięta, analiza cząsteczek będzie początkowo poddana bocznemu wyciskaniu, tak aby stykała się z wewnętrzną powierzchnią skrzynki, co może spowodować odkształcenie w górę.

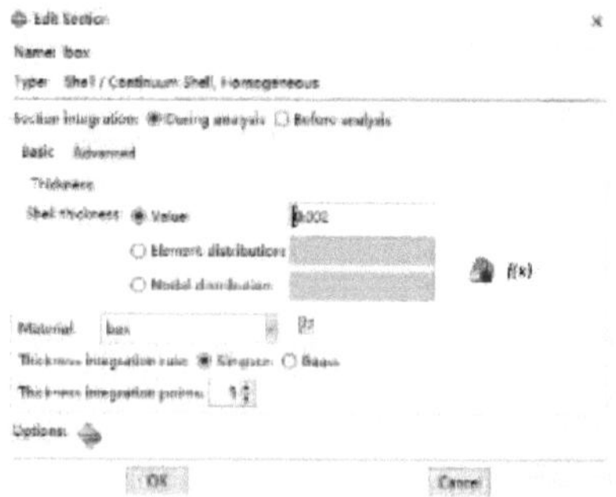

Rysunek 7-15 Charakterystyka przekroju poprzecznego płyt nastawczych

Etap 4 części montażowe. Wejdź do modułu zespołu, wykonaj polecenie [Instance]/[Create], zaznacz pole w obszarze części okna dialogowego tworzenia instancji, kliknij [Apply], aby wygenerować komponent. Dla późniejszego przetwarzania wybierz typ instancji jako siatkę w instancji, następnie wybierz w oknie dialogowym t-box, kliknij [Ok] i potwierdź zakończenie.

Krok 5 definiuje krok analizy. Wprowadź moduł kroku, wykonaj polecenie [Step]/[Create], ustaw typ procedury jako ogólny, krok analizy jako dynamiczny, jawny i utwórz nowe kroki analizy dyny krok 1 i krok 2. W podstawowej zakładce okna dialogowego edycji kroku, ustaw okres czasu (długość całkowita) na 0,5. W zakładce inkrementacja, wybierz stały (stały krok czasowy) i ustaw stały krok czasowy na 1×10^{-4}.

Krok 6 modyfikuje sterowanie wyjściem. W module krokowym wykonaj polecenie [Wyjście]/[Żądania wyjścia polowego]/[Edycja], wybierz reakcję węzła RF i przemieszczenie U jako zmienne wyjściowe oraz zaakceptuj inne domyślne opcje.

Krok 7 określa charakterystykę powierzchni styku. Wprowadź moduł oddziaływania, wykonaj polecenie [Interaction]/ [Property]/[Create], wprowadź nazwę P11 (reprezentującą styk między cząstkami) w oknie dialogowym tworzenia właściwości oddziaływania, ustaw typ jako styk, kliknij przycisk [Continue], by wejść do okna dialogowego edycji właściwości styku, a następnie wykonaj polecenie [Mechanical]/[Tangential Behaviour] wybierz z listy rozwijanej [Friction formulation]/[Tangential Behaviour] opcję karę i ustaw współczynnik tarcia na 03. Wykonaj polecenie [Mechaniczne]/[Zachowanie normalne] w oknie dialogowym, zdefiniuj charakterystykę normalną powierzchni styku, wybierz tabelę z listy rozwijanej "Nacisk na zamknięcie" i ustaw związek pomiędzy siłą nacisku a przemieszczeniem styku, zgodnie z rysunkiem 7-17 (określonym przez wzór (7-1). Podobnie, należy utworzyć kontakt p1f pomiędzy cząstkami i skrzynką.

Krok 8 zakłada styki uniwersalne. Styki uniwersalne ustawia się zgodnie z normą ex15-1, łącznie ze stykami między górną i dolną skrzynką, dolną skrzynką i cząstkami oraz stykami między cząstkami i cząstkami. W tym przypadku styki pomiędzy górną i dolną skrzynką nie są brane pod uwagę.

Krok 9 definiuje obciążenie i warunki brzegowe. Wprowadź moduł obciążenia, wykonaj polecenie [Obciążenie]/[Utwórz] i w kroku 1 analizy zastosuj równomierny nacisk 100kPa na powierzchnię górnej skrzynki.

Uwaga: Dla uproszczenia przyjmuje się, że obciążenie jest przyłożone natychmiastowo, co nieuchronnie wpłynie na cząstki. możemy spróbować użyć funkcji płynnego obciążenia, aby zwiększyć czas kroku analizy i przeanalizować jego wpływ na wyniki obliczeń.

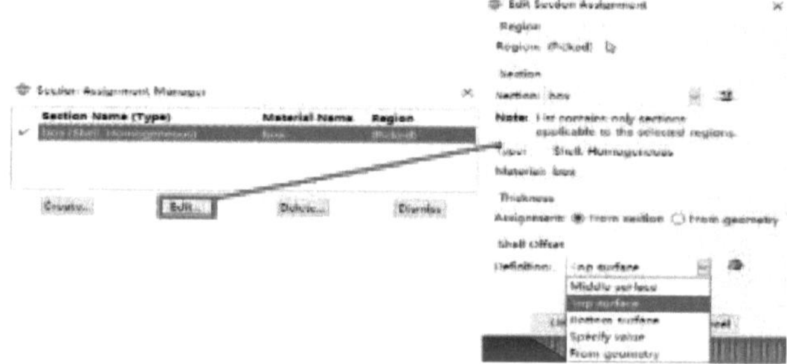

Rysunek 7-16 Powierzchnia migracyjna

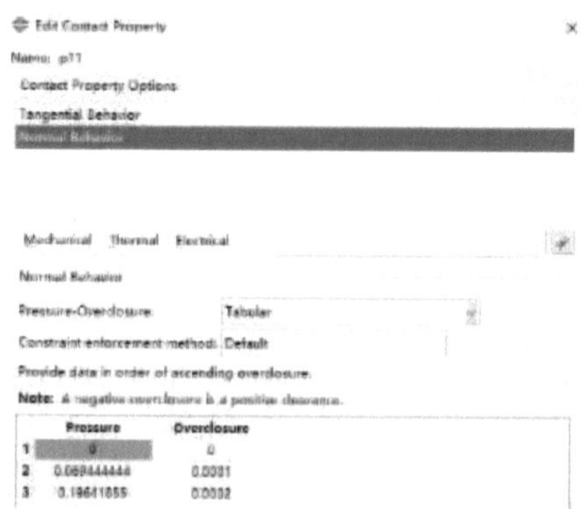

Rysunek 7-17 Ustawianie właściwości powierzchni styku

Wykonaj polecenie [Narzędzia]/[Amplituda]/[Utwórz], ustaw nazwę na ścinanie i wpisz jako płynny krok, a następnie wybierz w oknie dialogowym edycji amplitudy [Zakres czasu] jako czas całkowity (co oznacza, że czas na krzywej amplitudy jest czasem całkowitym), jak pokazano na Rysunku 7-18. W module obciążenia należy wykonać polecenie [BC] / [Edit] i zastosować przemieszczenie ścinające w drugim kroku analizy, jak pokazano na Rysunku 7-19.

Krok 10 oczko. Wejdź do modułu mesh i wybierz opcję obiektu na pasku środowiska jako montaż, co oznacza, że siatka jest wykonywana na poziomie po montażu. Czasami chcesz kontrolować ilość siatki i węzła, możesz wtedy wykonać polecenie [Mesh]/[Global Numbering Control], zaznaczyć pola zgodnie z zachętą i po potwierdzeniu otworzyć okno dialogowe, jak pokazano na Rysunku 7-20. Ustaw punkt początkowy numeru węzła i numeru komórki na 10000.

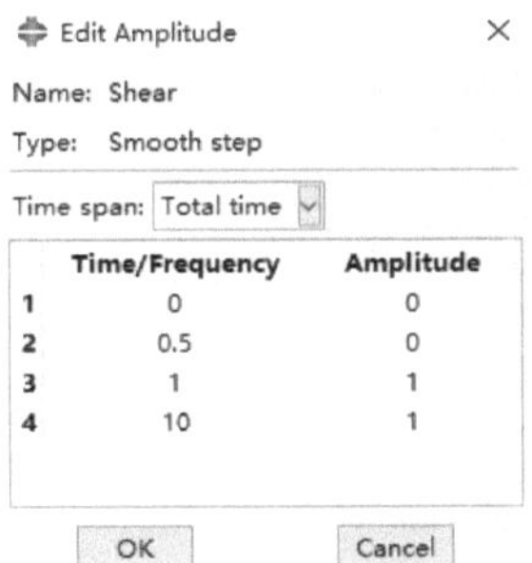

Rysunek 7-18 Ustawienie łagodnej krzywej amplitudy

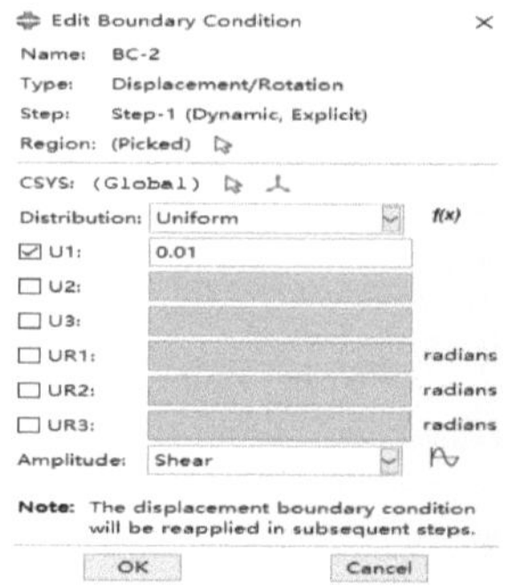

Rys. 7-19 Warunki brzegowe górnego pola

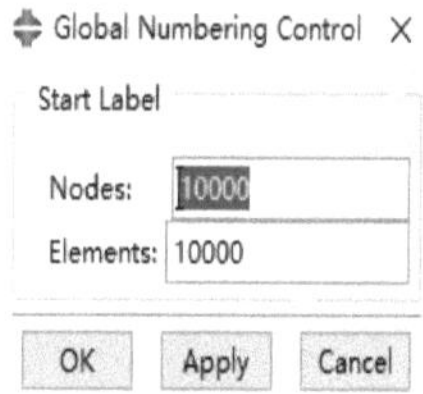

Rysunek 7-20 Ustawianie kolejności numeracji jednostek i węzłów

Uwaga: Tylko siatka oparta na przegrodzie montażowej może być użyta do sterowania numerami jednostek i węzłów. Podczas montażu komponentów w module montażowym, należy wybrać typ instancji jako niezależny (mesh na instancji).

Krok 11 generuje pliki inp. Wprowadź moduł zadań, wykonaj polecenie [Zadanie]/[Utwórz], ustaw nazwę na ex15-2.pre w oknie dialogowym tworzenia zadania, a następnie wyjdź po zaakceptowaniu pozostałych opcji domyślnych. Wykonaj polecenie [Job]/[Write input], aby wygenerować plik zadania.

Krok 12 modyfikuje plik inp poprzez dodanie informacji o węzłach i sekcjach elementu dyskretnego. Dodaj następujące wyrażenie przed wyrażeniem *end instance w polu tekstowym:

node, nset = ndem, input = ex15-2-node, txt; wygeneruj węzły zgodnie z danymi w node.txt, i ustaw zestaw ndem *element, type = PD3D, elset = edem, input = ex15-2-ele, txt; ustanowić jednostki elementów dyskretnych zgodnie z danymi w ele.txt, i ustawić set edem, aby reprezentował tłumiony element

*Przekrój dyskretny, elset = edem, kształt = kula, gęstość = 27000, alfa = 7, alfa 5e-3; promień cząstek

Uwaga: Ze względu na dużą normalną sztywność, w tym przypadku wymagany przyrostowy krok czasowy jest bardzo mały. Biorąc pod uwagę, że ten przykład można przyjąć jako analizę quasi-statyczną, wpływ siły bezwładności jest bardzo mały, a masa może być powiększona 10000 razy, aby uzyskać bardziej gładki roztwór.

Krok 13 zastąpi dem na powierzchni dyskretnych cząstek. Znajdź następujące stwierdzenie definiujące powierzchnię dem w pliku inp.

```
*elset, elset=_fdem_spos, wewnętrzny, wygeneruj
51, 100, 1
*surface, type=element, name=fdem
Wiesz co?
Zastąpić go następującym stwierdzeniem z programu Edem:
*Surface, type = element, name = dem
Edem
```

Krok 14 zapisanie pliku. Z menu startowego okien otwórz okna poleceń ABAQUS, przejdź do bieżącego katalogu roboczego i po powrocie do obliczeń wpisz "zadanie ABAQUS = ex15-2int".

4. Analiza wyników

Krok 1: otwórz moduł ABAQUS/CAE lub ABAQUS/Viewer, wejdź do modułu post-processingu i otwórz odpowiedni plik bazy danych wyników obliczeń.

Krok 2 Rysunki 7-21 i 7-23 pokazują morfologię grup cząstek przed, podczas i po ścinaniu, z których można zaobserwować wpływ ścinania na położenie cząstek. Podczas procesu ścinania, cząstki na płaszczyźnie ścinania są wytłaczane i zgryzane razem, a cząstki są podnoszone i zwijane do góry, aż ominą cząstki w kierunku ścinania. Chociaż w tym przypadku hipobook jest prosty, a wielkość cząstek jest duża, to jednak może on odzwierciedlać charakterystykę odkształcenia cząstek.

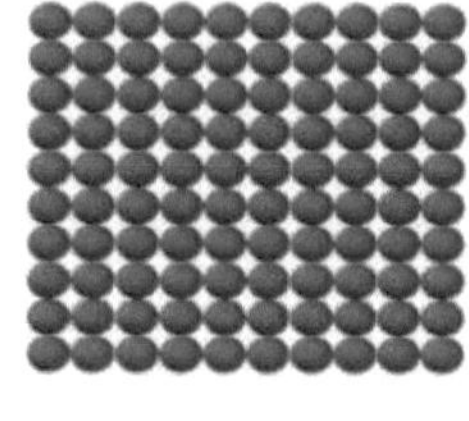

Rysunek 7-21 Morfologia grupy cząsteczek przed próbą

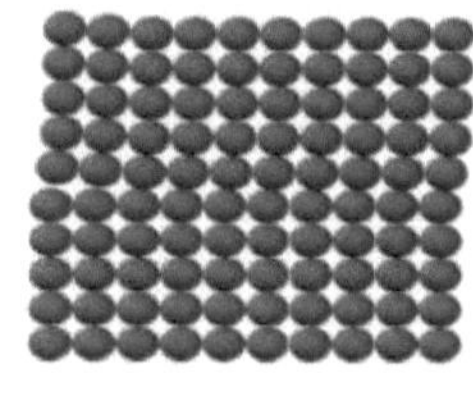

Rys. 7-22 Morfologia grupy cząsteczek przy ścinaniu

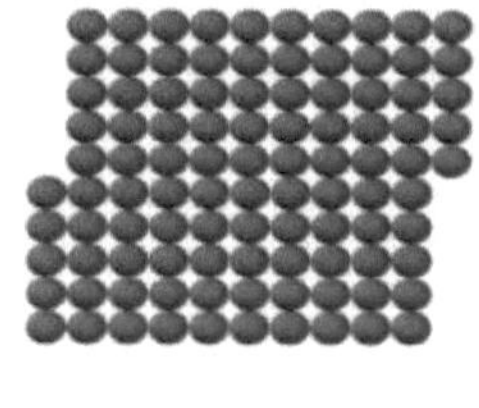

Rys. 7-23 Morfologia grupy cząsteczek po ścinaniu

Uwaga: Można spróbować użyć różnych rozmiarów cząsteczek, z większą ilością cząsteczek do analizy.

7.4 Streszczenie tego rozdziału

Funkcja elementu dyskretnego w ABAQUS symuluje cząsteczki za pomocą kulistych, jednowęzłowych elementów sztywnych. Biorąc pod uwagę wzajemne oddziaływanie pomiędzy cząsteczkami i cząstkami, wzajemne oddziaływanie pomiędzy cząsteczkami i innymi obszarami poprzez ogólny kontakt, możliwe jest rozwiązanie problemów akumulacji lub ściskania cząsteczek i ich przepływu pod wpływem grawitacji lub wibracji. Metoda generowania i ustawienia rozwiązań modelu elementu dyskretnego są szczegółowo przedstawione na dwóch przykładach, które mają dobrą wartość odniesienia dla czytelników.

8 Analiza statyczna i dynamiczna betonowej zapory grawitacyjnej

8.1 Analiza statyczna betonowej zapory grawitacyjnej

Streszczenie

Zapora grawitacyjna to wspólna konstrukcja hydrauliczna. Analiza wytrzymałości, odkształceń i stabilności konstrukcji jest podstawową treścią projektu zapory grawitacyjnej. Na przykładzie analizy statycznej betonowej zapory grawitacyjnej, w niniejszym rozdziale przedstawiono głównie metody nakładania ciężaru własnego, ciśnienia hydrostatycznego i ciśnienia unoszenia, a także wykonano pewne czynności post-procesowe odpowiadające analizie zapory grawitacyjnej. W tym przypadku zakłada się, że betonowa zapora grawitacyjna ma standardowy kształt, z wysokością zapory H=100m, nachyleniem spadku m=0,7 i szerokością korony t=7m. Głębokość wody 95m przed normalną zaporą wodociągową.

Słowa kluczowe: projektowanie i analiza zapory grawitacyjnej; analiza wytrzymałości, odkształceń i stabilności; ciśnienie podnoszenia, ciśnienie hydrostatyczne; ciężar własny.

8.1.1 Modelowanie

Tworzony jest model elementu skończonego zapory grawitacyjnej, w tym korpusu zapory i fundamentu bliskiego pola. Fundament jest przechwytywany z górnej, dolnej i dolnej wysokości zapory. Analizę zapory grawitacyjnej uważa się za dwuwymiarowy, płaski problem naprężeń.

8.1.1.1 Część wygenerowana

Przy tworzeniu części jest ona podzielona na cztery elementy: korpus zapory, fundament w górę rzeki, fundament w dół i fundament w dół rzeki. Powodem podziału fundamentu na trzy części jest łatwość wykonania współrzędnych pomiędzy jednostką fundamentową a jednostką korpusu zapory podczas tworzenia siatki. Położenie każdej z tych części może być dowolne. Podczas montażu modelu, system fundamentowania korpusu tamy we współrzędnych globalnych składa się z operacji translacji i obrotu. W tym przypadku, ze względu na prostotę modelu, lokalne i globalne współrzędne każdej części mogą być uważane za zbieżne w procesie budowy części, więc nie ma potrzeby wykonywania dodatkowych operacji podczas montażu modelu.

Przyjmując piętę zapory jako początek współrzędnych, dolną jako kierunek dodatni osi X i pionową jako kierunek dodatni osi Y, w części modułowej generowane są cztery części: część 1 (korpus zapory), część 2 (fundament przedni), część 3 (fundament dolny) i część 4 (fundament przedni).

8.1.1.2 Właściwości materiałowe i przekrój

We właściwości modułu zbudowane są dwa rodzaje materiałów: beton i skała. Gęstość betonu jest ustawiona na 2400 kg/m^3moduł sprężystości wynosi 24GPa, stosunek Poissona wynosi 0,17; gęstość skał wynosi 2600 kg/m^3 moduł sprężystości wynosi 15GPa, a stosunek Poissona wynosi 0,25. Przekrój o nazwie Beton jest generowany na bazie betonu towarowego, przekrój o nazwie Skała jest generowany na bazie materiału skalnego, następnie charakterystyka przekroju korpusu zapory część 1 jest określona jako Beton, atrybut przekroju fundamentu część 2, część 3 i część 4 są określone jako Skała.

8.1.1.3 Siatki

Zgodnie z przykładem belki wspornikowej (patrz przykład 1 w rozdziale 1), montaż elementów powinien być przeprowadzony. Istnieją pewne różnice. Następnie najpierw dzielimy części na oczka. Przyczyny tego zostaną wyjaśnione później. Najpierw dzielimy oczka korpusu zapory na część 1. Całkowity rozmiar oczek zapory ustawiamy na 2m, a następnie na Odcinek 1. Element skończony modelu tamy pokazano na rysunku 8-1.

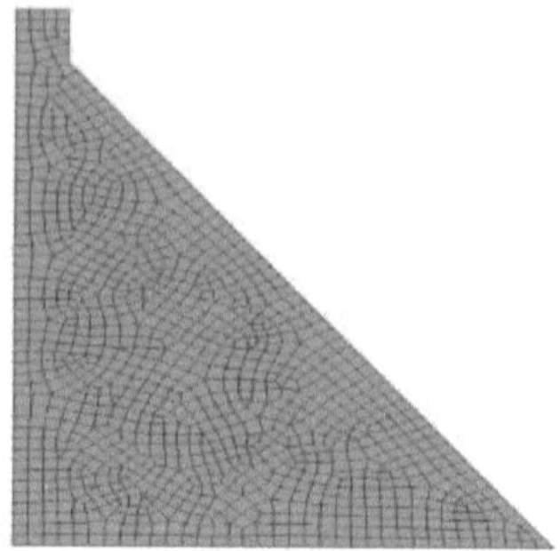

Rysunek 8-1 Siatka z elementami skończonymi w modelu tamy

Następnie oczyścić podłoże w górę rzeki, część 2. Przy ustawianiu materiału siewnego użyj metody [Krawędzie materiału siewnego], aby posiać krawędzie części, wybierz lewą i prawą stronę części 2, następnie kliknij [Gotowe] w obszarze Prompt, a następnie wykonaj odpowiednie ustawienie w lokalnym oknie dialogowym nasion. Wybierz [Według rozmiaru] dla metody i [Pojedynczy] dla stronicowości. Strzałki pojawią się po lewej i prawej stronie części 2 na ekranie, wskazując kierunek nachylenia rozsianego materiału siewnego. Odległość między nasionami wzdłuż kierunku strzałki zmniejsza się z dużego do małego. Użyj [flip bias], aby odwrócić kierunek, jeśli strzałka znajduje się w przeciwnym kierunku, zależnie od potrzeb. W tym przypadku nasiona zmieniają się stopniowo z 2 do 10 m, więc minimalna wielkość regulatorów wielkości jest ustawiona na 2, a maksymalna na 10. Ustawione nasiona pokazano na rysunku 8-2. Podobnie, górną część nasion części 2 wzdłuż kierunku poziomego ustawia się na wielkość 2 przy końcu tamy i 10 na końcu skrajnym. Nasiona o jednolitej wielkości są ustawione w dolnej części, a ich wielkość wynosi 10. Nasiona rozmnażane do części 2 pokazano na rysunku 8-3.

Przed rozpoczęciem siatki w części 2, należy wybrać polecenie [Mesh]/[Controls], a technika siatki jest ustawiona jako strukturalna, jak pokazano na Rysunku 8-4. Następnie oczko jest dzielone, a oczko elementu jest pokazane na Rysunku 8-5.

Stosując tę samą metodę, co w przypadku części 2, dzieli się oczka elementów w dolnej części fundamentu część 4. W przypadku części 3 fundamentu w dolnej części tamy nasiona z lewej i prawej strony są takie same jak w części 2. Nasiona w górnej części styku z zaporą ustawia się równomiernie na 2 m, a nasiona na dole na 10 m, jak pokazano na rys. 8-6, a następnie dzieli się oczka.

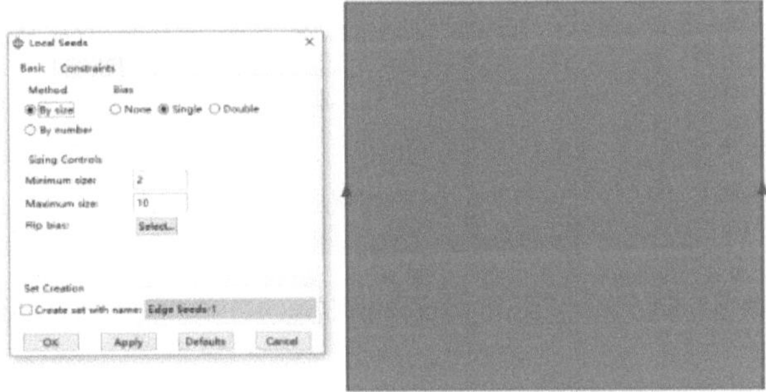

Rysunek 8-2 ustawienie materiału siewnego na fundamencie

Rysunek 8-3 Końcowe ustawienie nasion do założenia

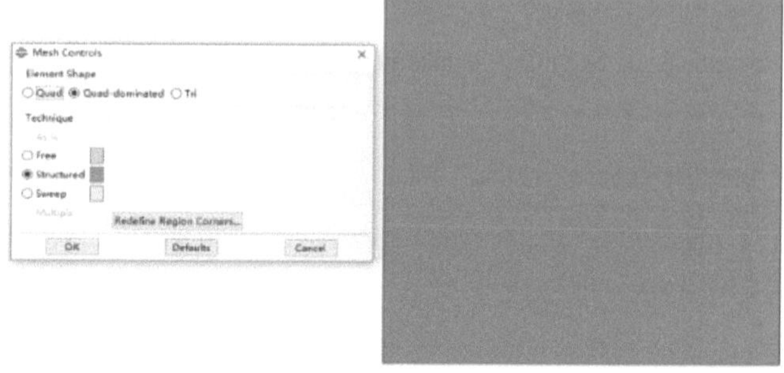

Rysunek 8-4 techniki tworzenia oczek

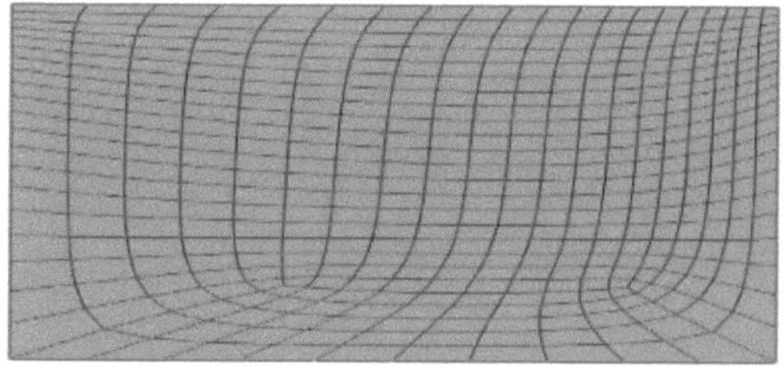

Rysunek 8-5 Elementy skończone fundamentów w górę rzeki, część 2

Rysunek 8-6 Ustawienie nasion w dolnej części fundamentu zapory-3

8.1.1.4 Zgromadzenie

Po zazębieniu, ponieważ cztery części nie są ciągłe, w interfejsie pomiędzy nimi znajdują się dwa węzły i musimy zbudować model ciągły, aby złożyć cztery części bezpośrednio, jak pokazano na rysunku 8-7. W tym czasie, pomiędzy każdą częścią fundamentu a interfejsem pomiędzy fundamentem a tamą znajdują się podwójne węzły. Aby rozwiązać ten problem z podwójnymi węzłami, wróć do modułu siatki, wybierz polecenie [Mesh]/[Create], aby wygenerować komponent siatki część 5, jak pokazano na Rysunku 8-8. Dla dwóch węzłów interfejsu łączącego część 5, polecenie [Mesh]/[Edit] służy do wywołania okna dialogowego edycji siatki, w kategorii wybierz węzeł, wybierz metodę łączenia, a następnie wybierz obszar, w którym tryb ma zostać połączony w celu połączenia podwójnego węzła modelu, jak pokazano na rysunkach 8-9 i 8-10.

Wprowadź moduł montażowy, aby wygenerować instancję w oparciu o komponent siatki część 5, jak pokazano na Rysunku 8-11. W tym czasie istnieją modele zapór dwuwęzłowych zmontowane na podstawie części 1, części 2, części 3 i części 4, a także modele zapór dwuwęzłowych zmontowane na podstawie części 5 interfejsu. Dlatego też, przykładowo Część 1-1, Część 2-1, Część 3-1 i Część 4-1 są usuwane z drzewa modeli, pozostawiając tylko Część 5-1 jak pokazano na Rysunku 8-12.

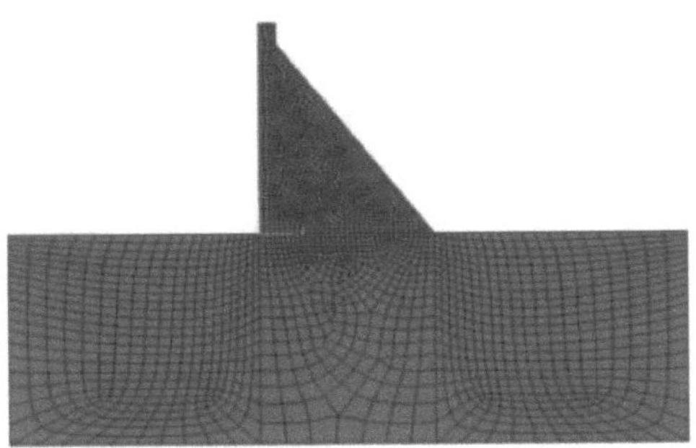

Rysunek 8-7 Montaż modelu tamy

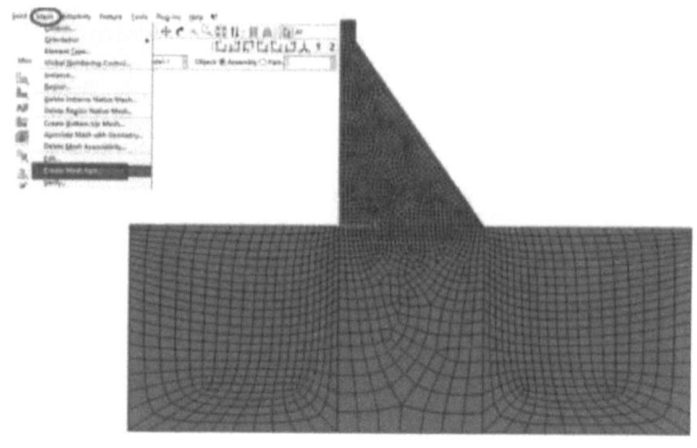

Rysunek 8-8 Generujące elementy siatki

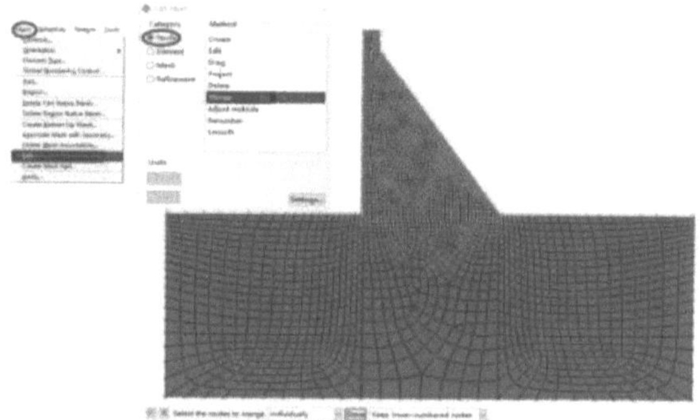

Rysunek 8-9 Łączenie podwójnych węzłów

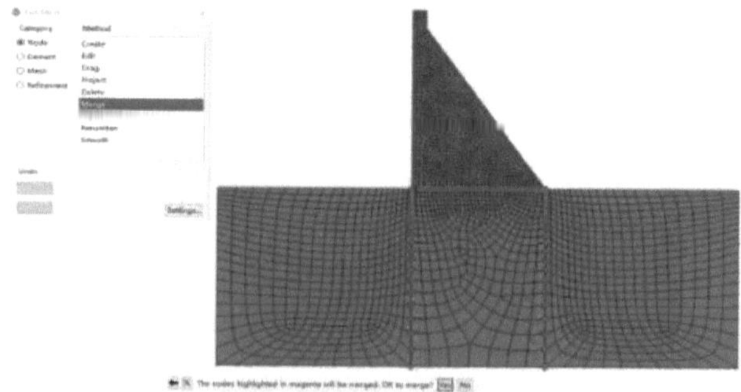

Rysunek 8-10 Po połączeniu dwóch węzłów

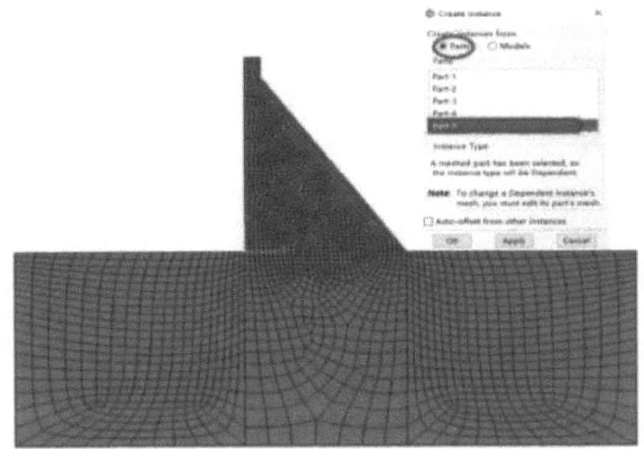

Rysunek 8-11 podstawie części 5 generacji

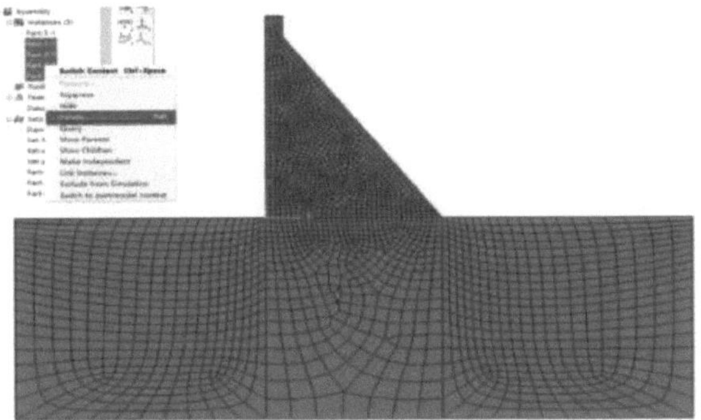

Rysunek 8-12 Wykreślenie instancji z zespołu

8.1.1.5 Obciążenie i warunki brzegowe

Podstawowym obciążeniem zapory grawitacyjnej jest ciężar własny, ciśnienie wody w zbiorniku poprzedzającym i ciśnienie unoszące, które wykonuje się według kolejności przyłożenia najpierw ciężaru własnego, a następnie ciśnienia wody, więc obliczenia dzieli się na dwa etapy analizy. Przed zastosowaniem warunków brzegowych i obciążeń, w kroku modułowym tworzy się dwa etapy analizy statycznej, odpowiednio grawitacyjne i wodne.

Wprowadź moduł obciążenia, aby wygenerować obciążenie własne. W oknie dialogowym tworzenia obciążenia, które się pojawi, wybierz grav dla kroku i wybierz cały model, tzn. zastosuj obciążenie własne zarówno dla fundamentu, jak i tamy. Przyłożone zostaje obciążenie samonośne, jak pokazano na Rysunku 8-13.

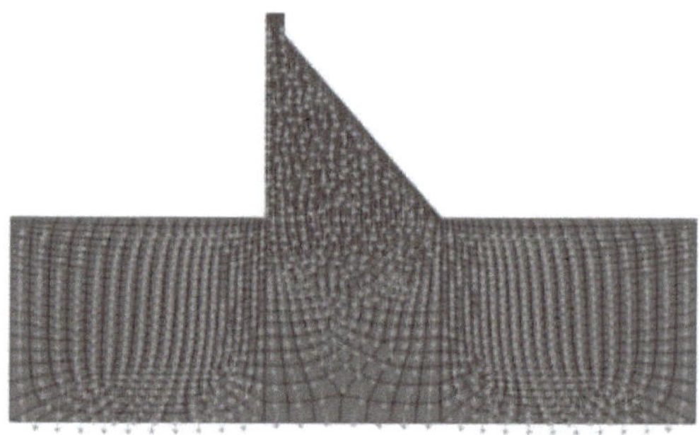

Rysunek 8-13 Model tamy - obciążenie własne

Ciśnienie wody w zbiorniku poprzedzającym należy stosować zgodnie z rysunkami 8-14. W module obciążenia, wybierz polecenie [Load]/[Create], aby wyświetlić okno dialogowe tworzenia obciążenia, w kroku wybierz wodę, typy dla wybranego kroku wybierz ciśnienie. Następnie wybierz powierzchnię, na którą jest przyłożone statyczne ciśnienie wody, czyli górną powierzchnię korpusu zapory i górną powierzchnię fundamentu. Kliknij [Gotowe] w obszarze wskazań, aby wyświetlić okno dialogowe edycji obciążenia, a następnie wybierz z dystrybucji opcję ciśnienia hydrostatycznego wody, gdzie ilość energii uwalnianej na dnie zbiornika wynosi $95\text{m} \times 1000\,\text{kg/m}^3 \times 9.18\ \text{m/s}^2 = 931950\ \text{Pa}$ wysokość ciśnienia zerowego to wartość współrzędnej Y przy zerowym ciśnieniu, napełnić 95; wysokość ciśnienia odniesienia to współrzędna Y napełnionej wartości ciśnienia, a 0 jest wypełnione. Po zastosowaniu ciśnienia hydrostatycznego, model jest pokazany na rysunku.

Do symulacji ciśnienia unoszenia przyjmuje się metodę równoważną. Zgodnie ze specyfikacją, można uzyskać wykres rozkładu ciśnienia unoszenia. Wykres rozkładu ciśnienia unoszenia jest ważony wzdłuż fundamentu zapory, a jednostka korpusu zapory objęta symetrycznym wykresem rozkładu ciśnienia unoszenia jest definiowana jako jednostka grupy zapory-2 w module obciążenia, w wodzie stopnia analizy w celu utworzenia rodzaju obciążenia grawitacyjnego. Gęstość wody wynosi $1000\,\mathrm{kg/m^3}$, gęstość betonu jest $2400\,\mathrm{kg/m^3}$ a przyspieszenie grawitacyjne jest $9.81\,\mathrm{m/s^2}$. Dlatego, $9.81 \times 1000/2400 = 4.0875$ jest równoważne. W oknie dialogowym edycji obciążenia wpisz 0 dla komponentu 1 i 4.0875 dla komponentu 2. Kliknij ikonę regionu i wybierz opcję ustaw w obszarze podpowiedzi. Następnie wybierz zaporę 2 w wyskakującym oknie dialogowym wyboru regionu, kliknij przycisk [Kontynuuj] i powróć do okna dialogowego edycji obciążenia. W tym czasie grupa urządzeń dam-2 zostanie podświetlona na ekranie na czerwono, a następnie kliknij przycisk [Ok], aby zakończyć stosowanie ciśnienia podnoszenia. Proces ten jest pokazany na Rysunku 8-15.

Rysunek 8-16 to zastosowanie warunków brzegowych do procesu wyboru rejonu warunków brzegowych: wpisanie utworzonego warunku brzegowego; wybór rejonu warunków brzegowych; zdefiniowanie warunków brzegowych (ograniczenie przemieszczenia w kierunku X); wypełnienie warunków brzegowych (ograniczenia w kierunku X po lewej i prawej stronie, ograniczenia w kierunku X i ograniczenia w kierunku Y na dole).

Po przyłożeniu obciążenia, można ustawić warunki brzegowe. Wejdź do modułu obciążenia, kliknij polecenie [Warunki brzegowe]/[Utwórz], aby wyświetlić okno dialogowe Warunki brzegowe, nazwij stan brzegowy fix-x, wybierz krok jako początkowy, wpisz dla wybranego kroku wybierz przemieszczenie/Obrót, kliknij [Dalej], a następnie użyj myszki do wybrania węzłów po obu stronach fundamentu, Kliknij [Gotowe] w obszarze Prompt, aby powrócić do okna dialogowego edycji warunków brzegowych, U1 w CSYS oznacza kierunek X stopnia swobody, U2 stopień swobody do ograniczenia kierunku Y, tutaj wybierz U1, kliknij [Ok], aby zakończyć ustawienia. Podobnie, dolne węzły dolnego poziomu są ograniczone stopniami swobody w kierunku X i Y.

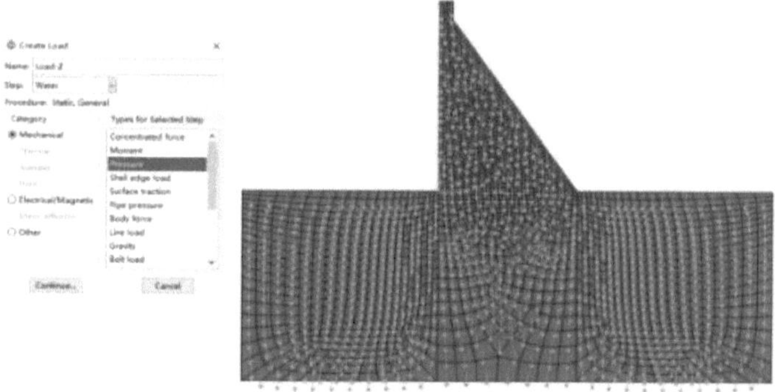

a) Wybór rodzaju obciążenia ciśnieniowego i analizy wody na etapie analizy

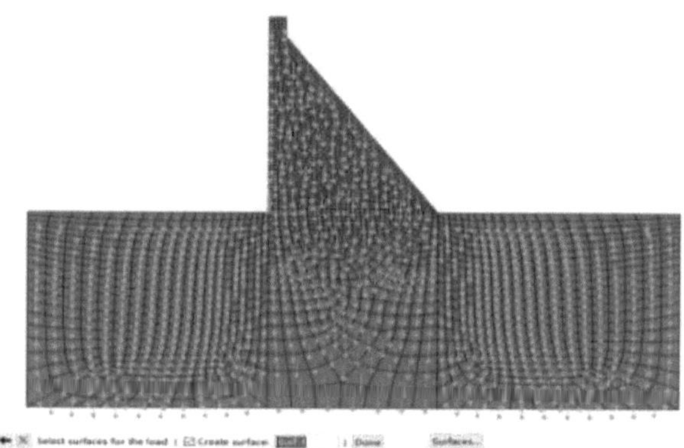

b) Wybór powierzchni pod ciśnieniem hydrostatycznym

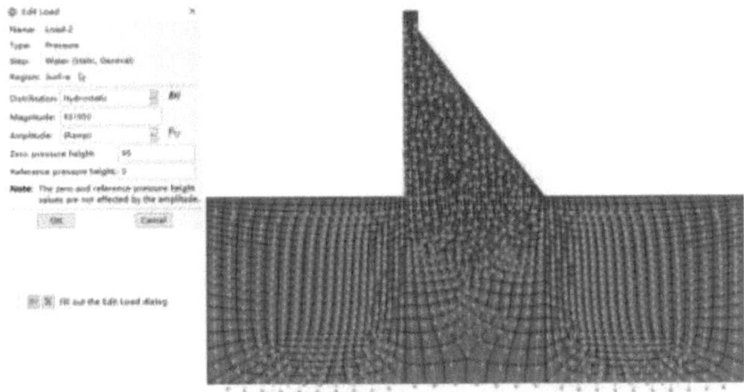

c) Ustawienie parametrów ciśnienia hydrostatycznego

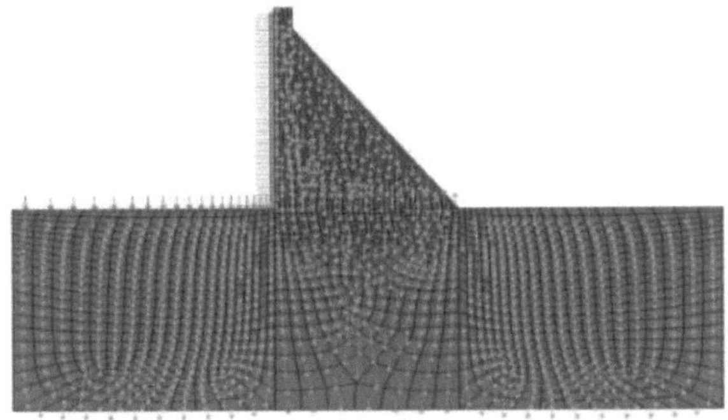

d) Stosowanie widoku ciśnienia hydrostatycznego

Rys. 8-14 Zastosowanie ciśnienia hydrostatycznego

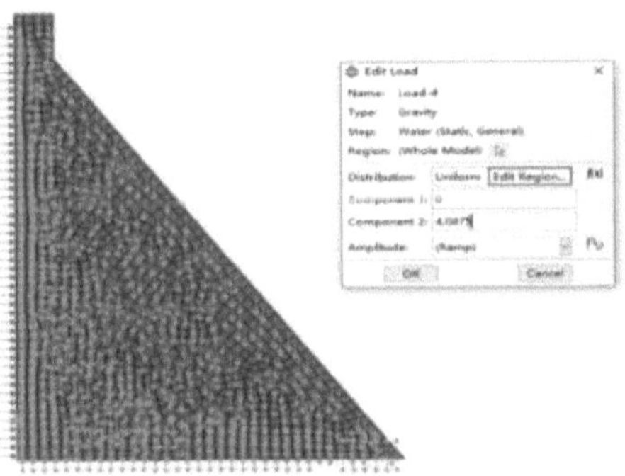

a) Wypełnienie równoważnym przyspieszeniem grawitacyjnym

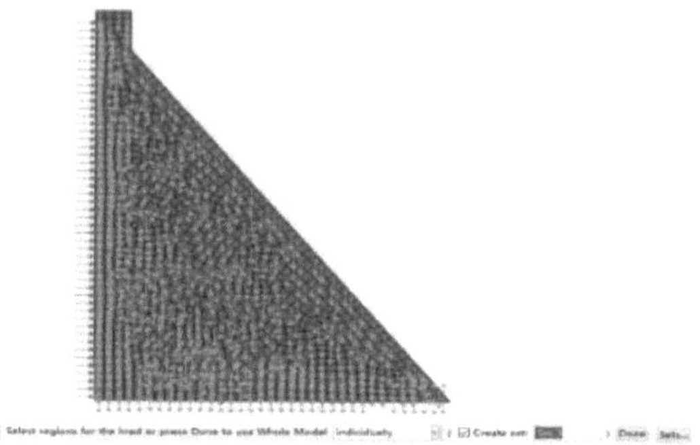

b) Stosowanie wyboru obszaru

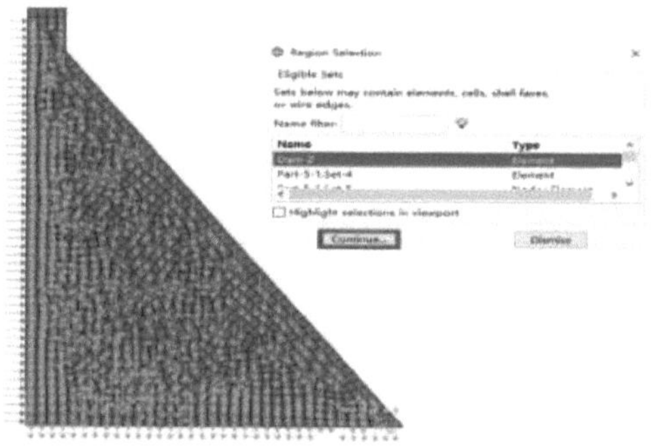

(c) Wybór grup jednostek

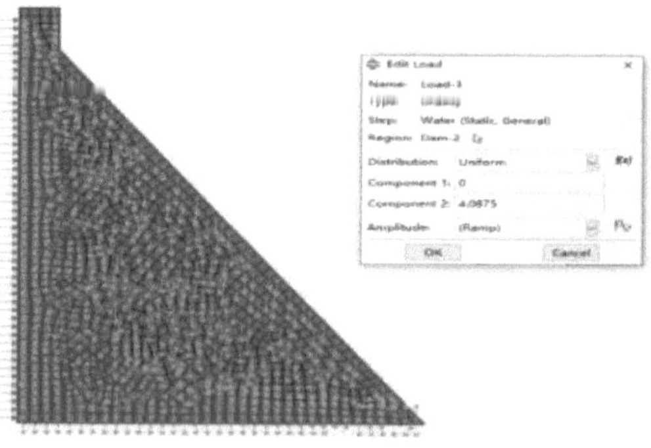

(d) Kompletne ustawienia

Rysunek 8-15 Stosowanie ciśnienia unoszenia

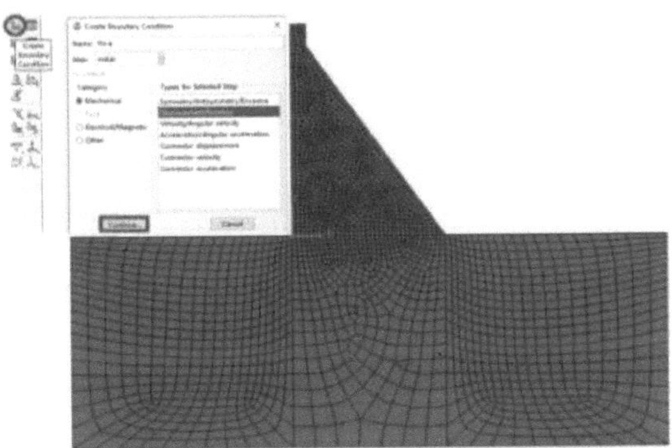

a) Wprowadź utworzony warunek brzegowy

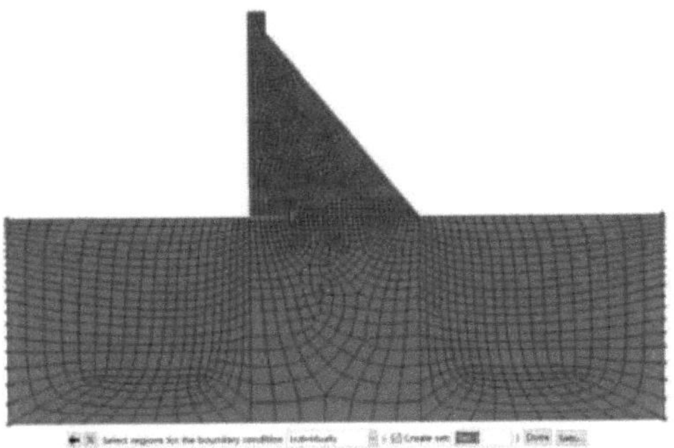

(b) Wybór obszaru stanu granicznego

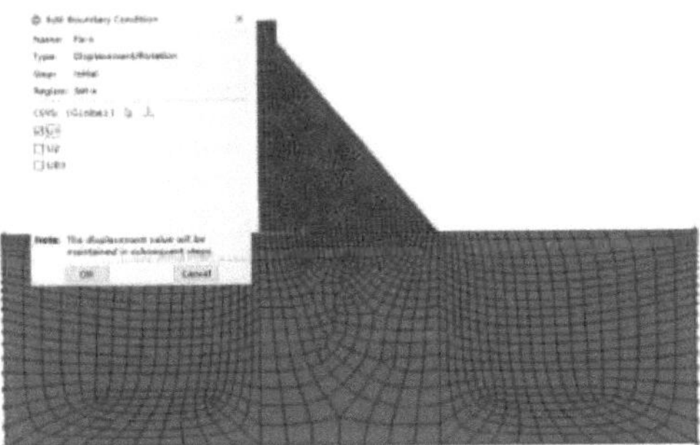

c) Definiowanie warunków brzegowych (ograniczanie przemieszczeń w kierunku X)

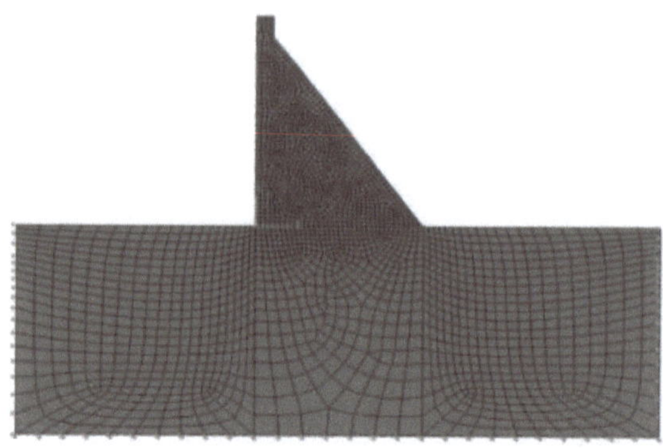

d) Uzupełnienie warunków brzegowych (ograniczenia w kierunku X po lewej i prawej stronie, ograniczenia w kierunku X i ograniczenia w kierunku Y na dole)

Rysunek 8-16 Zastosowanie warunków brzegowych do wyboru regionu warunków brzegowych

8.1.2 Analiza wyników

Jak opisano w poprzednich rozdziałach, utwórz nowe zadanie-1 w module zadań i prześlij operację.

Wejdź do modułu wizualizacji i otwórz odpowiedni plik bazy danych wyników obliczeń job-1.odb. W przypadku statycznej analizy elementów skończonych zapory grawitacyjnej, głównym problemem jest to, czy naprężenie i stabilność antypoślizgowa zapory grawitacyjnej spełniają wymagania kodeksu.

Wybrać naprężenie S na wyjściu z pola, maksymalne naprężenie główne w płaszczyźnie, następnie za pomocą opcji konturu ustawić górną i dolną granicę maksymalnej wartości naprężenia głównego, ustawić górną granicę na 2MPa i dolną granicę na -1MPa w granicach, i ustawić kolor przekraczający wartość maksymalną na czerwony, mniejszy niż wartość minimalna na biały, dostosować odstępy między konturami do 12, tak aby uzyskać wzór chmury, jak pokazano na Rysunku 8-17. Podobnie, można uzyskać minimalny rozkład naprężeń głównych, jak pokazano na rysunku 8-18. Przy użyciu tej samej metody można wykreślić rozkład przemieszczeń we wszystkich kierunkach, co nie będzie się tutaj powtarzać.

Aby zbadać naprężenia spowodowane ciężarem tamy przed jej skonfiskowaniem, wystarczy otworzyć okno dialogowe Krok/Framka na pasku menu wyników, a następnie wybrać odpowiedni krok i ramkę, w którym to kroku wybrać opcję Graw i ramka wybierz czas = 1,0, jak pokazano na Rysunku 8-19. Następnie, zgodnie z powyższą metodą, rysuje się wykres rozkładu naprężeń, jak pokazano na Rysunku 8-20.

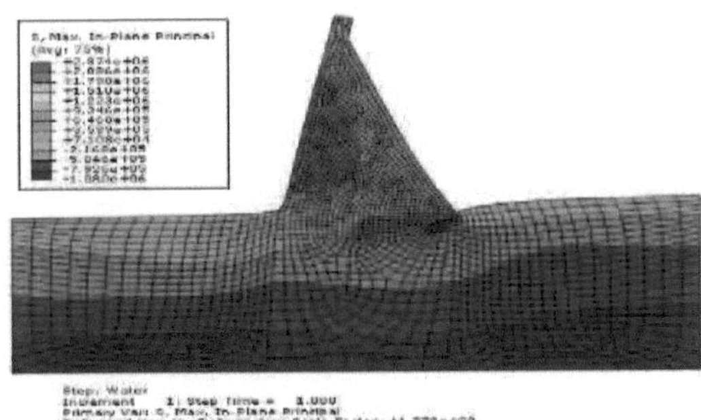

Rysunek 8-17 maksymalnego naprężenia głównego zapora i fundament pod ciężarem własnym i ciśnieniem wody

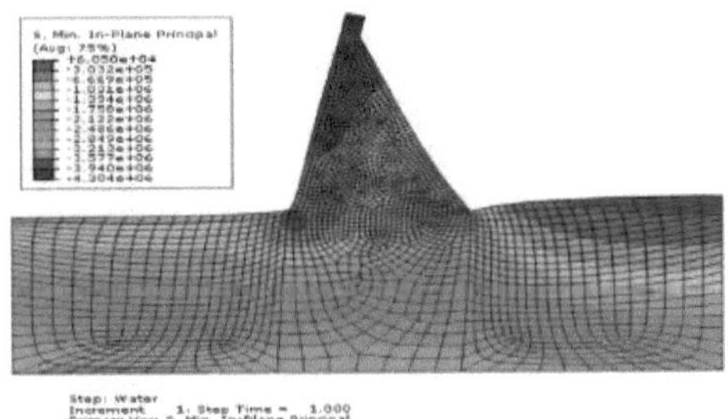

Rysunek 8-18 minimalnych naprężeń głównych zapory i fundamentu pod ciężarem własnym i ciśnieniem wody

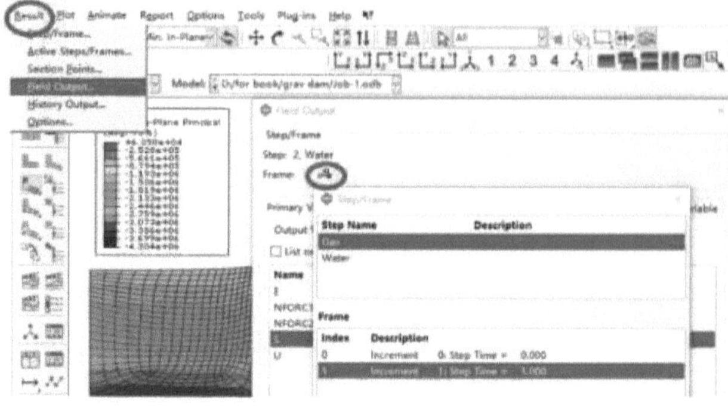

Rysunek 8-19 Wybór różnych wyników etapu/ramki

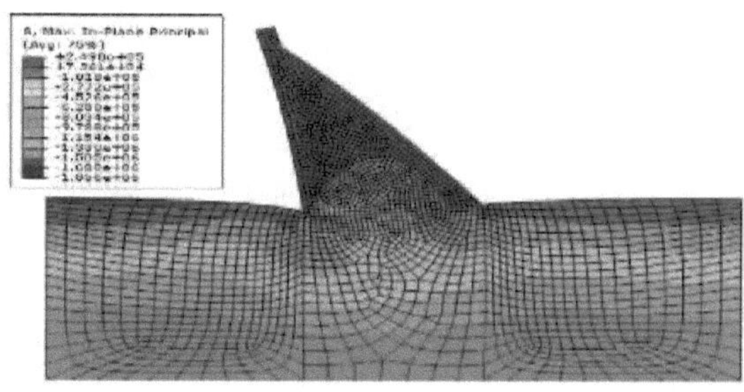

a) Maksymalny stres główny

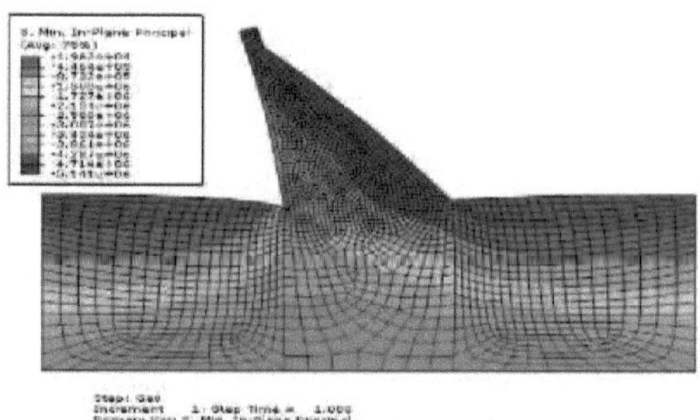

b) Minimalny stres główny

Rysunek 8-20 naprężeń przy obciążeniu własnym

Na wyjściu z pola wybiera się wyporność U i wyporność w kierunku X U1, a następnie definiuje się wyjście jako analizę wody krok po kroku/ramę, która wytwarza pole wyporności w kierunku X pod własnym ciężarem i ciśnieniem wody, jak pokazano na Rysunku 8-21. W ten sam sposób można rysować chmury dystrybucyjne innych pól fizycznych.

Do celów oceny bezpieczeństwa zapory grawitacyjnej, oprócz zwrócenia uwagi na to, czy naprężenie zapory przekracza wartość określoną w kodeksie, należy sprawdzić jej stateczność. Interfejs między zaporą grawitacyjną a fundamentem stanowi zazwyczaj słabą powierzchnię stabilności przeciwpoślizgowej, na którą należy zwrócić większą uwagę. Kliknij przycisk [Aktywny/Dezaktywuj funkcję View Cut] w obszarze pola narzędzi, aby zobaczyć wyniki sekcji. Kliknij pojawiające się okno dialogowe View cut manager, aby odpowiednio ustawić sekcję. Wybierz płaszczyznę Y, aby wyświetlić przekrój Y, zaznacz opcję [Cięcie swobodnego korpusu odpowiadające płaszczyźnie y], wypełnij 0 z pozycją i zdefiniuj przekrój przy pomocy Y = 0 (tzn. interfejs zapory).

W tym momencie na ekranie widzimy wynikową siłę przekroju poprzecznego, jak pokazano na rysunku 8-22. Siła wypadkowa na tym przekroju to 5.318e7Na kierunek nie może być określony z ekranu; wynikający z tego moment to 2.964e8N.mco jest negatywnym kierunkiem Z. W celu sprawdzenia stabilności przeciwpoślizgowej przekroju, wypadkowa siła przekroju powinna być rozłożona na siły składowe w kierunku X i Y. Wartość składowej może być wyprowadzona na podstawie raportu. Na pasku menu wywołasz okno dialogowe [Report]/[Free Body Cut], wypełnij nazwę pliku, który chcesz wypisać, np. force.rpt, a następnie kliknij [Ok], jak pokazano na Rysunku 8-23. Otwórz plik force.rpt, który zawiera informacje takie jak krok, ramka, itd. Dla przekroju name=y-plane, $F_x = +4.424e + 07$, $F_y = -7.071e + 07, F_z = 0$ chwila $M_x = 0, M_y = 0 M_z = -6.825E + 08$.

Współczynnik stabilności antypoślizgowej może być określony na podstawie siły składowej i parametrów materiałowych:

$$K = \frac{f'N + c'A}{S}$$

Gdzie, f' to współczynnik tarcia ścinającego; c' to kohezja ścinająca; N to nadciśnienie powierzchni ślizgowej; A to powierzchnia ślizgowa, a S to siła powierzchni ślizgowej.

Tutaj $N = -F_y, S = F_x, A = 70$; Zakładając, że $f' = 1.1, c' = 0{,}8$MPapotem $K = 3.02 > 3.0$ jest obliczany tak, aby spełniał wymagania dotyczące stabilności antypoślizgowej.

Na przykład przy obliczaniu zapory RCC, jeśli konieczne jest sprawdzenie stabilności przeciwpoślizgowej innych sekcji, należy podać tylko siłę wypadkową różnych sekcji, a następnie obliczyć i sprawdzić zgodnie ze wzorem na sprawdzenie stabilności przeciwpoślizgowej.

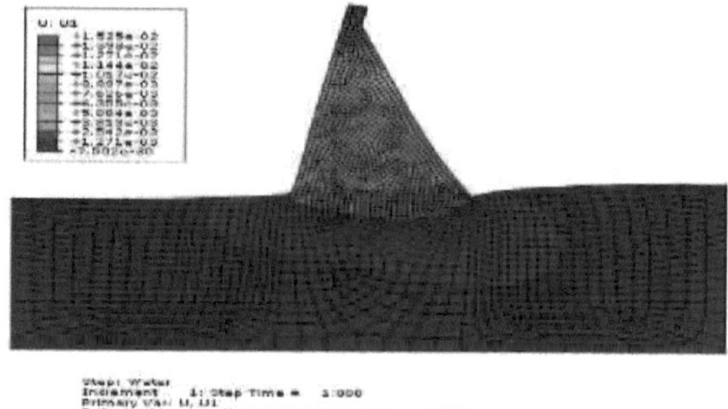

Rysunek 8-21 Rozkład przemieszczenia w kierunku X pole pod własnym ciężarem i ciśnieniem wody

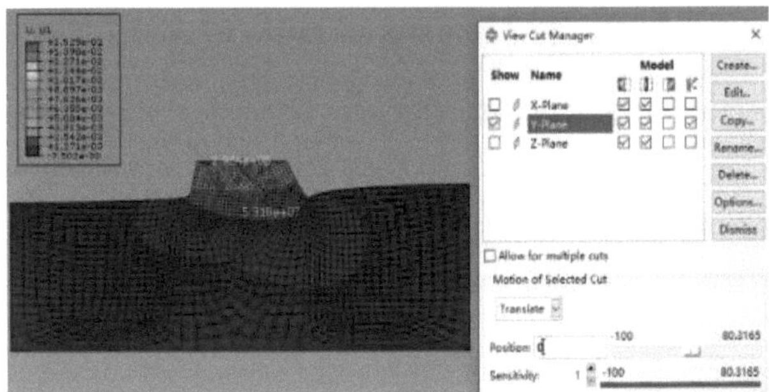

Rysunek 8-22 Siła rozdzielcza sekcji wyjściowej

Format i zawartość pliku wynikowego z wolnymi cięciami ciała są następujące

* * * Wolne cięcia ciała * * *
Etykieta stopnia = Woda
Krok = 1
Ramka = 1
Liczba aktywnych wolnych organów = I
Nazwa = Y-plane
Wynikająca z tego siła = +. 424e + 077. 071e + 07 0
Moment wynikowy = 00-6. 825e + 08
Punkt sumowania = + 3. 500e + 01 + 0. 000e + 00 + 0. 000e + 00

Report Free Body Cut
Steps/Frames
Specify
Step: 2, Water
Frame: 1
All active steps/frames
File
Name: D:/for book/grav dam/Force.rpt
Append to file
Output Format
Normal annotated format
Comma-separated values (CSV)
Number format: Scientific
Decimal places: 3
Global CSYS
Local CSYS
Thresholds
Absolute value below which entries are zeroed out:
Forces: 1E-006
Moments: 1E-006
OK Apply Defaults Cancel

Rysunek 8-23 Wartość składowej sekcji wyjściowej

8.2 Analiza sejsmiczna betonowych zapór grawitacyjnych

W tej sekcji przedstawiono analizę sejsmiczną betonowych zapór grawitacyjnych, w tym analizę charakterystyki drgań własnych, metodę spektrum odpowiedzi oraz metodę analizy historii czasu. Beton zapory jest traktowany jako liniowy model sprężysty i model uszkodzeń plastycznych do badania reakcji sejsmicznej zapory.

8.2.1 Plik wejściowy

Tworzenie i analiza modelu w większości poprzednich rozdziałów opiera się na modelu ABAQUS/CAE. Ze względu na działanie interfejsu można uzyskać efekt "visible-as-you-get", co jest bardzo pomocne przy wstępnym opanowaniu analizy metodą elementów skończonych ABAQUS. Po zapoznaniu się z procesem analizy ABAQUS do modelowania i generowania siatki używane jest jednak bardziej wydajne oprogramowanie do wstępnego przetwarzania, a następnie generowany jest plik wejściowy *.inp dostępny dla programu ABAQUS. Odpowiednio modyfikujemy plik wejściowy inp, przekazujemy go do kalkulatora Abaqus w celu przeprowadzenia obliczeń i na koniec wykorzystujemy program ABAQUS/Visualization do późniejszego przetwarzania wyników. Proces ten może być głębszym zrozumieniem metody obliczeniowej i modelu analizy ABAQUS.

Plik wejściowy jest podzielony głównie na dwie części - część modelową i część analityczną. Poniżej znajduje się podstawowy format pliku wejściowego inp, bardziej szczegółowo odnoszący się do tego konkretnego przykładu zapory Koyna. Pierwszy znak to "*", po którym następuje słowo, tworzące słowa kluczowe ABAQUS, takie jak *główek, *węzeł, *element, itp. Wiersz rozpoczynający się od "**" jest opisem z adnotacjami, który nie bierze udziału w obliczeniach i służy jedynie jako wyjaśnienie i przypomnienie (znane również jako komentarz). Pliki wejściowe nie uwzględniają wielkości liter, słowo kluczowe jest pisane małymi literami, a wielkość liter mieszana.

Plik wejściowy zaczyna się od "*heading", każdy plik wejściowy może mieć tylko jedno słowo kluczowe "* heading". Wiele wierszy następujących po słowie kluczowym "*heading" to wyrażenia opisowe, które opisują podstawową sytuację pliku obliczeniowego dla przyszłych zapytań. Możesz również wprowadzić model słowa kluczowego bezpośrednio pod słowem kluczowym "*heading" bez konieczności pisania opisu.

Do generowania węzłów używa się słowa kluczowego "*node". Każdy wiersz za nim generuje węzeł. Pierwsza liczba każdego wiersza to numer węzła, druga liczba to współrzędna X węzła, trzecia liczba to współrzędna Y węzła, a czwarta liczba to współrzędna Z w przypadku trójwymiarowym. Zgodnie z tą regułą, wszystkie informacje o węźle modelu elementów skończonych są wymienione. Dla przykładu zapory Koyna pokazanego poniżej, ponieważ model jest nieprzelewającym się odcinkiem zapory grawitacyjnej, a jego kształt jest prosty, pliki Inp mogą być zapisywane ręcznie do generowania siatki. W przypadku złożonych modeli, oprogramowanie do wstępnego przetwarzania, takie jak Sufer, MSC. Patran, Hyper works, etc., powinny być używane.

W tym przykładzie użyto słowa kluczowego "*węzeł", aby wygenerować cztery górne węzły graniczne zapory grawitacyjnej, a mianowicie powierzchnię fundamentu zapory (Y=0,0), załamanie zbocza w dół rzeki (Y=66,5), normalne miejsce składowania wody (Y=91,75) i herb zapory (Y=103,0). Słowa kluczowe "*ngen" generują węzły w sposób inkrementalny, opcjonalny parametr "nset" definiuje generowaną nazwę zestawu węzłów. Np. "* ngen, nset = nbase", dla wygenerowanego na powierzchni węzła fundamentu zapory, zwanego "nbase" i definiującego zestaw węzłów, kolejna linia danych, pierwsza liczba znajduje się pomiędzy węzłem numer 1, druga liczba na drugim końcu węzła numer 21, trzecia liczba generowana jest przez numer węzła w stosunku do poprzedniego numeru węzła przyrostu, tutaj przyjmujemy domyślną wartość 1, następnie np. odstępy pomiędzy węzłami 1 i 21 aby wygenerować 19 węzłów, ich numery dla

2 ~ 20, węzły zestawu "nbase" zawierają 1 ~ 21, łącznie 21 węzłów. Podobnie jest w przypadku 19 nowych węzłów w dolnej części zbocza, normalnego miejsca składowania wody i korony tamy, a zestaw węzłów jest oznaczony odpowiednio jako "nmid", "nwl" i "nop".

Słowo kluczowe "*nfill" służy do generowania węzłów pomiędzy dwoma granicami zgodnie z określonymi zasadami. Stosunek odległości dwóch sąsiadujących ze sobą węzłów jest definiowany przez opcjonalny parametr "Bias". Pierwszym parametrem wiersza danych jest zestaw węzłów pierwszej granicy. Dla określenia węzła pomiędzy fundamentem zapory a zboczem w dół, pierwszym parametrem jest "nbase". Drugi parametr jest zestawem węzłów drugiej granicy, "nmid", a trzeci parametr jest zestawem węzłów drugiej granicy. Czwarty parametr jest przyrostem wygenerowanego numeru węzła w stosunku do poprzedniego wiersza, a czwarty parametr to 100. W ten sam sposób należy wypełnić węzły pomiędzy "nmid" i "nwl" oraz pomiędzy "nwl" i "nop".

Po wygenerowaniu węzłów, jednostki są generowane zgodnie z tymi węzłami. Słowa kluczowe to jednostka generująca "element", parametr "typ" definiuje typ jednostki, a "CPS4R" jest 4-węzłową jednostką integracji redukcji naprężeń płaskich. W wierszu danych pierwsza liczba jest numerem jednostki, a ostatnie cztery liczby są węzłami składającymi się na jednostkę. Kolejność węzłów wymaga, aby jednostki były tworzone w kierunku przeciwnym do ruchu wskazówek zegara.

"*elgen" jest używany do stopniowego generowania jednostek. Parametr "elset" definiuje zestaw jednostek. W wierszach danych jest pierwsza ilość głównych jednostek, ilość jednostek wytworzonych w pierwszym rzędzie (łącznie z głównymi jednostkami) jest druga, ilość węzłów w każdym rzędzie jest trzecia, ilość komórek w rzędzie jest czwarta, ilość jednostek w rzędzie jest ilością przyrostów, piąta jest całkowitą ilością wierszy, szósta jest ilością węzłów pomiędzy wierszami. Krok szósty to liczba węzłów między wierszami. Krok siódmy to liczba komórek w rzędzie. Zachowanie danych w tym przykładzie jest "1, 20, 1, 1, 38, 100, 100". Każdy wiersz generuje 20 komórek, generując 38 wierszy.

Do tej pory stworzono siatkę elementów skończonych tamy, jak pokazano na Rysunku 8-24.

Linia słów kluczowych "*sekcja stała, elset = zapora, materiał = beton" jest jednostką jednostką, "sekcja stała" jest jednostką, "elset = zapora" jest zestawem jednostek sekcji wiązania jako "zapora" materiał = beton oznacza zestaw jednostek "zapora" materiał jest "betonowy" i "beton" określi następnie jego właściwości materiałowe. Zachowanie numeryczne 1, reprezentujące grubość płaskich elementów bryłowych.

Następnie definiuje się właściwości materiału za pomocą *słów kluczowych materiału, a nazwa parametru jest nazwą materiału. Następnie definiuje się model liniowo-sprężysty, a parametry sprężyste materiałów definiuje się za pomocą słowa kluczowego "*sprężysty" z "*materiału": moduł sprężystości i stosunek Poissona. Pierwsza liczba w linii liczbowej jest modułem sprężystości, a druga liczbą w stosunku Poissona. Słowo kluczowe "*gęstość" określa gęstość materiału.

Wspomniany powyżej plik wejściowy inp jest częścią wzorcową.

Definicja warunków brzegowych jest oparta na slowie kluczowym "*boundary", a opcjonalne parametry "type" to domyślnie warunki brzegowe przemieszczenia, warunki brzegowe prędkości i przyspieszenia, które są warunkami brzegowymi przemieszczenia. Pierwsza cyfra wiersza cyfrowego jest numerem węzła lub zestawem węzłów, druga i trzecia cyfra są stopniami swobody warunków brzegowych, a czwarta cyfra jest wielkością stosowanych warunków brzegowych, domyślnie pustostanów do 0. Definicja warunków brzegowych może być zdefiniowana i zmodyfikowana w części modelowej lub w części analitycznej.

Następnie pojawia się sekcja analizy pliku wejściowego inp, zaczynając od słowa kluczowego "*step", którego następny wiersz może być użyty jako wiersz komentarza do kroku analizy. Słowo kluczowe "*częstotliwość" oznacza analizę charakterystyki drgań własnych. Jego wiersz numeryczny określa, ile trybów porządkowych jest pobieranych. Tutaj, weź 4. "*końcowy krok" oznacza koniec tego etapu analizy.

Interpretacja słów kluczowych ABAQUS znajduje się w "Instrukcji obsługi kluczy ABAQUS", która jest nieodzownym dokumentem pomocniczym dla analizy i obliczeń ABAQUS bezpośrednio z wykorzystaniem plików wejściowych inp.

Poniżej znajduje się format pliku wejściowego inp tamy Koyna.

```
* HEADING
ZAPORA KOYNA: WYDOBYCIE Z CZĘSTOTLIWOŚCIĄ NATURALNĄ
Jednostki-n. m. sec
* NODE
1, 0.00, 0.00
21, 70.00,0.00
2401, 0.00, 66.50
2421, 19.25, 66.50
3601, 0.00, 91.75
3621, 16.17, 91.75
3801, 0.00, 103.00
3821, 0.00, 1480, 103.00
*NGEN, NSET = PODSTAWA
1, 21
*NGEN, NSET = NMID
2401 2421
* NGEN, NSET = NWL
3601 3621
```

```
*NGEN, NSET = NCREST
3801, 3821
*WYPEŁNIJ, STRONNICZY = 1. 05
NBASE, NMID, 24, 100
* NFILL BIAS = 0,92
NMID, NWL, 12, 100
*NFILLNWL, NCREST 2, 100
 *ELEMENT, TYP = CPS4R
1, 1, 2, 102, 101
*ELGEN ELSET = ZAPORA
1,20, 1, 138,100, 100
*ELSET, ELSET = WDAM, GENEROWAĆ
1, 3501,100
*SOLIDNA SEKCJA ELSET = MATERIAŁ ZAPORY = BETON
1.0,
* MATERIAŁ, NAZWA = BETON
* ELASTYCZNY
3.1027E + 10.0.2
*DENSITY
2643.0
*BOUNDARY
NBASE,
 1, 2
*STEP I - EKSTRAKCJA CZĘSTOTLIWOŚCI
*WYDAJNOŚĆ
*END STEP
```

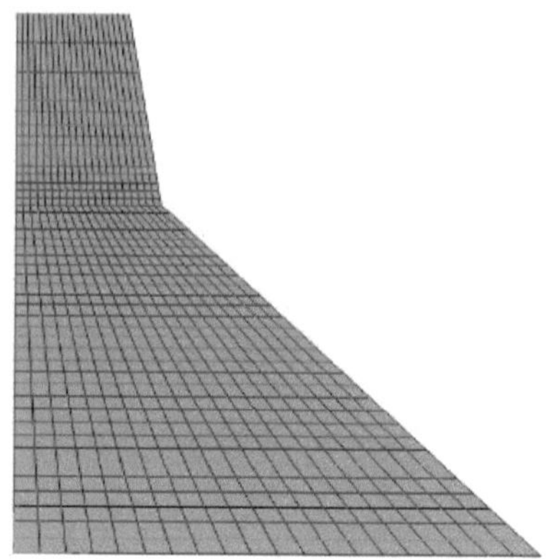

Rysunek 8-24 Siatka z elementami skończonymi w modelu zapory Koyna

8.2.2 Analiza charakterystyki drgań własnych

Plik inp jest gotowy i może być obliczony z linii poleceń. Plik inp opisany wcześniej jest plikiem inp służącym do obliczania charakterystyki drgań własnych zapory grawitacyjnej Koyna o nazwie Koyna_freq.inp. Otwórz okno dialogowe wiersza poleceń CMD, wpisz Koyna_freg.inp, gdzie znajduje się inp, gdzie jest przechowywany w D: \praca \KsiążkaABAQUS \Przykłady Trzęsienie ziemi, wybierz wiersz poleceń: zadanie ABAQUS = Koyna_freg.inp, a następnie klawisz zwrotny uruchamia program ABAQUS do obliczeń.

Znaczenie linii poleceń: ABAQUS oznacza wywołanie programu ABAQUS; zadanie podaje wartość "Koyna_freq" dla zadania w celu obliczenia nazwy roboczej, a nazwa robocza nie musi wypełniać przyrostka ".inp" pliku wejściowego; interakcja jest skrócona, po użyciu tego parametru w oknie dialogowym wiersza poleceń wyświetlany jest monit o wykonanie obliczenia ABAQUS, w przeciwnym razie w oknie dialogowym wiersza poleceń nie będzie wyświetlana zawartość podczas uruchamiania programu ABAQUS.

Program obliczeniowy najpierw uruchamia pre.exe, aby sprawdzić dane pliku inp. Jeżeli dane nie spełniają zasad ABAQUS, program zwraca komunikat o błędzie i zapisuje go do pliku "job.dat". Tutaj znajduje się "Koyna_freq.dat". Otwórz plik, aby zobaczyć podpowiedź "błąd", dokonać odpowiednich zmian i ponownie przesłać obliczenia. Jeśli nie ma problemu z danymi, to ABAQUS wprowadza program standard.exe i wykonuje odpowiednie obliczenia. W tym czasie, jeśli stopień swobody modelu jest stosunkowo duży, a czas obliczeń stosunkowo długi, dobrze jest zrobić filiżankę kawy, ciesząc się i czekając na wyniki obliczeń.

Ten przykład ma mniejszy stopień swobody i mniejszą złożoność obliczeniową, a obliczenia są wykonywane bardzo szybko. W oknie dialogowym zachęty polecenia widzimy, że liczba w następnym wierszu [Rozpoczęcie ABAQUS/Analizy statycznej] jest czasem rozpoczęcia, a czas zakończenia działania w [Koniec ABAQUS/Analizy statycznej] trwa około 3 sekund. Na końcu pliku danych Koyna_freq., jak pokazano poniżej, [Podsumowanie czasu zadania] jest szeregiem czasochłonnych wskaźników. Tutaj dbamy głównie o dwa razy, jednym z nich jest [całkowity czas CPU (s)], czyli czasochłonny procesor, który jest często używany do porównywania szybkości obliczeń; drugim jest [wallclocktime (sec)] czasu rzeczywistego, który jest ściśle związany z nami i bezpośrednio wpływa na postęp naszej pracy.

Poniżej przedstawiono model obliczeniowy, w którym przedstawiono czasochłonne informacje.

```
ANALIZA ZOSTAŁA ZAKOŃCZONA
KOMPLETNA ANALIZA
STRESZCZENIE CZASU PRACY
CZAS UŻYTKOWNIKA (W SEKUNDACH) = 0,30000
CZAS SYSTEMOWY (W SEKUNDACH) = 0. 10000
CAŁKOWITY CZAS CPU (W SEKUNDACH) = 0,40000
CZAS ZEGARA ŚCIENNEGO (SEK.)=1
```

W pliku Koyna_freq.dat zapisywane są również informacje o charakterystyce drgań własnych zapór grawitacyjnych, w tym o częstotliwości koła drgań własnych, częstotliwości drgań własnych, współczynniku udziału trybu pracy, masie efektywnej trybu pracy itp. Odpowiednie dane wynikowe mogą być ekstrahowane w razie potrzeby, jak pokazano poniżej. W tym przykładzie oblicza się tylko tryby czwartego rzędu. Podstawowa częstotliwość tamy grawitacyjnej wynosi 3,00Hz, częstotliwość drgań własnych drugiego rzędu wynosi 7,95Hz, częstotliwość trzeciego rzędu wynosi 10,85Hz, a częstotliwość czwartego rzędu wynosi 15,64Hz.

Informacje na temat charakterystyki drgań własnych zapór grawitacyjnych Koyna są następujące.

WYJŚCIE EIGNEWALUACYJNE
Tryb pracy nr EIGENVALUE FREQUENCY GENERALIZED MASS COMPOSITE MODAL DAMPING.
(RAD/CZAS) (CYKL/CZAS)
1 355.88 18.865 3.0024 8.56511E+05 0.0000
2 2497.5 49.975 7.9537 1.23782E+06 0.0000
3 4645.7 68.159 10.848 2.31401E+06 0.0000
4 9656.6 98.268 15.640 1.51474E+06 0.0000
CZYNNIKI UCZESTNICTWA
WZÓR NR X-ZALEŻNY Y-ZALEŻNY Z ZALEŻNOŚCIĄ X-ZALEŻNOŚĆ Y-ZALEŻNOŚĆ Z ZALEŻNOŚCIĄ X
1 1.8465 0.35435 0.0000 0.0000 0.0000 -135.15
2 -1.3662 -0.61088 0.0000 0.0000 0.0000 36.778
3 -0.64558 1.4506 0.0000 0.0000 0.0000 46.471

4	0.86830	0.49884	0.0000	0.0000	0.0000	0.26860
EFEKTYWNE MASY						
WZÓR NR	X-ZALEŻNY	Y-ZALEŻNY	Z ZALEŻNOŚCIĄ	X-ZALEŻNOŚĆ	Y-ZALEŻNOŚĆ	Z ZALEŻNOŚCIĄ X
1	2,92023E+06	1,07547E+05	0,0000	0,0000	0,0000	1,56437E+10
2	2.31054E+06	4.61922E+05	0.0000	0.0000	0.0000	1.67434E+09
3	9,64419E+05	4,86943E+06	0,0000	0,0000	0,0000	4,99729E+09
4	1.14202E+06	3.76934E+05	0.0000	0.0000	0.0000	1.09282E+05
RAZEM	7,33721E+06	5,81583E+06	0,0000	0,0000	0,0000	2,2315E+10

Otwierając plik ODB, można uzyskać tryby wibracji zapory grawitacyjnej. Jak pokazano na Rysunku 8-25. Współczynnik powiększenia deformacji jest regulowany do 20 razy. Podstawowe charakterystyki wibracyjne zapór grawitacyjnych mogą być badane za pomocą wykresów modalnych i dokonywana jest wstępna ocena reakcji sejsmicznej kolejnych zapór.

8.2.3 Analiza widma reakcji rozkładu trybów

Zgodnie z kodeksem projektowania sejsmicznego konstrukcji hydraulicznych do obliczenia efektu sejsmicznego wymagane jest wykorzystanie metody spektrum reakcji rozkładu modalnego. Gdy stosunek wartości bezwzględnej różnicy częstotliwości pomiędzy dwoma trybami a jedną z mniejszych częstotliwości jest mniejszy niż 0,1, do obliczenia efektu sejsmicznego należy zastosować kombinację pełnej metody pierwiastka kwadratowego. Podstawowa częstotliwość tamy grawitacyjnej Koyna wynosi 3,00Hz, częstotliwość drgań własnych drugiego rzędu wynosi 7,95Hz, trzeciego rzędu wynosi 10,85Hz, a czwartego rzędu 15,64Hz. Częstotliwość każdego z trybów wibracji jest bardzo różna, więc metoda pierwiastka kwadratowego i pierwiastka kwadratowego jest używana dla kombinacji

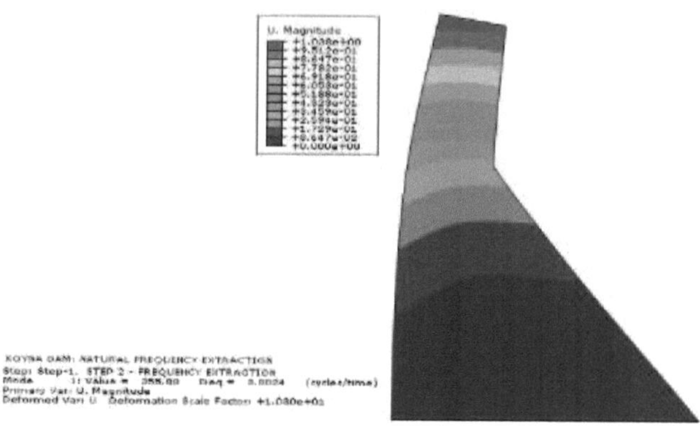

a) Tryb pierwszego zamówienia

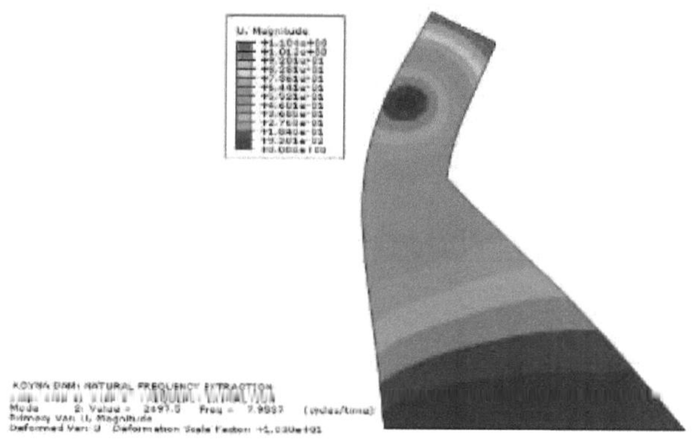

b) Tryb drugiego zamówienia

Rysunek 8-25 Schemat trybu wibracyjnego zapory grawitacyjnej

Spektrum odpowiedzi standardowego projektu pokazano na rysunkach 8-26. W przypadku zapór grawitacyjnych na podłożu skalnym,$\beta_{maks.} = 0.2$, $T_g = 0.2s$, $\beta_{min} = 0.4$.

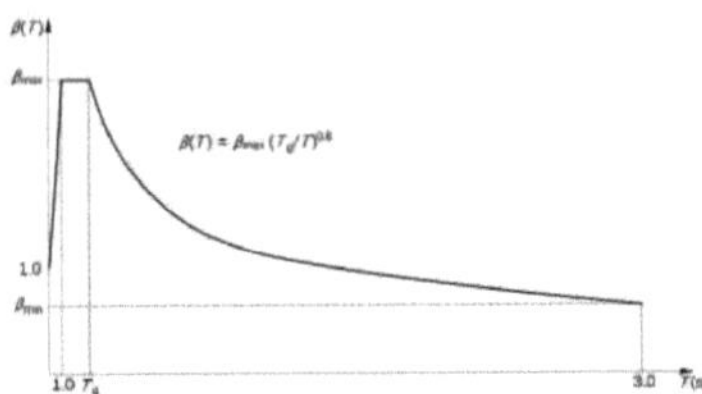

Rysunek 8-26 Standardowe projektowe spektrum reakcji

ABAQUS definiuje spektrum odpowiedzi za pomocą słowa kluczowego "*spectrum", którym może być przyspieszenie (type=acceleration), prędkość (type=velocity) lub przemieszczenie (type=displacement), gdzie stosowane jest spektrum przyspieszenia. Widmo reakcji powinno mieć nazwę "name = spec". W spektrum reakcji znajduje się plik "spec.txt", więc dane "input = spec.txt" odczytywane są bezpośrednio w "*spectrum". Formatem danych spektrum reakcji jest para danych "spectrum value, frequency", jedna para na wiersz, a wartość częstotliwości powinna być sortowana od małej do dużej.

Poniżej znajduje się format danych widma odpowiedzi.

```
0.4, 0.340136054
0.4, 0.341296928
0.400330134, 0.342465753
……..
0.402818388, 0.346020761
0.403657011, 0.347222222
……..
0.440482222, 0.401606426
0.441547047, 0.403225806
0.442618764, 0.4048583
……
0.458389267, 0.429184549
```

0.459573737, 0.431034483

0.460766403, 0.432900433

……

0.473165018, 0.452488688

0.474454297, 0.454545455

……..

0.490693146,0.480769231

0.492114074, 0.483091787

…..

0.546158182, 0.574712644

0.548050188, 0.578034682

0.549959774, 0.581395349

…….

0.624941137, 0.71942446

0.627654347, 0.724637681

0.630399199, 0.729927007

…..

0.735299844, 0.943396226

0.73949359, 0.952380952

0.743751731, 0.961538462

……

0.845435386, 1.19047619

0.851532323, 1.1204819277

0.857747936, 1.219512195

……..

2, 6.25

2, 6.666666667

2, 7.142857143

2, 7.692307692

```
2, 8.333333333
......
1.5, 20
1.4, 25
1.3, 33.33333333
1.2, 50
1.1, 100
```

W celu rozwiązania reakcji sejsmicznej struktury za pomocą metody spektrum reakcji rozkładu drgań własnych, pierwszym krokiem jest analiza charakterystyki drgań własnych struktury, a następnie rozkładanie struktury w oparciu o charakterystykę drgań własnych.

W kroku analizy słowa kluczowe "*response spectrum" służą do aktywacji metody dekompozycji trybów spektrum odpowiedzi. Istnieje metoda wartości bezwzględnych (SUM=ABS), metoda pełnych pierwiastków kwadratowych (SUM=CQC), metoda pierwiastków kwadratowych sumy kwadratowej (SUM= SRSS) i tak dalej. W tym przykładzie jest zastosowana metoda pierwiastków kwadratowych (SUM=SRSS). Poziome i pionowe wzbudzenie sejsmiczne zapory powinno być również połączone z efektem kierunkowym. Metody łączenia obejmują metodę algebraiczną (COMP=ALGEBRAIC) i metodę pierwiastków kwadratowych (COMP=SRSS). Jeżeli stosowana jest metoda algebraiczna, najpierw łączy się efekt kierunkowy, następnie przeprowadza się superpozycję trybu; jeżeli stosowana jest metoda pierwiastka kwadratowego, najpierw przeprowadza się superpozycję trybu, a następnie łączy się efekt kierunkowy. Tutaj, w celu porównania efektów sejsmicznych różnych trybów, stosowana jest metoda pierwiastka kwadratowego z sumy kwadratowej (SUM=SRSS), a kombinacja metody algebraicznej (COMP=ALGEBRAIC) i pierwiastka kwadratowego (COMP=SRSS) jest stosowana dla efektów sejsmicznych we wszystkich kierunkach. Zachowanie danych po słowie kluczowym "*response spectrum" jest "nazwa spektrum odpowiedzi, w kierunku X cosinusoidy kierunku wzbudzenia, w kierunku Y cosinusoidy kierunku wzbudzenia, w kierunku Z cosinusoidy kierunku wzbudzenia, amplituda spektrum odpowiedzi (ze względu na standardowe obliczeniowe spektrum odpowiedzi amplituda jest szczytowym przyspieszeniem trzęsienia ziemi)", a każdy rząd danych określa kierunek wzbudzenia.

Dodatkowo zdefiniowany jest współczynnik tłumienia modalnego. Używane są słowa kluczowe "*tłumienie modalne, modalne = bezpośrednie". Wówczas format wiersza danych jest "najniższa kolejność serii modalnych, najwyższa kolejność serii modalnych i współczynnik tłumienia". Tutaj przyjmuje się pierwszą do trzydziestej kolejności szeregów modalnych, współczynnik tłumienia wynosi 5 procent, a zachowanie danych wynosi "1, 30, 0,05". Wybierz pierwsze 30 trybów i użyj słowa kluczowego "*select eigenmodes". Ponieważ jest to 30 trybów pracy ciągłej, należy wykorzystać generowanie parametrów, a zachowanie danych wynosi "1, 30, 1".

Definicja standardowego projektowego spektrum odpowiedzi oraz definicja analizy spektrum odpowiedzi rozkładu modalnego w pliku inp są następujące.

```
.........
*SPECTRUM, TYP=CELERACJA, NAZWA=SPEC, INPUT=Spec.txt
*STEP
ETAP 2-FREKWENCJA WYDOBYCIA
*WYDAJNOŚĆ
30,
*END STEP
*STEP
*RESPONSE SPECTRUM, SUM=SRSS, COMP=ALGEBRAIC
SPEC, 1., 0., 0., 4.64994
SPEC, 0., 1., 0., 3.06072
*MODAL DAMPING, MODAL=DIRECT
1,30, 0.05
```

```
*WYBIERAJ POSTACI WŁASNE, GENERUJ
1, 30, 1
*END STEP
*RESPONSE SPECTRUM, SUM=STSS, COMP=SRSS
SPEC, 1., 0., 0., 4.64994
SPEC, 0., 1., 0., 3.06072
*MODALDAMING, MODAL=DIRECT
1, 30, 0.05
*WYBIERAJ POSTACI WŁASNE, GENERUJ
1, 30,1
*END STEP
```

Po przesłaniu obliczeń, wyniki są przetwarzane. Rysunek 8-27 przedstawia grupę metod pierwiastków kwadratowych efektu działania sejsmicznego dla każdego z trybów. Główna chmura naprężeń otrzymana w wyniku połączenia algebry efektu działania sejsmicznego i metody we wszystkich kierunkach występuje w dolnej krawędzi zbocza. W pobliżu pęknięcia zbocza w dół rzeki znajdują się strefy wysokiego naprężenia, powierzchnia w górę rzeki na tej samej wysokości i piętrze tamy. Rysunki 8-28 i 8-29 przedstawiają chmury odpowiednio przemieszczeń poziomych i pionowych. Maksymalne przemieszczenie występuje na szczycie zapory. Należy zauważyć, że chmura naprężeń głównych może być albo maksymalną chmurą naprężeń głównych, albo minimalną chmurą naprężeń głównych. Podobnie, chmura przemieszczeń może być dodatnia lub ujemna.

Z Rysunków 8-30~ 8-32 podano efekt każdego rzędu modalnego trzęsienia ziemi, a efekt trzęsienia ziemi w górę w celu przyjęcia metody pierwiastka kwadratowego (SRSS/SRSS) był główną chmurą naprężeń, chmurą przemieszczeń poziomych i przemieszczeń pionowych chmury, ich rozkładu i efektu trzęsienia ziemi metodą pierwiastka kwadratowego w każdym rzędzie kombinacji modalnej, algebra efektu sejsmicznego i kombinacji metod w górę (SRSS/ALGEBRAIC) wynik jest spójny, tylko w przypadku największej wartości jest inny, jest wymieniony w tabeli 8-1, widać, że wyniki SRSS/SRSS nieco mniej niż SRSS/ALGEBRAIC, różnią się o około 10 procent.

Reakcja sejsmiczna zapory obliczona metodą widma reakcji rozkładu modalnego jest wynikiem czysto dynamicznym. Reakcję sejsmiczną zapory można uzyskać jedynie poprzez nałożenie wyników analizy statycznej. W przypadku nałożenia naprężenia, składniki naprężenia statycznego i dynamicznego powinny być nakładane oddzielnie, a następnie należy obliczyć naprężenie główne. Ponadto wyniki dynamiczne należy nałożyć na wyniki statyczne, aby uzyskać chmury dodatnie i ujemne.

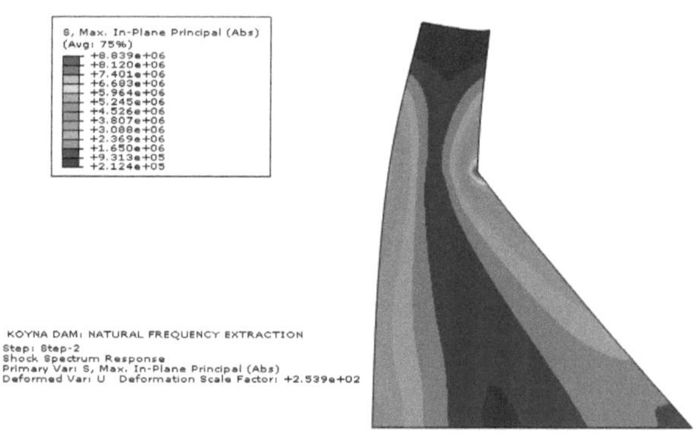

Rysunek 8-27 Chmura naprężeń głównych (SUM = SRSS, COMP = ALGEBRAIC)

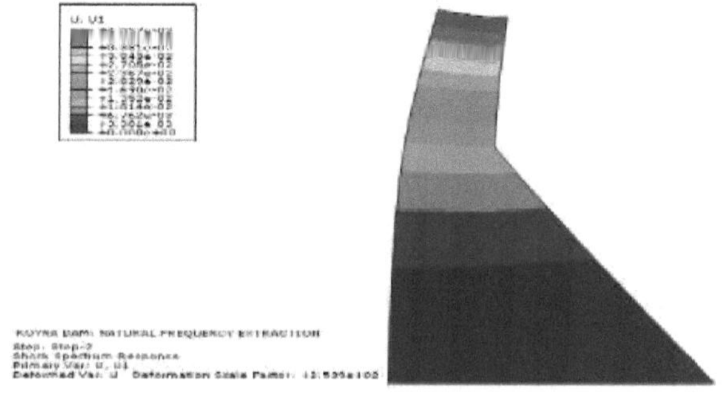

Rysunek 8-28 Chmura przemieszczeń poziomych (SUM = SRS, COMP = ALGEBRAIC)

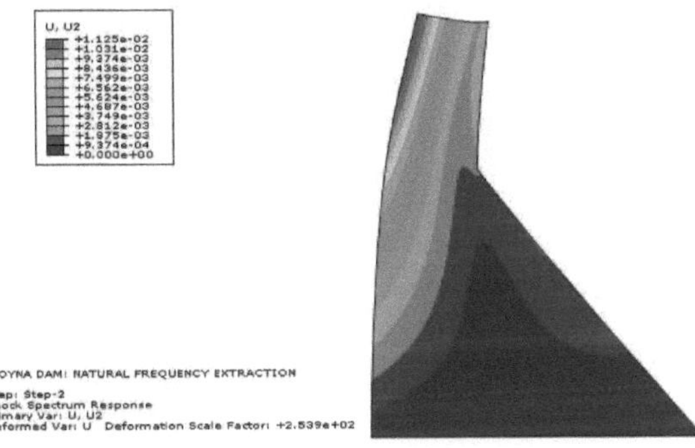

Rysunek 8-29 Chmura przemieszczeń pionowych (SUM = SRSS, COMP = ALGEBRAIC)

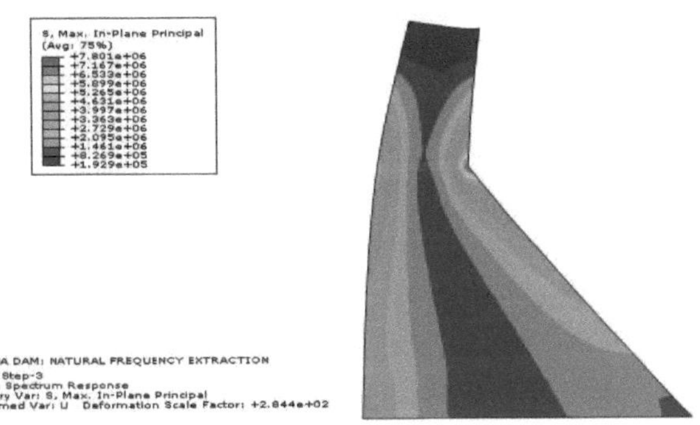

Rysunek 8-30 Chmura naprężeń głównych (SUM = SRSS, COMP = SRSS)

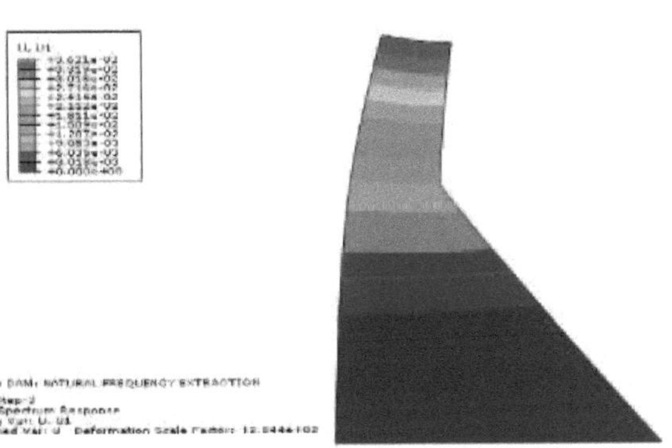

Rysunek 8-31 Chmura przemieszczeń poziomych (SUM = SRSS, COMP = SRSS)

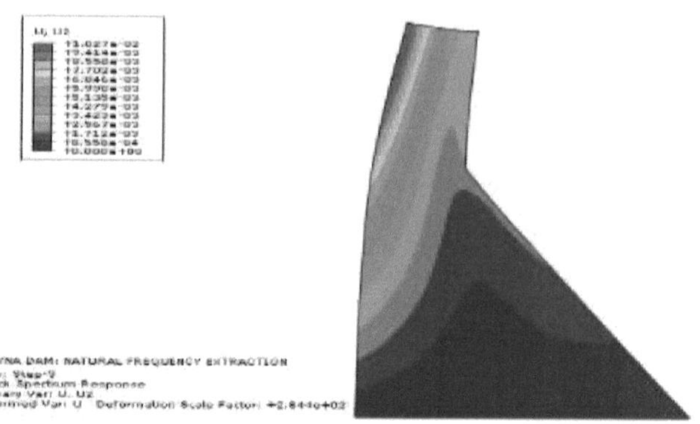

Rysunek 8-32 Chmura przemieszczeń pionowych (SUM = SRS, COMP = SRSS)

Tabela 8-1 Porównanie wyników spektroskopii odpowiedzi na rozkład trybu pracy

	Naprężenie główne (MPa)	Przemieszczenie poziome (cm)	Przemieszczenie pionowe (cm)
SRSS/ALGEBRAIC	8.84	4.06	1.13
SRSS/SRSS	7.80	3.62	1.03
Różnica	12 procent	11 procent	9 procent

8.2.4 Analiza czasowo-historyczna reakcji

8.2.4.1 Analiza liniowo elastycznych warunków pracy materiału

Historia czasowa przyspieszeń sejsmicznych zastosowanych na fundamencie zapory bezpośrednio powoduje jej wibracje, a reakcja zapory jest rozwiązywana metodą integracji krokowej. Biorąc pod uwagę poziome i pionowe działanie sejsmiczne, historia czasu aktywności sejsmicznej zarejestrowana przez zaporę Koyna w 1976 r. jest taka, jak pokazano na rysunkach 8-33. Szczytowe przyspieszenie poziomych i pionowych trzęsień ziemi wynosi odpowiednio 0,474 g i 0,312 g. Biorąc pod uwagę, że współczynnik tłumienia tamy grawitacyjnej wynosi 5 procent, częstotliwość kołowa pierwszego trybu tamy grawitacyjnej wynosi 18,865 rad/s, współczynnik tłumienia Rayleigh'a wynosi $\beta = 2\xi_1/\omega_1$ i $\beta = 0.005929$.

Zmodyfikuj plik wejściowy obliczeń Koyna _freq inp, pod materiałem i modułem materiałowym, zwiększ tłumienie, beta = 0,005929, określ materiał Współczynnik tłumienia Rayleigh'a. Amplituda, nazwa=hamp, wejście = koyna _haccel. Wejście oznacza nazwę krzywej zakresu czasowego, czyli hamp. Dane krzywej zakresu czasowego są odczytywane z danych w pliku koyna accel. inp poprzez polecenie wejściowe. *format danych krzywej czasowej zdefiniowanej przez amplitudę wymaga 8 cyfr na wiersz (4 pary, każda para zawiera czas i amplitudę), jak pokazano w tabeli 8-2.

Następnie zdefiniuj krok analizy. Po pierwsze, stosuje się grawitację tamy, w drugim kroku stosuje się ciśnienie wody w górnym biegu rzeki, a w trzecim kroku działanie sejsmiczne. Krok analizy jest aktywowany za pomocą *słowa kluczowego etapu, a analiza statyczna jest aktywowana za pomocą *słowa kluczowego statycznego. Jego linie danych 1.0E-10, 1.0E-10 wskazują krok przyrostowy i całkowity czas analizy statycznej. Słowo kluczowe *Dload stosuje siłę fizyczną lub siłę powierzchniową, a typ obciążenia jest określany przez kolejne parametry wiersza danych. Dam, grav, 9.81, 0, -1 oznacza tutaj, że grupa jednostek "dam" stosuje obciążenie grawitacyjne "grav", przyspieszenie grawitacyjne wynosi 9.81, a wektor kierunku przyspieszenia grawitacyjnego wynosi (0, -1). Wypełnij krok analizy zastosowania wagi własnej, a następnie kontroluj liczbę wyników, "*wyjście, pole, freq = 1", w którym słowo kluczowe *wyjście reprezentuje dane wyjściowe do pliku wynikowego ODB, jego pole parametrów reprezentuje dane wyjściowe, a freq = n reprezentuje dane wyjściowe jednego wyniku na każdy *n* krok, gdzie jest równe 1, wtedy każdy krok jest wyjściowy. Słowo kluczowe "*element output" steruje wyjściem zmiennych wyjściowych w oparciu o jednostkę, a następnie linie danych wypełniają wymagane zmienne wyjściowe, gdzie wymagane jest wyjściowe naprężenie i odkształcenie "S, E". Slowo kluczowe "*wyjście z węzla" kontroluje dane wyjściowe zmiennych pól opartych na węzlach, co wymaga danych wyjściowych z pola przemieszczenia "U". "Krok końcowy" oznacza koniec etapu analizy.

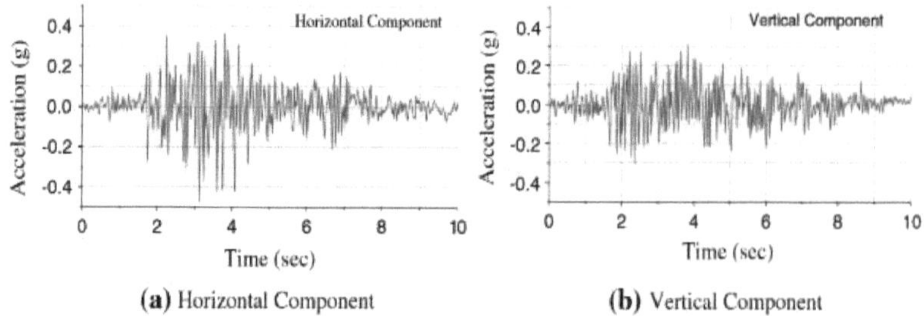

Rysunek 8-33 Zapis historii sejsmicznej tamy Koyna

Tabela 8-2 Definicja amplitudy format danych krzywej historycznej w czasie

Czas	Amplituda	Czas	Amplituda	Czas	Amplituda	Czas	Amplituda
0.00	0.00000	0.01	0.01265	0.02	0.01199	0.03	0.01133
0.04	0.01067	0.05	0.00981	0.06	0.00239	0.07	-0.00502
0.08	-0.01243	0.09	-0.01889	0.10	-0.01044	0.11	0.00502
0.12	0.00647	0.13	0.00088	0.14	-0.01488	0.15	0.02886

Drugi krok *step wywiera ciśnienie wody, co jest również analizą statyczną *statyczną. Przyrost czasu i całkowita długość czasu są również ustawione na 1.0E-10, 1.0E-10. Ciśnienie wody jest siłą powierzchniową i jest również stosowane za pomocą słów kluczowych *Dload. Linia danych po *dload "wdam, hp4, 900067.6, 91.75, 0" oznacza, że grupa jednostek, w której znajduje się powierzchnia naprężenia to "wdam", "hp4" oznacza, że strona p4 jednostki jest poddawana ciśnieniu hydrostatycznemu, "900067.6, 91.75, 0" oznacza, że ciśnienie wody przy współrzędnej y 0 wynosi 900067.6 Pa, a przy współrzędnej y 91.75 wynosi 0. Jeżeli wyjście jest kontrolowane w tym kroku analizy, przyjęty zostanie schemat sterowania z poprzedniego kroku.

Trzeci krok "*step, inc = 2000" ma działanie sejsmiczne. Parametr inc jest całkowitą liczbą kroków inkrementalnych dozwoloną w tym kroku analizy, nie ustawia się inc, system domyślnie na 100. Analiza historii czasu sejsmicznej jest przeprowadzana w tym miejscu. Dynamiczna analiza historii czasu jest aktywowana przez "*dynamiczną" w 2000 roku. Kolejne linie danych "* 0.02, 10.0, 1E15, 0.02" wskazują, że początkowa przyrostowa długość kroku wynosi 0.02, całkowity czas obliczeń wynosi 10.0, a minimalna dopuszczalna długość kroku wynosi 1E-15, maksymalna dopuszczalna wielkość kroku wynosi 0.02. Wejście działania sejsmicznego jest określone przez warunki brzegowe, parametr "*boundary, type= acceleration, amplitude= hamp" type= acceleration reprezentuje warunki brzegowe przyspieszenia. Czas trwania przyspieszenia jest historyczną krzywą czasową o nazwie hamp, która została zdefiniowana przez amplitudę w sekcji modelu. Następujący wiersz danych "nbase, 1, 1, 9.81" wskazuje, że granica przyspieszenia jest zastosowana do grupy węzłów nbase. Kierunek przyspieszenia wynosi 1 (tzn. kierunek X), a amplituda 9,81. Podobnie, zdefiniowane jest działanie sejsmiczne w kierunku Y, co nie jest tutaj omawiane. Wyjście wyniku również dziedziczy poprzedni krok, nie ma tu żadnych ustawień. Na koniec, każdy krok analizy musi kończyć się na "*end step". Zmodyfikowany plik inp pokazany poniżej nosi nazwę Koyna _elastic.inp.

Uwaga: Rzeczywiste przyspieszenie szczytowe jest 9,81 razy większe od wartości szczytowej krzywej historii czasu. Jednostką przyspieszenia jest międzynarodowa jednostka standardowa m, s, kg, tak aby uniknąć błędów wynikających z przeliczania jednostek.

Analiza czasu trwania trzęsienia ziemi (liniowa sprężystość betonu) w pliku jest następująca.

```
* MATERIAŁ, NAZWA BETONU
* ELASTYCZNY
3. 1027E + 10, 0. 2
* GĘSTOŚĆ
 2643.0
*DAMPING, BETA = 0. 005929
* BOUNDARY
NBASE, 1, 2
* AMPLITUDE, NAME = HAMP, INPUT=koyna_haccel.inp
* AMPLITUDE. NAME = VAMP, INPUT = koyna _accel.inp
**
*STEP NLGEOM. UNSYMM = YES
KROK 1 - OBCIĄŻENIE GRAWITACYJNE
*STATYKA
1. 0E-10, 1. 0E-10
*DLOAD
DAM, GRAV. 9. 81. 0. -1
* OUTPUT, FIELD, VARIABLE = PRESELECT, FREQ = 10
*WYJŚCIE Z ELEMENTU
S, PE, LE, PEEQ, PEEQT, DAMAGEC, DAMAGET, SDEG
*WYJŚCIE, HISTORIA, ZMIENNA = PRESELEKCJA, FREQ = 1
 * WYJŚCIE ELEMENTU ELSET = EOUT
SP1
*NODE OUTPUT, NSET NOUT
U
*END STEP
**
*STEP, NLGEOM, UNSYMM = TAK
STOPIEŃ 2 - OBCIĄŻENIE HYDROSTATYCZNE
* STATYKA
1.0E-10, 1. 0E-10
```

```
* DLOAD
WDAM, HP4. 900067 6 91. 75. 0
* END STEP
**
* STEP INC = 2000, NLGEOM, UNSYMM = TAK
KROK 3 - TRZĘSIENIE ZIEMI
* DYNAMIKA. HAFTOL = 1. 0E7
0.02, 10.0, 1E-15, 0. 02
*KONTROLUJE PARAMETRY = POLE
1. E-5
* TYP GRANICZNY = PRZYSPIESZENIE, AMPLITUDA = HAMULEC
1, 1, 9.81
* TYP GRANICZNY = AMPLITUDA PRZYSPIESZENIA = WAMPIR
NBASE. 2. 2. 9. 81
* * * ANALIZA KONTROLI = NIECIĄGŁA
*END STEP
```

Użyj okna dialogowego wiersza poleceń do wprowadzenia folderu, w którym znajduje się Koyna elastyczna inp i wprowadź polecenie "ABAQUS job= Koyna_elastic inter" do obliczeń.

Obliczenia są zakończone, a wyniki uporządkowane. Przemieszczenie grzbietu zapory i rozkład naprężeń w korpusie zapory są bardzo ważne dla konstruktorów zapór. Otwórz plik wyników obliczeń Koyna_elastic. odb z cae, odczytaj historię czasu przemieszczenia węzła grzebienia tamy i powierzchni fundamentu tamy z utworzeniem funkcji danych XY jak pokazano na Rysunku 8-34 i uzyskaj bezwzględną krzywą historii czasu przemieszczenia pokazaną na Rysunku 8-35. Potrzebujemy przemieszczenia względnego, czyli przemieszczenia grzbietu tamy względem powierzchni fundamentu tamy. Użyj danych XY tworzenia danych XY do przetworzenia historii czasu przemieszczenia i zrób to w oknie dialogowym obsługi danych XY. "“U: U1PI: CZĘŚĆ 1-1 N: 3802" "U: U1PI PART-1-1N:1" operacja, tzn. odjęcie bezwzględnej historii czasu przemieszczenia fundamentu tamy od bezwzględnej historii czasu przemieszczenia grzbietu tamy, otrzymujemy względną historię czasu przemieszczenia grzbietu tamy w stosunku do powierzchni fundamentu tamy, a względna historia czasu przemieszczenia grzbietu tamy jest zapisywana w danych XY-1, jak pokazano na Rysunkach 8-36~8-38 to pozioma i pionowa historia przemieszczenia grzbietu tamy pod działaniem grawitacji, ciśnienia wody i trzęsienia ziemi. Maksymalne przemieszczenie poziome wynosi 33 mm (w dół) i 30 mm (w górę), natomiast maksymalne przemieszczenie pionowe wynosi 5 mm (w górę) i 11 mm (w dół).

Dla pola naprężeń korpusu tamy możemy łatwo uzyskać rozkład naprężeń w każdym momencie, ale dla procesu trzęsienia ziemi rozkład naprężeń w każdym momencie sam w sobie nie jest w stanie ocenić bezpieczeństwa korpusu tamy. W analizie sprężystości liniowej materiału chmura naprężeń korpusu tamy jest często wykorzystywana do oceny bezpieczeństwa wytrzymałościowego korpusu tamy, tzn. do znalezienia ekstremum każdego położenia i każdego momentu korpusu tamy, a następnie do narysowania mapy rozkładu ekstremum naprężeń (zwanej również mapą chmury naprężeń).

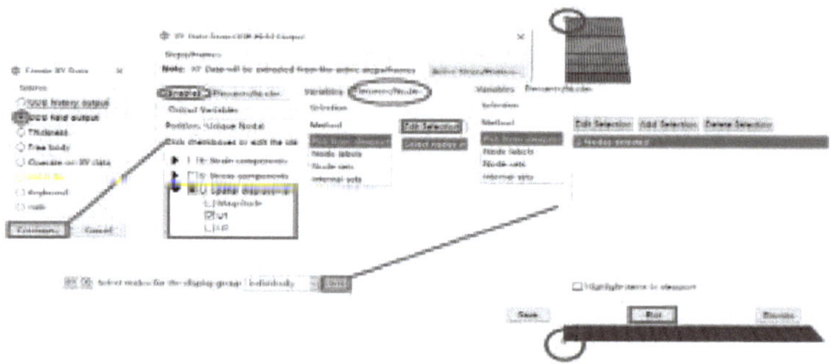

Rysunek 8-34 Odczytywanie przemieszczenia węzłowego historia czasowa korony i fundamentu tamy

Czasami konieczne jest podanie maksymalnej i minimalnej chmury głównych naprężeń. Można użyć funkcji menu raportu do wyprowadzenia wyników, a następnie zostać przetworzonym przez oprogramowanie innych firm. W niniejszym opracowaniu przedstawiono metodę realizacji w programie ABAQUS. Wybierz polecenie [Narzędzia]/[Utwórz wyjście pola]/[Z ramek] lub kliknij w obszarze narzędzi. W oknie dialogowym wybierz polecenie [Znajdź maksymalną wartość ramek ogólnych] po prawej stronie operacji, kliknij zielony plus w lewym dolnym rogu okna dialogowego, kliknij polecenie [Wybierz wszystkie] w oknie dialogowym dodawania ramek, wybierz wszystkie ramki z kroku 3 analizy sejsmicznej i potwierdź. Wróć do okna dialogowego tworzenia danych wyjściowych z ram, zaznacz opcję Tylko naprężenie S i wybierz jako zmienną operacyjną maks. mocowanie w płaszczyźnie dla prawego komponentu, a następnie wyjdź po potwierdzeniu. Zauważ, czy inv/comp po S staje się Max. główny w płaszczyźnie, a następnie kliknij [Ok], jak pokazano na rysunku 8-39 (generowanie maksymalnej chmury naprężeń głównych).

Następnie, w celu wyświetlenia mapy maksymalnego rozkładu naprężeń głównych, w wynikowym menu, należy otworzyć okno dialogowe krok/ramka, wybrać maksymalną wartość dla wszystkich zaznaczonych ramek w kroku przekroju, a następnie przejść do wyjścia pola, aby wybrać wariant wyświetlany jako Max.In-plan Principal. Następnie na ekranie wyświetlana jest mapa chmury głównych naprężeń maksymalnych, jak pokazano na Rysunku 8-40. Podobnie można uzyskać minimalną chmurę naprężeń głównych, jak pokazano na Rysunku 8-41.

Aby uzyskać maksymalny wynik koperty do pliku tekstowego, można go uzyskać za pomocą polecenia [Report]/[Field Output]. Jak pokazano na Rysunku 8-42, maksymalna wartość chmury naprężeń głównych wszystkich węzłów korpusu zapory jest wyprowadzana do pliku S_max.txt.

W zależności od potrzeby można również zbadać zmianę maksymalnej chmury naprężeń głównych wzdłuż powierzchni fundamentu. Zgodnie z rozdziałem 1 (przykład 1.5.1), ścieżka 1 jest generowana przez menu narzędzi, a następnie realizowana przez [XY-Data]/[Create]. Rozkład maksymalnej chmury naprężeń głównych wzdłuż powierzchni fundamentu uzyskuje się w sposób pokazany na rysunku 8-43. Źródłem współrzędnych poprzecznych jest piętno tamy. Widać, że podczas trzęsienia ziemi maksymalne naprężenie główne w pobliżu przechyłu tamy wyniosło około 3,5 MPa.

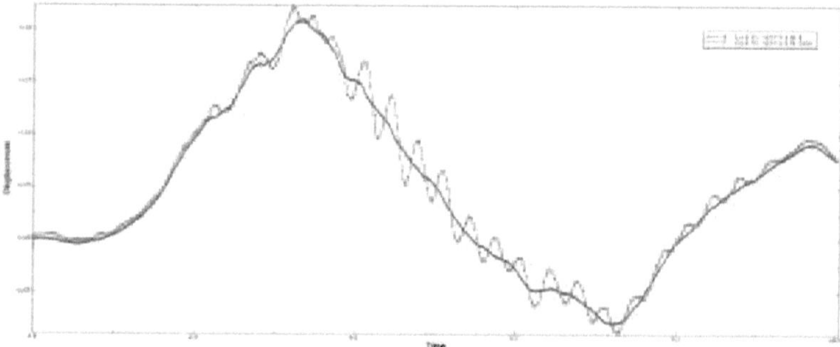

Rysunek 8-35 Bezwzględna historia czasu przemieszczenia grzebienia tamy i fundamentu tamy (Węzeł fundamentowy N:1-dam, węzeł herbowy N:3801-dam)

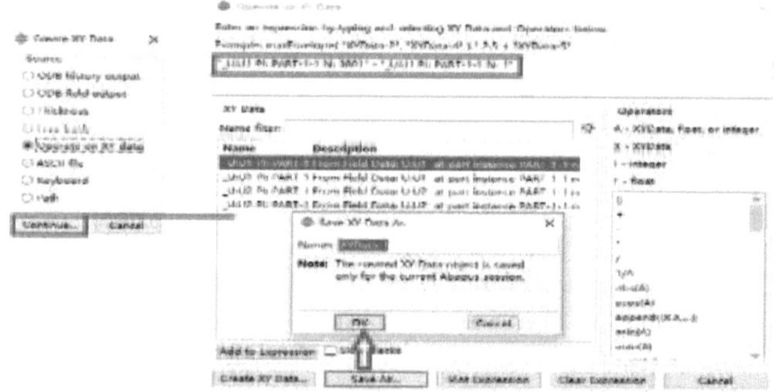

Rysunek 8-36 Obliczanie historii względnego czasu przemieszczenia grzbietu tamy

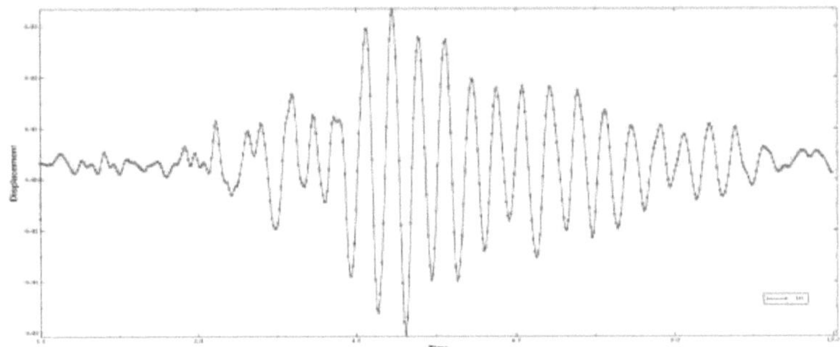

Rysunek 8-37 Krzywa czasowo-historyczna względnego przemieszczenia w kierunku X
statycznego i dynamicznego nałożonego korony tamy

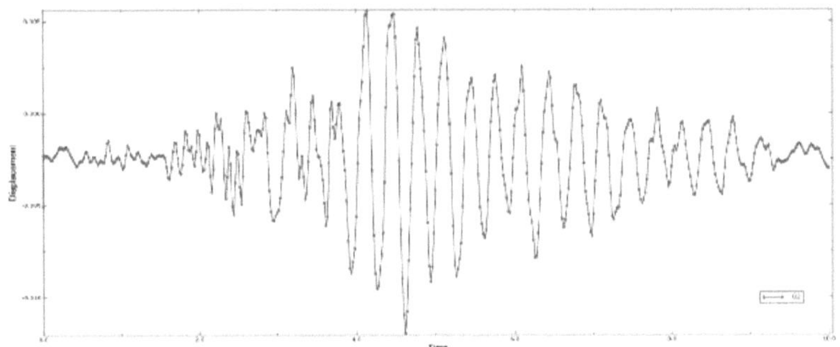

Rysunek 8-38 Krzywa czasowo-historyczna kierunku Y względne przemieszczenie statycznego i dynamicznego nałożonego na siebie grzbietu tamy

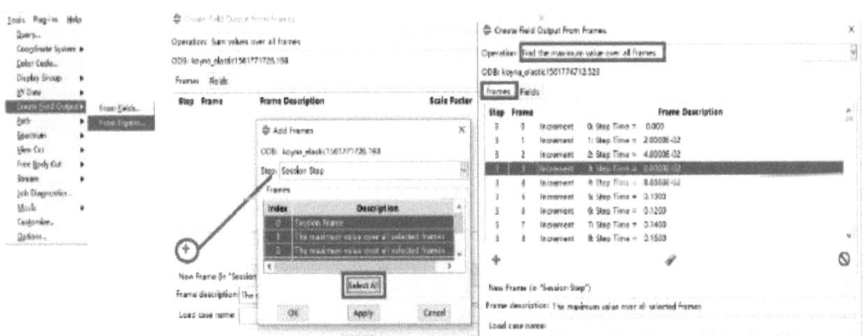

a) Etap analizy w celu znalezienia najlepszego zestawu wartości

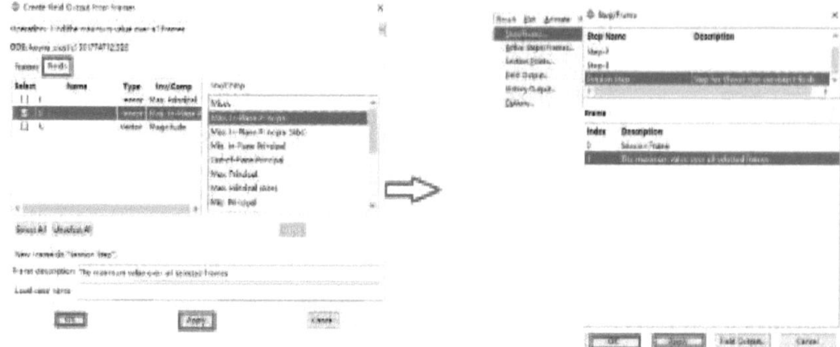

(b) Najlepsza wartość dla dokonania wyboru

Rysunek 8-39 Generowanie maksymalnej chmury naprężeń głównych

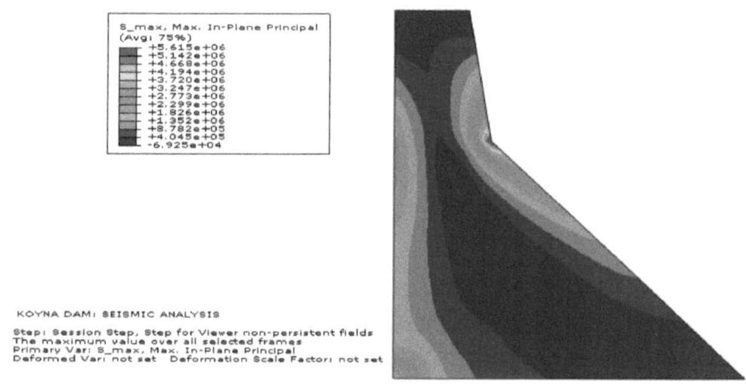

Rysunek 8-40 Maksymalna chmura naprężeń głównych

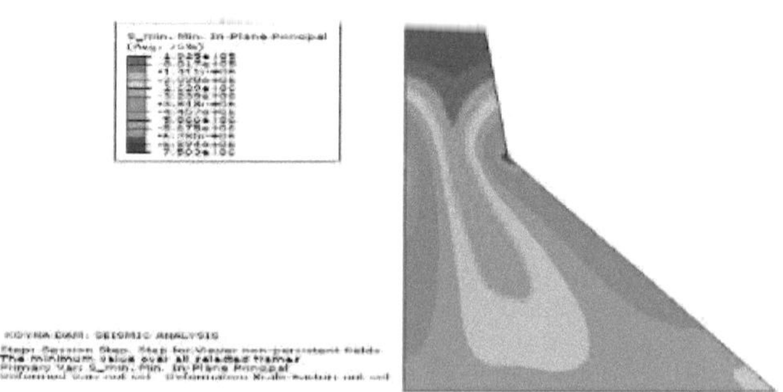

Rysunek 8-41 minimalnych naprężeń głównych

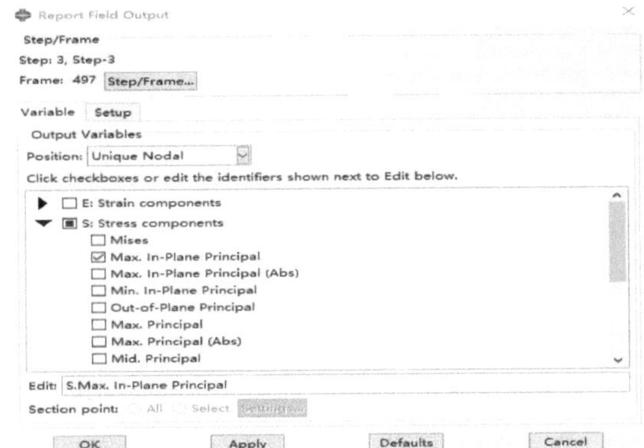

Rysunek 8-42 Maksymalna moc wyjściowa
główne naprężenie węzła do pliku tekstowego

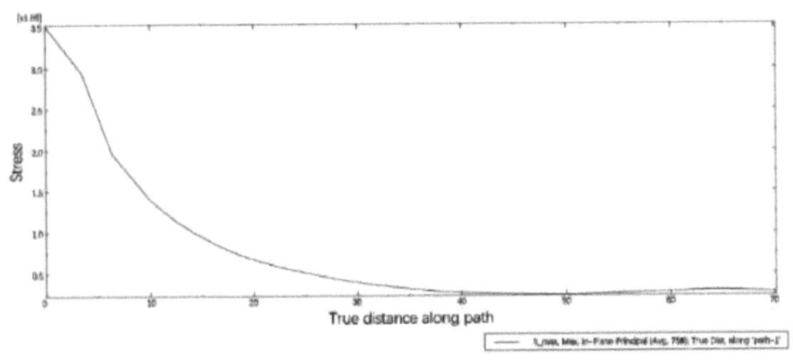

Rysunek 8-43 maksimum
główna chmura naprężeń na powierzchni fundamentu

8.2.4.2 Materialna nieliniowa analiza stanu pracy

W analizie sprężystości liniowej materiału, beton jest uważany za materiał liniowo elastyczny. W obliczeniach stwierdzono, że przechylenie tamy i związane z nim pęknięcie generują duże główne naprężenia rozciągające, które mogą powodować uszkodzenia i pękanie. W związku z tym przeprowadza się nieliniową analizę historii czasowej zapory. W tym przypadku do symulacji uszkodzeń i pęknięć zapór w przypadku silnych trzęsień ziemi stosuje się model zniszczenia plastycznego.

Model uszkodzenia plastycznego betonu jest w dokumentacji ABAQUS nazywany modelem uszkodzenia plastycznego betonu. Jest on odpowiedni do analizy betonu i innych materiałów quasi-kruchych. Wykorzystuje on izotropowe uszkodzenia sprężyste w połączeniu z izotropową plastycznością przy rozciąganiu i ściskaniu, aby scharakteryzować nieliniowe zachowanie betonu. Może być stosowany do betonu poddanego monotonicznemu, cyklicznemu i dynamicznemu obciążeniu pod niskim ciśnieniem ograniczającym. Model ten oparty jest na modelu betonu z ciągłym uszkodzeniem plastycznym, zakładającym dwa mechanizmy zniszczenia betonu: pękanie przy rozciąganiu i uszkodzenie przy ściskaniu oraz wykorzystanie dwóch skalarnych współczynników uszkodzenia do opisu stanu uszkodzenia betonu odpowiednio przy rozciąganiu i ściskaniu. W celu wyprowadzenia specyficznego wzoru modelu należy zapoznać się z instrukcją obsługi ABAQUS, która nie została specjalnie wprowadzona w tej książce.

W Koyna_ elastic. inp, tylko parametry materiału muszą być modyfikowane, aby zmienić liniowo elastyczny materiał na model uszkodzenia plastycznego. Inne pozostają bez zmian, tzn. warunki brzegowe, tłumienie materiału, warunki obciążenia i tryb pracy są zgodne z analizą sprężystości liniowej i są zapisywane jako uszkodzenia Koyna_ inp.

Krzywa zależności naprężenie-odkształcenie przy ściskaniu betonu jest pokazana na Rysunku 8-44. Początkowa granica plastyczności przy ściskaniu wynosi 13,0MPa, a ostateczna wytrzymałość na ściskanie 24,1MPa. Zależność konstytutywna zmiękczania przy rozciąganiu oraz krzywą współczynnika uszkodzenia przy rozciąganiu betonu przedstawiono na rysunkach 8-45 i 8-46, wytrzymałość na rozciąganie wynosi 2,9MPa, a kąt rozciągania betonu 36,31.°.

Te parametry materiałowe są ustawione w pliku inp, jak pokazano poniżej. Moduł sprężystości, stosunek Poissona, gęstość i parametry tłumienia są zgodne z parametrami materiałów liniowo elastycznych i nie wymagają modyfikacji. Kąt rozszerzalności betonu jest określony słowem kluczowym "plastyczność uszkodzonego betonu". "*Hartowanie betonu na ściskanie" służy do określenia zachowania się betonu przy ściskaniu. Poniższy format danych określa zachowanie betonu przy ściskaniu to "naprężenie ściskające, odkształcenie nieelastyczne". Pierwszy wiersz 13,0E+6, 0,0 reprezentuje naprężenie ściskające 13,0MPa, odpowiednie odkształcenie nieelastyczne wynosi 0, drugi wiersz 24,1E+6, 0,001 reprezentuje naprężenie ściskające 24,1MPa, a odpowiednie odkształcenie nieelastyczne wynosi 0,001. Następnie, jeśli odkształcenie nieelastyczne wzrośnie, naprężenie ściskające utrzyma się na poziomie 24,1MPa. W przypadku działania trzęsienia ziemi poziom naprężenia ściskającego zapory często nie może osiągnąć wytrzymałości betonu na ściskanie, dlatego w analizie sejsmicznej zapór z betonu ogólnego uwzględnia się jedynie pęknięcia betonu w wyniku zniszczenia rozciągającego, natomiast zniszczenia ściskające są pomijane. Definicja współczynników zmiękczenia przy rozciąganiu betonu i jego uszkodzenia opiera się na słowach kluczowych "*usztywnienie betonu przy rozciąganiu" i "*uszkodzenie betonu przy rozciąganiu". Definicję odkształcenia rozciągającego-zmiękczającego można podzielić na dwie kategorie: odkształcenie pękające i przemieszczenie pękające. Odpowiednio po słowach kluczowych "*usztywnienie przy rozciąganiu betonu" i "*uszkodzenie przy rozciąganiu betonu" dodać "typ=odkształcenie" lub "typ=przemieszczenie".

Parametry materiałowe modelu uszkodzenia tworzywa sztucznego w pliku inp są następujące.

```
......
*MATERIAŁ, NAZWA=BETON
*ELASTYCZNY
3.1027E+10, 0.2
```

```
*DENSITY
2643.0
*DAMPING, BETA=0,00323
*CONCRETE DAMAGED PLASTICITY
36.31
*TWARDNIENIE ŚCISKANE BETONU
13.0E+6, 0.0
24.1E+6, 0.001
*BETONOWE USZTYWNIENIE NACIĄGU, TYP=PRZEMIESZCZENIE
2.9E+6, 0
1.94393E+6,       0.000066185
1.30305E+6,                0.00012286
0.873463E+6, 0.000173427
0.5855E+6, 0.00022019
0.392472E+6, 0.000264718
0.263082E+6, 0.000308088
0.176349E+6, 0.00035105
0.11821E+6, 0.000394138
0.0792388E+6, 0.000437744
0.0531154E+6, 0.000482165
*CONCRETE TENSION DAMAGE, TYPE=DISPLACEMENT
0,0
0.381217, 0.000066185
0.617107, 0.00012286
0.762072, 0.000173427
0.853393, 0.00022019
0.909282, 0.000264718
0.943865, 0.000308088
0.965265, 0.00035105
0.978506, 0.000394138
0.9867, 0.000437744
0.99177, 0.000482165
```

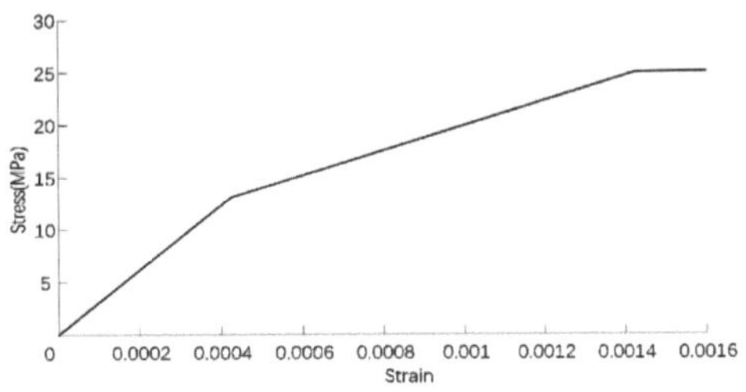

Rysunek 8-44 Ściskanie krzywa naprężenie-odkształcenie betonu

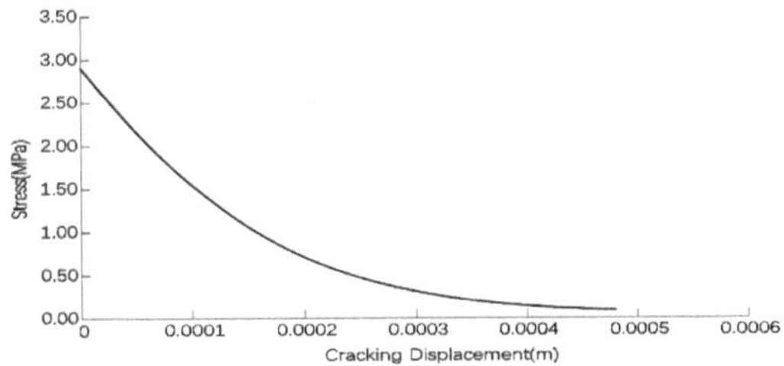

Rysunek 8-45 Pęknięcia przy rozciąganiu krzywa przesunięcia betonu

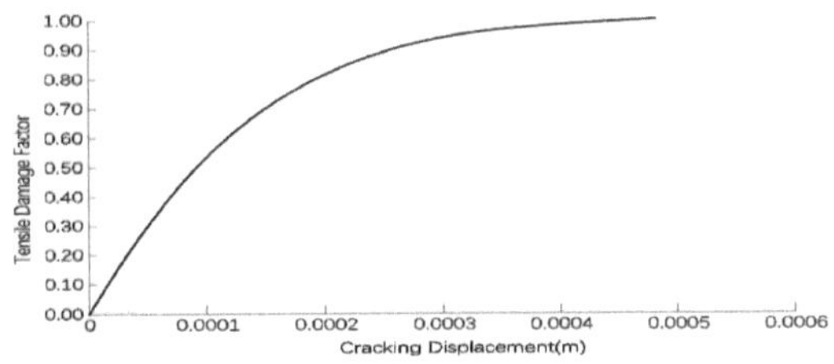

Rysunek 8-46 Krzywa przesunięcia pęknięć współczynnika uszkodzenia betonu przy rozciąganiu

Jeżeli do opisu właściwości betonu w zakresie rozciągania i zmiękczania stosuje się naprężenie pękające, należy najpierw zdefiniować definicję naprężenia pękającego. Jak pokazano na rysunku 8-47, odkształcenie powodujące pękanie $\varepsilon_t^{\sim ck}$ definiuje się jako odkształcenie całkowite minus odkształcenie sprężyste odpowiednich materiałów nieniszczących, to znaczy, $\varepsilon_t^{\sim ck} = \varepsilon_t\text{-}\varepsilon_{0t}^{el}$, $\varepsilon_{0t}^{el} = \sigma_t/E_0$.

W celu zapewnienia zbieżności obliczeń numerycznych, minimalne naprężenie rozciągające w przekroju zmiękczającym wynosi nie mniej niż 1/100 początkowej wytrzymałości na rozciąganie. Następnie zgodnie z krzywą naprężenie-odkształcenie betonu, pod hasłem "**usztywnienie betonu przy rozciąganiu, typ=odkształcenie", można zdefiniować zachowanie betonu w stanie mięknięcia przy rozciąganiu według formatu "naprężenie, odkształcenie przy pękaniu", a wartości naprężeń układa się w porządku malejącym. Odpowiednio, definiowana jest krzywa odkształcenia przy pękaniu dla współczynnika uszkodzenia. Pod słowami kluczowymi "**usterka betonu przy rozciąganiu, typ=odkształcenie" wartości współczynnika uszkodzenia są ułożone w porządku rosnącym według formatu "współczynnik uszkodzenia, odkształcenie przy pękaniu". W celu sprawdzenia, czy definicja krzywej odkształcenia pękającego współczynnika uszkodzenia jest uzasadniona, stosuje się wzór$\tilde{\varepsilon}_t^{pl} = \tilde{\varepsilon}_t^{ck} - \frac{d_t}{(1-d_t)}\frac{\sigma_t}{E_0}$ jest używany. Przy obliczaniu odkształcenia plastycznego, jeżeli odkształcenie plastyczne staje się ujemne lub maleje wraz ze wzrostem odkształcenia powodującego pękanie, definicja krzywej odkształcenia powodującego pękanie współczynnika uszkodzenia jest błędna. Obliczenia ABAQUS będą błędne i nie mogą być wykonane. Zdefiniowanie właściwości mięknięcia betonu przez naprężenie pękające prowadzi do problemu wrażliwości siatki na rozciąganie.

Poprzez wprowadzenie pojęcia energii pękania i zdefiniowanie charakterystyki mięknięcia betonu przy rozciąganiu poprzez krzywą przemieszczenia naprężenie-pęknięcie, można rozwiązać problem wrażliwości siatki na pęknięcia. Krzywą przemieszczenia pęknięcia pod wpływem naprężeń przedstawiono na rys. 8-48. Obszar zamknięty przez krzywą i oś współrzędnych jest równy energii kruchego pękania betonu. Pod słowami kluczowymi "** usztywnienie betonu przy rozciąganiu, typ= przemieszczenie" można zdefiniować przebieg zmiękczania betonu przy rozciąganiu zgodnie z formatem "naprężenie, przemieszczenie przy pęknięciu", a wartości naprężeń ułożone są w kolejności malejącej. Odpowiednio zdefiniowana jest krzywa przemieszczenia przy pękaniu współczynnika uszkodzenia. Pod słowami kluczowymi "**uzyskanie betonu przy rozciąganiu, typ= przemieszczenie" wartości współczynnika uszkodzenia układane są w kolejności rosnącej według formatu "współczynnik uszkodzenia, przemieszczenie przy pękaniu". Konieczne jest również sprawdzenie, czy krzywa przemieszczenia pękającego współczynnika uszkodzenia jest uzasadniona. Przemieszczenie tworzywa sztucznego oblicza się w następujący sposób $u_t^{pl} = u_t^{ck} - \frac{d_t}{(1-d_t)} \frac{\sigma_t l_0}{E_0}$ w którym $l_0 = 1$. Jeśli przemieszczenie tworzywa sztucznego wzrasta wraz ze wzrostem przemieszczenia pęknięć i jest dodatnie, to jest to uzasadnione. W przeciwnym razie obliczenia ABAQUS będą błędne i trzeba będzie je korygować do momentu spełnienia wymagań.

Wyporność na pękanie jest wykorzystywana do określenia charakterystyki mięknięcia betonu przy rozciąganiu. Krzywą przemieszczenia z powodu pękania przy naprężeniu oraz krzywą przemieszczenia z powodu współczynnika uszkodzenia przedstawiono odpowiednio na rysunkach 8-45 i 8-46. Szczegółowa definicja w pliku inp została pokazana wcześniej.

Dodatkowo, wyjściowe naprężenie S, odkształcenie plastyczne PE, równoważne odkształcenie plastyczne PEEQ, współczynnik uszkodzenia przy rozciąganiu DAMAGET, współczynnik uszkodzenia przy ściskaniu DAMAGEC oraz przemieszczenie U każdego węzła należy odpowiednio zmodyfikować, jak pokazano w kontroli wyjściowej w pliku analizy uszkodzeń inp poniżej.

```
...........
*OUTPUT, FIELD, FREQ=1
*WYJŚCIE Z ELEMENTU
S, PE, PEEQ, DAMAGET, DAMAGEC
*NIEJSZY WYJŚCIE
U
..........
```

Użyj linii poleceń "Abaqus job = Koyna _ damage interaction", aby uruchomić obliczenia. Po zakończeniu obliczeń, wynik jest przetwarzany.

Rysunek 8-49 przedstawia proces ewolucji czynnika niszczącego naprężenie tamy Koyna w procesie trzęsienia ziemi. Po pierwsze, uszkodzenie występuje przy pięcie tamy i górnym pęknięciu korpusu dolnej części tamy. Wraz z procesem trzęsienia ziemi rozwija się uszkodzenie korpusu tamy, a uszkodzenie przy zerwaniu rozciąga się na powierzchnię w górę rzeki. W końcu, niemalże przechodzi przez cały odcinek.

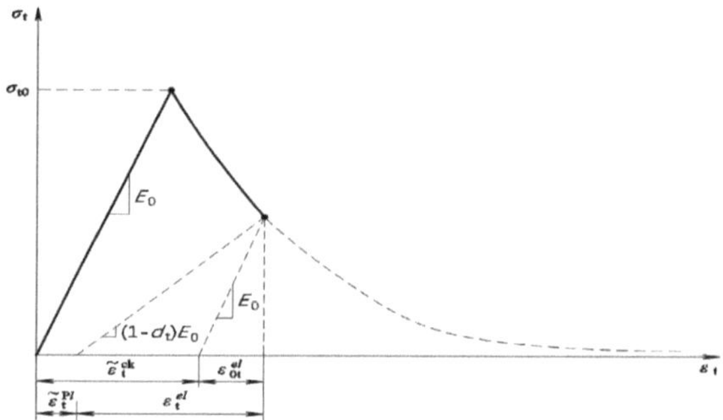

Rysunek 8-47 Definicja naprężenia powodującego pękanie

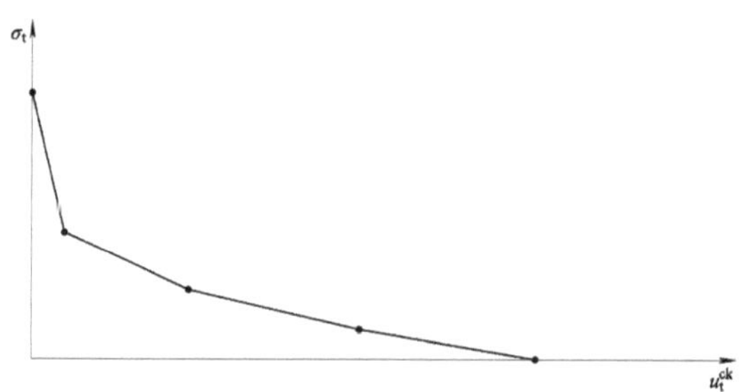

Rysunek 8-48 Krzywa przesunięcia pęknięcia pod wpływem naprężeń

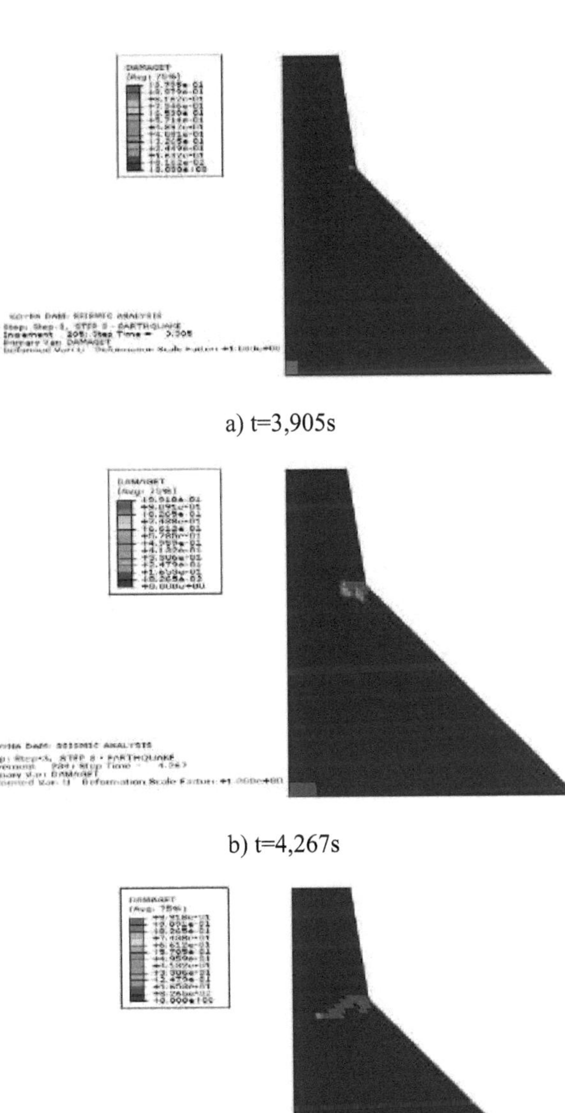

a) t=3,905s

b) t=4,267s

c) t=4,802s

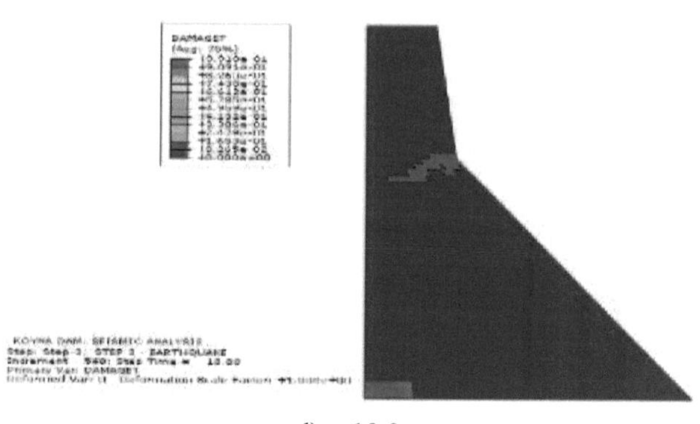

d) t=10,0s

Rysunek 8-49 Ewolucja tamy Koyna współczynnik uszkodzeń spowodowanych napięciem w procesie trzęsienia ziemi

Rysunek 8-50 przedstawia krzywą bezwzględną procesu przemieszczania się grzbietu tamy i powierzchni fundamentu tamy. Przesunięcie bezwzględne powierzchni fundamentu tamy jest danymi sejsmicznymi. Bezwzględne przemieszczenie grzbietu tamy zmienia się w górę i w dół w odniesieniu do bezwzględnego przemieszczenia powierzchni fundamentu tamy. Wahania te to względne przemieszczenie grzbietu zapory. Operacja XY-dane jest przeprowadzana poprzez [XY-Data]/[Create]. Bezwzględne przemieszczenie grzbietu tamy minus bezwzględne przemieszczenie powierzchni fundamentu tamy może uzyskać krzywą względnego czasu historycznego przemieszczenia wierzchołka tamy, jak pokazano na Rysunku 8-51, można zauważyć, że względne przemieszczenie grzbietu tamy kołysze się w górę i w dół wraz z procesem sejsmicznym. Z powodu penetrujących pęknięć górnej części tamy dochodzi do deformacji plastycznej. Po trzęsieniu ziemi, korpus tamy ulega nieodwracalnemu przesunięciu w górę i w dół.

W celu zbadania wpływu wytrzymałości betonu na rozciąganie, początkowa wytrzymałość na rozciąganie betonu zaporowego jest zredukowana do 2,2MPa. Należy odpowiednio zmodyfikować definicję zachowania się betonu w stanie zmiękczającym. Jak pokazano poniżej, należy zmodyfikować odpowiednie wartości naprężeń "**usztywnienie betonu przy rozciąganiu, typ= przemieszczenie". Plik inp jest zapisywany jako "Koyna _damage_ft2.2.inp", a wyniki są obliczane i przetwarzane.

Definicja konkretnego zachowania zmiękczania w pliku inp (f: =2,2MPa) jest następująca.

```
......
*BETONOWE USZTYWNIENIE NA ROZCIĄGANIE, TYP=WYSPAROWANIE
1.90E+06, 0
1.27E+06, 0.000066185
8.54E+05, 0.0012286
5.72E+05, 0.000173427
3.84E+05, 0.00022019
2.57E+05, 0.000264718
1.72E+05, 0.000308088
1.16E+050.00035105
7.74E+04, 0.000394138
5.19E+04, 0.000437744
3.48E+04, 0.000482165
*CONCRETE TENSION DAMAGE, TYPE=DISPLACEMENT
0, 0
0.381217, 0.000066185
0.617107, 0.00012286
0.763072, 0.000173427
0.853393, 0.00022019
0.909282, 0.000264718
0.943865, 0.000308088
0.965265, 0.00035105
0.978506, 0.000394138
0.9867, 0.000437744
0.99177, 0.000482165
.........
```

Rysunek 8-52 przedstawia proces ewolucji uszkodzeń zapory, gdy wytrzymałość betonu wynosi 2,2MPa. Widać, że zapora jest również pierwszą, która ulegnie uszkodzeniu od piętra tamy i zbocze w dół rzeki pęka pod wpływem trzęsienia ziemi. W przeciwieństwie do wytrzymałości betonu wynoszącej 2,9 MPa, pęknięcia na zboczu w dół rzeki rozciągają się na powierzchni znajdującej się powyżej, a pęknięcia na powierzchni znajdującej się powyżej zapory również ulegają uszkodzeniu. Obszary, na których wystąpiły szkody, na powierzchni znajdującej się w górnym i dolnym biegu rzeki sięgają do wnętrza tamy i ostatecznie przecinają się, tworząc szczelinę penetrującą. Chociaż proces powstawania uszkodzeń zapory przebiega inaczej, to względna historia czasu przemieszczenia się grzbietu zapory jest podobna w dwóch rodzajach warunków wytrzymałościowych, jak pokazano na rysunkach 8-53.

Historia czasu sejsmicznego ma również duży wpływ na reakcję zapory. Zakładając, że poziome trzęsienie ziemi jest odwrócone, gdy wytrzymałość betonu wynosi 2,2MPa, odpowiednie modyfikacje są dokonywane w pliku inp. Jak pokazano poniżej, plik inp jest zapisany jako "Koyna _ damage ft2.2-inp".

Ustawienie pliku wejściowego dla rewersu sejsmicznego poziomego jest takie, jak pokazano poniżej

```
......
*BOUNDARY, TYPE=ACCELERATION, AMPLITUDE=HAMP
NBASE, 1,1, -9,81
*BOUNDARY, TYPE=ACCELERATION, AMPLITUDA=VAMP
NBASE, 2,2,9.81
...
```

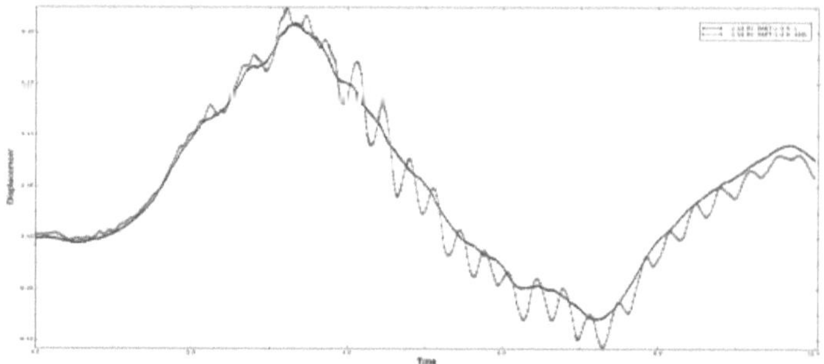

Rysunek 8-50 Bezwzględna historia czasu przemieszczenia krzywa węzła fundamentowego zapory i górnego węzła

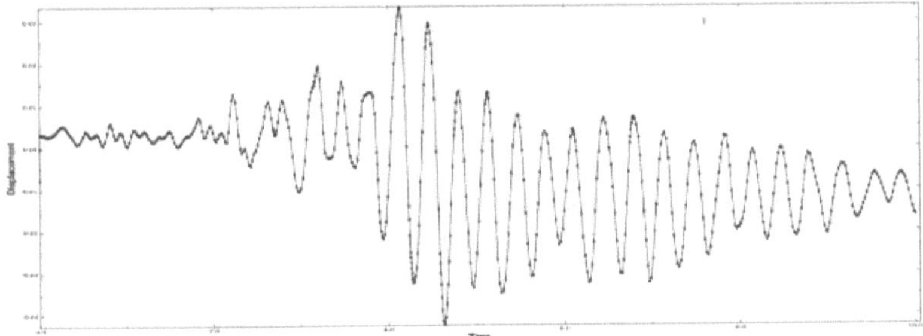

Rysunek 8-51 Krzywa czasowo-historyczna względne przemieszczenie korony tamy

Rysunek 8-54 przedstawia proces ewolucji obszaru uszkodzenia tamy podczas trzęsienia ziemi, gdy wytrzymałość betonu wynosi 2,2MPa, a poziome trzęsienie ziemi jest odwrócone. Widać, że strefa uszkodzenia jako pierwsza występuje również na pięcie tamy i w dolnej części zbocza. Wraz z procesem trzęsienia ziemi uszkodzeniu ulega również powierzchnia zapory znajdująca się w górę rzeki, która jest nieco wyższa niż wysokość przerwy w dół rzeki. Uszkodzenia na złamanym zboczu i uszkodzenia na powierzchni w górę rzeki sięgają do wnętrza tamy, ale te dwa obszary uszkodzeń nie przecinają się pod koniec trzęsienia ziemi, co różni się od skutków poziomego trzęsienia ziemi. Względne przemieszczenie grzbietu tamy jest w tych dwóch przypadkach zupełnie inne z powodu różnych dodatnich i ujemnych kierunków trzęsień ziemi, jak pokazano na rysunkach 8-55.

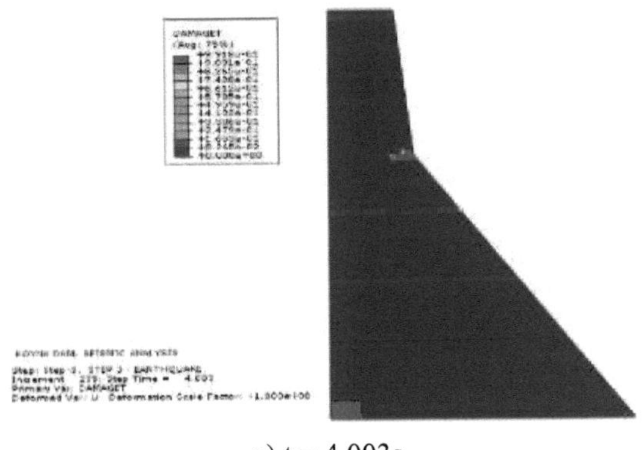

a) t = 4,003s

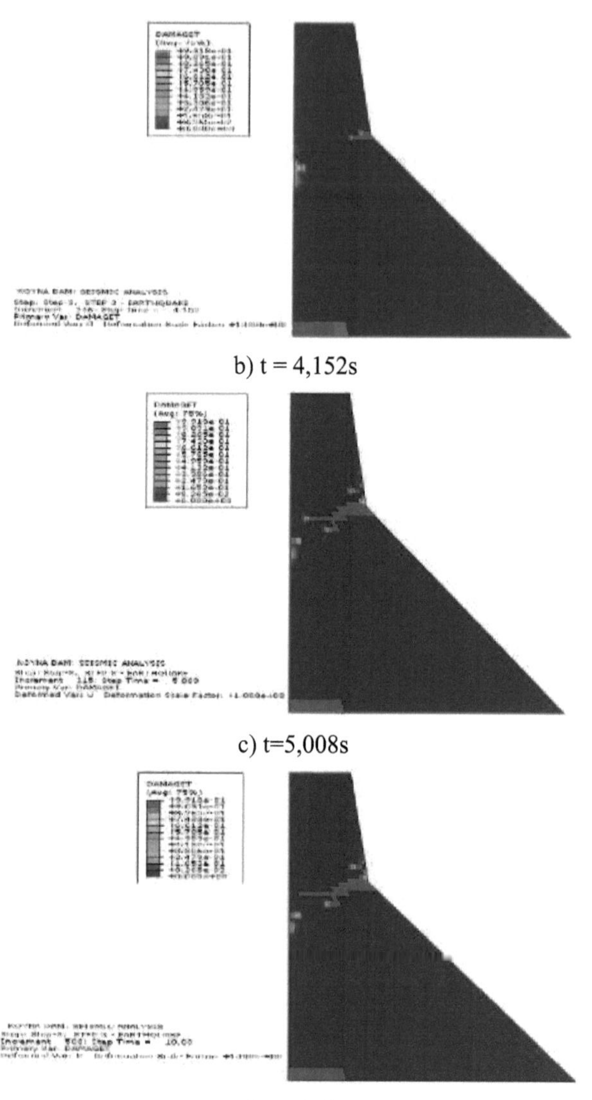

b) t = 4,152s

c) t=5,008s

d) t=10,0s

Rysunek 8-52 Ewolucja współczynnika uszkodzenia (ft = 2,2MPa, pozioma aktywność sejsmiczna do przodu)

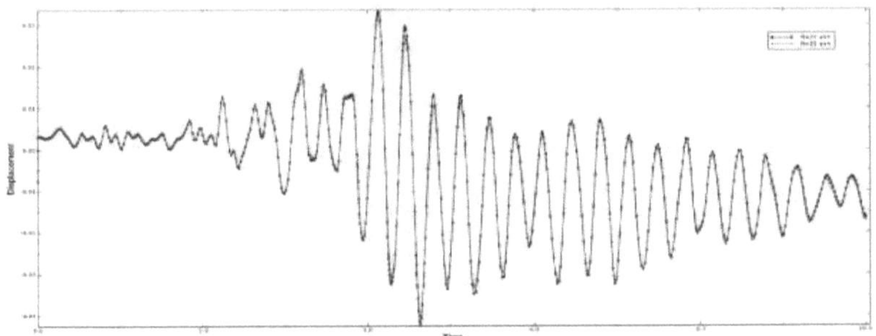

Rysunek 8-53 przemieszczeń względnych Krzywe czasowo-historyczne korony tamy (pozioma aktywność sejsmiczna do przodu, ft=2,2Mpa vs.ft=2,9MPa)

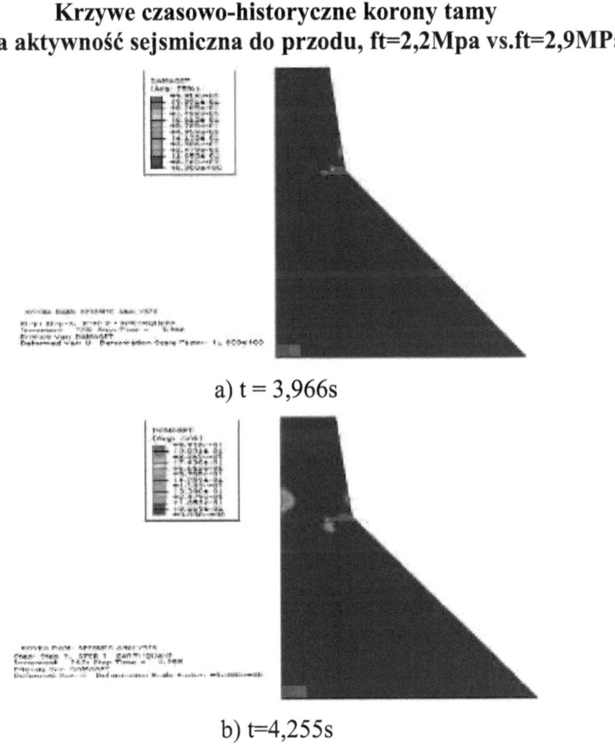

a) t = 3,966s

b) t=4,255s

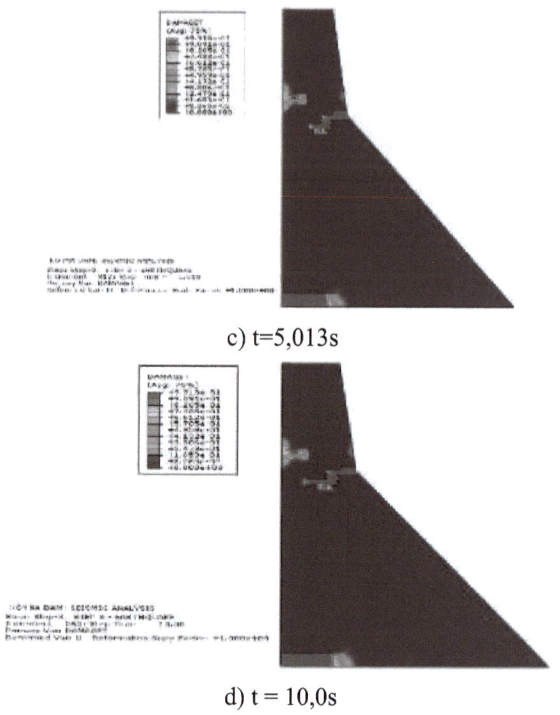

c) t=5,013s

d) t = 10,0s

Rysunek 8-54 Ewolucja współczynnika uszkodzenia (f = 2,2MPa, rewers sejsmiczny poziomy)

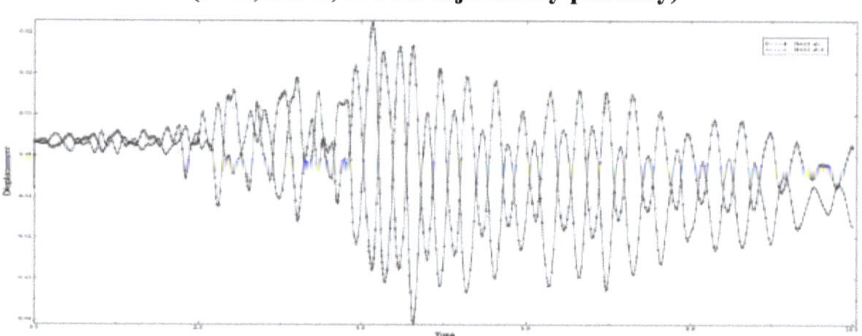

Rysunek 8-55 przemieszczeń względnych krzywe historii czasu korony tamy (f=2,2MPa, aktywność sejsmiczna pozioma do przodu i do tyłu)

8.3 Streszczenie tego rozdziału

W tym rozdziale najpierw przedstawiamy proces analizy statycznej zapory grawitacyjnej z modelowania, obliczeń do wyników analizy. W porównaniu z innymi rozdziałami, pojawiło się kilka nowych punktów wiedzy. W modelowaniu, kilka różnych części jest zaangażowanych w montaż części i eliminację powtórnych węzłów siatki. W analizie wprowadza się metodę aplikacji ciśnienia hydrostatycznego i równoważną metodę obróbki ciśnienia podnoszącego. W aspekcie post-processingu wprowadza się metodę wyjściową wyników przekrojów, a w szczególności metodę wyjściową siły wynikowej przekrojów.

Po drugie, analizowana jest reakcja sejsmiczna zapór grawitacyjnych. Analizowane są charakterystyki drgań własnych zapory, chmura odpowiedzi sejsmicznej zapory rozwiązywana jest metodą spektrometru odpowiedzi rozkładu modalnego, a liniowa odpowiedź sprężysta i pękanie uszkodzeń zapory rozwiązywana jest metodą analizy odpowiedzi czasowej. W procesie analizy liniowo-sprężystej odpowiedzi czasowej wprowadza się metodę ekstrakcji wartości chmury naprężeń zapory w procesie post-processingu wyników. W analizie uszkodzeń i pęknięć badany jest wpływ wytrzymałości betonu na rozciąganie i poziomego trzęsienia ziemi na reakcję zapory.

9. Analiza statyczna i dynamiczna zapór łukowych

Streszczenie

W analizie sejsmicznej zapór łukowych, sejsmiczna analiza czasowo-historyczna reakcji prowadzona jest na podstawie statycznych warunków pracy. Efekt otwierania i zamykania połączeń poprzecznych zapory łukowej i ciśnienia hydrodynamicznego zbiornika to dwa ważne czynniki, które powinny być uwzględnione w obliczeniach i symulacji.

Słowa kluczowe: Analiza sejsmiczna; Zapory łukowe; Analiza czasowo-historyczna odpowiedzi; Połączenia poprzeczne; Ciśnienie hydrodynamiczne.

9.1 Zapora łukowa oczko z elementami skończonymi

W niniejszym artykule wykorzystujemy inne oprogramowanie do wstępnej obróbki elementów skończonych (takie jak MSC. Patran, Hyper mesh, itp.), aby utworzyć siatkę elementów skończonych w fundamencie zapory łukowej. W celu symulacji połączeń poprzecznych zapór łukowych, elementy siatkowe nie mają wspólnych węzłów. Fundament może być zbudowany zgodnie z charakterystyką topografii i geomorfologii. Połączenie pomiędzy fundamentem a korpusem zapory łukowej powinno być w miarę możliwości skoordynowane siatką. Jeżeli modelowanie jest szczególnie trudne, połączenie pomiędzy fundamentem a łukowym korpusem zapory może być połączone za pomocą wiązania, kosztem pewnej dokładności.

Rysunek 9-1 przedstawia generację siatki elementów skończonych fundamentów zapory łukowej. W celu uproszczenia fundamentu przyjmuje się model fundamentów promieniowych. Elementami skończonymi są głównie 8-węzłowe elementy sześciościenne. W pobliżu miejsca styku korpusu tamy z fundamentem znajduje się kilka sześciowęzłowych, klinowych elementów pięciościennych oraz czterowęzłowych elementów czworościanowych.

Korpus tamy podzielony jest na 16 sekcji, ponumerowanych z lewego brzegu. Sekcję nieparzystą tamy (część 1-1. nieparzysta) i parzystą tamy (część 2-1. parzysta) uważa się za grupę jednostkową, a fundament za inną grupę jednostkową (część 3-1. znaleziono).

Do celów obliczeniowych należy zdefiniować niektóre grupy komórek, grupy węzłów i powierzchnie. Podstawowe węzły graniczne są używane jako zestaw węzłów ustalonych w celu narzucenia warunków brzegowych. Ciśnienie wody w zbiorniku w górnym biegu rzeki jest podawane na powierzchnię zapory, a woda powierzchniowa w górnym biegu rzeki jest określana. Wszystkie węzły w górnym biegu są zdefiniowane jako Fix-up, który służy do obliczania dodatkowej masy wody hydrodynamicznej. Definicje te są przedstawione na rysunkach 9-2, 9-3 i 9-4.

Dodatkowo, krawat służy do połączenia korpusu tamy z fundamentem. Zgodnie z Rysunkiem 9-5, TIE-M i TIE-S są generowane z dwóch stron, które odpowiadają odpowiednio części fundamentowej interfejsu i części korpusu tamy. W sekcji "*Assembly" w pliku inp, wiązanie "TIE" jest używane do połączenia korpusu tamy z fundamentem, jak pokazano poniżej.

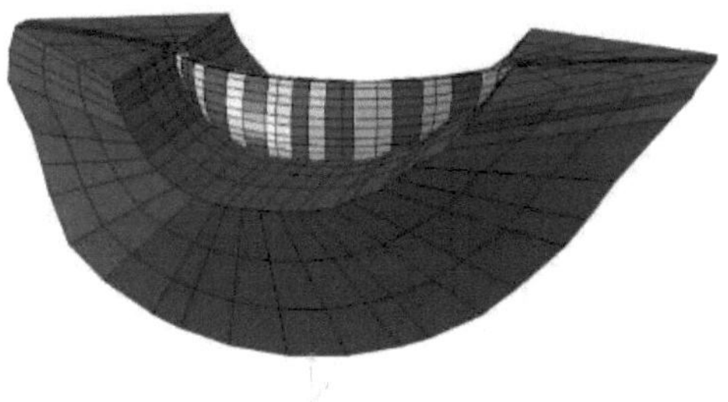

a) Siatka o oczkach typu "Foundation-dam

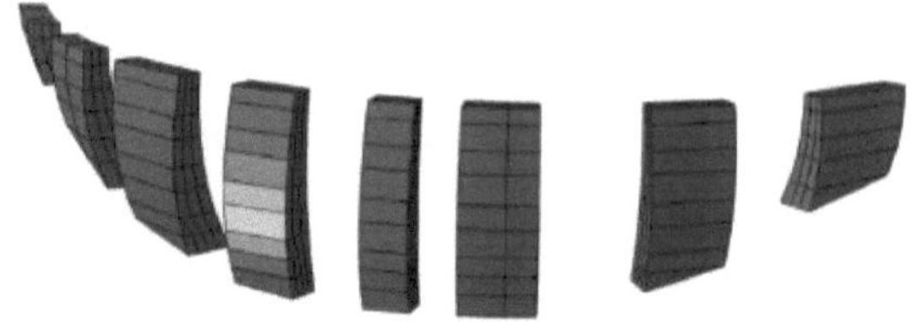

b) Numerowane nieparzyste oczka bloku zapory

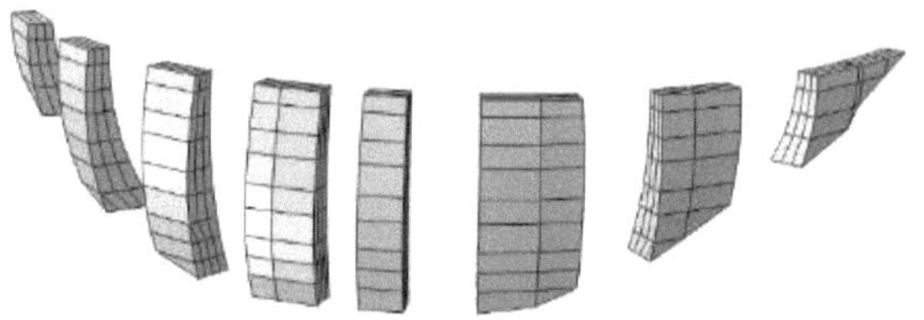

c) parzyste, blokowe oczko zapory

Wskazówka: Funkcja grupy wyświetlaczy umożliwia oddzielne wyświetlanie różnych części.

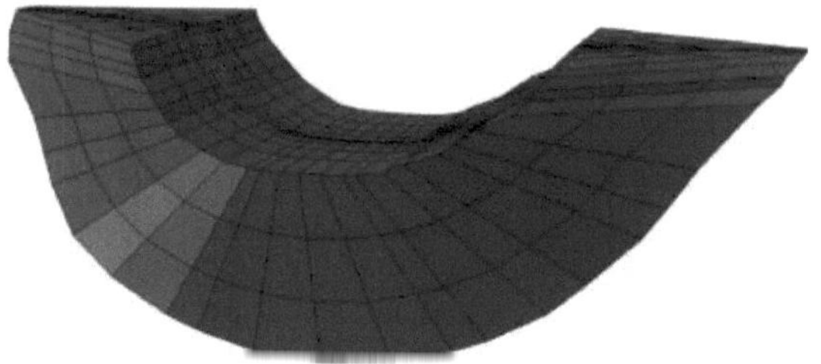

d) Oczko fundamentowe

Rysunek 9-1 Łukująca zapora - oczko z elementami skończonymi

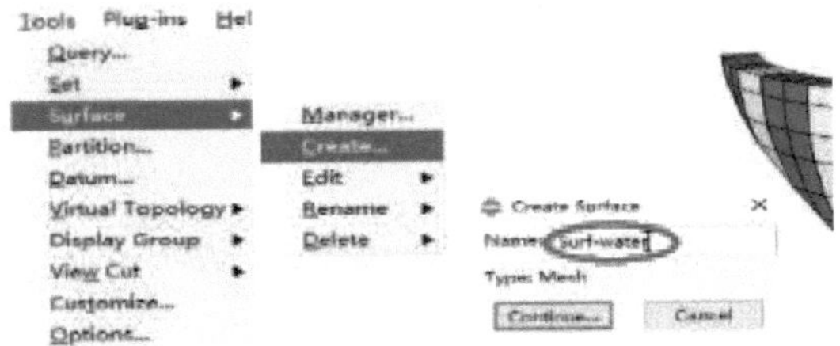

a) Nazwa grupy węzłów

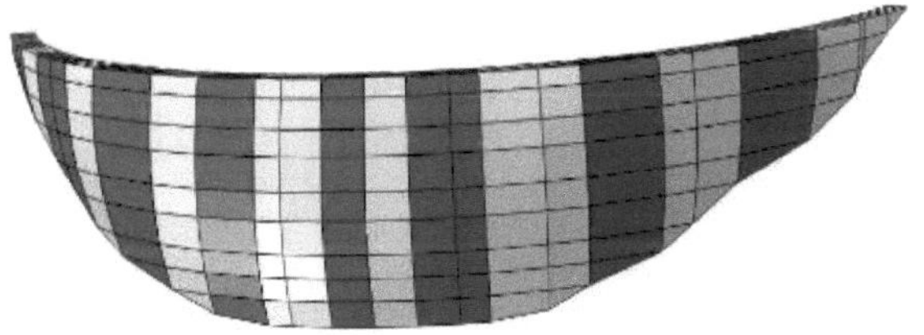

b) Wybór powierzchni w górę rzeki zgodnie z sekcją tamy

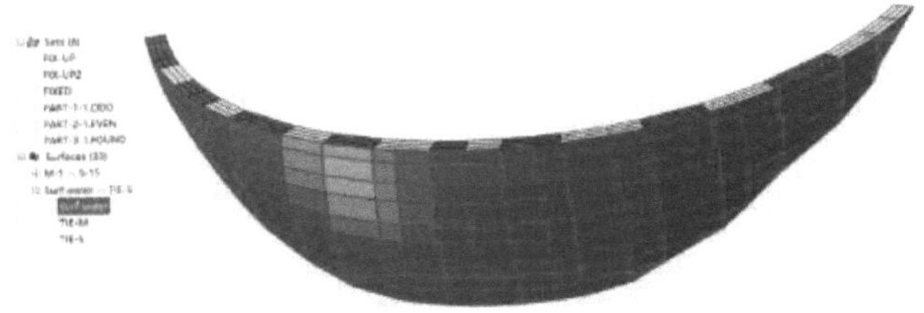

c) Generowanie powierzchni w górę rzeki

Rysunek 9-2 Woda powierzchniowa w górnym biegu rzeki, definicja korpusu tamy

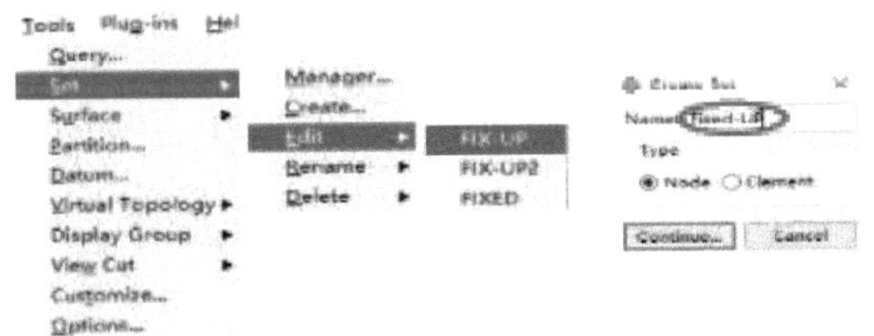

a) Nazwa grupy węzłów

b) Wybór węzła górnego biegu rzeki zgodnie z sekcją zapory

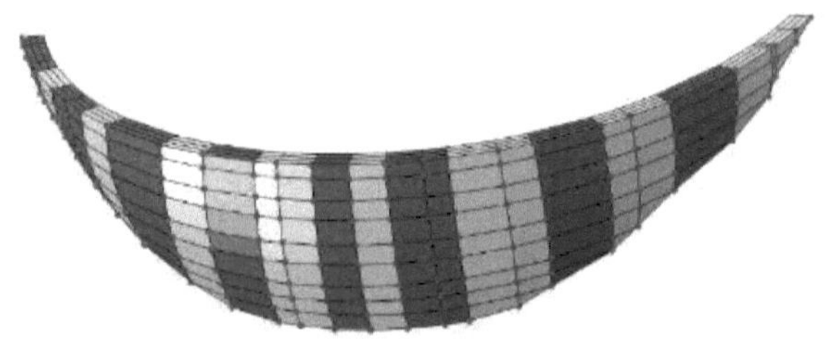

c) Tworzenie grup węzłów upstream

Rysunek 9-3 FIX-UP dla grupy węzłów powierzchniowych w górze rzeki w miejscu ustawienia korpusu zapory

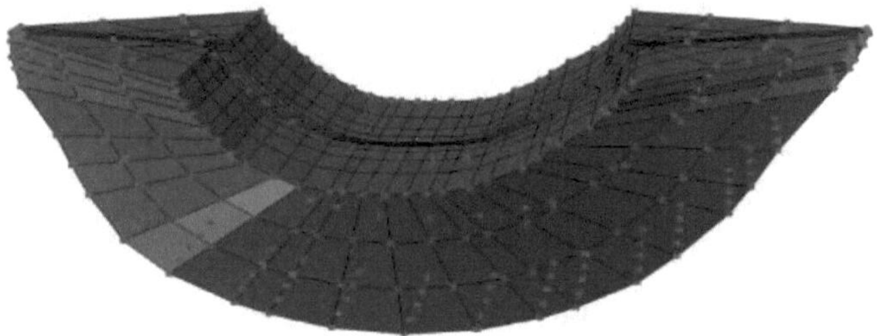

Rysunek 9-4 dla określenia grupy węzłów graniczących z ziemią

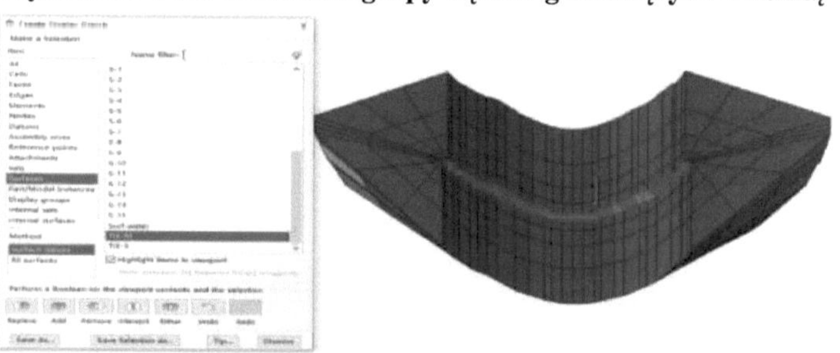

a) Interfejs z fundamentem

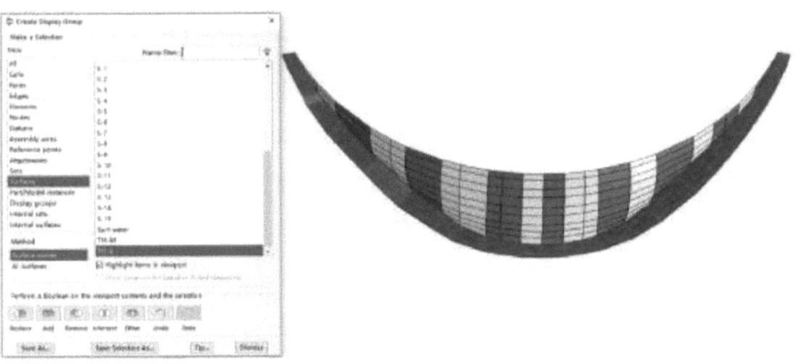

b) Złącze zapory

Rysunek 9-5 Połączenie z interfejsem zaporowym

Ograniczenie wiązania na interfejsie fundamentu zapory w pliku inp jest następujące.

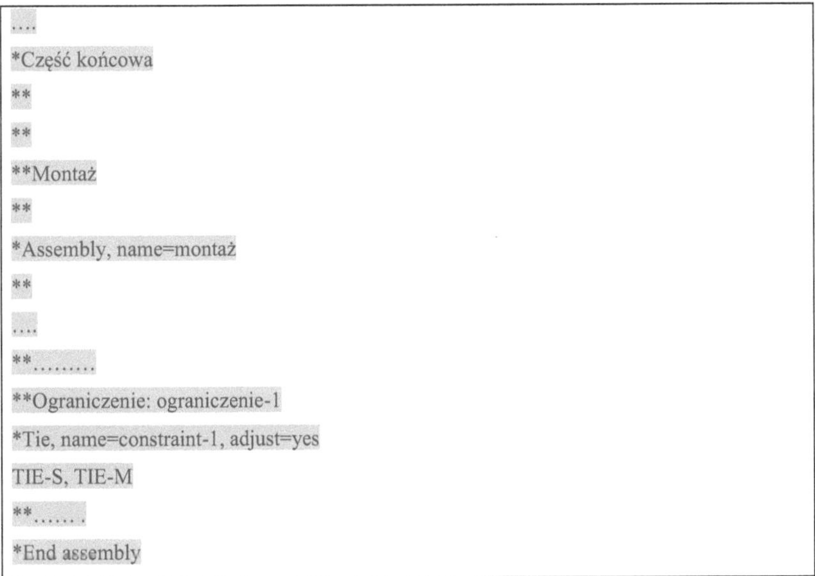

```
....
*Część końcowa
**
**
**Montaż
**
*Assembly, name=montaż
**
....
**.........
**Ograniczenie: ograniczenie-1
*Tie, name=constraint-1, adjust=yes
TIE-S, TIE-M
**.......
*End assembly
```

9.2 Symulacja połączeń poprzecznych zapór łukowych

Konstrukcja zapory łukowej jest podzielona na sekcje zapory, z połączeniami poprzecznymi pomiędzy sekcjami zapory. Istnienie złączy poprzecznych ma znaczący wpływ na reakcje dynamiczne i statyczne zapór łukowych. Dlatego w analizie elementów skończonych konieczna jest symulacja połączeń poprzecznych. ABAQUS jest używany do obliczania i analizy dynamicznych i statycznych reakcji zapór łukowych, a model stykowy może być użyty do symulacji połączeń poprzecznych.

Model stykowy składa się z dwóch powierzchni styku, powierzchni głównej i powierzchni podrzędnej. Interakcja pomiędzy powierzchniami styku jest zgodna z relacją pomiędzy siłą osadzenia siły nacisku.

Ustawienia relacji kontaktu nie są zdefiniowane bezpośrednio w programie ABAQUS/CAE. Najpierw jest definiowana przez ABAQUS/CAE powierzchnia master i powierzchnia slave powierzchni styku, a następnie proces definiowania powierzchni styku jest uzupełniany przez modyfikację słów kluczowych w pliku inp. Rysunek 9-6 przedstawia proces definiowania powierzchni styku. Na ekranie wyświetlana jest liczba ODD jednostek segmentu zapory. Narzędzia z rozwijanej powierzchni menu paska menu służą do tworzenia nowej powierzchni kontaktu. Interfejs jest nazwany w wyskakującym okienku dialogowym tworzenia powierzchni. Tutaj określamy, że nazwa powierzchni podrzędnej powinna być [S-i], a nazwa powierzchni głównej [M-i] (i=1, 2..., 15 to numer połączenia poprzecznego od lewego brzegu do prawego). Po wypełnieniu nazwy powierzchni styku kliknij przycisk [Dalej], wybierz w polu zachęty [Wybierz obszar dla powierzchni] [Wybierz obszar dla powierzchni], kliknij na ekranie, aby wybrać zdefiniowaną powierzchnię, a następnie kliknij [Gotowe], aby uzupełnić definicję powierzchni styku. Należy zwrócić uwagę na fakt, że powierzchnie master i slave każdego połączenia poprzecznego należą odpowiednio do przekrojów nieparzystych i parzystych. Powtórz powyższy proces i zdefiniuj powierzchnie master i slave wszystkich złączy poprzecznych. W powierzchniach, na podliście pod zestawem przekrojów drzewa modelowego, można zobaczyć szereg powierzchni o nazwach rozpoczynających się od [M] i [S].

Jeżeli siatka korpusu zapory i siatka fundamentowa są połączone w sposób skoordynowany, wówczas nieparzyste bloki zapory i parzyste bloki zapory będą miały wspólne węzły na styku fundamentu, a w definicji modelu styku nie może być wspólnych węzłów pomiędzy powierzchnią podrzędną i główną, w przeciwnym razie obliczenia są błędne, i jeżeli siatka korpusu zapory i siatka fundamentowa są połączone z ograniczeniami wiązań, to przemieszczenie węzłów zapory nieparzystej i parzystej na powierzchni styku fundamentu w obliczeniach jest najpierw określane przez interpolację przemieszczenia węzła gruntowego, a kontakt z węzłami przecięcia zawartymi od czoła spowoduje błąd w obliczeniach nadwyrężeń. W związku z tym powierzchnia jest przetwarzana w celu usunięcia części węzłowej interfejsu z powierzchni czołowej. Jak pokazano na Rysunku 9-7, najpierw użyj powierzchni za pomocą opcji [Grupa wyświetlania]/[Utwórz] do wyświetlenia powierzchni podrzędnej, kliknij dwukrotnie odpowiednią podlistę powierzchni w zespole drzewa modelowego, aby aktywować edycję z nazwy powierzchni, następnie wybierz [indywidualnie] w obszarze podpowiedzi [wybierz obszar dla powierzchni], wybierz wszystkie inne powierzchnie komórkowe oprócz tych połączonych przez interfejs w polu widoku i kliknij [Gotowe], aby zakończyć edycję od powierzchni do powierzchni. Odpowiednia edycja została wykonana na wszystkich 15 frontach. Do tej pory definicja powierzchni styku została zakończona.

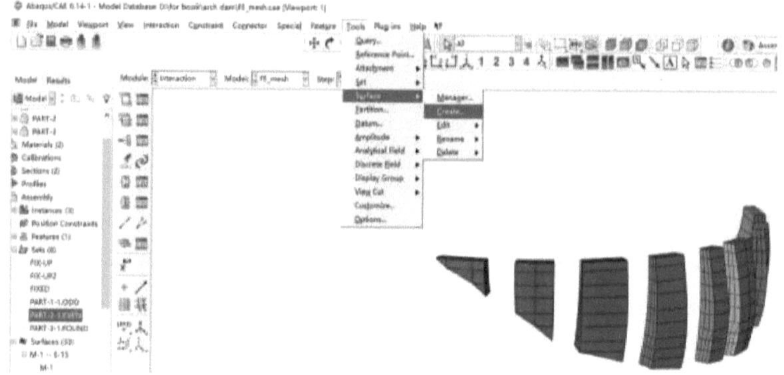

a) Tworzenie powierzchni styku

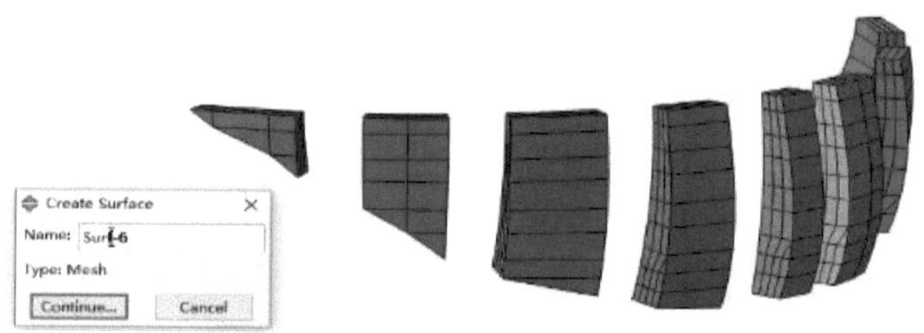

b) Nomenklatura powierzchni styku

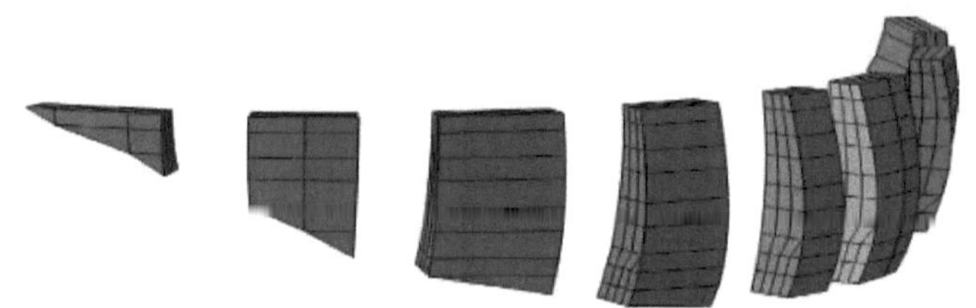

c) Wybór powierzchni styku

Rysunek 9-6 Tworzenie powierzchni styku

a) Wyświetlacz z przodu

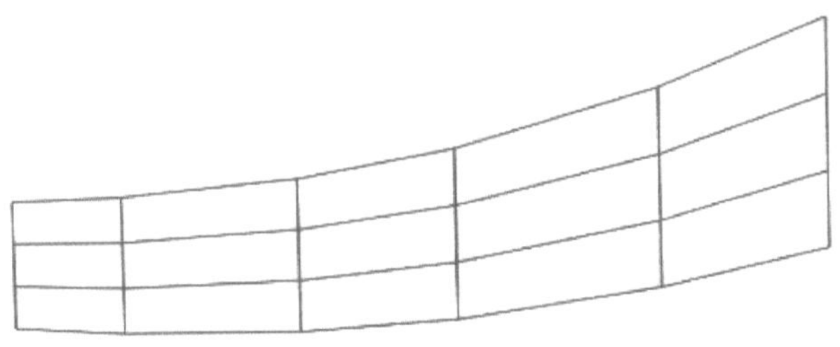

b) Aktywuj edycję

Rysunek 9-7 Edycja powierzchni styków

W pliku inp, definicja styku poprzecznego spoiny oparta jest na powierzchni styku, jak pokazano poniżej. Najpierw aktywowana jest interakcja stykowa "* surface interaction, name= inter", o nazwie "inter", a następnie definiowane jest zachowanie styku. Zależność kontaktowa jest określana za pomocą słowa kluczowego "* surface behaviour", a konstytutywna zależność kontaktowa jest definiowana za pomocą parametru "pressure-overclosure", gdzie używany jest kontakt "hard". Ogólnie rzecz biorąc, konwergencja obliczeń "twardego" kontaktu jest słaba. Wykładnicza zależność kontaktowa "nacisk-zamknięcie = wykładniczy" może poprawić zbieżność obliczeń. Współczynnik tarcia pomiędzy złączami stykowymi jest zdefiniowany jako "*tarcie" o wartości 0,6. Po zdefiniowaniu zachowania się styku, pozioma powierzchnia styku "pary stykowej, inter inter, adjust = 0.2, strefa rozciągania = 0.1, mała", gdzie "interakcja = inter" wymaga, aby zachowanie styku było zgodne z "interakcją powierzchniową" i "adjust = 0.2" o nazwie "inter". Jeżeli niektóre początkowe węzły podrzędne nie będą miały kontaktu z powierzchnią główną, to powierzchnia styku powinna być ustawiona w zakresie 0,2 m, węzeł podrzędny zostanie ustawiony tak, aby stykał się z powierzchnią główną. "Strefa rozciągania = 0,1" oznacza, że jeśli węzeł podrzędny przekroczy powierzchnię mastera "0,1 m" w kierunku stycznym z powierzchnią mastera, to nadal uważa się, że węzeł podrzędny styka się z powierzchnią mastera, "mały" jest mocowany na styku jako styk ślizgowy. Format wiersza pary styków * jest "slave, master" i każdy wiersz określa parę powierzchni styku.

```
....
*Część końcowa
**
**
**Montaż
**
*Assembly, name=montaż
**
....
**.........
**...definicja stawu skurczowego: kontakt...**
*Wzajemne oddziaływanie powierzchniowe, nazwa=inter
*zachowanie powierzchniowe, uciskanie-zamykanie=twarde
*Tarcie
0.6
*Para styków, interakcja=wewnętrzna, regulacja=0.2, strefa rozszerzona=0.1, Mały
S-1, M-1
S-2, M-2
S-3, M-3
S-4, M-4
```

```
S-5, M-5
S-6, M-6
S-7, M-7
S-8, M-8
S-9, M-9
S-10. M-10
S-11, M-11
S-12, M-12
S-13, M-13
S-14, M-14
S-15, M-15
**........
**Ograniczenie: ograniczenie-1
*Tie, name=constraint-1, adjust=yes
S_surf-1, m_surf-1
**.......
*End assembly
```

9.3 Dynamiczna masa dodatkowa wody

Zgodnie z kodeksem, po przyjęciu metody dynamicznej, ciśnienie wody w ruchu gruntowym jest przekształcane na dodatkową masę radialną powierzchni tamy odpowiadającą jednostkowemu przyspieszeniu trzęsienia ziemi i jest wyrażane w następujący sposób.

$$m_l = \frac{7}{8} A_l \rho \sqrt{H_0 h} \qquad (9-1)$$

Gdzie

m_l to dodatkowa masa węzła l.

A_l jest obszarem oddziaływania węzła l.

ρ to gęstość masy wody w zbiorniku.

H_0 to głębokość wody w zbiorniku.

h to głębokość wody w węźle l.

Metoda obliczania i definiowania ciśnienia wody w ruchu gruntowym przez ABAQUS jest opisana poniżej, jak pokazano na Rysunku 9-8.

(1) W module obciążenia, polecenie [Load]/[Create] służy do zdefiniowania nacisku powierzchniowego, nazwanego addmass. (2) W obszarze podpowiedzi kliknij przycisk [Powierzchnie...], aby wyświetlić okno dialogowe wyboru regionu, wybrać wodę w górę rzeki, kliknąć przycisk [Kontynuuj].

(3) Utwórz rozkład pól w wyskakującym oknie dialogowym edycji obciążenia za pomocą [f(x)] po rozłożeniu.

4) Nazwij rozkład pól w wyskakującym oknie dialogowym utwórz analityczne pole i wybierz opcję [Mapowanie pola].

(5) Zgodnie ze wzorem na dodatkową masę (9-1) oblicza się rozkład pola o dodatkowej masie. Ponieważ rozkład dodatkowego pola masy jest niezależny od przekroju poprzecznego wraz z kierunkami rzeki, odnosi się on tylko do kierunku pionowego. Normalny poziom wody w zbiorniku wynosi 481 m, co odpowiada głębokości wody w zbiorniku wynoszącej $H_0 = 103$m i odpowiadającą jej głębokość wody h=481-Z w węźle. Dlatego też oblicza się wartość rozkładu pola określonego przez program XYZ, jak pokazano w tabeli 9-1.

(6) Skopiuj wartości rozkładu pól XYZ i wklej je do [Utwórz mapowane pole].

(7) Wróć do okna dialogowego edycji obciążenia, aby wybrać niestandardowy rozkład pól masy, wielkości wypełniające 1.0 i kliknij [Ok], aby zakończyć obliczenia. Dodatkowe pole masy zostanie zastosowane w górę.

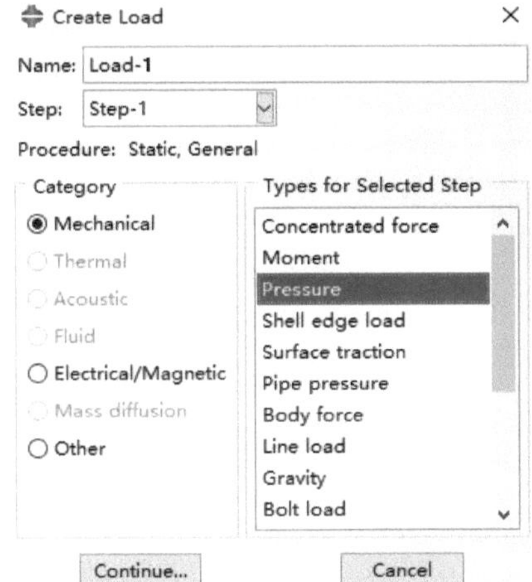

a) Nomenklatura nacisku powierzchniowego

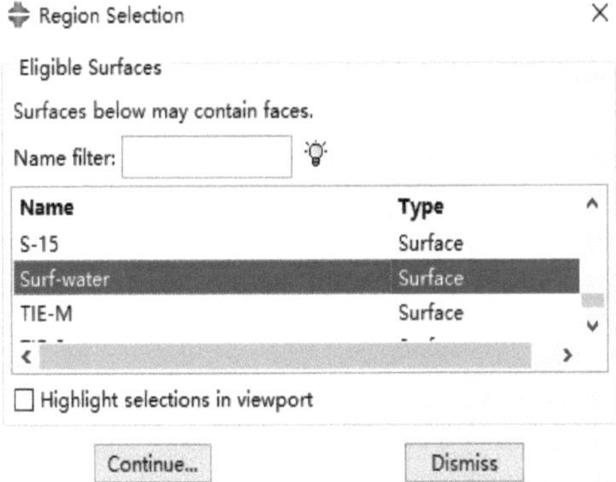

b) Selektywny nacisk powierzchniowy wywierany na powierzchnię przednią

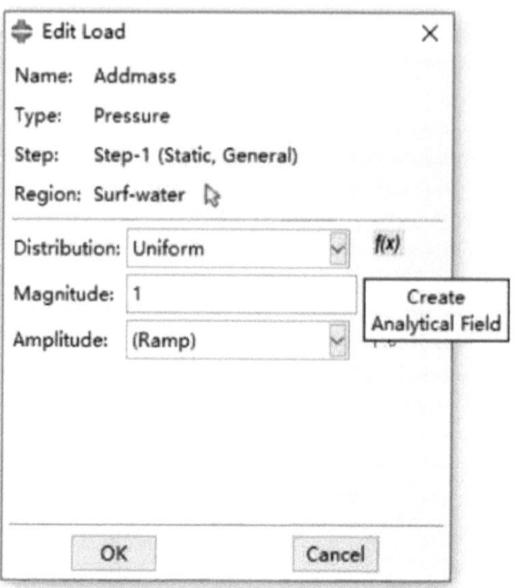

c) Tworzenie dystrybucji w terenie

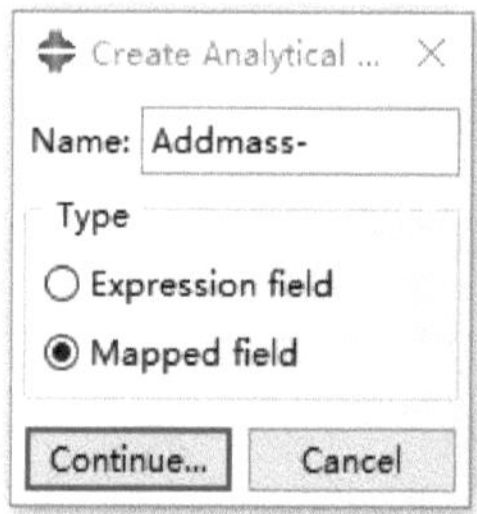

d) Nazwanie pola i wybór mapowanej metody

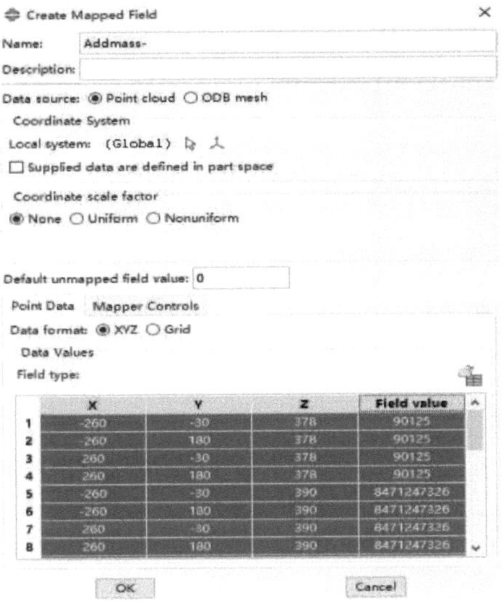

e) Wartość określona przez wypełnienie pola

(f) Rozmieszczenie wybranych pól

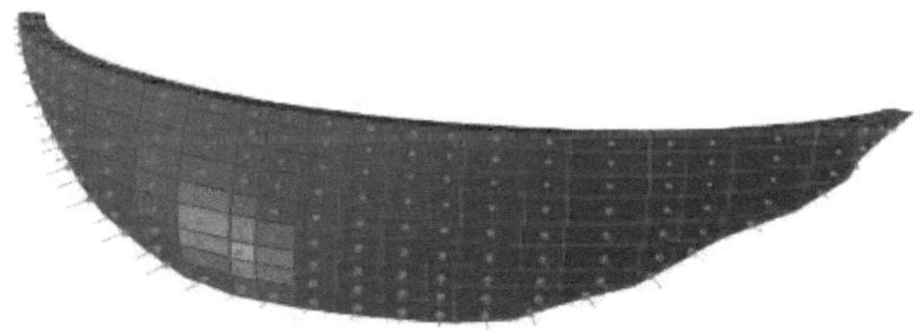

g) Generowanie dodatkowego ciśnienia rozkładu pola masowego

Rysunek 9-8 Dodatkowy rozkład masy

Tabela 9-1 Dodatkowy rozkład masy XYZ

X	Y	Z	ADDMASS
-260	-30	378	90125
-260	180	378	90125
260	-30	378	90125
260	180	378	90125
-260	-30	390	84712.47
-260	180	390	84712.47
260	-30	390	84712.47
260	180	390	84712.47
-260	-30	411	74297.75
-260	180	411	74297.75
260	-30	411	74297.75
260	180	411	74297.75
-260	-30	427	65256.47
-260	180	427	65256.47
260	-30	427	65256.47
260	180	427	65256.47
-260	-30	455	45280.72
-260	180	455	45280.72
260	-30	455	45280.72
260	180	455	45280.72
-260	-30	467	33226.97

-260	180	467	33226.97
260	-30	467	33226.97
260	180	467	33226.97
-260	-30	481	0
-260	180	481	0
260	-30	481	0
260	180	481	0

Edytuj wyjściowy plik inp, aby obliczyć dodatkowy rozkład masy. Istnieją trzy kierunkowe ograniczenia wszystkich węzłów na górze strumienia: "Granica", "fix-up, 1, 3". W kroku analizy statycznej, słowo kluczowe "*Dload" jest używane do wywierania nacisku powierzchniowego dodatkowego rozkładu pola masowego na powierzchni przedniej. Wymaganiem wyjściowym jest siła reakcji "RF" węzłów. Jak pokazano poniżej, plik inp jest zapisywany jako "Addmass.inp".

```
......
*Część, nazwa-część-1
...
**.........
**Addmass
*Include, input=add_part1.tx
**Sekcja, sekcja 1
*Sekcja stała, elset=odd, materiał=conc
,
*Część końcowa
**
*Part, name=part-2
...
**........
**Addmass
*Include, input=add_part2.txt
**.....
**Sekcja: sekcja 1
```

```
*Odcinek stały, elset=nawet, materiał=conc
,
*Część końcowa
.......
```

Uruchom obliczenia, a następnie odczytaj plik wynikowy odb za pomocą programu ABAQUS/CAE i wypisz reakcję węzła nadrzędnego na plik ad.rpt za pomocą polecenia [Report]. Proces ten pokazano na Rysunku 9-9. Reakcja poprzedzająca to odpowiednia dodatkowa masa hydrodynamiczna każdego węzła. Format danych pliku z reakcją węzła przedstawiono poniżej. Pierwsze 19 plików nagłówków behawioralnych pokazuje każdy numer węzła behawioralnego po wierszu 20 i odpowiadającą mu reakcję węzła w kierunkach X, Y, Z. Reakcja węzła jest podzielona na dwie części zgodnie z Part-1-1 i Part - 2-1. Dwie części reakcji węzła są przechowywane odpowiednio w pliku add_part1.rpt i add part 2.rpt.

a) Wyświetlanie węzłów wyższego szczebla

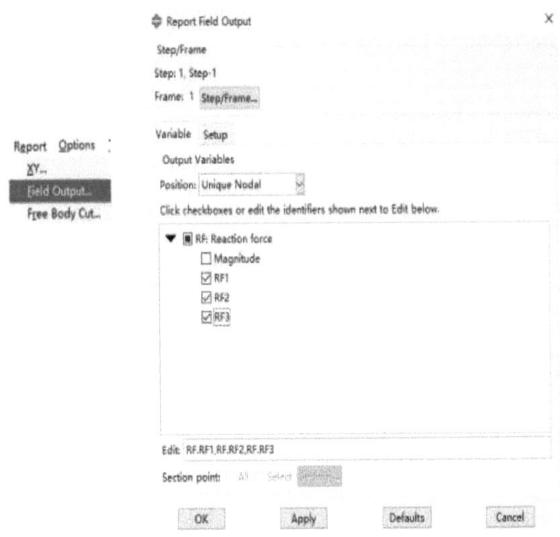

b) Zdefiniowanie zmiennych wyjściowych

c) Zdefiniowanie ścieżki pliku wyjściowego

Rysunek 9-9 Reakcja wyjściowa w górę węzła wyjściowego

Plik reakcji węzła górnego (ad.rpt) jest następujący.

```
***************************************************************************
*****
Polowy raport wyjściowy, sporządzony Sun Jul 17 10:28:22 2019

Źródło 1
---------

  ODB: D:/praca/Abaqus Book/Examples/arch dama/Addmass.odb
  Krok: Krok 1
  Rama: Przyrost     1: Czas kroku =    1.000
Lokalizacja 1: Wartości węzłowe ze źródła 1
Wyjście posortowane według kolumny "Node Label".
Pole Dane wyjściowe zgłaszane w węzłach dla części: CZĘŚĆ-1-1
        Węzeł        RF.RF1        RF.RF.RF2        RF.RF.RF3
        Etykieta @Loc        1 @Loc        1 @Loc        1
--------------------------------------------------------------
        20000   2.10421E+06   -1.84020E+06    134.551E+03
        20011   5,54328E+06   -4,73655E+06   -74,0269E+03
        20022   6.63040E+06   -5.41332E+06   -843.225E+03
        20033   10.8558E+06   -8.18345E+06   -3.24883E+06
        20044   13.1462E+06   -9.28093E+06   -4.41751E+06
        20075   2.10421E+06   -1.84020E+06    198.758E+03
        20086   5,54328E+06   -4,73655E+06    137,707E+03
        ..........
       .........
21901   -1.43627E+06   -646.842E+03   -88.2737E+03
21912   -2.80492E+06   -1.26258E+06   -323.393E+03
        21927   -255.401E+03   -98.2636E+03   -18.4911E+03
Minimum          -15,2906E+06   -18,5167E+06   -6,72619E+06
W węźle          21406          20576          21545
Maksymalnie          13.1462E+06   -98.2636E+03   1.48984E+06
    W węźle          20044          21927          20554
```

```
Ogółem -79,7917E+06 -1,06881E+09 -126,571E+06
Pole Dane wyjściowe zgłaszane w węzłach dla części: CZĘŚĆ-2-1
Węzeł RF.RF1 RF.RF.RF2 RF.RF.RF3
Etykieta @Loc 1 @Loc 1 @Loc 1
--------------------------------------------------------------
10001 462.356E+03 -178.647E+03 -30.1987E+03
10016 1.42525E+06 -634.037E+03 -83.0197E+03
10027 2.53160E+06 -1.14090E+06 -275.630E+03
10046 1.14840E+06 -554.558E+03 -46.6542E+03
10057 2.56736E+06 -1.22040E+06 -293.589E+03
......
......
12091 -5.44672E+06 -3.18164E+06 -1.67151E+06
12102 -3.32233E+06 -1.92134E+06 -1.15941E+06
12129 -1,38430E+06 -933,629E+03 12,0292E+03
12140 -3.66141E+06 -2.40452E+06 -276.762E+03
12151 -4.40064E+06 -2.74093E+06 -871.765E+03
12162 -5.44672E+06 -3.18164E+06 -1.74089E+06
Minimum -10,4305E+06 -24,0793E+06 -6,14299E+06
W węźle 12040 10684 10721
Maksymalnie 13.9795E+06 -178.647E+03 1.48974E+06
W węźle 10347 10001 11366
Ogółem 30.1834E+06 -1.07612E+09 -118.173E+06
```

Plik reakcyjny węzła Część-1-1 (add_part1.rpt) jest następujący.

```
***************************************************************************
*****
Polowy raport wyjściowy, sporządzony Sun Jul 17 10:28:22 2019
Źródło 1
---------
ODB: D:/praca/Abaqus Book/Examples/arch dama/Addmass.odb
Krok: Krok 1
Rama: Przyrost 1: Czas kroku = 1.000
```

```
Lokalizacja 1: Wartości węzłowe ze źródła 1
Wyjście posortowane według kolumny "Node Label".
Pole Dane wyjściowe zgłaszane w węzłach dla części: CZĘŚĆ-1-1
      Węzeł         RF.RF1        RF.RF.RF2       RF.RF.RF3
      Etykieta @Loc        1 @Loc        1 @Loc         1
-------------------------------------------------------------------
      20000   2.10421E+06   -1.84020E+06    134.551E+03
      20011   5,54328E+06   -4,73655E+06   -74,0269E+03
      20022   6.63040E+06   -5.41332E+06   -843.225E+03
.......
........
      21912   -2.80492E+06   -1.26258E+06   -323.393E+03
21927   -255.401E+03   -98.2636E+03   -18.4911E+03
Minimum           -15,2906E+06   -18,5167E+06   -6,72619E+06
W węźle          21406          20576          21545
Maksymalnie           13.1462E+06   -98.2636E+03    1.48984E+06
     W węźle          20044          21927          20554
      Ogółem   -79,7917E+06   -1,06881E+09   -126,571E+06
```

Plik reakcyjny węzła część-2-1 (add_part2.rpt) jest następujący:

```
***************************************************************************
*****
Polowy raport wyjściowy, sporządzony Sun Jul 17 10:28:22 2019
Źródło 1
---------
  ODB: D:/praca/Abaqus Book/Examples/arch dama/Addmass.odb
  Krok: Krok 1
  Rama: Przyrost      1: Czas kroku =     1.000
Lokalizacja 1: Wartości węzłowe ze źródła 1
Wyjście posortowane według kolumny "Node Label".
Pole Dane wyjściowe zgłaszane w węzłach dla części: CZĘŚĆ-2-1
      Węzeł         RF.RF1        RF.RF.RF2       RF.RF.RF3
      Etykieta @Loc        1 @Loc        1 @Loc         1
-------------------------------------------------------------------
```

```
    10001   462.356E+03   -178.647E+03   -30.1987E+03
    10016   1.42525E+06   -634.037E+03   -83.0197E+03
    10027   2.53160E+06   -1.14090E+06   -275.630E+03
......
.......
    12151   -4.40064E+06   -2.74093E+06   -871.765E+03
12162   -5.44672E+06   -3.18164E+06   -1.74089E+06
Minimum         -10,4305E+06   -24,0793E+06   -6,14299E+06
W węźle         12040          10684          10721
Maksymalnie         13.9795E+06   -178.647E+03   1.48974E+06
    W węźle         10347          10001          11366
     Ogółem   30.1834E+06   -1.07612E+09   -118.173E+06
```

Dodatkowa generacja masy Program źródłowy Fortran jest podany poniżej

```
ccccccccccccccccccccccccccccccccccccccccccccccccccc
c
c *Element    użytkownika, TYP=U1, LINEAR, NODES=1
c      1,2,3
c    *MATRIX, TYP=MASA
c      0,135E-17
c      0,000E+00, 0,545E-17
c      0,000E+00, 0,000E+00, 0,195E-18
c    *ELEMENT, TYP=U1
c      40001, 1
c
cccccccccccccccccccccccccccccccccccccccccccccccccccccccccccc
 znak*100 w pliku, nagłówek, utype
 napisać (*, *)"Input File Name:
 czytaj (*, *) w pliku! add_part1.rpt lub add_part2.rpt
 pisać (*, *)"Nazwa pliku wyjściowego:
 czytać (*, *) outfile! Dodaj_part1.txt lub Add_part2.txt
 otwarte (1, file=infile)
 open (2, file=outfile)
```

```
do i=1,19
powinno być (1, *)
enddo
nelm=40000
do i=1,100000
odczyt (1, *, err=101) węzeł, rf1, rf2, rf3
nelm=nelm+1
pisać (utype,"(i4.4)") i
pisać (utype,'(a5)')"U"//utype
pisać (2, 201) utype
pisać (2, 202)
pisać (2, 203)
pisać (2, 204) abs(rf1)
pisać (2,205)0, abs(rf2)
pisać (2,206)0,0, abs(rf3)
pisać (2,207) utype
pisać (2,208) nelm, węzeł
enddo
101 kontynuować
pisać (2.209)
format 201 (35H* ELEMENT UŻYTKOWNIKA, LINEAR, NODES=1, TYP=, A5)
Format 202 (8H    1,2,3)
203 format (18H*MATRIX, TYP=MASA)
204 format (e12.3)
Format 205 (e12.3,",", e12.3)
206 format (e12.3,',', e12.3,',', e12.3)
format 207 (24H*ELEMENT, ELSET=ADD, TYP=, A5)
format 208 (i8,',', i8)
Format 209 (34H*Właściwośćość, Elset=ADD, Alpha=0.)
pauza
koniec
```

Dodatkowy plik jakościowy (Add_part1.txt).

```
*UŻYTKOWNIK, LINIOWY, WĘZŁY=1, TYP=U0001
 1,2,3
*MATRYCA, TYP=MASA
 0.210E+07
 0,000E+00, 0,184E+07
 0,000E+00, 0,000E+00, 0,135E+06
*ELEMENT, ELSET=ADD, TYPE=U0001
 40001, 20000
*UŻYTKOWNIK, LINIOWY, WĘZŁY=1, TYP=U0002
 1,2,3
*MATRYCA, TYP=MASA
 0.554E+07
 0,000E+00, 0,474E+07
 0,000E+00, 0,000E+00, 0,740E+05
*ELEMENT, ELSET=ADD, TYPE=U0002
 40002, 20011
*UŻYTKOWNIK, LINIOWY, WĘZŁY=1, TYP=U0003
 1,2,3
.....
.....
*UŻYTKOWNIK, LINIOWY, WĘZŁY=1, TYP=U0142
 1,2,3
*MATRYCA, TYP=MASA
 0.280E+07
 0,000E+00, 0,126E+07
 0,000E+00, 0,000E+00, 0,323E+06
*ELEMENT, ELSET=ADD, TYPE=U0142
 40142, 21912
*UŻYTKOWNIK, LINIOWY, WĘZŁY=1, TYP=U0143
 1,2,3
*MATRYCA, TYP=MASA
 0.255E+06
```

```
  0,000E+00, 0,983E+05
  0,000E+00, 0,000E+00, 0,185E+05
*ELEMENT, ELSET=ADD, TYPE=U0143
  40143, 21927
*Uel property, Elset=ADD, Alpha=0.
Dodatkowa jakość dodana do pliku inp jest podana jako:
......
*part, name=part1
.....
**...............
**Addmass
*Include, input=add_part1.txt
**............ .
**Sekcja: sekcja 1
*Sekcja stała, elset=odd, materiał-conc
,
*Część końcowa
**
*Part, name=part-2
....
**...... ..
**Addmass
*Include, input=Add_part2.txt
**......... .
**Sekcja: sekcja 1
*Sekcja stała, elset-even, material=conc
,
*Część końcowa
.....
```

9.4 Obliczanie częstotliwości drgań własnych zapór łukowych

Jako parametry materiałowe betonu zaporowego przyjmuje się sprężystość liniową, moduł sprężystości 26,0GPa, stosunek Poissona 0,167, gęstość

2400,0kg/m3, moduł sprężystości skały macierzystej 1,8GPa, stosunek Poissona 0,25. W obliczeniach sejsmicznych przyjmuje się bezmasowy model fundamentu, a gęstość skały macierzystej wynosi $1.0^{-6}kg/m^3$.

Ścięta granica fundamentu jest ograniczona w trzech kierunkach. Pierwsze 20 częstotliwości drgań własnych oblicza się za pomocą "*częstotliwości" w kroku analizy. Definicje słów kluczowych w pliku inp znajdują się poniżej. Plik ten nosi nazwę freq.inp.

plik inp do obliczenia 20 porządkowych częstotliwości drgań własnych jest następujący.

```
.....
*End assembly
*
**Materiały
**
*Materiał, nazwa=Conc
*Gęstość
2400.,
*Elastyczny
2.6e+10, 0.167
*Materiał, nazwa =Rock
*Gęstość
Elastyczny
1e-06,
*Elastyczny
1.8e+10, 0.25
**........
*Granica
Stałe, 1, 3
**....... ..
....
***....
```

```
**Step: krok 1
**
*Step, name=step-1
*Częstotliwość
20,
*End step
```

Podczas analizy charakterystyki drgań własnych zapór łukowych, system musi być liniowo elastyczny. Dlatego też, nawet jeśli relacja styku jest ustawiona w połączeniach poprzecznych zapór łukowych, ABAQUS automatycznie przekształca styk w ograniczenie wiązania.

Tabela 9-2 zawiera wykaz pierwszych 20 częstotliwości drgań własnych zapór łukowych w warunkach pełnego zbiornika, które są wymienione jako kolejność trybów, wartość własna kształtu trybu, częstotliwość kołowa w rad/s i częstotliwość w Hz. Widać, że częstotliwość bazowa zapory łukowej wynosi około 1,18Hz, a częstotliwość w drugim trybie jest zbliżona do częstotliwości w pierwszym trybie, około 1,29Hz.

Tabela 9-2 Wykaz pierwszych 20 częstotliwości naturalnych zapór łukowych w warunkach pełnego zbiornika

Wartość własna Wartość wyjściowa					
Tryb N0	Wartość własna	Częstotliwość: (rad/czas)	Masa uogólniona (cykle/czas)	Kompozytowy modal	Tłumienie
1	55.050	7.4196	1.1809	3.06586E+08	0.0000
2	65.991	8.1235	1.2929	4.22175E+08	0.0000
3	130.10	11.406	1.8154	3.78567E+08	0.0000
4	176.38	13.281	2.1137	5.25479E+08	0.0000

5	251.95	15.873	2.5262	3.67452E+08	0.0000
6	336.54	18.345	2.9197	3.56027E+08	0.0000
7	356.02	18.869	3.0030	1.18709E+08	0.0000
8	379.48	19.480	3.1004	3.21789E+08	0.0000
9	530.95	23.042	3.6673	2.91485E+08	0.0000
10	550.20	23.456	3.7332	2.94110E+08	0.0000
11	618.69	24.873	3.9587	3.41372E+08	0.0000
12	687.69	26.215	4.1722	1.40143E+08	0.0000
13	705.63	26.564	4.2278	1.46192E+08	0.0000
14	721.86	26.867	4.2761	1.52030E+08	0.0000
15	740.45	27.211	4.3308	4.03858E+08	0.0000
16	748.04	27.350	4.3529	2.60465E+08	0.0000
17	766.79	27.791	4.4072	2.25013E+08	0.0000
18	794.59	28.189	4.4863	2.85287E+08	0.0000
19	805.42	28.380	4.5168	1.86921E+08	0.0000
20	865.12	29.413	4.6812	2.09247E+08	0.0000

Rysunek 9-10 przedstawia pięć pierwszych trybów zapory łukowej. Porównanie trybów jest regularne. Pierwszy, trzeci i piąty rząd to tryby symetryczne dodatnie, a drugi i czwarty to tryby antysymetryczne.

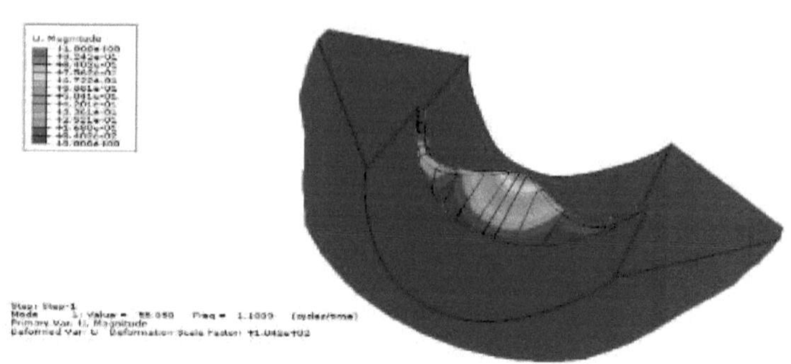

a) Postanowienie nr 1

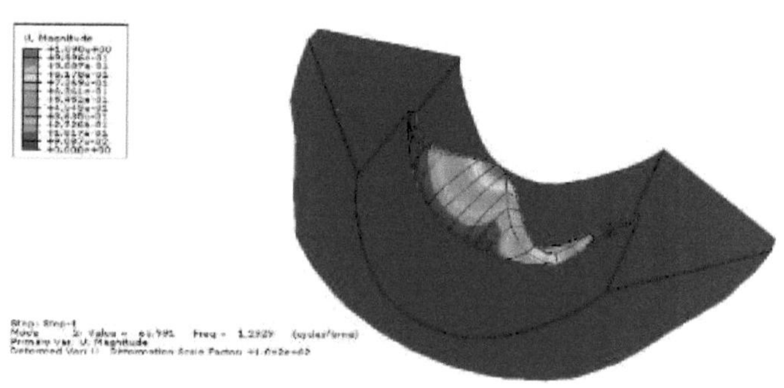

b) Zarządzenie nr 2

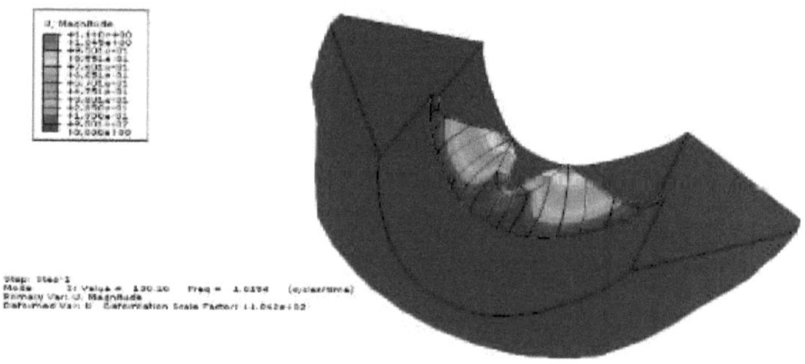

c) Zarządzenie nr 3

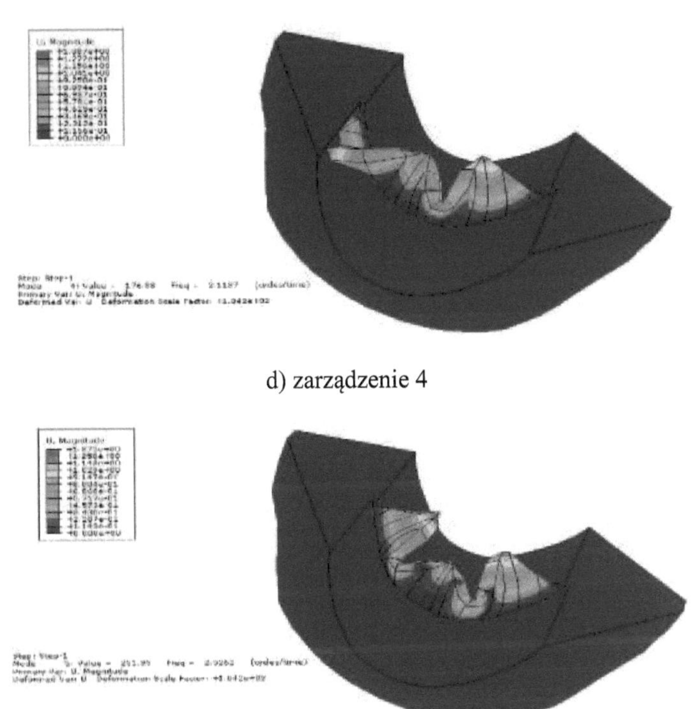

d) zarządzenie 4

e) zarządzenie 5

Rysunek 9-10 Pierwsze pięć trybów wibracji zapory łukowej z pełnym zbiornikiem wyrównawczym

Aby sprawdzić pusty zbiornik (bez dodatkowej masy wody dynamicznej) i charakterystykę samowibracyjną zapory łukowej, należy skasować słowa kluczowe "*włączyć" w części 1 i części 2 pliku inp i zapisać je jako obliczeniowy plik wejściowy "freq empty.inp". Lista pierwszych 20 częstotliwości trybu pracy zapór łukowych w stanie pustego zbiornika, częstotliwość bazowa zapór łukowych w stanie pustego zbiornika wynosi 1,74Hz, a częstotliwości trybu pracy drugiego rzędu 1,86Hz, które są wyższe od częstotliwości drgań własnych w stanie pełnego zbiornika, co jest zgodne z prawem ogólnym. Rysunek 9-11 przedstawia pięć pierwszych trybów pracy zapory łukowej w pustym zbiorniku. Widać, że pierwszy i czwarty tryb to tryb antysymetryczny, a drugi, trzeci i piąty to symetryczny dodatni.

W obliczeniach dynamicznych dla konstrukcji zapory łukowej przyjęto tłumienie Rayleigh'a. Współczynnik tłumienia $\alpha = 2\xi\omega 1\omega 2/(\omega 1 + \omega 2), \beta = 2\xi/(\omega 1 + \omega 2)$gdzie współczynnik tłumienia ξ, ω1 i ω2 są górną i dolną granicą wybranej częstotliwości modalnej. W niniejszym artykule od pierwszej do piątej częstotliwości modalnej pobierane są zapory łukowe, a współczynnik tłumienia wynosi 5 procent. Parametry tłumienia Rayleigh'a α =0.5056, β =0,0043 dla pełnego zbiornika są obliczane.

Lista pierwszych 20 częstotliwości naturalnych zapór łukowych w stanie pustego zbiornika podana jest w tabeli 9-3:

Tabela 9-3 Pierwsze 20 naturalnych częstotliwości zapór łukowych w stanie pustego zbiornika

Wartość własna Wartość wyjściowa					
Tryb N0	Wartość własna	Częstotliwość: (rad/czas)	Masa uogólniona (cykle/czas)	Kompozytowy modal	Tłumienie
1	120.20	10.964	1.7449	2.89939E+08	0.0000
2	137.18	11.712	1.8641	1.39747E+08	0.0000
3	232.11	15.235	2.4248	2.42849E+08	0.0000
4	305.14	17.468	2.7802	2.77241E+08	0.0000
5	445.82	21.115	3.3605	2.68698E+08	0.0000
6	655.75	25.608	4.0756	1.64531E+08	0.0000
7	660.26	25.695	4.0896	2.65323E+08	0.0000
8	821.65	28.665	4.5621	1.71665E+08	0.0000
9	972.10	31.178	4.9622	2.24545E+08	0.0000

10	992.73	31.508	5.0146	1.45656E+08	0.0000
11	1173.2	34.252	5.4513	4.47465E+08	0.0000
12	1192.4	34.532	5.4959	3.43760E+08	0.0000
13	1244.8	35.281	5.6152	2.89103E+08	0.0000
14	1260.5	35.503	5.6505	1.24714E+08	0.0000
15	1310.0	36.194	5.7605	1.98426E+08	0.0000
16	1382.5	37.182	5.9177	3.95735E+08	0.0000
17	1397.8	37.387	5.9503	2.57174E+08	0.0000
18	1457.1	38.172	6.0752	1.93115E+08	0.0000
19	1500.9	38.741	6.1658	2.38008E+08	0.0000
20	1518.1	38.963	6.2011	2.64821E+08	0.0000

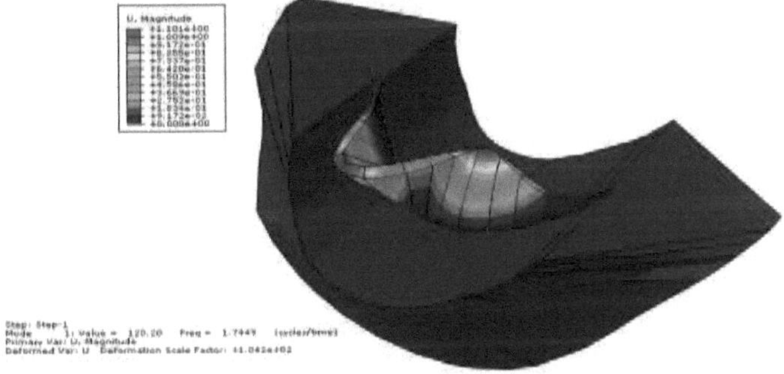

a) Postanowienie nr 1

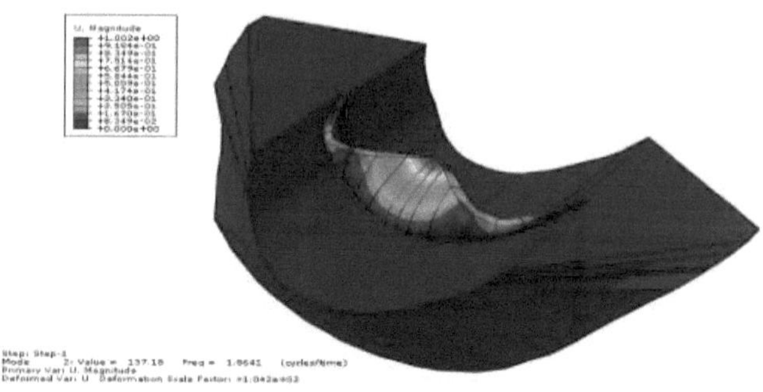

b) Zarządzenie nr 2

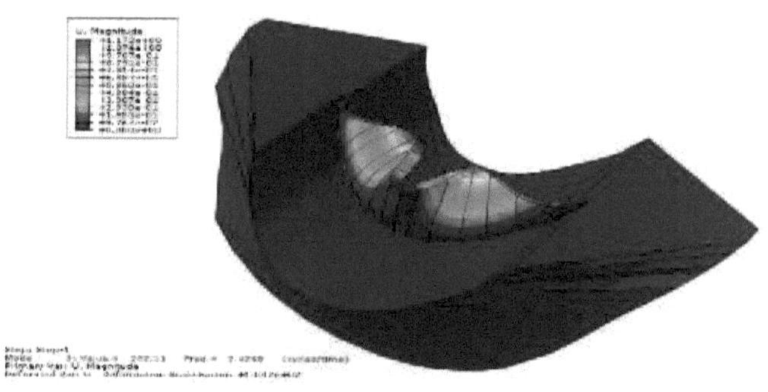

c) Zarządzenie nr 3

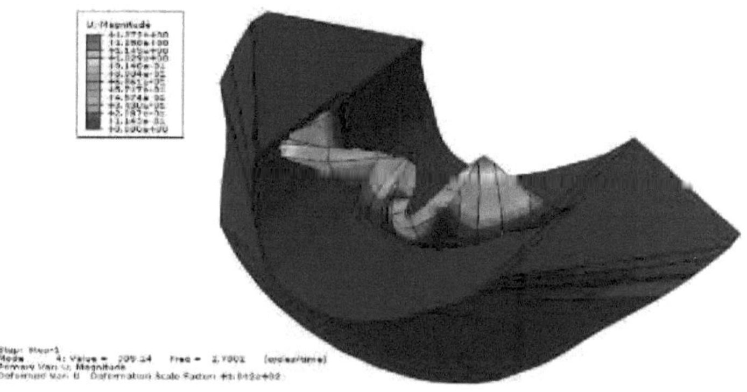

d) zarządzenie 4

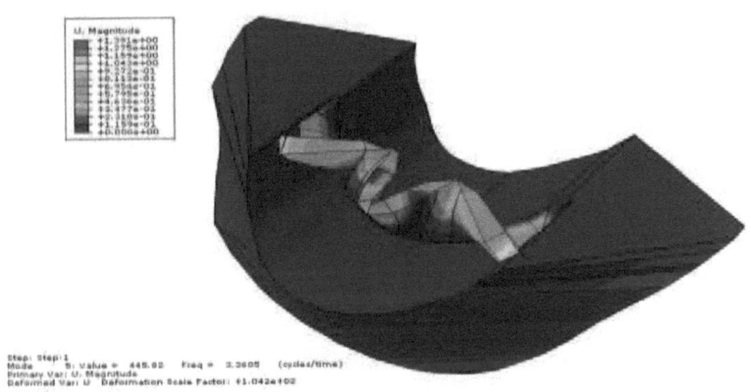

e) zarządzenie 5

Rysunek 9-11 Pierwsze pięć trybów wibracji zapory łukowej z pustym zbiornikiem

9.5 Metoda superpozycji trybu do obliczania reakcji sejsmicznej zapory łukowej

Metoda superpozycji modalnej może być stosowana do obliczania i analizy chwilowych problemów dynamicznych układów liniowych. W związku z tym metoda superpozycji modalnej musi uzyskać odpowiedź strukturalną w oparciu o modal układu. W związku z tym analiza modalnej superpozycji musi być przeprowadzona na podstawie analizy charakterystyki drgań własnych.

Metoda superpozycji modalnej oblicza tylko czystą odpowiedź dynamiczną. Jeśli chcemy rozważyć przypadek zastosowania siły dynamicznej na podstawie siły statycznej, musimy obliczyć osobno odpowiedź statyczną i dynamiczną konstrukcji. Następnie wyniki analizy statycznej i dynamicznej są nakładane na siebie. Przy nakładaniu należy zwrócić uwagę na to, aby składniki tensora nakładały się oddzielnie, a następnie obliczyć wymagane wartości własne na podstawie wyników nakładania.

Edytujemy plik inp do analizy modalnej superpozycji tamy łukowej. Pierwszym krokiem jest analiza charakterystyki drgań własnych, która została już szczegółowo objaśniona wcześniej i nie będzie tu powtarzana. Następnie analiza superpozycji modalnej jest wykorzystywana do analizy charakterystyki drgań własnych. Do jej aktywacji używa się słowa kluczowego "modal dynamic". Jego linia danych "0.01, 15" oznacza, że czas obliczeń wynosi 15, a długość kroku 0.01s. Superpozycja modalna musi określić, które tryby są wybierane dla superpozycji. Słowo kluczowe "off select eigenmodes" może być użyte do wyboru określonych trybów lub serii trybów w określonym zakresie. Tutaj za pomocą parametru "generate" wybieramy pierwsze 20 trybów dla superpozycji trybów, a linia danych odpowiada "1, 20, 1". Następnie słowo kluczowe "modal damping" jest używane do określenia tłumienia każdego z trybów. Różne parametry mogą być użyte do zdefiniowania tłumienia i różnych mechanizmów tłumienia. Parametr "modal=direct" może bezpośrednio definiować współczynnik tłumienia dla każdego trybu; parametr "Rayleigh" wykorzystuje tłumienie Rayleigh'a i musi zdefiniować parametry tłumienia Rayleigh'a α oraz β Istnieją inne definicje tłumienia, czytniki mogą odwoływać się do ABAQUS/dokumentacja. Tutaj używamy tłumienia Rayleigh'a do obliczenia parametrów tłumienia Rayleigh'a według częstotliwości naturalnych pierwszego i piątego rzędu. Następnie linie danych "*tłumienie modalne, Rayleigh" to 1, 20, 0.5056, 0.0043, a parametry tłumienia Rayleigh'a to α =0.5056, β =0,0043 dla pierwszego do dwudziestego trybu.

Krzywa historii czasu przyspieszenia sejsmicznego jest określona przez słowo kluczowe amplituda, a historia czasu przyspieszenia sejsmicznego w każdym kierunku jest odczytywana przez wejście parametrów. Zakładając, że założone jest tylko poziome działanie sejsmiczne w kierunku x i y, a pionowe działanie sejsmiczne jest zaniedbane, to wejście sejsmiczne używa słowa kluczowego *basemotion, parametru dof do zdefiniowania kierunku sejsmicznego, a amplituda deklaruje, która krzywa historii czasu została wcześniej zdefiniowana, skala do reprezentowania współczynnika powiększenia. "*basemotion, dof = 1, amplituda = hacc, skala = 9,81" definiuje wejściowy stopień swobody dof jako 1, tzn. działanie sejsmiczne w kierunku X. Czas trwania aktywności sejsmicznej nazywany jest hacc, a współczynnik powiększenia wynosi 9,81. Podobnie, wejście sejsmiczne w kierunku Y jest zdefiniowane, "*basemotion, dof = 2, amplituda = vacc, skala = 9,81".

Na koniec, wymagane wyjście jest definiowane za pomocą *output.

Poniżej przedstawiono inp zdefiniowane w kroku analizy superpozycji modalnej. Plik inp nosi nazwę modal dyn.inp, a obliczenie "Abaqusjob = Modal_dyninter" jest wykonywane na terminalu.

Modalna superpozycja w pliku inp jest jak:

```
......
***.........
**Step, name=step-1
*Częstotliwość
20,
*Granica
STAŁE, 1, 3
**
*End step
***.........
**Step: krok 2
**
*Step, name=step-2
*Modal dynamic
0.01, 15
*Wybierz tryby własne, wygeneruj
1, 20, 1
*Modalne tłumienie, Rayleigh
1, 20, 0.5056, 0.0043
*Amplituda, name=hacc, input=Koyna_haccel.inp
*Amplituda, nazwa=vacc, wejście=Koyna_vaccel.inp
***
*Base motion, dof=1, amplituda=hacc, skala=9,81
*Base motion, dof=2, amplituda=vacc, skala=9,81
**
**pole wyjściowe
*output, field, freq=1
*Wyjście z elementu
 S, E
*Wyjście węzła
 U, A,
*End step
```

Po zakończeniu obliczeń, w zależności od potrzeb analizy wyników, można wyodrębnić czysto dynamiczne reakcje korpusu zapory w każdym momencie, takie jak dynamiczny rozkład naprężeń i dynamiczny rozkład przemieszczeń. Rysunek 9-12 przedstawia rozkład maksymalnego dynamicznego naprężenia głównego korpusu zapory w typowym czasie.

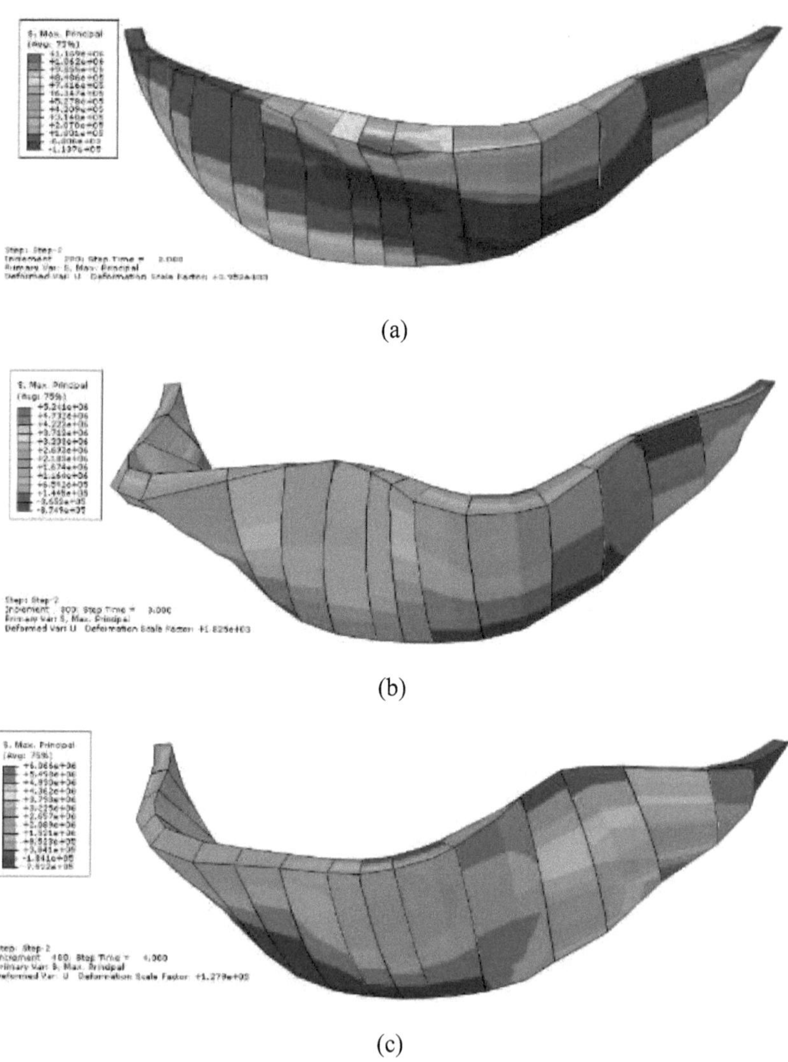

(a)

(b)

(c)

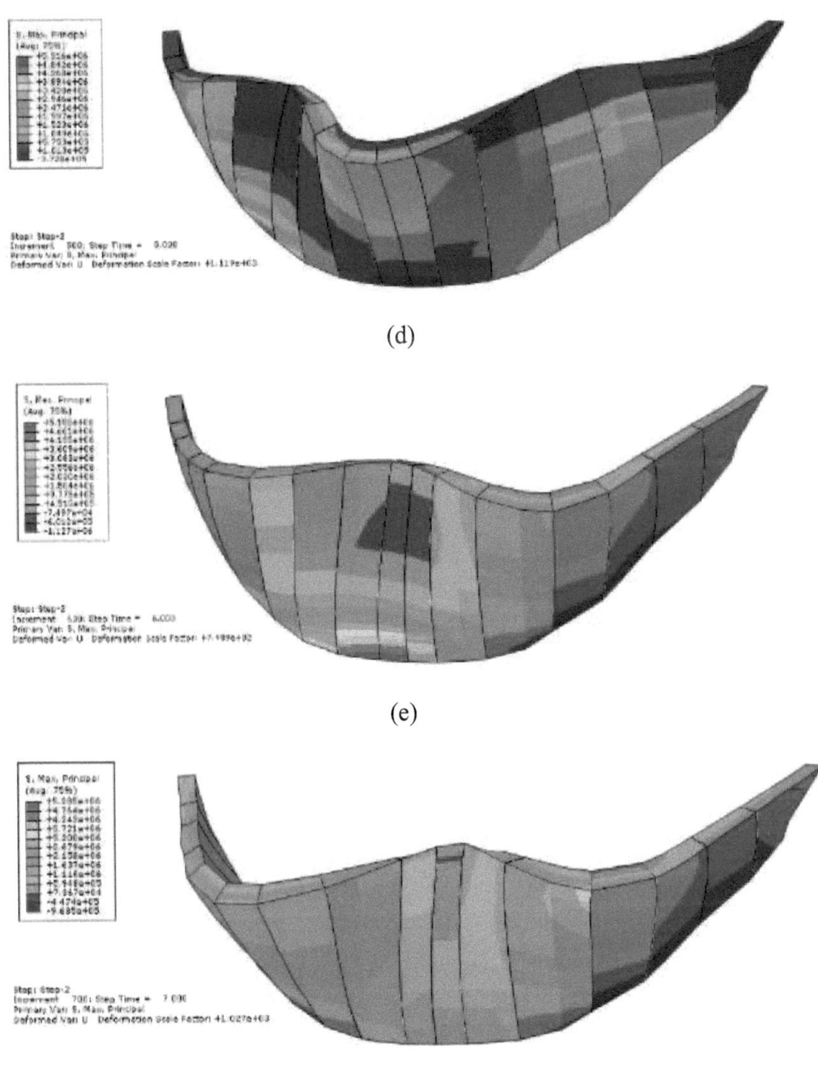
S, Max. Principal
(Avg: 75%)
Step: Step-2
Primary Var: S, Max. Principal
Deformed Var: U Deformation Scale Factor:
S, Max. Principal
(Avg: 75%)
Step: Step-2
Primary Var: S, Max. Principal
Deformed Var: U Deformation Scale Factor:
S, Max. Principal
(Avg: 75%)
Step: Step-2
Primary Var: S, Max. Principal
Deformed Var: U Deformation Scale Factor:

(d)

(e)

(f)

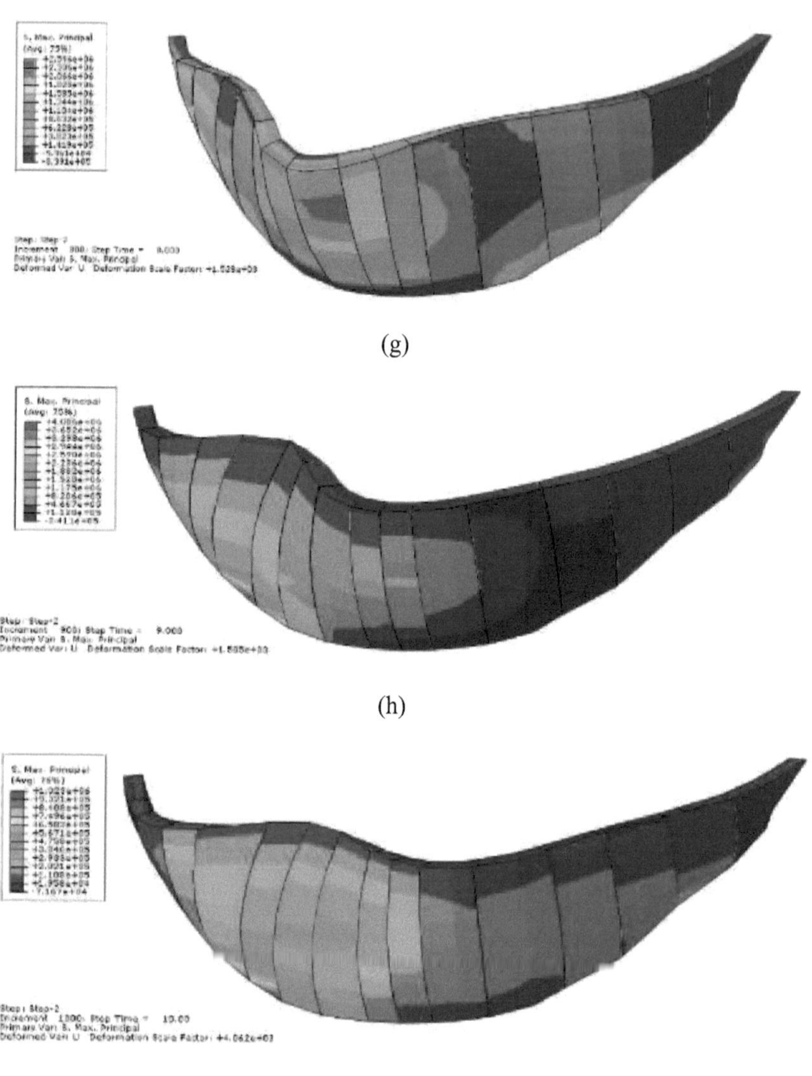
S, Max. Principal
(Avg: 75%)
Step: Step-2
Primary Var: S, Max. Principal

(g)

(h)

(i)

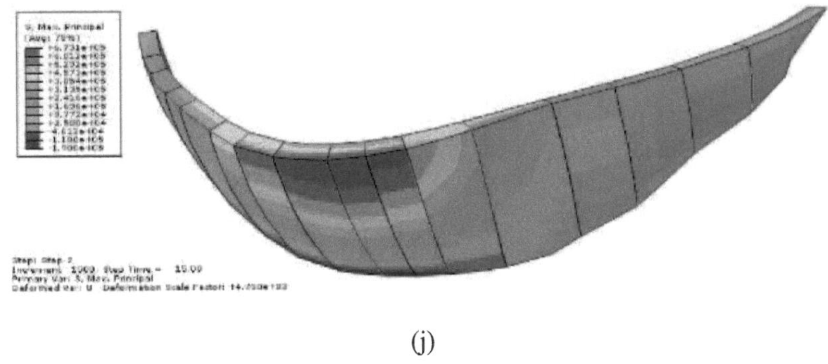

(j)

Rysunek 9-12 Maksymalny główny rozkład naprężeń w korpusie tamy w typowym czasie według modalności

Tworzenie danych XY służy do ekstrakcji krzywej historii czasu wyniku, która jest maksymalną i minimalną krzywą historii czasu naprężeń głównych w punkcie zapory, jak pokazano na rysunku 9-13.

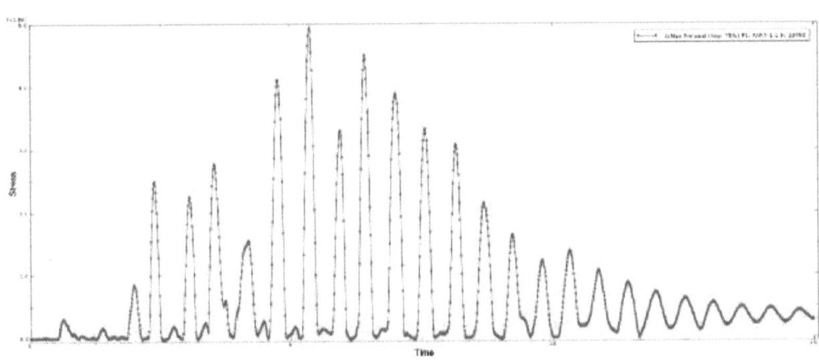

a) Maksymalny stres główny

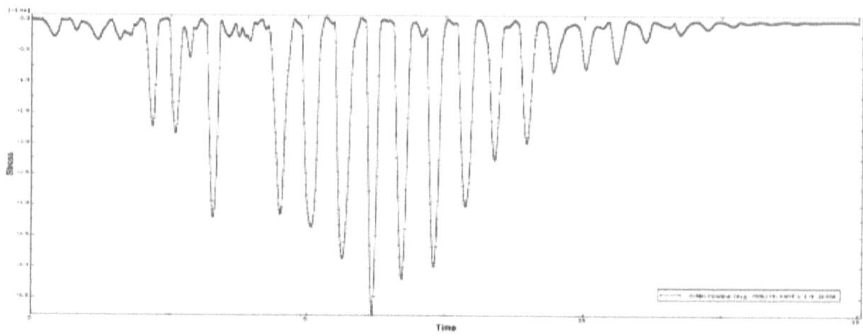

b) Minimalny stres główny

Rys. 9-13 Historia głównych naprężeń w czasie węzła w zaporze metodą superpozycji modalnej

Schemat obwiedni można uzyskać za pomocą polecenia [Tools]/[Create Field Output from Frame]. Powłoka z dodatnim przesunięciem w kierunku Y jest tworzona w sposób pokazany na Rysunku 9-14.

Na szczególną uwagę zasługuje fakt, że metoda modalnej superpozycji oblicza czystą odpowiedź dynamiczną, która powinna być nałożona na wyniki analizy statycznej w celu uzyskania statycznych i dynamicznych wyników superpozycji struktury.

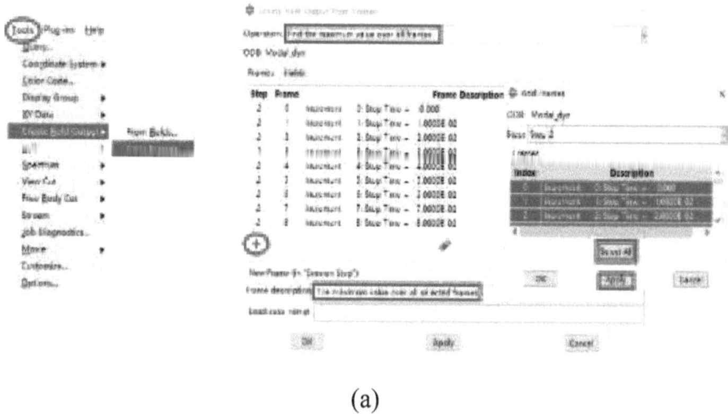

(a)

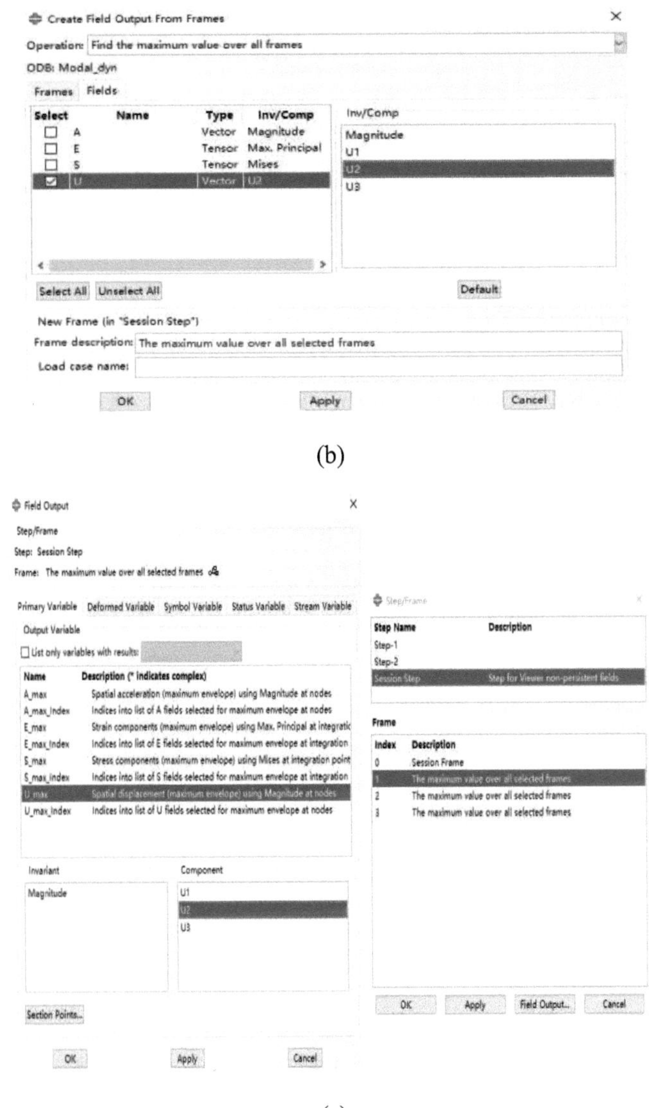
Create Field Output From Frames
Operation: Find the maximum value over all frames
ODB: Modal_dyn
Frames Fields
Select Name Type Inv/Comp
A Vector Magnitude
E Tensor Max. Principal
S Tensor Mises
U Vector U2
Inv/Comp
Magnitude
U1
U2
U3
Select All Unselect All
Default
New Frame (in "Session Step")
Frame description: The maximum value over all selected frames
Load case name:
OK Apply Cancel
Field Output
Step/Frame
Step: Session Step
Frame: The maximum value over all selected frames
Primary Variable Deformed Variable Symbol Variable Status Variable Stream Variable
Output Variable
List only variables with results:
Name Description (* indicates complex)
A_max Spatial acceleration (maximum envelope) using Magnitude at nodes
A_max_Index Indices into list of A fields selected for maximum envelope at nodes
E_max Strain components (maximum envelope) using Max. Principal at integratic
E_max_Index Indices into list of E fields selected for maximum envelope at integration
S_max Stress components (maximum envelope) using Mises at integration point
S_max_Index Indices into list of S fields selected for maximum envelope at integration
U_max Spatial displacement (maximum envelope) using Magnitude at nodes
U_max_Index Indices into list of U fields selected for maximum envelope at nodes
Invariant
Magnitude
Component
U1
U2
U3
Section Points...
OK Apply Cancel
Step/Frame
Step Name Description
Step-1
Step-2
Session Step Step for Viewer non-persistent fields
Frame
Index Description
0 Session Frame
1 The maximum value over all selected frames
2 The maximum value over all selected frames
3 The maximum value over all selected frames
OK Apply Field Output... Cancel

(b)

(c)

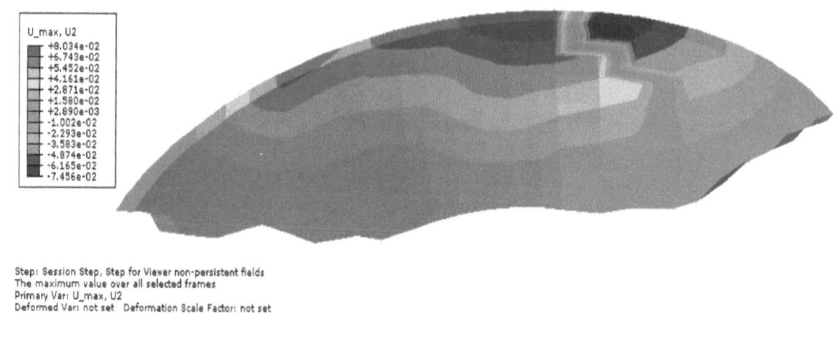

(d)

Rysunek 9-14 Metoda modalnej supozycji zapory dodatnia koperta przesunięcia w kierunku Y

9.6 Nieliniowa analiza czasowo-historyczna zapór łukowych z uwzględnieniem połączeń poprzecznych

Podczas budowy zapór łukowych złącza poprzeczne układa się oddzielnie w zależności od bloków zapory. Chociaż wykonuje się spoiny poprzeczne, to w przypadku silnych trzęsień ziemi wytrzymałość spoin poprzecznych na rozciąganie może zostać pominięta. Oznacza to, że w analizie symulacyjnej uwzględnia się interfejs złączy poprzecznych o zerowej wytrzymałości na rozciąganie. Ponadto między złączami poprzecznymi zapór łukowych ustawia się kluczowe rowki, aby ograniczyć względny poślizg promieniowy między blokami zapór. W symulacji, ze względu na złożoność modelowania kluczowych rowków i ignorowanie ich roli, połączenia poprzeczne są uważane za styki płaskie, a styczny względny poślizg powierzchni styku jest zgodny z kryterium tarcia Coulomba.

Analiza sejsmiczna zapór łukowych powinna opierać się na analizie statycznej. Etap analizy podzielony jest na dwa etapy, pierwszy to analiza statyczna, obejmująca grawitację korpusu tamy i działanie hydrostatyczne; drugi to analiza sejsmiczna w czasie. Krok analizy w pliku inp pokazano poniżej. Zakładając, że występują tylko poziome trzęsienia ziemi, a pionowe trzęsienia ziemi są zaniedbane, poziome trzęsienia ziemi występują wzdłuż rzek i w poprzek rzek (tj. w 1 i 2 kierunkach), przyjmuje się odpowiednio poziome i pionowe krzywe historii czasu przyspieszenia trzęsień ziemi w Koynie. W wyjściowych wynikach, oprócz konwencjonalnych wyników naprężeń, odkształceń, przemieszczeń i przyspieszeń, mogą być również wyprowadzone przemieszczenia względne (tj. otwarcie i styczny poślizg) oraz siła nacisku złączy poprzecznych (przy użyciu słowa kluczowego wyjście stykowe, parametr Cdisp jest przemieszczeniem względnym, parametr naprężenie jest siłą nacisku).

Wprowadzanie pliku wejściowego w kroku analizy historii czasu odbywa się w następujący sposób.

```
**Step: krok 1
**
*Step, name=step-1
*Statyczny
1,1
**
*Granica
Stałe, 1, 3
**
*Załadunek
Część-1-1.ODD, Grav, 9.81, 0, 0, -1
Część-2-1. EVEN, Grave, 9.81, 0, 0, -1
**
*Załadunek
Surf-water, HP,1.093815, 489.5, 378
**Pole wyjściowe
*Output, field, freq=1
*Wyjście z elementu
S, E
*Wyjście węzła
U, A
```

```
*Wyjście stykowe
Cdisp, Cstress,
*End step
***.......
**Step: krok 2
**
*Step, namee-step-2, INC=2000
*Dynamiczny
0.01, 15, 0.00001, 0.01
***
*Amplituda, name=hacc, input=Koyna_haccel.inp
*Amplituda, nazwa=vacc, wejście=Koyna_vaccel.inp
***
*Boundary, type=acceleration, Amplitude=hacc
Stała, 1, 9,81
*Boundary, type=acceleration, Amplitude=vacc
Stała, 2, 9,81
**
**Pole wyjściowe
*Output, field, frq=1
*Wyjście z elementu
S, E
*Wyjście węzła
U, A
*Wyjście stykowe
Plotki, Cstress,
*End step
```

Wpływ wilgoci powinien być brany pod uwagę w analizie dynamicznej reakcji czasowej. W niniejszej pracy przyjęto materiałowy model tłumienia Rayleigh'a. W module definiowania charakterystyki materiału (*słowo kluczowe "materiał") dodano słowa kluczowe "tłumienie" do definicji parametrów tłumienia Rayleigh'a, którymi są "*Tłumienie, Alpha = a, Beta=b". Wśród nich, Alpha jest parametrem tłumienia masowego tłumienia Rayleigh'a, Beta jest parametrem tłumienia sztywności. W tym przypadku, do obliczenia parametrów tłumienia Rayleigh'a używana jest naturalna częstotliwość drgań pierwszego piątego rzędu systemu wodnego fundamentów zapór łukowych. Poniżej znajduje się definicja w pliku inp parametrów tłumienia materiału do analizy historii czasu.

```
**Materiały
**
*Materiał, nazwa=conc
*Gęstość
2400
*Elastyczny
2.6e+10, 0.167
*Damping, Alpha=0,5056, Beta=0,0043
*materiał, nazwa=Rock
*Gęstość
1e-06
*Elastyczny
1.8e+10, 0.25
*Damping, Alpha=0,5056, Beta=0,0043
```

Nazwij plik inp "Dynamic.inp" i uruchom "AbaqusJob = DynamicInter" na terminalu do obliczeń.

Rysunek 9-15 przedstawia schematy deformacji korpusu zapory w każdym typowym czasie (powiększenie 200). Widać, że połączenia poprzeczne otwierają się i ześlizgują podczas trzęsienia ziemi. Ze względu na istnienie połączeń poprzecznych, przemieszczenie pomiędzy blokami tamy nie jest już ciągłe, a przemieszczenie w połączeniach poprzecznych może przeskakiwać.

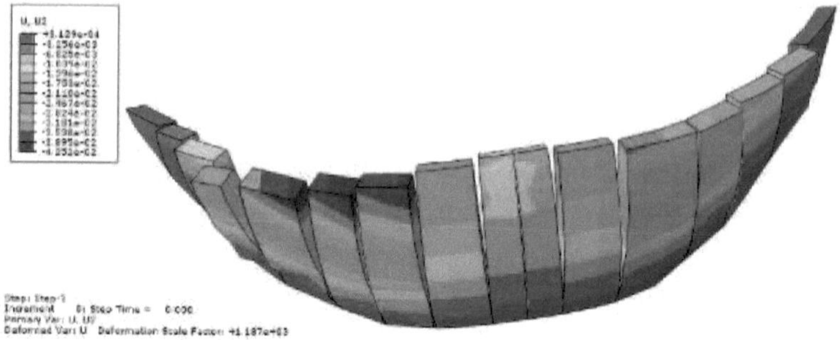

a) t=0s

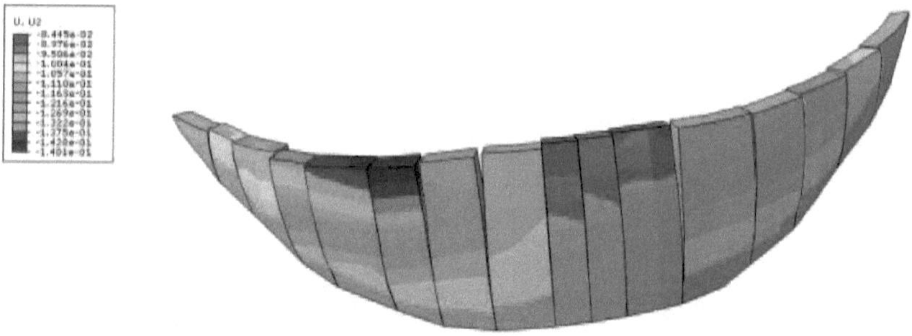

b) t=2s

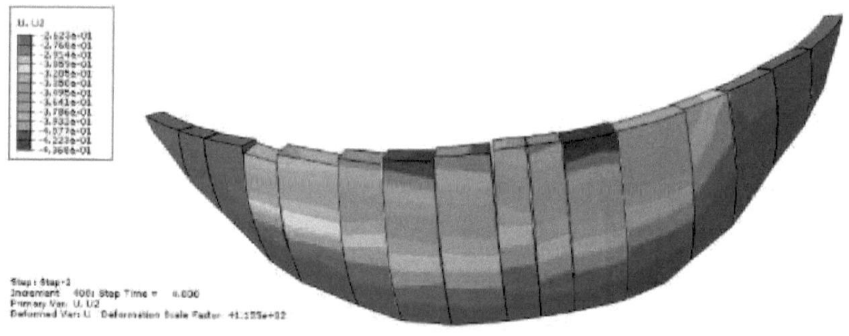

c) t=4s

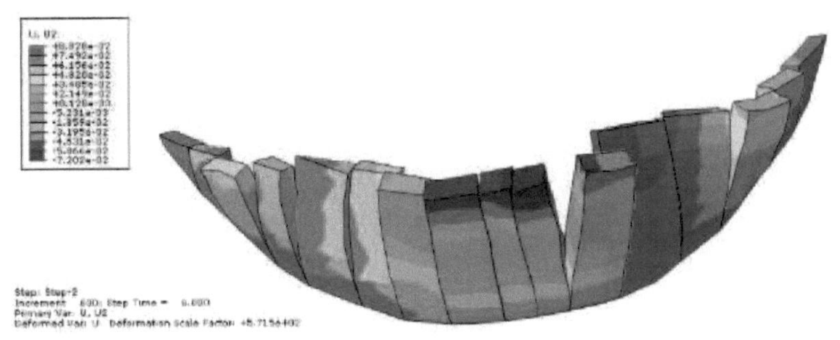

(d) t=6s

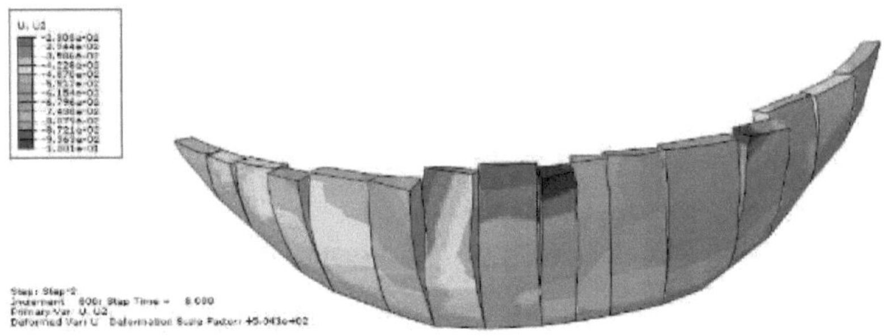

(e) t=8s

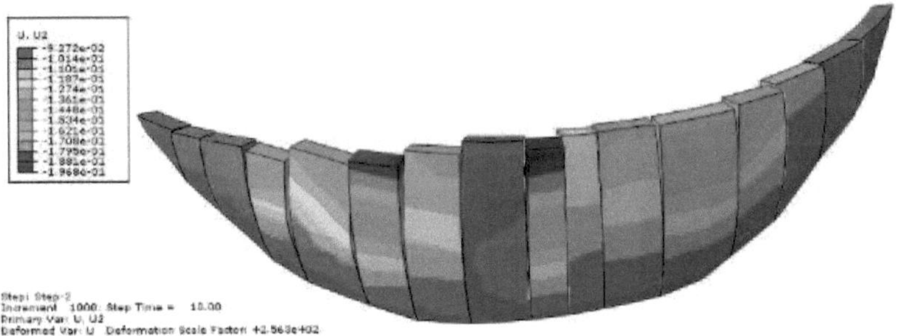

(f) t=10s

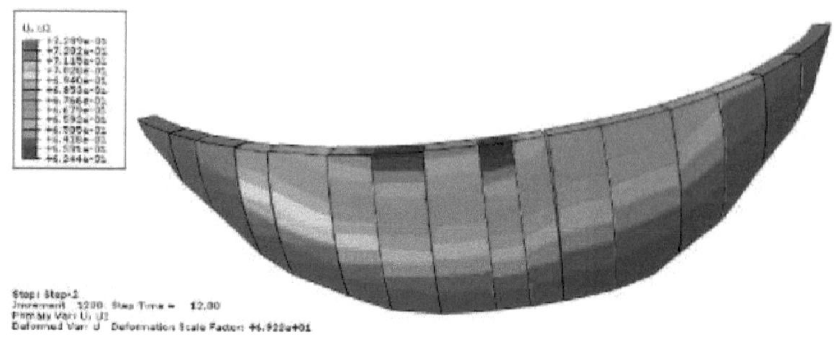

g) t=12s

Rysunek 9-15 Schemat przemieszczenia zapory łukowej za każdym razem (współczynnik wzmocnienia deformacji 200)

Rysunek 9-16 przedstawia proces pozyskiwania krzywej historii względnego czasu przemieszczenia. Najpierw odczytuje się bezwzględną historię czasu przemieszczenia wierzchołka tamy i fundamentu, a następnie uzyskuje się względną historię czasu przemieszczenia poprzez różnicę między nimi. Podobnie, krzywe historii czasu innych wyników można uzyskać za pomocą podobnych metod.

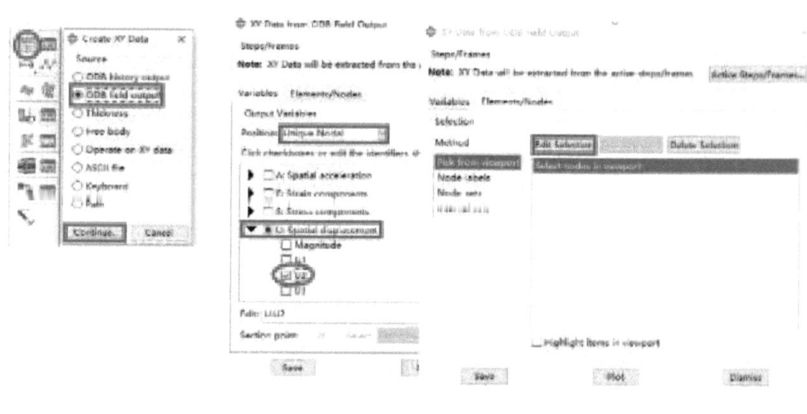

(a)

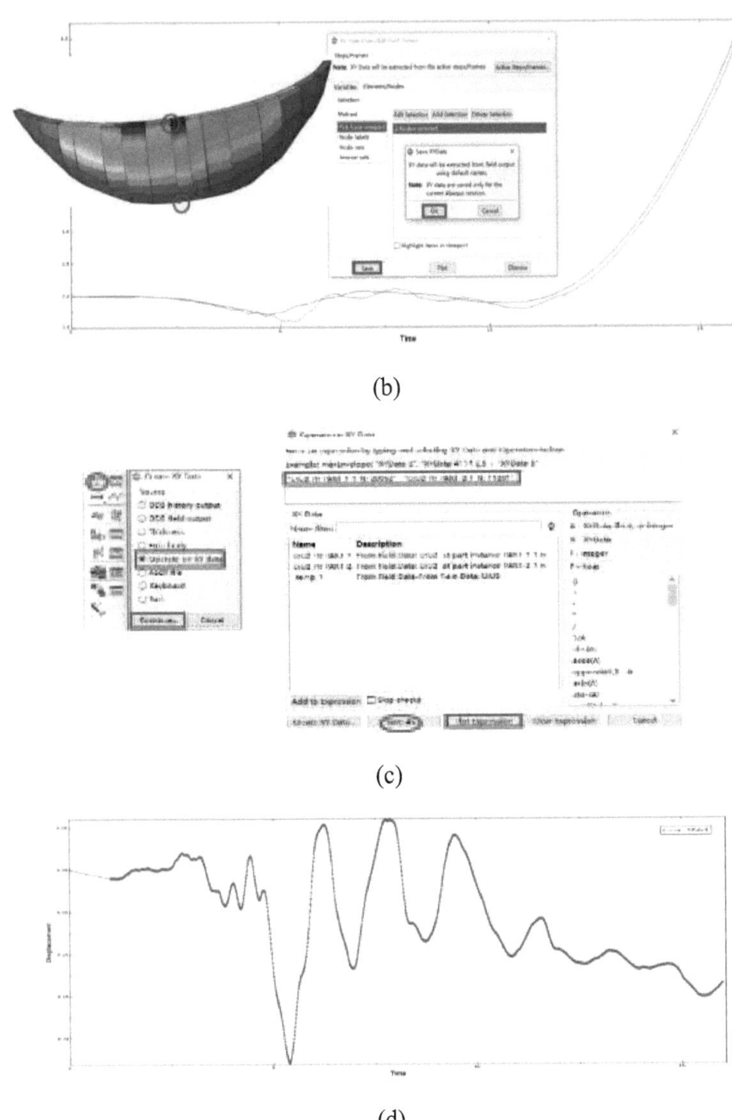

Rysunek 9-16 Proces wyodrębnienia przemieszczenia względnego historia czasu zakrzywienie szczytu tamy i fundamentu

W analizie dynamicznej historii czasu materiałów liniowo elastycznych wyniki naprężeń w każdym momencie nie są wystarczające, aby ocenić, czy wytrzymałość zapory spełnia wymagania. Granicę skrajnych naprężeń w korpusie zapory należy uzyskiwać poprzez wyodrębnienie skrajnych naprężeń w każdym punkcie korpusu zapory w każdym momencie. Rysunki 9-17 i 9-18 przedstawiają proces akwizycji i wyniki odpowiednio: maksymalnego naprężenia głównego i minimalnego naprężenia głównego korpusu zapory. Rysunki 9-19 przedstawiają obwiednię poprzecznego otworu w złączu, a praca w fazie gazowej nie jest szczegółowo opisana.

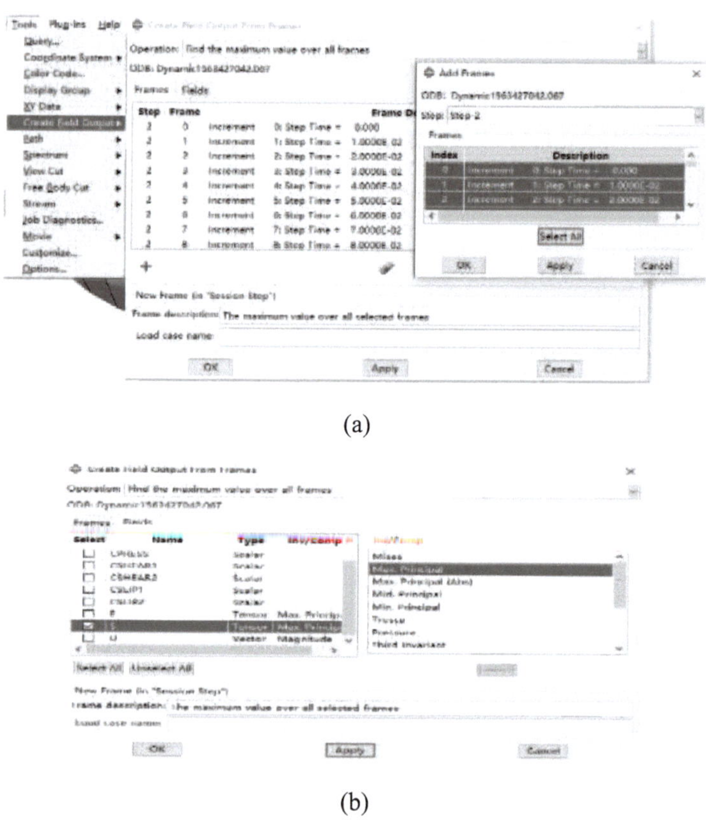

(a)

(b)

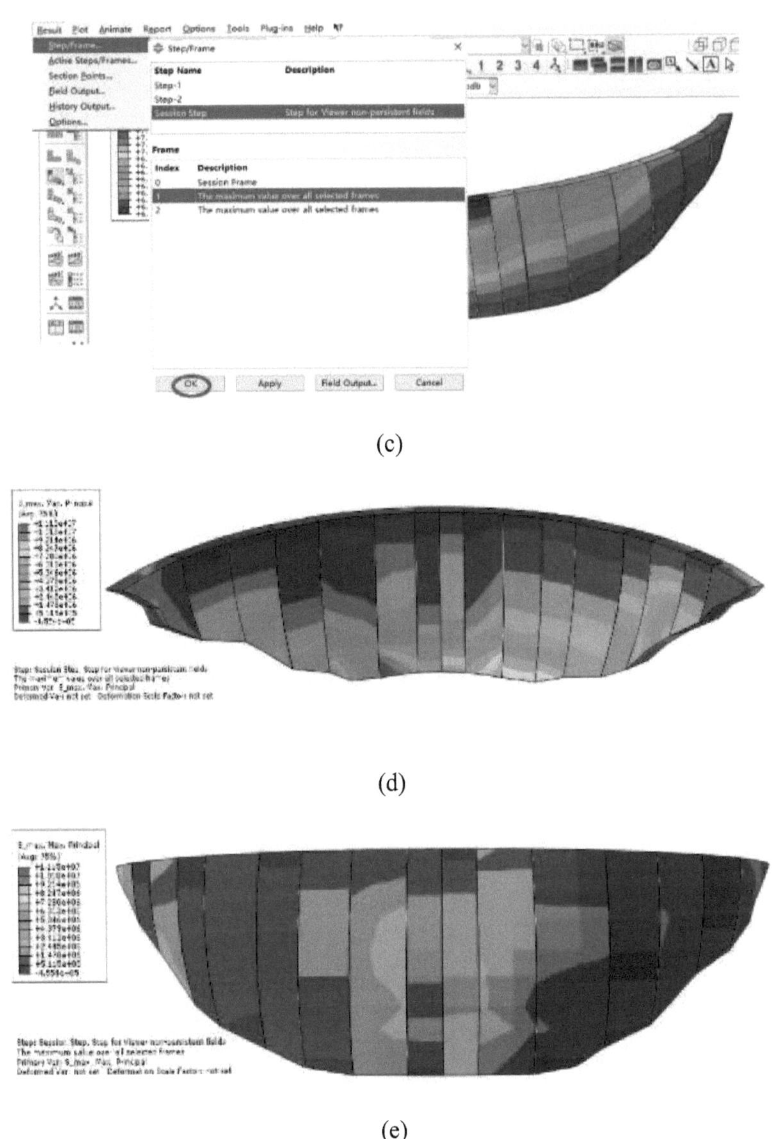

Rysunek 9-17 Maksymalna ekstrakcja z obwiedni naprężeń głównych

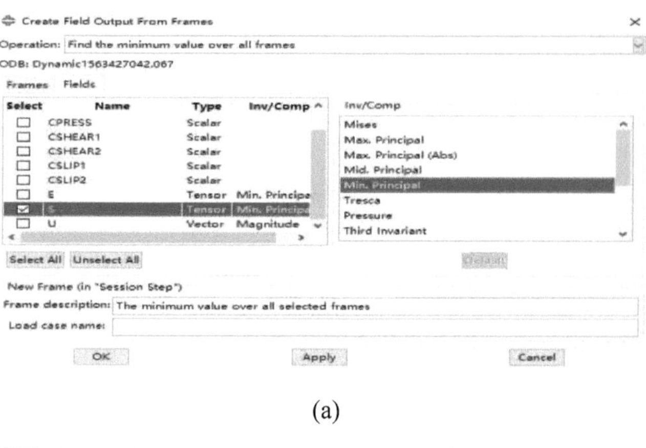
Create Field Output From Frames
Operation: Find the minimum value over all frames
ODB: Dynamic1563427042.067
Frames
Fields
Select
Name
Type
Inv/Comp
CPRESS
Scalar
CSHEAR1
Scalar
CSHEAR2
Scalar
CSLIP1
Scalar
CSLIP2
Scalar
E
Tensor
Min. Principa
S
Tensor
Min. Principa
U
Vector
Magnitude
Inv/Comp
Mises
Max. Principal
Max. Principal (Abs)
Mid. Principal
Min. Principal
Tresca
Pressure
Third Invariant
Select All
Unselect All
New Frame (in "Session Step")
Frame description: The minimum value over all selected frames
Load case name:
OK
Apply
Cancel

(a)

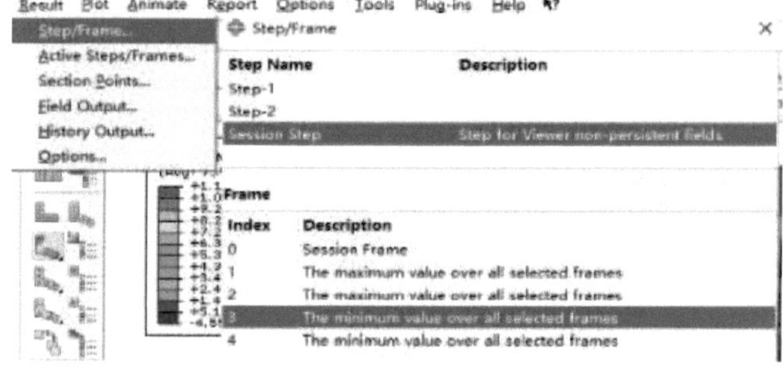
Result
Plot
Animate
Report
Options
Tools
Plug-ins
Help
Step/Frame...
Active Steps/Frames...
Section Points...
Field Output...
History Output...
Options...
Step/Frame
Step Name
Description
Step-1
Step-2
Session Step
Step for Viewer non-persistent fields
Frame
Index
Description
0
Session Frame
1
The maximum value over all selected frames
2
The maximum value over all selected frames
3
The minimum value over all selected frames
4
The minimum value over all selected frames

(b)

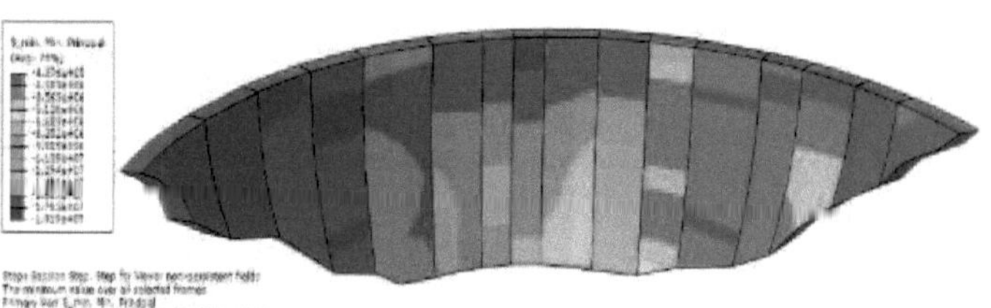

(c)

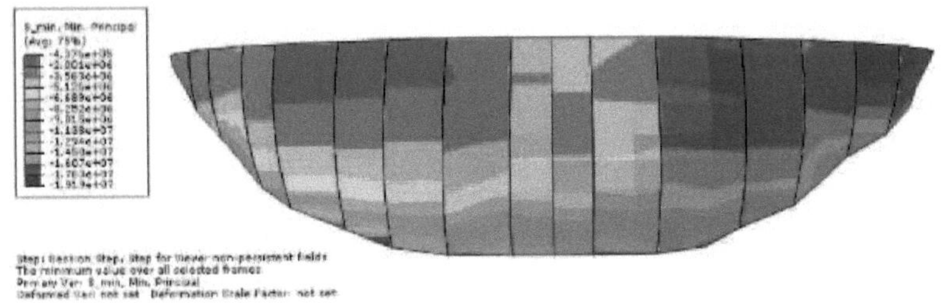

(d)

Rysunek 9-18 Minimalna ekstrakcja z obwiedni naprężeń głównych

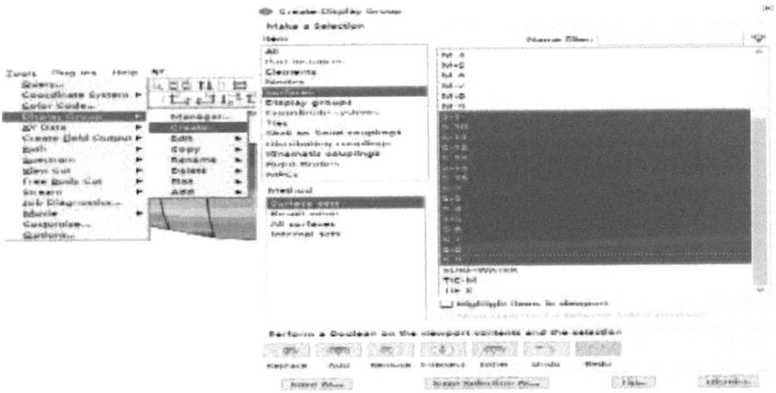

(a)

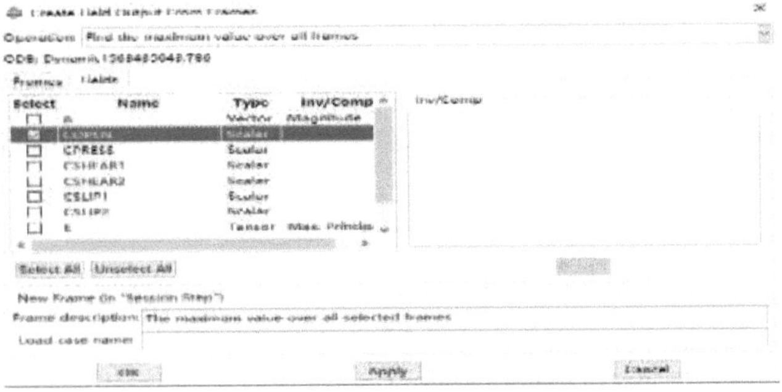

(b)

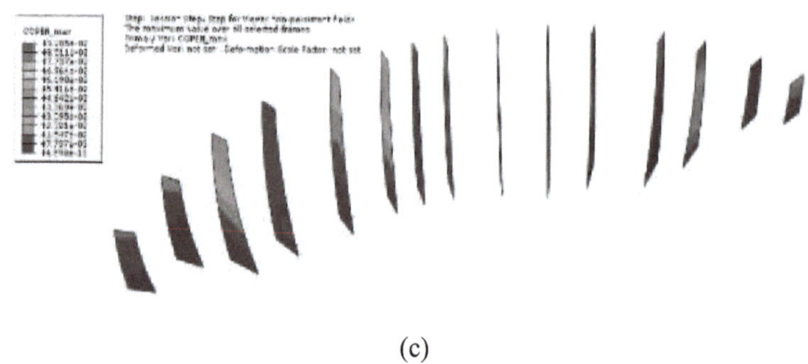

(c)

Rysunek 9-19 Maksymalna obwiednia otworu każdego połączenia poprzecznego

9.7 Streszczenie tego rozdziału

W niniejszym rozdziale przedstawiono ustawienie i symulację połączeń poprzecznych zapory łukowej oraz metodę symulacji ciśnienia hydrodynamicznego zbiornika z dodatkową masą. Oblicza się charakterystykę drgań własnych zapór łukowych o liniowej sprężystości oraz liniową reakcję sejsmiczną zapór łukowych metodą superpozycji modalnej. Biorąc pod uwagę nieliniowość połączeń poprzecznych, reakcję sejsmiczną zapór łukowych oblicza się metodą analizy historii czasu. Jednocześnie wprowadza się metody późniejszego przetwarzania wyników, odpowiadające różnym metodom analitycznym. Warto zauważyć, że rozmiar elementów skończonych modelu w tym rozdziale jest zbyt gruby, aby zagwarantować dokładność obliczeń. Jako przykład obliczeń i analizy, konieczne jest podzielenie skończonego elementu modelu w celu uzyskania wyników spełniających wymagania dokładności inżynierskiej.

10 Analiza statyczna i dynamiczna zapór ziemnych

10.1 Tło

Konstrukcje zapór ziemnych polegają na zdolności masy gruntu do zachowania stabilności, gdy nachylenie masy gruntu jest mniejsze od pewnej wartości. [6]. Jednakże w pewnych warunkach obciążenia stabilność masy może być zagrożona i te warunki obciążenia muszą być uwzględnione w procesie projektowania.

Gleby piaszczyste wywodzą swoją sztywność ścinającą z oporu tarcia między stałymi ziarnami. Ten opór tarcia zależy od normalnych sił ściskających pomiędzy cząstkami gruntu. W glebach całkowicie nasyconych puste przestrzenie wypełnione są wodą. Jeśli podczas odkształcania woda z porów nie będzie mogła się opróżnić w wystarczająco szybkim tempie, może dojść do przeniesienia większej ilości obciążenia ściskającego na wodę w porach. Taki stan może powstać podczas trzęsienia ziemi, gdy cząstki stałe w glebie poruszają się i przyjmują nową konfigurację o mniejszym stosunku pustek, co powoduje gromadzenie się nadmiaru wody porowej. Gdy ten nadmiar wody nie jest w stanie szybko wypłynąć, zwiększa się ciśnienie wody w porach i zmniejszają się normalne siły nacisku pomiędzy ziarnami gleby. Zmniejszenie sił kontaktowych między ziarnami powoduje utratę wytrzymałości gleby na ścinanie. Podczas trzęsienia ziemi odkształcenie jest dość gwałtowne i występuje w skali czasowej, która jest znacznie krótsza niż charakterystyczny czas dyfuzji dla przepływu cieczy w porach. W związku z tym woda porowa może nie być w stanie odpłynąć w wystarczająco szybkim tempie z regionów o wysokim ciśnieniu porów, co powoduje utratę wytrzymałości gruntu na ścinanie. Zjawisko to znane jest jako skraplanie się wody.

W glebie, która jest lub stanie się całkowicie nasycona lub zanurzona, woda porowa wywiera siłę wyporu na ziarna gleby, zmniejszając siły pomiędzy ziarnami gleby. Efekt pływalności może zmniejszyć obciążenie ziaren gruntu, wymagając mniejszej odporności na ścinanie pomiędzy cząstkami gruntu, aby oprzeć się znaczącym odkształceniom. Gdy poziom wody w zbiorniku utworzonym przez zaporę ziemną gwałtownie się obniży, w regionach, w których płyn porowy może gwałtownie opadać, co prowadzi do zmniejszenia ciśnienia w porach, siły działające na cząstki gruntu nagle zwiększają się ze względu na zmniejszenie wyporu. Opór tarcia pomiędzy cząstkami gruntu może być niewystarczający, aby oprzeć się temu zwiększonemu naprężeniu ścinającemu, na które są one narażone. Zwiększone naprężenie ścinające spowodowane jest zwiększeniem obciążenia pionowego, ponieważ gleba, na którą nałożony jest podkład, może być jeszcze nasycona lub prawie nasycona. Zazwyczaj problem pojawia się pomiędzy obszarem, który stosunkowo szybko się osusza i leży na wierzchu obszaru gruntu, który osusza się wolniej. Takie sytuacje mogą wystąpić podczas szybkiego opróżniania zbiornika wodnego, prawdopodobnie z powodu nawadniania lub problemów z bezpieczeństwem.

W tym rozdziale przedstawiamy przykład tamy ziemnej, która najpierw została zbudowana, a następnie poddana nagłemu przeciągnięciu i dynamicznemu wzbudzeniu na skutek trzęsienia ziemi, które spowodowało upłynnienie gleby.

10.2 Podejście oparte na analizie metodą elementów skończonych

Zapory ziemne są budowane poprzez ułożenie nasypu z zagęszczonej ziemi w celu zablokowania naturalnego potoku i stworzenia zagęszczonego zbiornika. Aby zminimalizować przesiąkanie wody przez zaporę, centralny rdzeń gliniasty o rząd wielkości o mniejszej przepuszczalności niż otaczający go materiał zapory może być umieszczony wewnątrz zapory. Wypełnienia skalne mogą być również umieszczane w rejonach z dolnym i górnym biegu rzeki w celu zapewnienia stabilności i zwiększonej przepuszczalności, aby pomóc w rozpraszaniu ciśnienia w porach.

Zapory ziemne budowane są poprzez pierwsze wykopanie terenu i wykonanie fundamentów. Następnie układa się warstwy ziemi na fundamencie i jedną na drugiej wraz z porcjami gliny tworzącej rdzeń zapory. Każda z tych warstw ma grubość od 10 do 20 cm i po ułożeniu jest indywidualnie zagęszczana. Po wybudowaniu zapory do pełnej wysokości możliwe jest skonfiskowanie wody w rejonie nasypu.

Geometria analizowanej zapory została przedstawiona na rysunku 10-1. Wykorzystujemy dwuwymiarowy model tamy, który zakłada się, że znajduje się ona w stanie naprężenia płaskiego. Wysokość tamy wynosi 55 m od poziomu gruntu i ma 245,2 m szerokości u podstawy. W górnej części zwęża się ona do szerokości 12 m. Zapora składa się z centralnego rdzenia glinianego o szerokości 28 m u podstawy i zwęża się ku szerokości 6 m u góry zapory. Fundament zapory układa się od poziomu gruntu do głębokości 10 m poniżej poziomu gruntu, jak pokazano na rysunku 10-1. Fundament leży na wierzchu warstwy zwietrzałej skały o grubości 10,667 m, nakładającej się na solidną podstawę skalną. Dla celów analizy uznaje się, że lita skała rozciąga się do głębokości 90 m od poziomu gruntu i na tej głębokości w modelu zastosowano odpowiednie warunki brzegowe. Ponadto całkowitą szerokość fundamentu, zwietrzeliny i litej skały uznaje się za 550 m, jak pokazano na rysunku 10-1, a na pionowych krawędziach modelu w tych miejscach stosuje się odpowiednie warunki brzegowe. W modelu obecne są również wysypiska skalne w górę i w dół rzeki, jak pokazano na rysunku 10-1.

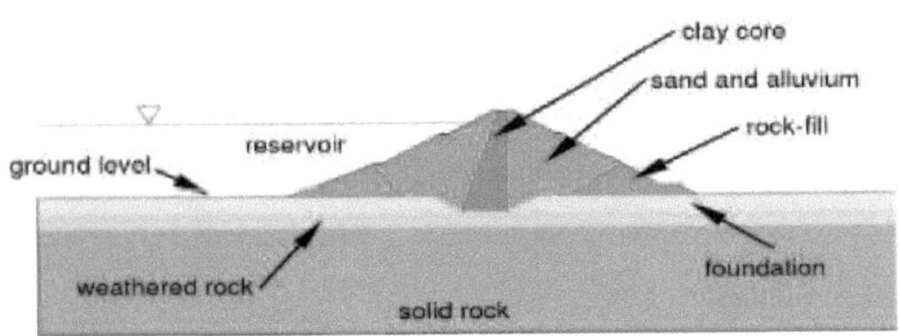

Rysunek 10-1 Szkic przekroju poprzecznego zapory ziemnej

Chociaż zapora ziemna może być zbudowana przy użyciu dużej liczby warstw, dla uproszczenia założyliśmy, że w przedstawionym tu modelu zapory umieszczone są tylko trzy warstwy. Pierwsza warstwa ma grubość 21 m, a umieszczenie tej warstwy jest zakończone w ciągu 90 dni. Druga warstwa ma grubość 19m, a ułożenie jej następuje w ciągu 60 dni. Trzecia warstwa ma grubość 15 m i jest układana w ciągu 30 dni.

Siatka elementów skończonych dla zapory jest w pełni określona na początku analizy. Modelujemy budowę zapory w czterech etapach budowy. W pierwszym etapie usuwa się elementy zapory i modeluje deformację warstw skalnych pod obciążeniem geostatycznym lub grawitacyjnym, jak pokazano na Rysunku 10-2a. Każda dodatkowa warstwa konstrukcyjna jest dodawana w osobnym etapie, jak pokazano na rysunkach 10-2b, 10-2c i 10-2d. W celu uproszczenia analizy zakłada się, że odkształcenie każdej z warstw pod obciążeniem grawitacyjnym jest niewielkie i że kolejną warstwę można dodać z powrotem do analizy, wykorzystując jej pierwotną, nieodkształconą geometrię, jak określono na początku analizy. Analizę konsolidacji przemijającej przeprowadza się w okresie czasu każdego umieszczenia warstwy.

Po ułożeniu wszystkich trzech warstw konstrukcyjnych, zbiornik zapory jest powoli wypełniany w trzech etapach. W pierwszym etapie woda jest konfiskowana do głębokości 21 m nad poziomem gruntu. W drugim i trzecim etapie zasypywania woda podnosi się odpowiednio do głębokości 40 m i 50 m nad poziomem gruntu. Każdy z tych etapów odbywa się przez okres 30 dni. Wszystkie te etapy modelowane są za pomocą analizy konsolidacji przemijającej, która oblicza deformację gruntu oraz rozkład nacisków na pory. Rysunek 10-3 przedstawia rozkład ciśnienia w porach na końcu każdego z trzech etapów napełniania zbiornika.

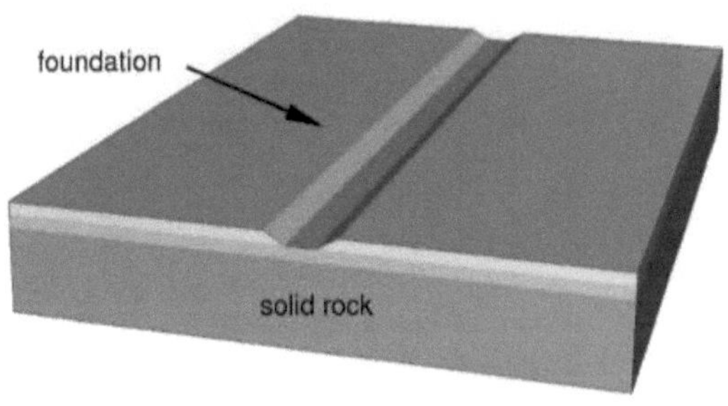

a) Pierwszy etap budowy tamy.
Miejsce jest wykopane, a fundament jest położony na zwietrzałej warstwie skalnej.

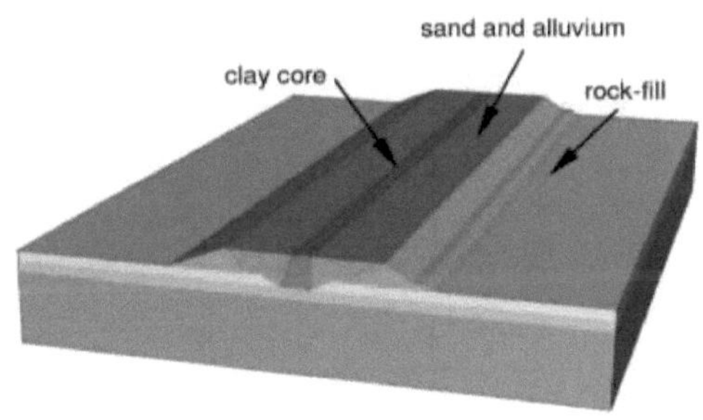

b) Drugi etap budowy tamy.
Pierwszą warstwę konstrukcyjną kładzie się na fundamencie.
Piasek, aluwium, glina i wypełnienie skalne są umieszczone w miejscach pokazanych na rysunku.

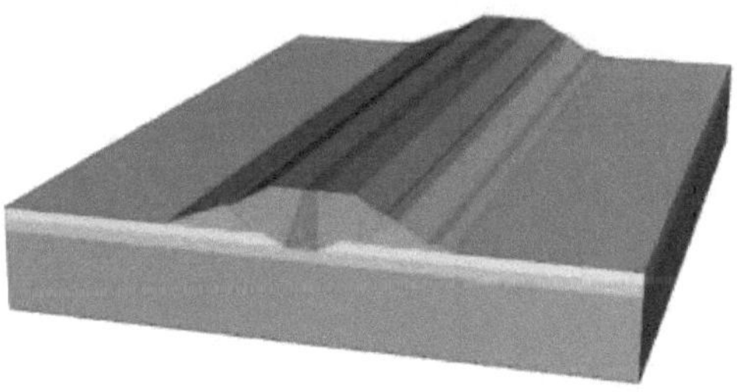

c) Trzeci etap budowy tamy.
Dodaje się drugą warstwę konstrukcyjną

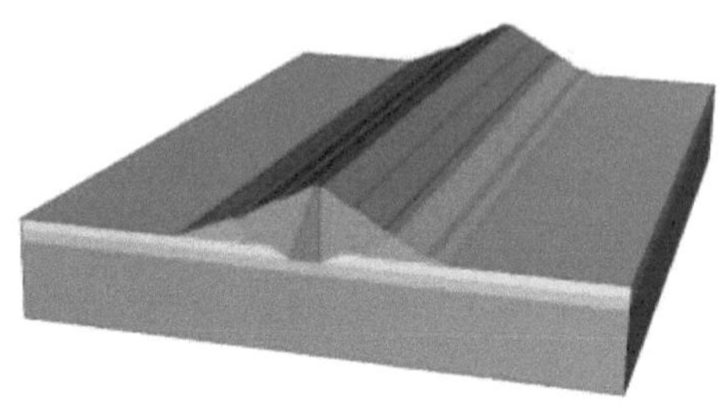

d) Ostatni etap budowy tamy.
Najwyższa warstwa konstrukcyjna jest dodawana

Rysunek 10-2 Inny etap budowy zapory

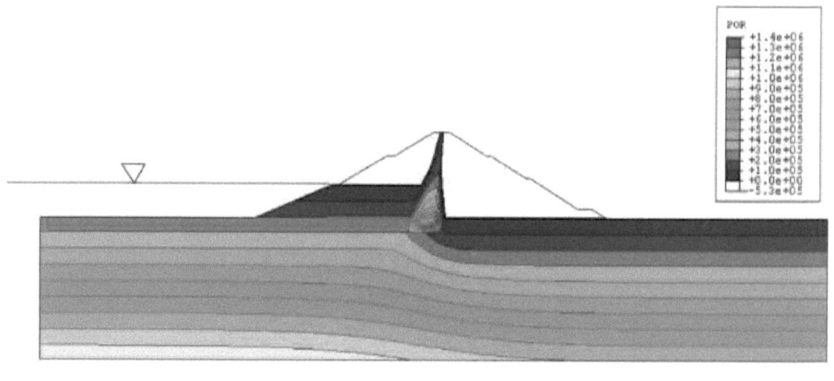

(a)

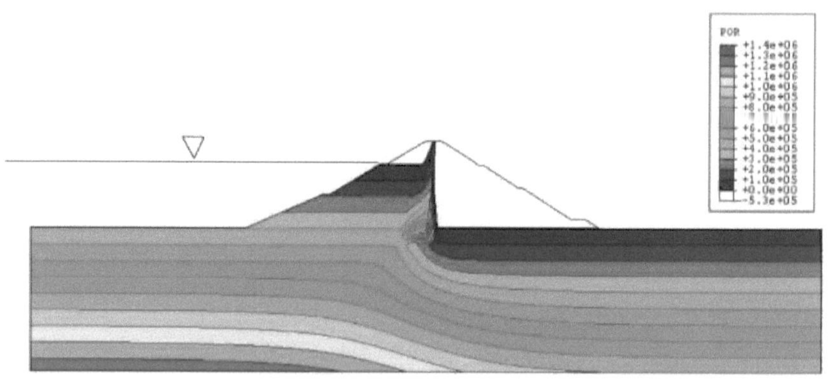

(b)

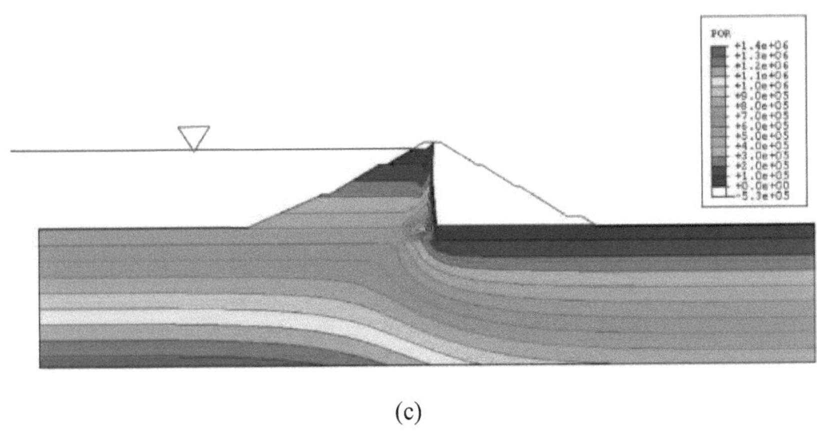

(c)

Rysunek 10-3 ciśnienia w otworach na końcu każdego z trzech etapów napełniania zbiornika

Po zakończeniu napełniania zbiornika nastąpi faza przejściowa do momentu, gdy płyn porowy przepływający przez zaporę osiągnie stan stały. Ponieważ ta faza przejściowa będzie występować przez bardzo długi okres czasu, a zmiany są bardzo stopniowe, ABAQUS pozwala na przeprowadzenie analizy stanu ustalonego z wykorzystaniem warunków na końcu poprzedniego etapu, którym jest ostateczne wypełnienie zbiornika, jako wstępnego oszacowania warunków stanu ustalonego. Długoterminowy roztwór stanu ustalonego dla ciśnienia w porach przedstawiono na rysunku 10-4. Powierzchniowe punkty łączące, w których ciśnienie porów wynosi zero, określają powierzchnię oddechową w obrębie tamy, jak pokazano na rys. 10-5.

Stan ustalonego stanu zapory służy jako punkt wyjścia do modelowania dwóch krytycznych warunków projektowych: szybkiego opadania wody w zbiorniku i wysokiej częstotliwości wstrząsów fundamentów zapory na skutek trzęsienia ziemi. Stan gwałtownego odpływu uzyskuje się przez obniżenie poziomu wody w zbiorniku do poziomu gruntu. Stan ten jest symulowany za pomocą analizy konsolidacji przejściowej, podobnej do tej stosowanej do symulacji napełniania zbiornika.

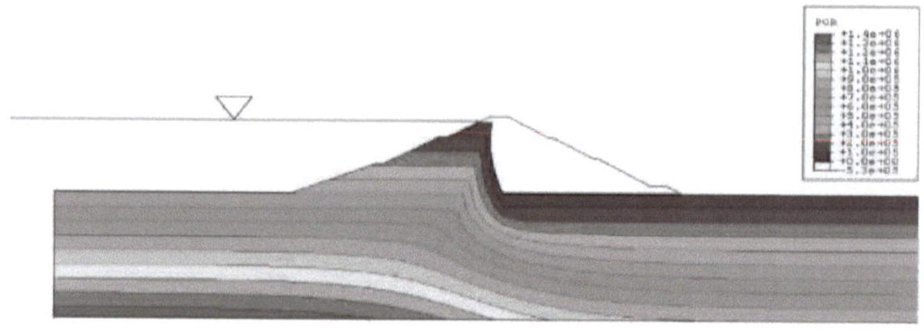

Rysunek 10-4 Długotrwały rozkład ciśnienia w porach w zaporze po analizie stanu ustalonego

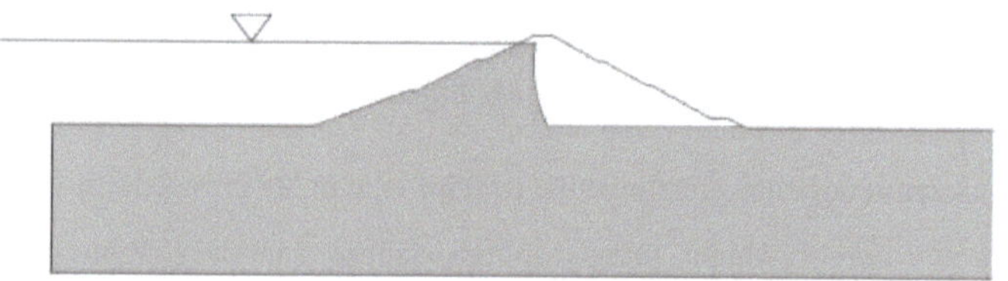

Rysunek 10-5 powierzchni oddechowej łączącej punkty, w których ciśnienie w porach jest zerowe

Trzęsienie ziemi ma miejsce w bardzo krótkim okresie czasu w porównaniu z charakterystyczną skalą czasową dla dyfuzji płynu w porach. W związku z tym redystrybucja ciśnienia w porach w okresie trwania trzęsienia ziemi zostanie pominięta. Ponieważ obciążenie spowodowane trzęsieniem ziemi jest dynamiczne, należy uwzględnić wszystkie siły inercyjne, w tym wpływ płynu porowego w zaporze oraz wody w zbiorniku. W niniejszej analizie wzięto pod uwagę siły inercyjne wywołane przez wodę porową w zaporze, jednak siły inercyjne pochodzące od wody w zbiorniku nie są w niej uwzględnione. W przypadku płynu porowego w zaporze, do sił inercyjnych zalicza się jedynie płyn znajdujący się poniżej linii strzałkowej. Aby uwzględnić te siły bezwładnościowe, obliczamy masy punktowe dla zdefiniowanych przez użytkownika elementów znajdujących się w węzłach w gruncie i uwzględniamy w analizie dynamicznej wkład tych elementów.

10.3 Wyniki i wnioski

Rozkłady ciśnienia wody w porach podczas etapów napełniania zbiornika pokazano na Rysunkach 10-3a, 10-3b i 10-3c. Rozwój ciśnienia w porach w rdzeniu podczas etapów budowy i napełniania zbiornika Hosseini M et al. [7] jest widoczna z konturów działek. Położenie powierzchni fretankowej w stanie ustalonym na poziomie pełnego zbiornika można wizualizować na Rysunku 10-5. Ten stan ustalonego stanu został wykorzystany do przeprowadzenia dwóch analiz: dynamicznego wzbudzenia spowodowanego ruchem sejsmicznym oraz szybkiego oporu.

Zazwyczaj tendencję materiału glebowego do skraplania się w zdarzeniu dynamicznym ocenia się pośrednio poprzez porównanie obliczonych wyników naprężeń z doświadczalnie wyznaczoną odpornością gruntu na skraplanie. Wartość oporu cieplnego gruntu określana jest jako współczynnik oporu cyklicznego (CRR) Youd L [8]. Ilość ta zazwyczaj opiera się na wynikach standardowej próby penetracyjnej (SPT) lub próby penetracyjnej z użyciem stożka (CPT). Do tej analizy przyjęto, że materiał zapory posiada współczynnik CRR wynoszący 0,5. Ponadto zakłada się, że rdzeń i wypełniacze skalne w górnym i dolnym biegu zapory nie ulegają skraplaniu.

W przypadku dynamicznego wzbudzenia zapory na skutek trzęsienia ziemi, naprężenie dynamiczne jest naprężeniem ścinającym w płaszczyźnie poziomej. Stosunek dynamicznie indukowanego naprężenia ścinającego do efektywnego pionowego naprężenia normalnego na początku dynamicznego wzbudzenia nazywany jest współczynnikiem naprężenia cyklicznego (Cyclic Stress Ratio - CSR). Jak sugerowano w Idriss I-M [9]użyliśmy współczynnika 0,65 do skalowania maksymalnej wartości dynamicznie indukowanego naprężenia ścinającego.

Stosunek CSR do CRR służy jako miara możliwości upłynnienia podczas dynamicznego wydarzenia. Rysunek 10-6 przedstawia wykres kołderkowy stosunku CSR/CRR. Na podstawie zakładanych właściwości materiału i wzbudzenia wywołanego trzęsieniem ziemi materiał w miejscach, gdzie stosunek ten jest większy niż jeden, ma największe prawdopodobieństwo skraplania się podczas zdarzenia dynamicznego.

Rozkład ciśnienia w porach po szybkim opróżnieniu jest przedstawiony na rysunku 10-7. Może wystąpić tendencja do uszkodzenia zboczy zapory podczas gwałtownego opróżniania. Jednakże w celu dokonania wiarygodnej oceny bezpieczeństwa zapór podczas szybkiego przeciągania konieczne jest zastosowanie skomplikowanych metod, takich jak najpierw założenie powierzchni uszkodzonej, a następnie obliczenie współczynnika bezpieczeństwa przed uszkodzeniem w tym trybie. W tej analizie, jako wstępną ocenę prawdopodobieństwa uszkodzenia dla warunków szybkiego wciągania, zastosowaliśmy te same kryteria uszkodzenia, które zastosowano w analizie trzęsienia ziemi, tj. obliczenie współczynnika CSR/CRR.

Współczynnik ten jest wykreślony na rysunku 10-8 dla warunków szybkiego opróżniania. W rzeczywistej praktyce zapora powinna być sprawdzana pod kątem bezpieczeństwa w trybie łuku kołowego lub awarii liniowej.

Rys. 10-6 CSR/CRR. Strefy czerwone wskazują, że gleba w tych miejscach ma największe prawdopodobieństwo skraplania się z powodu wzbudzenia przez trzęsienie ziemi

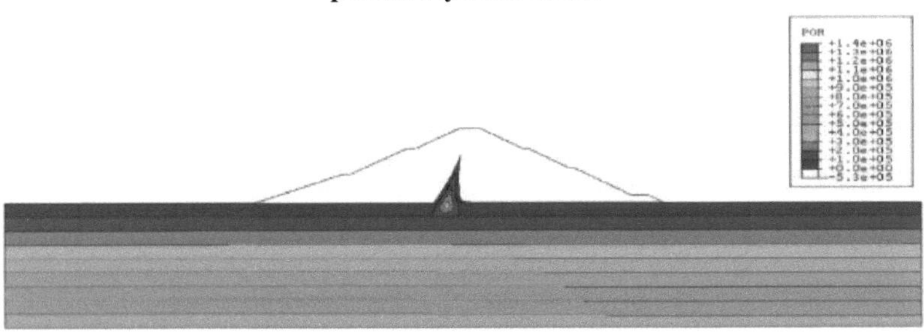

Rys. 10-7 ciśnienia w zaporze na końcu szybkiego opróżniania

Rysunek 10-8 Stosunek CSR/CRR jako wstępna ocena prawdopodobieństwa niepowodzenia podczas szybkiego uruchamiania systemu

10.4 Streszczenie tego rozdziału

Budowa zapór ziemnych polega na sekwencyjnym układaniu i zagęszczaniu warstw gruntu, a następnie zasypywaniu obwałowanego zbiornika. Przy projektowaniu zapór ziemnych należy uwzględnić dwa potencjalnie krytyczne zdarzenia: szybkie opróżnienie (lub przeciągnięcie) zbiornika oraz dynamiczne obciążenie trzęsieniem ziemi. Możliwość uszkodzenia zapory w tych sytuacjach zależy od odpowiedniego nagromadzenia i rozproszenia ciśnienia w porach cieczy w glebie.

Do celów analizy makroskopowej glebę w strukturze ziemskiej można uznać za trójfazowe kontinuum składające się z cząstek stałych, cieczy zwilżającej i gazu. ABAQUS dostarcza kilka modeli materiałowych oraz sprzężoną procedurę analizy dyfuzyjno-przemieszczeniowej do modelowania takich problemów. Możliwości te mogą być zatem wykorzystane do oceny bezpieczeństwa i niezawodności zapór ziemnych.

Referencje

David M. Potts., Finite Element Analysis in Geotechnical Engineering, Thomas Telford , 1999.

[2] Zienkiewicz. i in., Associated and non-associated visco-plasticity and plasticity in soil mechanics [J], Geotechnique, 25(4):671-689, 1975.

[3] Dawson. et al., Slope stability analysis by strength reduction [J], Geotechnique, 49(6):835-840, 1999.

[4] Jie X. i Chao ZHOU., Prosty model dla histeretycznego elastycznego modułu ścinania gleb nienasyconych, Zhejiang: Journal of Zhejiang University-Science A, 2016.

[5] Lysmer J. i Kuhlemeyer R. L., Finite dynamic model for infinite media, J. Eng. Mech. vol.95, nie. EM4, S. 859-877, 1969.

Abaqus Technology Brief., "Construction, Rapid Drawdown, and Earthquake Simulation of an Earthen Dam", nie. TB-03-DAM-1, poprawione: Kwiecień 2007.

7] Hosseini M. et al., "Pore Pressure Development in the Core of Earth Dams During Simultaneous Constructionand Impounding", The Electronic Journal of Geotechnical Engineering, Vol. vol. 8, 2003.

[8] Youd L., "Updating Assessment Procedures and Developing a Screening Guide for Liquefaction", Research Progress and Accomplishments, "Multidisciplinary Center for Earthquake Engineering Research", nie. Uniwersytet w Buffalo, State University of New York, 1997-1999.

[9] Idriss I-M., "An Update of the Seed-Idriss Simplified Procedure for Evaluating Liquefaction Potential, New Approaches to Liquefaction Analysis," Washington, D.C., styczeń 10, 1999.

[10] Boltn M. D., The strength and dilatancy of sands, Geotechnique 36, No 1, 65-78, 1986.

[11] Lam et al., Transient seepage model for saturated-unsaturated seepage soil system: a geotechnical engineering approach, Saskatoon, Sask-Canada S7NOWO, Revised 1984, accepted 1987.

Referencje ABAQUS

Dodatkowe informacje na temat możliwości i technik przedstawionych w tej książce można znaleźć w następujących dokumentach ABAQUS 6.13:

Analiza Podręcznik użytkownika

- ✓ "Dorozumiana analiza dynamiczna wykorzystująca integrację bezpośrednią", sekcja 6.3.2
- ✓ "Dyfuzja płynu w porach sprzężonych i analiza naprężeń," Sekcja 6.8.1

Podprogramy użytkownika Podręcznik referencyjny

- ✓ "**UEL**: Podprogram użytkownika służący do zdefiniowania elementu," punkt 1.1.28

Przykładowy przewodnik po problemach

- ✓ "Konsolidacja odkształceń płaskich", Sekcja 10.1.1
- ✓ "Obliczanie powierzchni oddechowej w zaporze ziemnej" Sekcja 10.1.2

Printed by Books on Demand GmbH, Norderstedt / Germany